EUROPA LEHRMITTEL

BIBLIOTHEK DES TECHNISCHEN WISSENS

Wärmelehre

Technische Physik Band 3

von Horst Herr

D1732588

3. Auflage

VERLAG EUROPA-LEHRMITTEL · Nourney, Vollmer GmbH & Co.
Düsselberger Straße 23 · 42781 Haan-Gruiten

Europa-Nr.: 50619

Autor:

Horst Herr, VDI, Dipl.-Ing., Fachoberlehrer
65779 Kelkheim/Taunus

Lektorat:

Walter Bierwerth, Dipl.-Ing, Oberstudienrat

65817 Eppstein/Taunus

Umschlaggestaltung und Bildbearbeitung:

Michael M. Kappenstein, Frankfurt

3. Auflage 2001

Druck 5 4 3 2 1

Alle Drucke derselben Auflage sind parallel einsetzbar.

ISBN 3-8085-5063-5

Satz: Bild & Text Horst Terstegge, 42279 Wuppertal
Druck: Druckhaus Arns GmbH & Co. KG, 42853 Remscheid

Vorwort

Dasselbe Ziel muß sowohl der Lehrende
wie der Lernende haben:
jener, daß er nützen,
dieser, daß er Nutzen ziehen will.

Pythagoras von Samos

Was wir heute mit Wärme bezeichnen, nannten die alten Griechen um etwa 200 v. Chr. Feuer. Dieses Feuer zählten sie zu den vier Grundelementen, d. h., daß dem Feuer eine stoffliche Substanz zugeschrieben wurde. Noch bis in das 19. Jahrhundert wurde die Wärme als ein gewichtsloser Stoff angesehen. Man kannte auch schon im alten Griechenland die „Kraft des Feuers" und war in der Lage, mit Wasserdampf Kräfte zu erzeugen. Dennoch entwickelten sich erst ab etwa 1600 die Wissensgebiete der **Mechanik** und der

Wärmelehre.

Diese Entwicklungen verliefen größtenteils unabhängig voneinander. Erst die Erkenntnis, daß Wärme in mechanische Arbeit umgewandelt werden kann, führte etwa 200 Jahre später zur Vereinigung von Mechanik und Wärmelehre, zur **Wärmemechanik**, die wir heute als

Thermodynamik

bezeichnen. Die Wärmelehre ist ebenso wie die **Mechanik der festen, flüssigen und gasförmigen Stoffe**, d. h. der **Technischen Mechanik** und der **Fluidmechanik** ein Teilgebiet der Physik, welches heute ganz selbstverständlich zur Lösung technischer Probleme herangezogen wird. Im Maschinen- und Anlagenbau sind

Technische Mechanik,
Fluidmechanik und
Thermodynamik

die unverzichtbaren „Standbeine" für beinahe alle Anwendungsfächer. Ohne diese Grundlagen, deren Gesetze oftmals fließend ineinander übergehen, ist kaum eine technische Anwendung denkbar. Das Anwenden der Gesetze dieser Wissensgebiete ist in den folgenden Bereichen der Technik gleichermaßen relevant:

Bautechnik
Energietechnik
Gesundheitstechnik
Heizungs-, Lüftungs- und Klimatechnik
Kältetechnik
Maschinentechnik
Sanitär- und Haustechnik
Umwelttechnik
Verfahrenstechnik u. a.

Umfang, Auswahl und Darbietung der Lerninhalte dieses Buches orientieren sich an den Lehrplänen der Zweijährigen Fachschulen (**Technikerschulen**) obiger Fachrichtungen der Kultusministerien der Bundesländer. Da es sich um **physikalisches Grundlagenwissen** handelt, ist dieses Lehrbuch auch im Unterricht der **Technischen Gymnasien**, der **Fachoberschulen Technik** und für die **berufliche Fortbildung** einsetzbar. Den Studenten der Fachhochschulen oder Technischen Universitäten erleichtert das Durcharbeiten dieses Buches das Verständnis ihrer Vorlesungen. Für sie und alle anderen, die im **Selbststudium** alte Kenntnisse erneuern oder neue erwerben wollen, sind die Lektionen nach einem einheitlichen Schema aufgebaut. Dieses wird nachfolgend erläutert.

Zur Arbeit mit diesem Buch

Soll es **unterrichtsbegleitend** verwendet werden, so findet der Lernende hier die im Unterricht erläuterten Erkenntnisse und Zusammenhänge und die daraus resultierenden Formeln in den thematisch ausgerichteten Lektionen. Während die Übungsaufgaben mit dem **Lösungsanhang** je nach Kenntnisstand der häuslichen Nacharbeit dienen, wählt der Dozent aus den Vertiefungsaufgaben diejenigen aus, die seinen Intentionen entsprechen.

Beim **Selbststudium** ist es möglich, einige Lektionen, die nicht weiterführend sind, auszulassen. Sinnvoll aber ist es, jede Lektion, deren Inhalt man sich aneignen will, vollständig und in der gegebenen Reihenfolge durchzuarbeiten.

Die **Informationen** befinden sich naturgemäß am Beginn der Lektionen, nur in wenigen Fällen sind sie innerhalb der Lektion aufgeteilt. Die Erläuterungen der physikalisch-technischen Zusammenhänge führen in der Regel zu einer oder mehrerer Formeln.

Deren Anwendung erfolgt exemplarisch in **Musteraufgaben (M)**, die gegebenenfalls noch spezielle Kenntnisse vermitteln.

Die darauf folgenden **Übungsaufgaben (Ü)** dienen der Wiederholung und Vertiefung sowie der Überprüfung des Gelernten durch den Studierenden.

Deshalb befinden sich **am Schluß des Buches ausführliche Lösungsgänge**. Diese Buchseiten sind mit einem **roten Randdruck** gekennzeichnet.

Möchte der Lernende sein Wissen weiter vertiefen oder sich auf Prüfungen vorbereiten, löst er zweckmäßig die **Vertiefungsaufgaben (V)**.

Am Schluß des Buches befinden sich die Ergebnisse dieser Vertiefungsaufgaben. Diese Buchseiten sind mit einem **schwarzen Randdruck** gekennzeichnet.

Der pädagogische Zweck dieses Schemas I, M, Ü, V innerhalb jeder Lektion besteht darin, daß der Lernende in mehreren Stufen, d.h. mit einem zunehmendem Grad der Selbständigkeit zum Lehrziel geführt wird. Deshalb mußte nach meinem pädagogischen Verständnis auch auf die Lösungsgänge der Vertiefungsaufgaben zwingend verzichtet werden.

Die **Kombination aus Unterricht und Selbststudium**, z. B. in Abendkursen, findet in der Methodik dieses Lehrbuches eine Unterstützung durch die Verlagerung von Unterrichtssequenzen in die Hausarbeit.

Mein besonderer Dank gilt dem Verlag Europa-Lehrmittel, der mir diese Arbeit ermöglicht hat und dessen große Erfahrung ich nutzen durfte. Ich bedanke mich auch beim Lektor dieses Buches, Herrn Dipl.-Ing. Walter Bierwerth und beim Zeichner der Bilder, Herrn Michael Maria Kappenstein für die kreative Zusammenarbeit. Meiner Tochter Christina danke ich für die Erledigung der Reinschrift und für die gewissenhafte Mithilfe bei den Korrekturarbeiten.

Mehr noch als bei der Bearbeitung meiner anderen Unterrichtswerke habe ich bei der Arbeit an diesem Buch an meinen ehemaligen Lehrer

Herrn Direktor Dipl.-Ing. Leonhard Bernard †

gedacht, dem ich sehr viel verdanke und dem ich dieses Buch widme.

Wir, Verfasser und Verlag, wären dem Leser dieses Unterrichtswerkes dankbar, wenn er uns etwaige Fehler nennen und Erfahrungen bei der Arbeit mit dem Buch mitteilen würde.

Kelkheim im Taunus, Herbst 2001 — Horst Herr

Inhaltsverzeichnis

Seite

Seite

Wärmezustand

Lektion 1 **Temperatur und Temperaturmessung**

1.1 Die Temperatur in der menschlichen Empfindung

Beinahe jeder Mensch ist der Meinung, zu wissen, was man unter der Temperatur versteht. Gleichwohl ist es so, daß eine exakte wissenschaftliche Definition auf nicht geringe Schwierigkeiten stößt. Zunächst gilt, daß man unter der Temperatur ein Maß für das subjektive Empfinden von „**Wärme**" und „**Kälte**" versteht. Wie unterschiedlich dieses subjektive Empfinden sein kann, zeigt der in Bild 1 dargestellte Versuch: Man wird das warme Wasser als relativ heiß empfinden, wenn man vorher die Hand in das kalte Wasser hielt (①), und umgekehrt empfindet man das warme Wasser als relativ kalt, wenn man vorher die Hand in das heiße Wasser eingetaucht hatte (②).

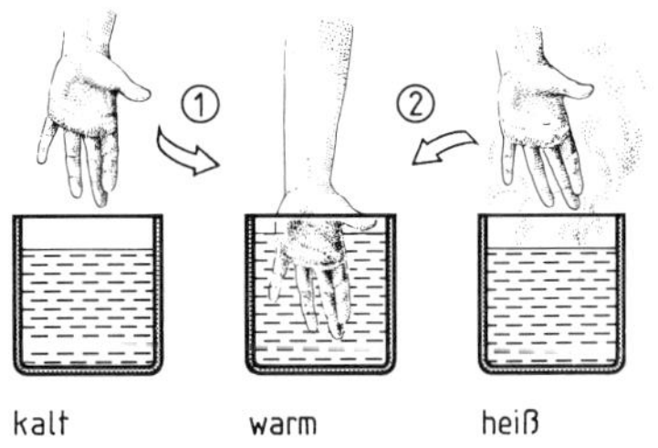

1

Das Temperaturempfinden des Menschen ist subjektiv und deswegen zur exakten Temperaturermittlung ungeeignet.

Es wird noch darauf verwiesen, daß das Temperaturempfinden durch spezielle Nervenendpunkte in der menschlichen Haut wahrgenommen wird. Diese werden als **Kältepunkte** bzw. **Krausesche Endkolben** und als **Wärmepunkte** bzw. **Ruffinische Spindeln** bezeichnet. Mit Hilfe des Nervensystems nimmt der Mensch **Temperaturdifferenzen** wahr.

1.2 Die Temperatur als Zustandsgröße

Objektive Angaben über die Temperatur eines Körpers erhält man mit Hilfe der durch eine **Temperaturänderung** eintretenden **Zustandsänderung** eines Körpers, d. h. der Änderung einer **Zustandsgröße** bzw. Eigenschaft.

Unter einer **Zustandsgröße** versteht man **meßbare Größen**, die den Zustand eines Systems charakterisieren.

Solche Zustandsgrößen sind z. B. **Druck** und **Volumen** eines Körpers. Bild 2 zeigt z. B. die Volumenänderung des Quecksilbers in einem **Thermometer**, und zwar in Abhängigkeit von der Temperatur. Durch die Änderung des Volumenzustandes wird also die **Temperatur meßbar**. Somit gilt:

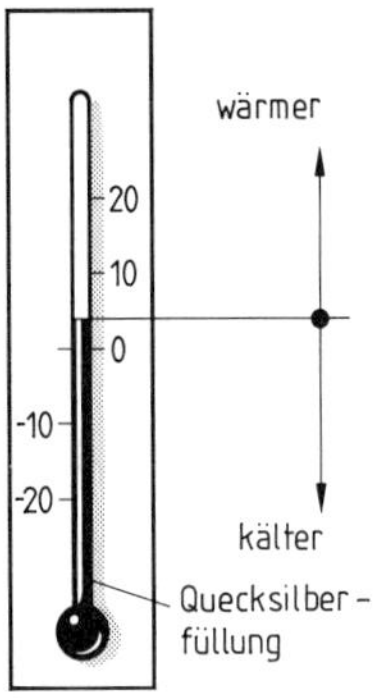

Die Temperatur ist eine Zustandsgröße.

2

Alle **Temperaturmeßverfahren** beruhen auf der Änderung von Zustandsgrößen. Deshalb sollen zunächst die wichtigsten Aussagen über **physikalische Größen** mit ihren zugehörigen **Einheiten** gemacht werden, soweit sie für die Wärmelehre von Bedeutung sind:

1.3 Die Einheit der Temperatur im internationalen Einheitensystem

1.3.1 Basisgrößen und abgeleitete Größen

Mit dem Gesetz über die Einheiten im Meßwesen, kurz: **Einheitengesetz**, hat sich die Bundesrepublik Deutschland dem **internationalen Einheitensystem** angeschlossen. Man unterscheidet in diesem System die **Basisgrößen** von den **abgeleiteten Größen**. Die nebenstehende Tabelle enthält die Basisgrößen mit den zugehörigen **Basiseinheiten (SI-Einheiten)** und den **Einheitenkurzzeichen**.

Basisgröße	Basiseinheit	Kurzzeichen
Länge	Meter	m
Masse	Kilogramm	kg
Zeit	Sekunde	s
Elektrische Stromstärke	Ampere	A
Thermodynamische Temperatur	Kelvin	K
Lichtstärke	Candela	cd
Stoffmenge	Mol	mol
Definitionen siehe 1.3.3.3		

Alle abgeleiteten Größen lassen sich auf insgesamt sieben Basisgrößen zurückführen.

Bei der Herleitung von abgeleiteten Größen werden die Einheiten entsprechend der physikalischen Definitionsgleichung mathematisch miteinander verknüpft:

1.3.2 Druck als Beispiel für eine abgeleitete Größe

Aus der **Fluidmechanik** ist bekannt:

Den Quotienten aus Kraft F und der Fläche A, auf welche die Kraft wirkt, heißt Druck.

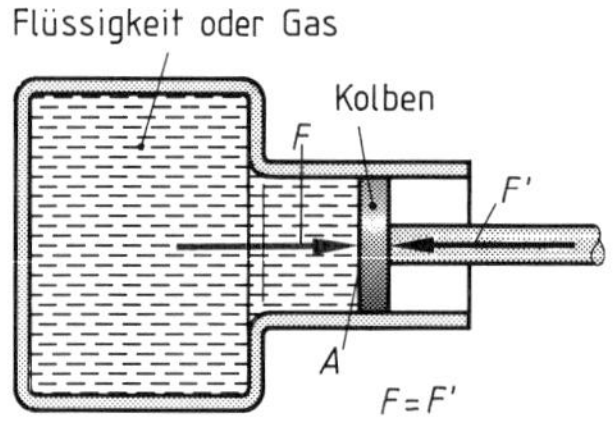

1

Eine Erläuterung zu dieser Definition ergibt sich aus Bild 1. In diesem Bild ist

F = Reaktionskraft aus einem gepreßten Fluid (Flüssigkeit oder Gas) in N (Newton)

A = pressende (drückende) Kolbenfläche in m^2

Druck $$p = \frac{F}{A} \qquad (2-1)$$

p	F	A
$\frac{N}{m^2}$	N	m^2

In den Normen DIN 1314 „Druck" und DIN 1301 „Einheiten" ist festgelegt:

Die SI-Einheit für den Druck ist das Pascal. Einheitenkurzzeichen: Pa → $1\ \text{Pa} = 1\ \frac{\text{N}}{\text{m}^2}$

Diese Bezeichnung erfolgte zu Ehren des großen französischen Physikers und Mathematikers Blaise **Pascal (1623 bis 1662)**. Als dezimale Teile bzw. dezimale Vielfache sind z. B. gebräuchlich:

1 Mikropascal = 1 μPa = 0,000001 Pa = 10^{-6} Pa
1 Hektopascal = 1 hPa = 100 Pa = 10^{2} Pa
1 Kilopascal = 1 kPa = 1000 Pa = 10^{3} Pa
1 Megapascal = 1 MPa = 1 000 000 Pa = 10^{6} Pa

Technische Rechnungen werden sehr oft in der Größenordnung von 10^5 Pa erforderlich. Dieser Druck entspricht etwa dem **atmosphärischen Druck**, dem uns umgebenden **Luftdruck**. 10^5 Pa haben das Einheitenzeichen **1 bar**. Diese Bezeichnung ist auf das griechische Wort „barys" (schwer) zurückzuführen. → $1\ \text{bar} = 10^5\ \text{Pa} = 10^5\ \frac{\text{N}}{\text{m}^2}$

Die Umrechnung **alter Druckeinheiten** in Pascal ergibt sich aus der DIN 1314 „Druck" und ist in der „**Mechanik der Flüssigkeiten und Gase**", also der „**Fluidmechanik**" erläutert.

M 1. Führen Sie mit Hilfe der folgenden Definitionen aus der **Dynamik** die Druckeinheit $\frac{\mathrm{N}}{\mathrm{m}^2}$ auf Basiseinheiten zurück.

1. dynamisches Grundgesetz : Kraft = Masse · Beschleunigung ⟶ $F = m \cdot a$

2. $\text{Beschleunigung} = \frac{\text{Geschwindigkeitsunterschied}}{\text{Zeit}}$ ⟶ $a = \frac{\Delta v}{\Delta t}$

Lösung: Definitionsgleichung $p = \frac{F}{A} = \frac{m \cdot a}{A} = \frac{m \cdot \frac{\Delta v}{\Delta t}}{A} = \frac{m \cdot \Delta v}{A \cdot \Delta t}$

Einheitengleichung $[\boldsymbol{p}] = \frac{[m] \cdot [\Delta v]}{[A] \cdot [\Delta t]} = \frac{\mathrm{kg} \cdot \frac{\mathrm{m}}{\mathrm{s}}}{\mathrm{m}^2 \cdot \mathrm{s}} = \frac{\mathbf{kg}}{\mathbf{m \cdot s^2}}$

M 2. In der Anordnung des Bildes 1, Seite 2 wirkt eine Kraft $F' = 500$ N auf einen Kolben mit dem Durchmesser $d = 2$ cm. Berechnen Sie den Druck p im Gefäß in Pa und in bar.

Lösung: $p = \frac{F}{A} = \frac{F}{\frac{\pi}{4} \cdot d^2} = \frac{4 \cdot F}{\pi \cdot d^2} = \frac{4 \cdot 500\,\mathrm{N}}{\pi \cdot (0{,}02\mathrm{m})^2} = 1591549{,}4\ \frac{\mathrm{N}}{\mathrm{m}^2}$

$\boldsymbol{p} = \mathbf{1591549{,}4\,Pa = 15{,}92\,bar}$

1.3.3. Die Temperaturskalen

1.3.3.1 Die Celsius-Skala

Bis etwa Anfang des 18. Jahrhunderts scheiterten genaue Temperaturangaben am Mangel geeigneter **thermometrischer Festpunkte**. Etwa zur gleichen Zeit erkannten der deutsche Glasbläser Gabriel Daniel **Fahrenheit (1686 bis 1738)**, der schwedische Astronom Anders **Celsius (1701 bis 1744)** und der französiche Zoologe René **Rèaumur (1683 bis 1757)** den großen Wert von **Eispunkt** und **Siedepunkt** des Wassers als thermometrische Festpunkte. Diese Fixpunkte nennt man auch **thermometrische Fundamentalpunkte**. Da in den Lektionen **Schmelzen** und **Verdampfen** (Lektionen 11. und 12.) sehr ausführlich auf diese Fundamentalpunkte eingegangen wird, soll an dieser Stelle nur die im Zusammenhang mit der Temperaturmessung wichtige Erkenntnis mitgeteilt werden:

> Wasser schmilzt bzw. erstarrt (gefriert) und Wasser siedet (verdampft) bzw. kondensiert (verflüssigt) in Abhängigkeit vom vorhandenen Luftdruck bei einer bestimmten, d. h. festen Temperatur.

Da die Temperatur während dieser Zustandsänderungen weder steigt noch fällt, spricht man bei diesen typischen Temperaturen von den **Temperaturhaltepunkten**. Diese sind in Bild 1 dargestellt.

Vereinbarung:

> Als **Formelzeichen für die Temperatur** wird in diesem Buch und nach DIN 1304 der kleine griechische Buchstabe ϑ, für die Zeit das kleine t verwendet.

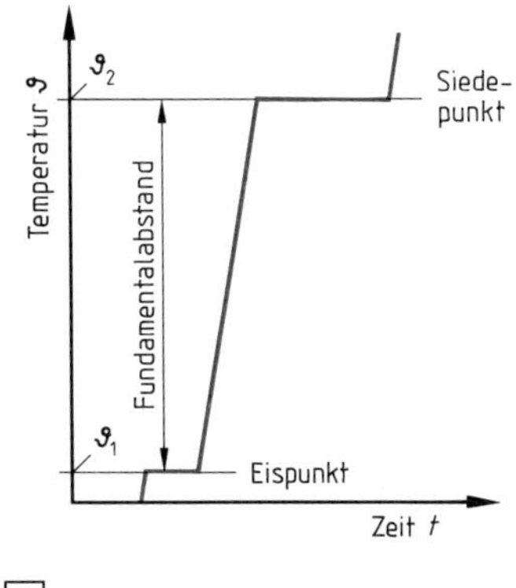

1

Unter der Voraussetzung, daß sich der Luftdruck nicht ändert bzw. als momentan feste Größe angenommen wird, ergeben sich die beiden folgenden Temperaturhaltepunkte:

ϑ_1 = Eispunkt → Wasser schmilzt bei konstanter Temperatur.

ϑ_2 = Siedepunkt → Wasser siedet bei konstanter Temperatur.

Da der Luftdruck bekanntlich schwankt, blieb in der Festlegung der Fundamentalpunkte noch eine Unsicherheit. Deshalb vereinbarte man einen **Bezugsluftdruck**, der heute als normaler Luftdruck bzw. als **Normluftdruck** (Normdruck) bezeichnet wird.

Normluftdruck

$$p_n = 101325 \, \frac{N}{m^2} = 101325 \, Pa = 1{,}01325 \, bar$$

Unter dieser Voraussetzung werden aus den Temperaturhaltepunkten Eispunkt und Siedepunkt **thermometrische Fundamentalpunkte**.

Fundamentalpunkte sind überall rekonstruierbar und sind somit als **Meßbezugsgröße** geeignet. Man nennt sie auch **Festpunkte** oder **Fixpunkte**.

Fahrenheit, Celsius und Rèaumur verwendeten als Temperatureinheit das „Grad". Inzwischen wird für das Wort Grad eine kleine hochgestellte Null verwendet, und es sind die folgenden Bezeichnungen üblich:

Grad Fahrenheit → °F
Grad Celsius → °C
Grad Rèaumur → °R

Die wissenschaftlich gleich zu wertenden Leistungen von Fahrenheit, Celsius und Rèaumur erhalten durch die folgende Festlegung für die praktische Anwendung einen unterschiedlichen Wert:

Wissenschaftler	Eispunkt bei p_n:	Siedepunkt von Wasser bei p_n:
Fahrenheit	32 °F	212 °F
Celsius	0 °C	100 °C
Rèaumur	0 °R	80 °R

Der Unterschied des praktischen Wertes ist aus der Tabelle sofort zu ersehen:
Celsius wählte die Fundamentalpunkte so, daß diese hervorragend mit unserem **Dezimalsystem** in Einklang zu bringen sind. Die Bezeichnung °R hat deshalb nur noch eine historische Bedeutung, und die Bezeichnung °F für Temperaturangaben ist nur noch in einigen Ländern (England, USA) von Bedeutung.

Die Temperatureinheit °C ist eine international gültige Einheit, d. h. SI-Einheit.

Benennt man mit ϑ°F, ϑ°C und ϑ°R die Gradzahlen, dann ergeben sich entsprechend der obigen Tabelle die folgenden Beziehungen:

$$\vartheta°C = (\vartheta°F - 32) \cdot \frac{5}{9} = \vartheta°R \cdot \frac{5}{4}$$

$$\vartheta°F = 32 + \vartheta°C \cdot \frac{9}{5} = 32 + \vartheta°R \cdot \frac{9}{4}$$

$$\vartheta°R = (\vartheta°F - 32) \cdot \frac{4}{9} = \vartheta°C \cdot \frac{4}{5}$$

Anmerkung: Die Schreibweise nach DIN 1345 ist ϑ_C, ϑ_R und ϑ_F (siehe auch M 3. und M 4.).

Bild 1 zeigt, wie mit Hilfe der beiden Fundamentalpunkte eine Temperaturskala, die **Celsius-Skala** konstruiert werden kann: Der Fundamentalabstand zwischen 0 °C und 100 °C wird in 100 gleiche Teile aufgeteilt. Mit der gleichen Teilung wird sodann diese Skala über die Fundamentalpunkte hinaus verlängert.

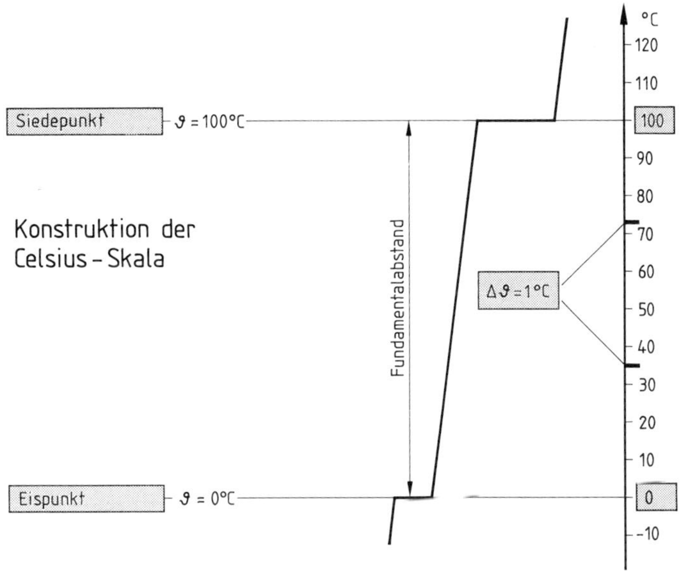

1

Der hundertste Teil des Fundamentalabstandes zwischen Eispunkt und Siedepunkt von Wasser entspricht der Temperaturdifferenz $\Delta\vartheta = 1$ °C.

Aus Bild 1 ist zu ersehen:

$\vartheta > 0$ °C ⟶ positive Celsius-Temperaturen
$\vartheta < 0$ °C ⟶ negative Celsius-Temperaturen

M 3. In den Berechnungsunterlagen einer in England erstellten Kälteanlage ist die Verdampfungstemperatur mit $\vartheta = 16$ °F angegeben. Wie groß ist diese Temperatur in °C?

Lösung: $\vartheta_c = (\vartheta_F - 32) \cdot \frac{5}{9} = (16-32) \cdot \frac{5}{9}\,°C = -16 \cdot \frac{5}{9}\,°C$

$\boldsymbol{\vartheta = -8{,}89\,°C}$

M 4. Bei Normalluftdruck $p_n = 1{,}01325$ bar ist die Siedetemperatur von Wasser $\vartheta = 100$ °C. Überprüfen Sie rechnerisch den Tabellenwert für die Siedetemperatur von Wasser $\vartheta = 212$ °F

Lösung: $\vartheta_F = 32 + \vartheta_C \cdot \frac{9}{5} = (32 + 100 \cdot \frac{9}{5})\,°F = (32 + 180)\,°F$

$\boldsymbol{\vartheta = 212\,°F}$

1.3.3.2 Der absolute Nullpunkt und die Kelvin-Skala

Bild 1 fordert geradezu auf, darüber nachzudenken, wie weit es möglich ist, die Celsius-Skala nach oben und unten zu verlängern. Die Erkenntnisse der neueren Physik lassen darauf schließen, daß es eine **Maximaltemperatur**, d. h. eine größte Temperatur, gibt. Die folgende Angabe gilt als ziemlich gesichert:

Maximaltemperatur $\vartheta_{max} = 5 \cdot 10^{12}$ Grad Celsius

Gegenüber dieser Temperatur erscheinen selbst die Oberflächentemperatur der Sonne mit ca. 6000 °C und die Kerntemperatur der Sonne mit ca. $15 \cdot 10^6$ °C als klein. Die Verlängerung der Celsius-Skala in den negativen Temperaturbereich führt zu einer **Minimaltemperatur**, d. h. einer kleinsten Temperatur. Die folgende Angabe ist theoretisch bewiesen und im Versuch annähernd nachvollzogen:

Minimaltemperatur $\vartheta_{min} = -273{,}15$ °C

Auf diese Minimaltemperatur wird noch näher in Lektion 2 eingegangen. Dort wird diese kleinste Temperatur, der **absolute Nullpunkt** auch begründet.

Die Minimaltemperatur $\vartheta_{min} = -273{,}15$ °C wird als absoluter Nullpunkt bezeichnet.

In der Thermodynamik wird die Temperatur in den meisten Fällen auf den absoluten Nullpunkt bezogen. Ist dies der Fall, dann bezeichnet man eine solche Temperaturangabe als die **absolute Temperatur** oder **thermodynamische Temperatur**. Zu Ehren des englischen Physikers **W. Thomson (1824 bis 1907)**, der später geadelt wurde und dann **Lord Kelvin** hieß, wird die absolute Temperatur in der Einheit Kelvin (Einheitenzeichen: K) angegeben und im Unterschied zur Celsius-Temperatur wird als Formelzeichen T verwendet.

Absolute Temperatur T in K

Bild 1 bringt die **Celsius-Skala** mit der **Kelvin-Skala** in Verbindung.

Absoluter Nullpunkt: $T_0 = 0$ K
$\vartheta_0 = -273{,}15$ °C

Der absolute Nullpunkt wird auch als **absoluter thermodynamischer Fundamentalpunkt** bezeichnet. Aus Bild 1 ergibt sich der

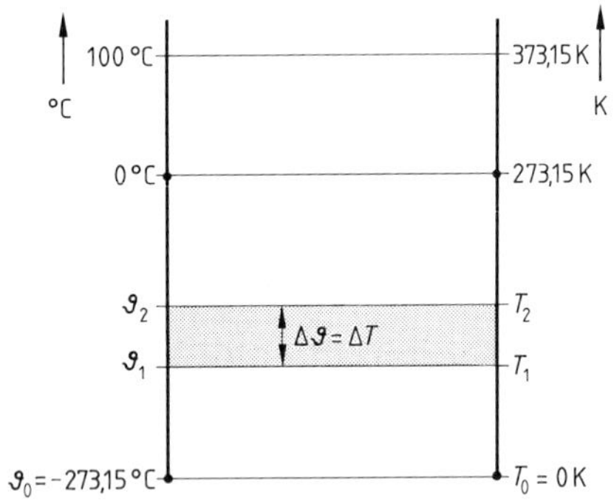

1

Zusammenhang zwischen T und ϑ:

$T_K = \vartheta_C + 273{,}15$ in K **6–1**

$\vartheta_C = T_K - 273{,}15$ in °C **6–2**

Außerdem zeigt Bild 1:

Temperaturdifferenzen können in K oder in °C angegeben werden. ← **sehr wichtig!**

M 5. Wasserdampf wird von $\vartheta_1 = 125$ °C auf $\vartheta_2 = 810$ °C überhitzt. Berechnen Sie
a) T_1 und T_2
b) $\Delta\vartheta$ und ΔT

Lösung: a) $T_1 = (\vartheta_1 + 273{,}15)$ K $= (125 + 273{,}15)$ K
$\boldsymbol{T_1 = 398{,}15}$ **K**

$T_2 = (\vartheta_2 + 273{,}15)$ K $= (810 + 273{,}15)$ K
$\boldsymbol{T_2 = 1083{,}15}$ **K**

b) $\Delta\vartheta = \vartheta_2 - \vartheta_1 = 810\,°C - 125\,°C$
$\mathbf{\Delta\vartheta = 685\,°C}$

$\Delta T = T_2 - T_1 = 1083{,}15\,K - 398{,}15\,K$
$\mathbf{\Delta T = 685\,K}$

$\Delta\vartheta$ in °C ≙ ΔT in K

M 6. Weitere **international vereinbarte thermodynamische Fundamentalpunkte** sind die Siedepunkte von Sauerstoff, Schwefel, Silber und Gold, jeweils bei $p_n = 1{,}01325$ bar. Für den Siedepunkt von Sauerstoff findet man in der Literatur den Wert $T = 90{,}188$ K. Wie groß ist diese Temperatur in °C?

Lösung: $\vartheta = (T - 273{,}15)\,°C = (90{,}188 - 273{,}15)\,°C$
$\mathbf{\vartheta = -182{,}962\,°C}$

M 7. In technischen Rechnungen wird für den absoluten Nullpunkt meist der Näherungswert $\vartheta_0 = -273\,°C$ eingesetzt. Wie groß ist der relative Fehler in %, wenn man sich auf **Raumtemperatur** $\vartheta = 20\,°C$ bezieht?

Lösung: $\Delta\vartheta_1 = 293{,}15\,°C \mathrel{\hat{=}} 100\,\%$
$\Delta\vartheta_2 = 293\,°C \mathrel{\hat{=}} x\,\%$

$$x = \frac{100\,\%}{293{,}15\,°C} \cdot 293\,°C = 99{,}95\,\%$$

Der relative Fehler beträgt somit 0,05 %.

1.3.3.3 Definition der Temperatureinheit Kelvin

In der Tabelle auf Seite 2 sind die **Basisgrößen** mit den zugehörigen **SI-Basiseinheiten** angegeben. Um möglichst optimale Vergleichsmöglichkeiten zu haben, hat man ständig neue Möglichkeiten ersonnen, mit denen die SI-Basiseinheiten durch „**Einheitennormale**" definiert werden konnten.

Die Definitionen der Basiseinheiten (und der abgeleiteten Einheiten) sind durch das Einheitengesetz festgeschrieben.

Während man z. B. früher das **Meter** auf den Erdumfang bezog, wendet man heute den wesentlich genaueren Bezug auf die Lichtgeschwindigkeit im Vakuum an. 1 Meter entspricht der Lichtstrecke in 1/299792458 s. Die **Sekunde** (s) bezieht sich auf eine atomistische Zustandsänderung. In diesem Zusammenhang denke man auch einmal über die Genauigkeit von **Atomuhren** nach. Die wohl einfachste Definition ist die der Basiseinheit **Kilogramm**:

Ein Kilogramm ist die Masse des internationalen Kilogrammprototyps.

Dies ist ein zylindrischer Körper aus einer bestimmten Platin-Iridium-Legierung mit einem Durchmesser von 39 mm und einer Höhe von ebenfalls 39 mm. Er wird bei Paris aufbewahrt, und alle der **internationalen Meterkonvention** angeschlossenen Länder verfügen über eine Kopie dieses sog. **Urkilogramms**.

Im obigen Sinne hat man sich auch nicht damit zufriedengegeben, den Eispunkt als Temperatur des bei Atmosphärendruck schmelzenden Eises oder Schnees zu akzeptieren. Die heute übliche Methode der Eispunktbestimmung führt zu einer erstaunlichen Genauigkeit:

Der untere Fundamentalpunkt des Fundamentalabstandes kann heute mit einer Genauigkeit von 1/10000 °C ermittelt werden.

Dazu ist es erforderlich, daß man zunächst Eis aus Wasser mit höchster chemischer Reinheit und unter völligem Ausschluß von Luft, die normalerweise in Wasser und Eis in gelöster Form vorkommt, herstellt. Dies geschieht im sog. **Tripelpunktgefäß** (Bild 1). Bei einem sehr kleinen Druck, der mit einer Vakuumpumpe V erzeugt wird, stellt sich bei einer bestimmten Temperatur *T* ein Gleichgewichtszustand ein, bei dem Wasser in den **Aggregatzuständen**

fest →	Eis →	E
flüssig →	Wasser →	F
gasförmig →	Dampf →	D

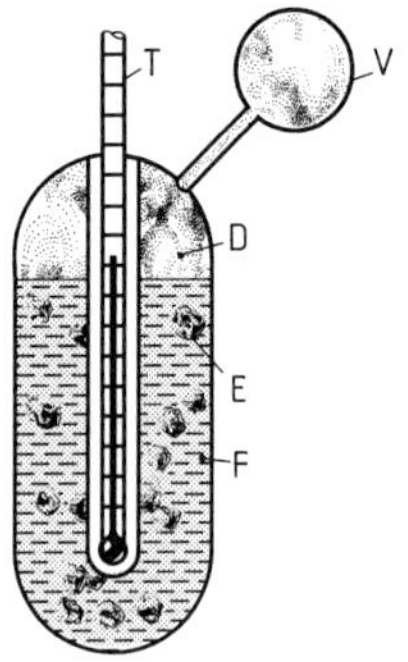

1

gleichzeitig im Gefäß vorhanden ist. Diesen äußerst genau herstellbaren Zustand nennt man den **Tripelpunkt** oder den **Dreiphasenpunkt** von Wasser. Den beschriebenen Sachverhalt, auf den in den Lektionen 11 und 12 noch sehr genau einzugehen ist, zeigt Bild 2 in einem **Druck, Temperatur-Diagramm**. Die Daten des Tripelpunktes lauten:

p_t = 6,1 mbar → **Tripelpunkt-Druck**

ϑ_t = 0,01 °C → **Tripelpunkt-Temperatur**

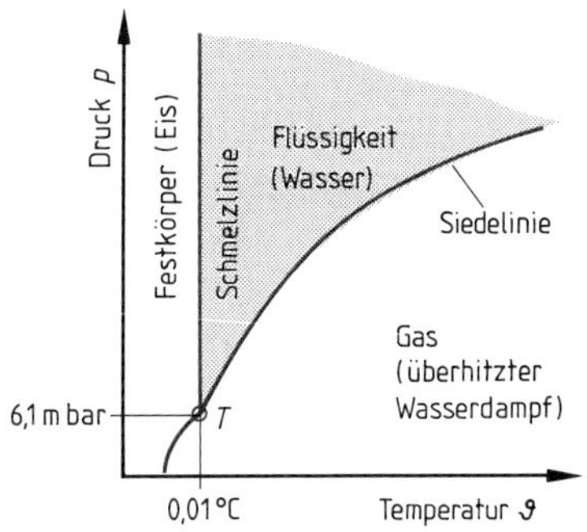

2

Anmerkung: 6,1 mbar ≙ 6,1 hPa (Hekto-Pascal)
Der Tripelpunkt wird auch als **genauer Eispunkt** bezeichnet und die Tripelpunkt-Temperatur ϑ_t ist der genaueste **thermodynamische Fundamentalpunkt.**

Tripelpunkt-Temperatur $\vartheta_t = 0{,}01\ °C \triangleq$ absoluter Temperatur $T_t = 273{,}16\ K$

Mit diesem Temperaturzustand ist es möglich, die **thermodynamische Temperatureinheit** Kelvin genau zu definieren:

1 Kelvin ist der 273,16te Teil der absoluten Temperatur des Tripelpunktes von Wasser.

M 8. Der Tripelpunkt-Druck von Wasser beträgt p_t = 6,1 mbar (Millibar, d. h. tausendstel bar). Rechnen Sie diesen Druck um
a) in bar,
b) in Pa.

Lösung: a) $p_t = 6{,}1\ \text{mbar} = \frac{6{,}1}{1000}\ \text{bar}$

$\boldsymbol{p_t = 0{,}0061\ \text{bar}}$

b) $p_t = 0{,}0061\ \text{bar} = 0{,}0061 \cdot 100000\ \frac{\text{N}}{\text{m}^2} = 610\ \frac{\text{N}}{\text{m}^2}$

$\boldsymbol{p_t = 610\ \text{Pa}}$

1.4 Messung der Temperatur

1.4.1 Begriff des indirekten Messens

Eine Temperatur kann nicht direkt gemessen werden. Wie bereits in Punkt 1.2 erwähnt, nutzt man die Änderung physikalischer Zustandsgrößen in Abhängigkeit der Temperatur aus. Man mißt also immer eine andere physikalische Zustandsgröße oder die Änderung einer solchen, um daraus auf eine bestimmte **Temperatur** oder eine bestimmte **Temperaturänderung** zu schließen. Solch **gemessene Zustandsgrößen** sind vor allem

Körperfarbe
Körperform
Abmessungen der Körper
Elektrischer Widerstand
Kontaktspannung

→ Auf die Zustandsgröße abgestimmte und oftmals geeichte Meßinstrumente zeigen die Temperatur an. Diese heißen **Thermometer**.

Die Temperaturmeßverfahren sind immer indirekte Meßverfahren.

1.4.2 Temperaturmeßverfahren, Thermometer

Die Behandlung aller Meßverfahren, d. h. auch der Temperaturmeßverfahren, ist die Aufgabe der **Meßtechnik**. Deshalb werden in diesem Buch nur die wichtigsten dieser Meßverfahren besprochen und zwar nicht im meßtechnischen, sondern im physikalischen Sinn.

1.4.2.1 Flüssigkeitsthermometer

Bild 1 zeigt ein **Flüssigkeitsthermometer** in der allgemein bekannten Form. Die Temperaturmessung beruht auf der Ausdehnung bzw. dem Zusammenziehen von Flüssigkeiten bei Temperaturzunahme bzw. bei Temperaturabnahme.

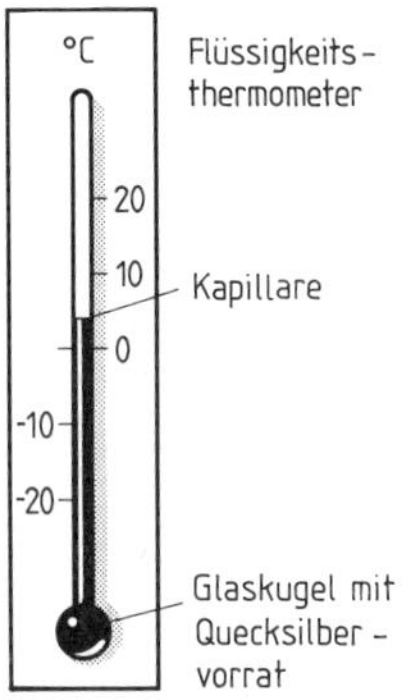

1

Am häufigsten findet das **Quecksilberthermometer**, z. B. auch als Fieberthermometer, Verwendung. Es ist so aufgebaut, daß man in eine Glaskugel, der eine dünne Röhre angeschmolzen ist, eine kleine Quecksilbermenge einschließt, welche sich bei Temperaturzunahme von der Glaskugel in die Kapillare ausdehnt. Eine geeichte Skala an der Kapillare erlaubt das Ablesen der Temperatur.

Da Quecksilber einen Erstarrungspunkt von –39 °C und einen Siedepunkt von 357 °C hat, werden solche Quecksilberthermometer für einen **Meßbereich** von etwa –30 °C bis +300 °C verwendet. Füllt man über das Quecksilber noch ein Gas mit einem bestimmten Druck, so wird das „Herausdampfen" von Quecksilberatomen verhindert, d. h. der **Siedepunkt** von Quecksilber erhöht. Solche Thermometer heißen **Gasdruckthermometer** und sie lassen sich bis zu Temperaturen von etwa 700 °C einsetzen. Eine Sonderform ist das **Beckmann-Thermometer**. Bei einem solchen wird durch Verengung im oberen Kapillarbereich eine **Meßgenauigkeit** von einigen tausendstel Grad erreicht. Ein Thermometer, mit dem der Höchstwert der Temperatur zwischen zwei Ablesungen bestimmt werden kann, heißt **Maximum-Thermometer**. Das Fieberthermometer ist ein spezielles Maximum-Thermometer mit einem Meßbereich zwischen 35 °C und 42 °C. Für tiefere Temperaturen als –35 °C verwendet man auch **Alkoholthermometer**. Diese haben den gleichen Aufbau wie Quecksilberthermometer, sind aber mit Alkohol oder Toluol gefüllt. Damit können Temperaturen bis –70 °C, bei Pentanfüllung bis –200 °C gemessen werden. Auch hier sind die verschiedensten Formen gebräuchlich.

Oft wird die Thermometerform der Meßstelle angepaßt (Bild 1). Man spricht in einem solchen Fall von **Temperaturfühlern**. Dabei ist es häufig so, daß die Meßwerte elektrisch, pneumatisch oder hydraulisch zu einer **Meßwarte** übertragen werden.

1

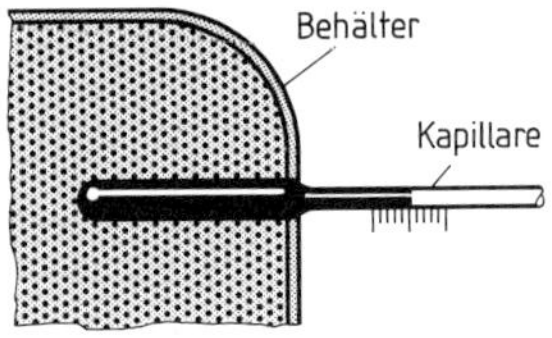

1.4.2.2 Bimetallthermometer

Beim **Bimetallthermometer** (Bild 2) wird die unterschiedlich starke **Wäremausdehnung** zweier Metalle (siehe Lektion 3) für die Temperaturmessung ausgenutzt.

Ein **Bimetall** besteht aus zwei an den Enden zusammengenieteten oder meist aufeinandergewalzten Metallstreifen. Dabei ist es – wie oben schon gesagt – wichtig, daß es sich um zwei unterschiedliche Metalle (z. B. um Kupfer und Zink) handelt. Da sich Zink infolge einer Temperaturerhöhung bzw. einer Temperaturerniedrigung stärker dehnt bzw. stärker zusammenzieht als Kupfer, krümmt sich der Bimetallstreifen. Bringt man am Ende des Streifens, der oftmals auch zur Spirale gewunden ist, einen Zeiger an, der eine auf °C geeichte Skala überstreicht, kann ein solches Temperaturmeßgerät sehr gut zur Messung von Temperaturen eingesetzt werden. Bimetallstreifen werden oftmals auch als **elektrische Kontaktstelle** verwendet. In Abhängigkeit von der Temperatur wird durch das Krümmen des Bimetalls ein elektrischer Kontakt geschlossen oder geöffnet. Dieser elektrische Kontakt kann z. B. eine Kühlanlange in Gang setzen, die dann bei Unterschreitung einer bestimmten Grenztemperatur im Kühlraum wieder abgeschaltet wird.

2

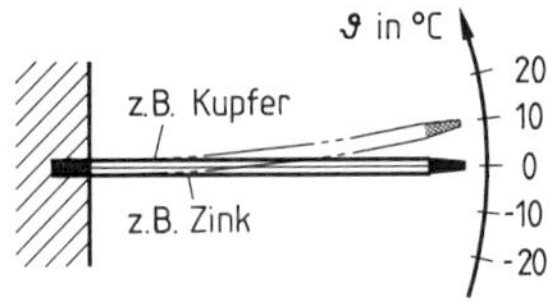

1.4.2.3 Elektrisches Widerstandsthermometer

Aus der **Elektrotechnik** ist bekannt, daß sich der Widerstand eines elektrischen Leiters in Temperaturabhängigkeit verändert. Dabei handelt es sich um ein spezifisches Werkstoffverhalten. Bild 3 zeigt die Charakteristik eines sogenannten PTC-Widerstandes. Der Werkstoff könnte in diesem Falle TiO_3 sein. Diese Gesetzmäßigkeit versuchte Werner von **Siemens (1816 bis 1892)** bereits 1871 zur Temperaturmessung auszunutzen, die Meßergebnisse waren jedoch nicht befriedigend. Erst 1887 wurde diese Idee mit Hilfe eines Platindrahtes verwirklicht. Elektrische Widerstandsthermometer werden vornehmlich für äußerst präzise Temperaturmessungen verwendet und sind die häufigsten Thermometer in der Betriebstechnik.

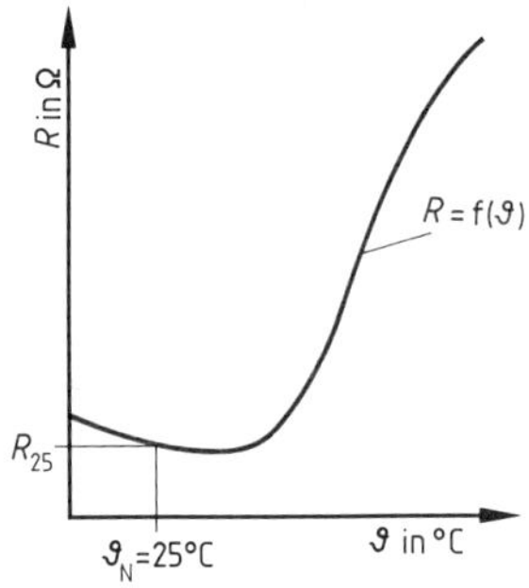

3

1.4.2.4 Das Thermoelement

Lötet man zwei verschiedene elektrische Leiter zusammen und erhitzt diese Lötstelle, so entsteht eine elektrische Spannung, die der Temperaturerhöhung proportional ist. Ein solches Gerät heißt **Thermoelement** (Bild 4). Eicht man ein an das Thermoelement angeschlossenes Spannungsmeßgerät (**Voltmeter**) in °C, so dient dieses der Temperaturanzeige.

Bei einer solchen Messung ist, im Gegensatz zum elektrischen Widerstandsthermometer, keine äußere elektrische Spannungsquelle erforderlich.

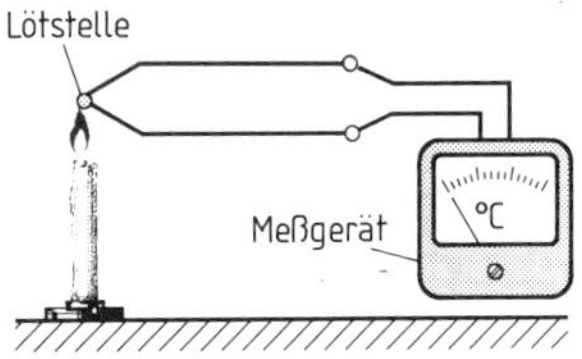

4

1.4.2.5 Pyrometer

Für die Messung sehr hoher Temperaturen oder zur Messung der Temperatur sehr weit entfernt liegender Körper (Himmelskörper) benutzt man sog. **Strahlungspyrometer**. Durch die Messung der **Strahlungsintensität** (siehe Lektion 25) mit einem **Pyrometer** lassen sich Rückschlüsse auf die Temperatur des Körpers ziehen. Oft wird auch die Tatsache ausgenutzt, daß die **Glühfarbe** ein Kriterium für die vorhandene Temperatur ist. Man braucht dann nur die Glühfarbe des zu messenden Körpers mit der Glühfarbe einer Lichtquelle zu vergleichen, deren Temperatur bekannt ist.

1.4.2.6 Segerkegel

Bei einem **Segerkegel** handelt es sich nicht um ein Meßinstrument, sondern um kleine Keramikpyramiden mit einem definierten Erweichungspunkt. Meßbereich 600 °C bis 2000 °C.

Beispiele:

Segerkegel-Nr.:	Schmelzpunkt
1a	1100 °C
2a	1120 °C
3a	1140 °C

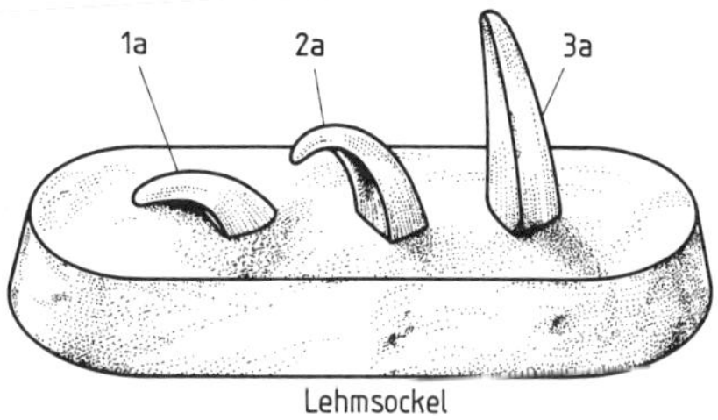

1

Diese stellt man an den Ort, an dem die Temperatur festgestellt werden soll, z. B. in einen Glühofen. Biegt sich die weich gewordene Spitze um, dann ist die zu erreichende Temperatur vorhanden. Abstufung: $\Delta\vartheta = 20\,°C$.

1.4.2.7 Thermochromfarben

Es gibt chemische Verbindungen, die in Abhängigkeit von der Temperatur ihre Farbe ändern. So wird z. B. Titandioxid TiO_2 in der Hitze gelb, beim Abkühlen wieder weiß. Diese Verbindungen heißen **Thermochromfarben** und sind in Stiften – ähnlich der Tafelkreide – gebunden. Mit diesen **Farbumschlagstiften** werden Striche auf die zu messenden Teile aufgetragen, deren Farbe beim Erreichen einer definierten Temperatur umschlägt.

1.4.2.8 Die Thermographie

Mit der **Thermographie** bildet man mit Hilfe von Wärmestrahlen, die spezielle wärmeempfindliche Stoffe verfärben, Objekte ab. Man spricht auch vom **Wärmebild**, welches auf dem Bildschirm einer Elektronenstrahlröhre farbig sichtbar gemacht werden kann. Das Verfahren wird z. B. bei der Suche nach Wärmeleckagen in Gebäudeisolationen (Bild 2) angewendet. Auch in vielen medizinischen Therapieverfahren und auch beim Thermokopierverfahren wird der beschriebene Effekt genutzt.

2

Ü 1. Was versteht man unter dem subjektiven Temperaturempfinden?

Ü 2. Was versteht man unter einer Zustandsänderung?

Ü 3. Nennen Sie die sieben Basisgrößen und deren Einheiten.

Ü 4. In einem **Wetterbericht** wird der Luftdruck mit 1019,3 hPa (Hektopascal) angegeben. Wieviel bar und wieviel N/m^2 sind dies?

Ü 5. In Musteraufgabe M 1. ist die Definitionsgleichung der Kraft, das dynamische Grundgesetz (Newtonsches Grundgesetz) $F = m \cdot a$ angegeben. Ermitteln Sie daraus die abgeleitete Einheit der Kraft, und zwar in Basiseinheiten. Drücken Sie sodann die Krafteinheit N in Basiseinheiten aus.

Ü 6. Versuchen Sie, eine Definition für die Temperatureinheit 1 °C zu geben.

Ü 7. Welche SI-Einheiten für die Temperatur sind Ihnen bekannt?

Ü 8. Berechnen Sie die absolute Temperatur von a) $\vartheta = -29{,}5$ °C
b) $\vartheta = 337$ °C

Ü 9. Welche thermodynamischen Fundamentalpunkte sind Ihnen bekannt?

Ü 10. Unser thermischer Lebensraum liegt im Bereich zwischen etwa 0 °C und 40 °C. Wie beurteilen Sie diese Tatsache bezogen auf den gesamten Temperaturbereich?

Ü 11. Wie ist der Tripelpunkt von Wasser definiert, und welche Bedeutung hat dieser in der Thermodynamik?

Ü 12. Warum spricht man bei der Temperaturmessung von einer indirekten Messung?

Ü 13. Zeichnen Sie nebeneinander die Celsius-Skala und die Kelvin-Skala. Geben Sie die Unterschiede der beiden Skalen an.

Ü 14. Beim Gießen von Grauguß wird dieser auf ca. $\vartheta_2 = 1500$ °C erhitzt. Geben Sie die Temperaturdifferenz a) in °C, b) in K an und zwar zur Raumtemperatur $\vartheta_1 = 20$ °C. Welche wichtige Aussage leiten Sie aus den beiden Ergebnissen ab?

Ü 15. Erklären Sie den Unterschied zwischen den beiden folgenden Aufträgen:
a) 1 kg Stahl soll von 20 °C auf 70 °C erwärmt werden.
b) 1 kg Stahl soll von 20 °C um 70 K erwärmt werden.

Ü 16. Zeichnen Sie das **Temperatur, Zeit-Diagramm** für die folgenden Meßdaten:

Zeit	6.00	10.00	14.00	18.00	22.00	2.00	6.00
Temperatur	1 °C	3 °C	8 °C	6 °C	4 °C	1 °C	0 °C

V 1. Welche Voraussetzung ist bei einer Zustandsgröße gegeben?

V 2. Wie ist der Druck definiert und welche SI-Einheit hat der Druck?

V 3. Nach welchem Verfahren werden generell die abgeleiteten Einheiten ermittelt?

V 4. Rechnen Sie die Temperatur des absoluten Nullpunktes in °F um.

V 5. Berechnen Sie die Celsiustemperatur von a) $T = 773$ K
b) $T = 17{,}8$ K
c) $T = 273{,}15$ K

V 6. Welche weiteren Bezeichnungen sind ebenfalls für das Wort Fundamentalpunkt üblich?

V 7. Was versteht man unter einem Einheitennormal?

V 8. Nennen Sie die Ihnen bekannten Temperaturmeßverfahren.

V 9. Bestimmen Sie die Temperaturdifferenzen zwischen den Temperaturen ϑ_1 und ϑ_2 jeweils in °C und in K:

ϑ_1 in °C	3	−8	−8	28	28	17,5	−18,5	0	800,7	−13
ϑ_2 in °C	31	−14	14	1017	−28	17,95	−273,15	−3,5	−8,5	−212

V 10. Welche Auswirkung hätte es, wenn in der Quecksilberthermometer-Röhre über dem Quecksilber Luft enthalten wäre?

V 11. Welche Auswirkung hat die örtliche Verengung der Quecksilberthermometer-Röhre? Ist Ihnen eine solche Thermometeranwendung bekannt?

V 12. Erwärmen Sie einen mit Wasser gefüllten Topf auf einer Heizplatte und messen Sie im Abstand von jeweils einer Minute die Temperatur des Wassers. Zeichnen Sie das den Meßergebnissen entsprechende Temperatur, Zeit-Diagramm.

Lektion 2

Wärme als Energieform

2.1 Der Aufbau der Materie

2.1.1 Die atomaren und molekularen Kräfte

Ebenso wie zwischen den Himmelskörpern (**Makrokosmos**), z. B. zwischen Erde und Mond (Bild 1), bedingt durch anziehende und abstoßende Kräfte **Wechselwirkungen** feststellbar sind, ist dies auch zwischen Molekülen und Atomen (**Mikrokosmos**) der Fall.

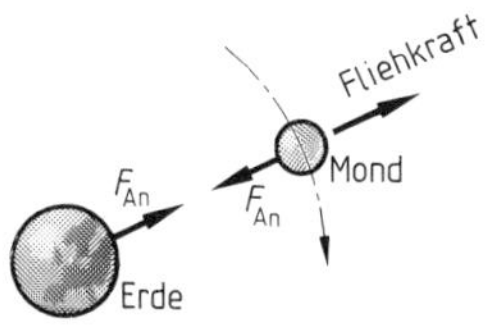

1

Die zwischenmolekularen bzw. zwischenatomaren **Anziehungskräfte** F_{An} im Bild 2 bewirken die Annäherung der Moleküle bzw. Atome.

Kommen die Moleküle bzw. Atome sehr nahe aneinander, so verformen sie sich (Bild 3). Die dadurch entstehenden Deformationskräfte sind F_{An} entgegengerichtet, sie sind also **abstoßende Kräfte** F_{Ab}.

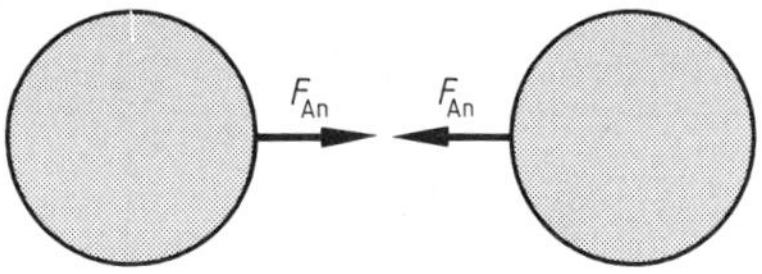

2

Zwischen der Größe von F_{Ab} und F_{An} und dem Molekülabstand bzw. Atomabstand besteht ein funktioneller Zusammenhang (Bild 4) und zwar dergestalt, daß bei einem bestimmten Abstand der Moleküle bzw. Atome zwischen F_{Ab} und F_{An} ein Gleichgewicht besteht. Dieses **Kräftegleichgewicht** ist die Ursache dafür, daß die Elementarteilchen fixierte Plätze zueinander einnehmen. Dieser Abstand x wird im Bild 4 durch das Zeichnen der Summenkurve zwischen F_{Ab} und F_{An}, d. h. durch Superposition ermittelt.

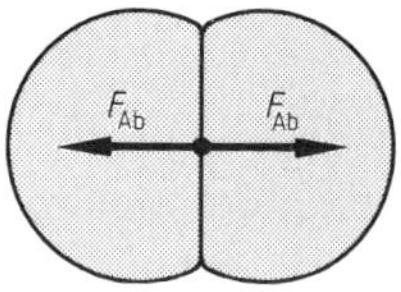

3

> Bei Kräftegleichgewicht zwischen den anziehenden und abstoßenden Kräften existiert zwischen den Molekülen bzw. Atomen ein fixierter Abstand x.

Es sei an dieser Stelle angemerkt, daß solche fixierten Plätze nur im kristallinen Feststoff existieren. Weitergehende Informationen erfolgen in den Punkten 2.1.4.2 und 2.1.4.3.

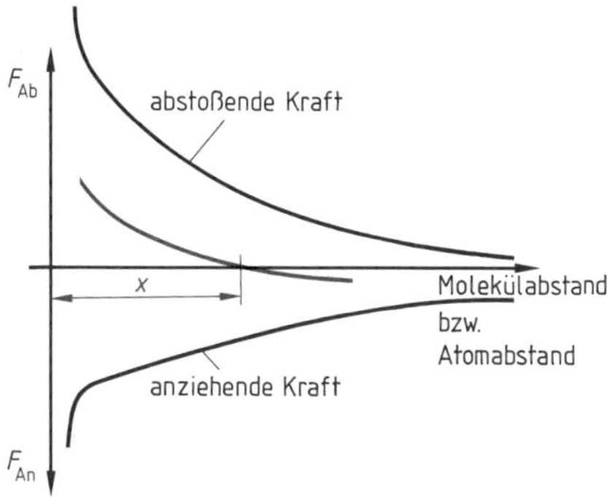

4

2.1.2 Kohäsion und Adhäsion

Die atomaren und die molekularen Kräfte wirken also zwischen den Elementarteilchen, d. h. innerhalb eines Körpers, aber auch zwischen den Atomen bzw. Molekülen verschiedener Körper. Demnach unterscheidet man:

Kohäsionskraft → Dies ist eine Kraft, die zwischen den Atomen oder Molekülen innerhalb eines Körpers wirkt und dessen Zusammenhalt bewirkt. Man bezeichnet sie deshalb auch als **Zusammenhangskraft**.

Adhäsionskraft → Dies ist eine Kraft, die zwischen den Oberflächenmolekülen oder Atomen verschiedener Körper wirkt und deren Zusammenhaften bewirkt. Man bezeichnet sie deshalb auch als **Anhangskraft**. Beispiele: Kreide an der Tafel oder das Zusammenhaften von **Endmaßen**.

2.1.3 Aggregatzustand als Folge der Kohäsionskraft

In Lektion 1 wurde bereits auf die **Zustandsformen der Körper**, d. h. auf die verschiedenen **Aggregatzustände** (fest, flüssig und gasförmig), und zwar am speziellen Beispiel von Wasser, eingegangen. Die meisten Stoffe, z. B. alle Metalle, können diese Zustandsformen, in Abhängigkeit von der Temperatur, einnehmen. Weitere Einzelheiten über diesen Sachverhalt lehrt die **Fluidmechanik**, und auch in den Lektionen 11 und 12 wird noch ausführlich auf die Änderung des Aggregatzustandes eingegangen. An dieser Stelle soll für das weitere Verständnis gesagt werden:

Der Aggregatzustand ist eine Funktion der wirkenden Kohäsionskräfte.

Die folgende Tafel zeigt den **Einfluß der Kohäsionskräfte auf die Zustandsform der Körper**:

Zustandsform (Aggregatzustand)	Kohäsionskräfte	gegenseitige Molekül-Verschiebbarkeit
fest	groß	schlecht möglich
flüssig	klein	gut möglich
gasförmig	sehr klein	sehr gut möglich

2.1.4 Die Aufbauformen der Stoffe

Bei der Erklärung der atomaren bzw. der molekularen Kräfte wurde vorausgesetzt, daß der grundsätzliche Aufbau der Materie aus den Fächern **Chemie** und **Werkstoffkunde** bekannt ist. Um das **Wesen der Wärme** zu verstehen, ist es jedoch erforderlich, an dieser Stelle nochmals kurz auf die beiden möglichen **Aufbauformen** der festen Stoffe, den **kristallinen Aufbau** und den **amorphen Aufbau**, einzugehen.

2.1.4.1 Der kristalline Aufbau fester Stoffe

Bild 4, Seite 13, zeigt den funktionellen Zusammenhang der zwischen den **Elementarbausteinen**, den **Atomen** bzw. **Molekülen** wirkenden Kräfte F_{An} und F_{Ab} im gleichgewichtigen Zustand.

Der für jeden kristallinen Stoff typische Abstand x der Atome wird als die **Gitterkonstante** a_0 bezeichnet.

Bei sehr vielen Stoffen führt dieses Kräftegleichgewicht dazu, daß sich die Elementarbausteine nach einem bestimmten „Bauplan“ zusammensetzen. In diesem Fall spricht man von einem **kristallinen Aufbau**. Ein solcher ist z. B. bei Schnee oder Eis und auch bei den Metallen im festen Zustand gegeben.

Mit der Vielzahl der Zusammenlagerungssysteme der Elementarbausteine, die auch als **Elementarzellen** oder **Kristallgitter** bezeichnet werden, befaßt sich die Wissenschaft der **Kristallographie**. Eine sehr häufig anzutreffende Elementarzelle – man spricht auch vom **Atomgitter** oder **Ionengitter** – ist eine würfelförmige Form. In einem solchen Fall spricht man von einer kubischen Elementarzelle (Kubus = lat. Würfel) und man unterscheidet das

kubisch raumzentrierte Gitter (Bild 1)

vom

kubisch flächenzentrierten Gitter (Bild 2)

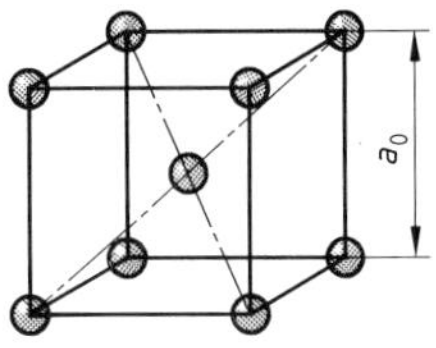

1

Weitere Beispiele:

Tetragonales Gitter (Rechtecksäule)

hexagonales Gitter (Sechsecksäule)

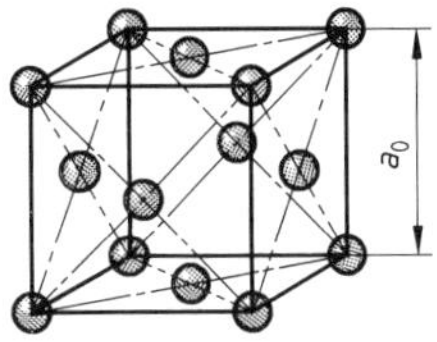

2

2.1.4.2 Der amorphe Aufbau fester Stoffe

Eine Vielzahl fester Stoffe – z. B. Glas, Wachs, Kitt, Kunststoffe, Porzellan, Bernstein – haben keinen kristallinen Aufbau. Bei solchen festen Stoffen ist der Aufbau völlig regellos, d. h. ohne bestimmtes System. Man bezeichnet sie als **amorphe Stoffe**. Diese amorphe Form wird im Bild 3 gezeigt.

> Feste Stoffe haben einen kristallinen oder amorphen Aufbau.

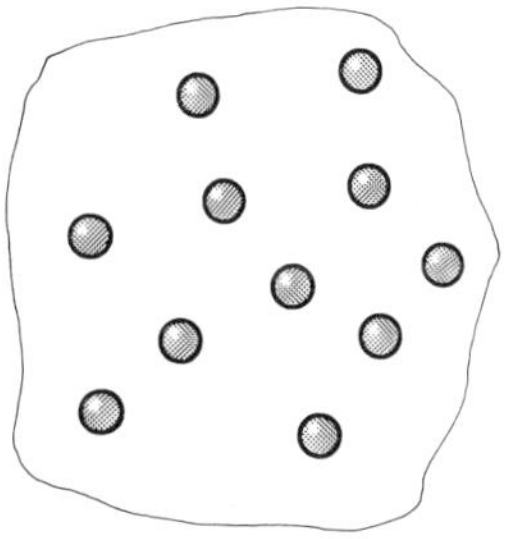

3

2.1.4.3 Flüssigkeiten, Gase und Dämpfe

Bedingt durch die kleinen Kohäsionskräfte haben Flüssigkeiten, Gase und Dämpfe ebenfalls einen vollkommen regellosen Aufbau, d. h., daß die Elementarbausteine nicht nach einem bestimmten System aneinandergelagert sind.

2.2 Wärme als Bewegungsenergie der Atome und Moleküle

2.2.1 Energiearten und Energieumwandlungen

Aus der **Dynamik** ist bekannt, daß man unter **Energie** eine gespeicherte Arbeitsfähigkeit versteht. Man unterscheidet die folgenden **Energiearten**:

> Mechanische Energie
> Atomenergie
> Chemische Energie
> Elektrische Energie
> Druckenergie
> Wärmeenergie u. a.

→

Formelzeichen:

DIN 1304: *E, W, A, Q*
DIN 1345 „Thermodynamik":
für mechanische Arbeit ***W***
für Wärmeenergie ***Q***

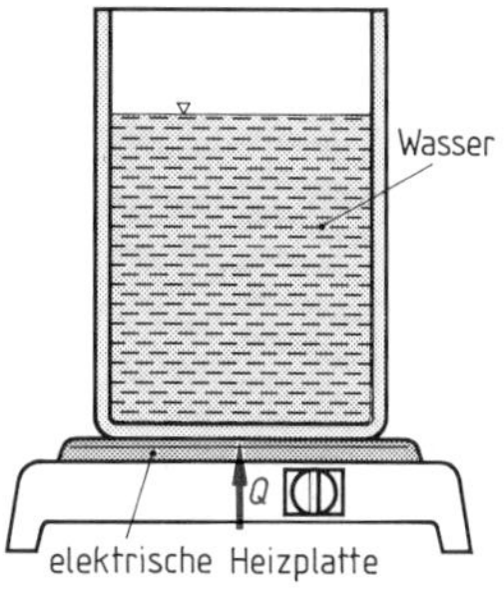

4

> Energie kann in verschiedenen Arten auftreten, sie kann nicht vermehrt werden oder verloren gehen, sie ist aber von einer Art in eine andere Art umwandelbar.

Bild 4 zeigt z. B. die Umwandlung elektrischer Energie in Wärmeenergie. Daraus ist auch zu ersehen, daß Energie transportabel ist. Man spricht ja auch ganz offiziell vom **Energietransport**.

2.2.2 Die Aufnahme und die Abgabe von Wärmeenergie

Bild 4, Seite 15, zeigt eine Erfahrung: Führt man einem Körper Wärmeenergie zu, dann wird diese in diesem Körper gespeichert. Schaltet man die elektrische Heizplatte ab, dann wird die vom Wasser gespeicherte Wärmeenergie wieder aus diesem „herausfließen“. Auch solche Vorgänge werden in diesem Buch besprochen, und zwar in den Lektionen **Wärmekapazität** und **Wärmetransport**. Vorläufig soll nur die Frage interessieren, wie eine **Wärmespeicherung** zu erklären ist. Diese Frage soll von einem **kristallinen Körper** ausgehend beantwortet werden. Bild 1 zeigt einen solchen in einer Schnittebene, die man auch als **Netzebene** oder **Gitterebene** bezeichnet.

Nun ist es aber keineswegs so, daß die Atome „fest an ihrem Platz“ sitzen. Sie schwingen vielmehr bei einem „mittleren Abstand a_0“, also der **Gitterkonstanten**, um diese Gleichgewichtslage. Auch dies zeigt Bild 1. Allerdings finden diese Schwingungen nicht nur in der Ebene, sondern vielmehr in alle Raumrichtungen statt. Diese Schwingungen sind um so intensiver, je mehr Wärmeenergie der Körper beinhaltet. Die Schwingungsintensität nimmt aber ab, wenn der Körper Wärmeenergie abgibt. Da diese Schwingungsintensität der Elementarbausteine der **Bewegungsenergie** derselben entspricht, kann man sagen:

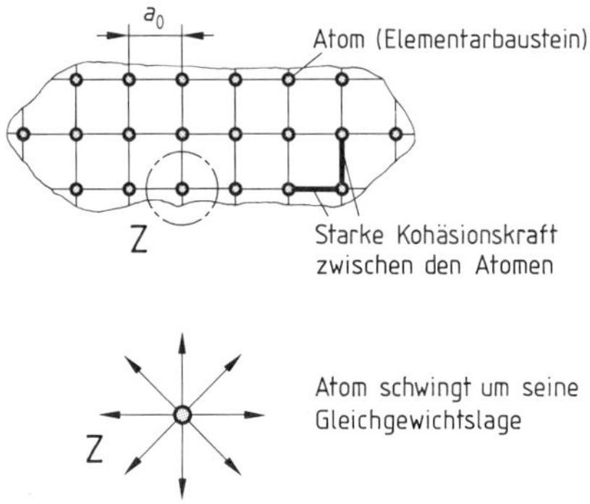

1

Bei Zuführung von Wärmeenergie erhöht sich die Bewegungsenergie der Elementarbausteine, bei Abgabe von Wärmeenergie verringert sich die Bewegungsenergie der Elementarbausteine.

Dies erklärt den **Mechanismus der Wärmespeicherung,** und der beschriebene Vorgang ist nicht nur bei kristallinen Stoffen, sondern auch bei den amorphen Stoffen sowie bei Flüssigkeiten und Gasen, feststellbar. Bereits 1827 entdeckte der englische Botaniker Robert **Brown (1773 bis 1858)**, daß kleinste in Wasser befindliche Teilchen (Schwebstoffe) eine regellose Zitterbewegung ausführen, die sich mit steigender Temperatur deutlich verstärkt. Dies ist so zu erklären – und auch unter dem Elektronenmikroskop sichtbar zu machen –, daß die Wassermoleküle die kleinen Teilchen anstoßen. Eine solche unregelmäßige Zickzackbewegung, bei der die **Gesetze des elastischen Stoßes** (siehe Dynamik) gelten, ist in Bild 2 dargestellt. sie heißt **Brownsche Molekularbewegung**.

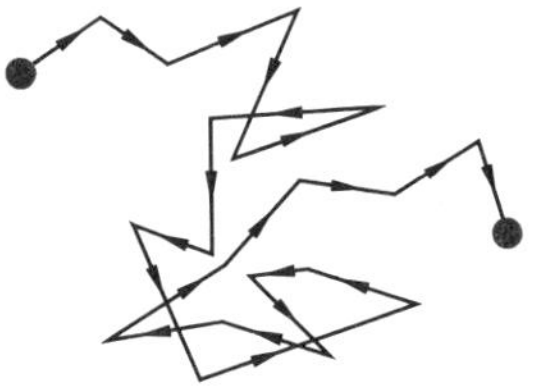
2

2.2.2.1 Sensible und latente Wärmeenergie

Bild 3 zeigt das bereits besprochene **ϑ, t-Diagramm für Wasser**.

Die einzelnen Wärmeenergien bewirken:

Q_1 = Temperaturerhöhung bis 0 °C
Q_2 = Schmelzen des Eises bei 0 °C
Q_3 = Temperaturerhöhung von 0 °C auf 100 °C
Q_4 = Verdampfen des Wassers bei 100 °C
Q_5 = Temperaturerhöhung des Dampfes über 100 °C

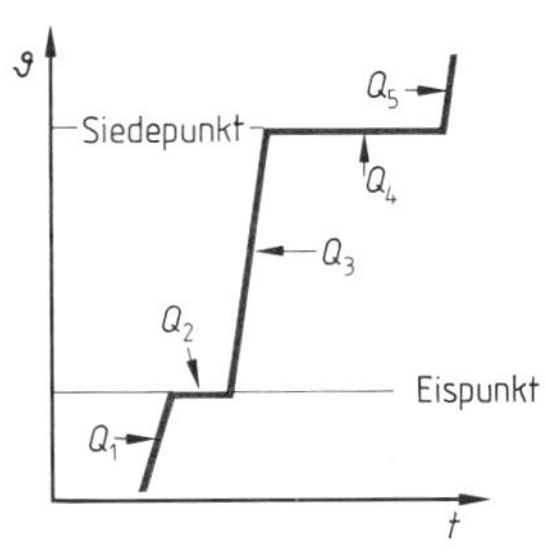

3

Obwohl jede dieser einzelnen Wärmeenergien die Bewegungsenergie der Elementarbausteine vergrößert, ist feststellbar, daß nur einige dieser Wärmeenergien zur Temperaturerhöhung beitragen. Die **Wärmemengen** Q_1, Q_3 und Q_5 bezeichnet man als **sensible** (empfindliche) **Wärmen**, sie erhöhen die Temperatur des Körpers. Die Wärmemengen Q_2 und Q_4 heißen **latente** (versteckte) **Wärmen** oder **Umwandlungswärmen**.

sensible Wärme → Die zu- oder abgeführte Energie ändert die Temperatur des Körpers.

latente Wärme → Die zu- oder abgeführte Energie ändert den Aggregatzustand oder das Gitter des Körpers.

Um Mißverständnissen vorzubeugen, wird auf die Synonyma (gleichbedeutende Wörter) hingewiesen:

Wärme = Wärmeenergie = Wärmemenge

2.2.2.2 Der Unterschied zwischen Temperatur und Wärme

Versuch:
Entsprechend der Anordnung des Bildes 1 werden zwei gleiche Gefäße, die aber mit einer unterschiedlich großen Menge Wasser gefüllt sind, auf einer Heizplatte erwärmt. Die Erwärmung erfolgt bis zum Sieden einer der beiden Wassermengen.

Feststellung:
Die kleinere Wassermenge siedet zuerst, hat also schneller ihre Temperatur erhöht, obwohl – dies gewährleistet die Versuchsanordnung – in der gleichen Zeit die gleiche Wärmemenge von der Heizplatte in die beiden Wassermengen übergeleitet wurde.

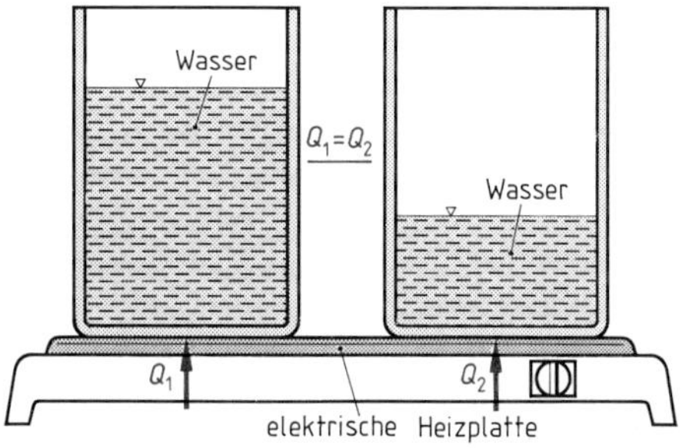

1

Die Intensität der Temperaturerhöhung hängt somit nicht nur von der Wärmemenge, sondern auch von der Menge des zu erwärmenden Stoffes ab. Auch die Art des Stoffes spielt bei diesem Vorgang eine Rolle. Über diese Zusammenhänge unterrichtet sehr ausführlich Lektion 8. Bereits hier kann aber festgestellt werden:

Entgegen dem volkstümlichen Sprachgebrauch muß zwischen den Begriffen Temperatur und Wärme unterschieden werden.

Dieser Unterschied ist auch bereits bei der Unterscheidung der sensiblen Wärme von der latenten Wärme deutlich geworden: Bei der Umwandlung des Aggregatzustandes bleibt trotz Zufuhr von Wärmeenergie die Temperatur konstant.

2.2.2.3 Die Einheit der Wärmeenergie

Aus der **Dynamik** ist bekannt, daß die **mechanische Energie** in Form von **potentieller Energie** (Energie der Lage) – dies zeigt Bild 2 – und in Form von **kinetischer Energie** (Geschwindigkeitsenergie) – dies zeigt Bild 3 – auftreten kann. Es ist

potentielle Energie $W_{pot} = F_G \cdot h$ 17–1

kinetische Energie $W_{kin} = \frac{m}{2} \cdot v^2$ 17–2

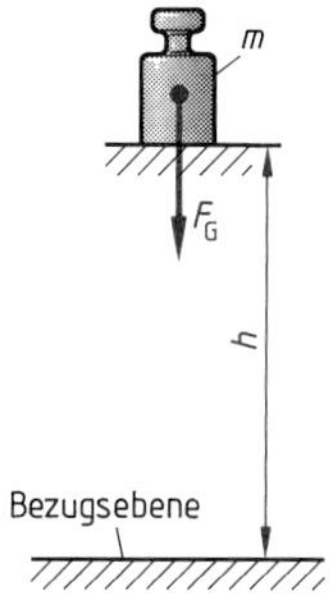

2

3

Beide Formen sind gleichwertig (äquivalent) und es ist

F_G = Gewichtskraft in N
h = Höhenunterschied in m } $[W_{pot}] = [F_G] \cdot [h] = \text{N} \cdot \text{m} = \textbf{Nm}$

m = Masse in kg
v = Geschwindigkeit in $\frac{\text{m}}{\text{s}}$ } $[W_{kin}] = [m] \cdot [v^2] = \text{kg} \cdot \left(\frac{\text{m}}{\text{s}}\right)^2 = \frac{\text{kgm}}{\text{s}^2} \cdot \text{m} = \text{N} \cdot \text{m} = \textbf{Nm}$

Die abgeleitete SI-Einheit für die mechanische Arbeit ist das Joule (Einheitenzeichen: J). 1 J ist gleich der Arbeit, die verrichtet wird, wenn der Angriffspunkt der Kraft 1 N in Richtung der Kraft um 1 m verschoben wird.

Die Bezeichnung Joule erfolgte zu Ehren des englischen Physikers James Prescot **Joule (1818 bis 1889)**. Sprich: dschul. Da die zugeführte Wärmeenergie der Erhöhung der Bewegungsenergie, d. h. der Erhöhung der Geschwindigkeitsenergie der Elementarbausteine entspricht, gilt:

Die Einheit der Wärmeenergie ist das J. ——→ 1 Joule = 1 Newtonmeter ——→ 1 J = 1 Nm

1000 J = 1 kJ

Dieser zunächst qualitativ erläuterte Zusammenhang zwischen mechanischer Energie und Wärmeenergie wird in Lektion 15 nochmals eingehend erläutert.

Die früher für die Wärmeenergie gebräuchliche Einheit der **Kilokalorie** (kcal) ist keine SI-Einheit und somit nicht mehr zugelassen. Trotzdem wird sie noch für eine gewisse Zeit, z. B. beim Um- oder Erweiterungsbau älterer Anlagen, von Bedeutung sein. Aus diesem Grund, aber auch wegen der großen Anschaulichkeit, soll an dieser Stelle die Definition der Kilokalorie wiedergegeben werden:

1 Kilokalorie ist diejenige Wärmeenergie, die erforderlich ist, um 1 kg Wasser von 14,5 °C auf 15,5 °C zu erwärmen.

Als Techniker sollte man wissen: 1 kcal ≈ 4,19 kJ

2.2.2.4 Wärmeenergie und absoluter Nullpunkt

Der Mechanismus der Wärmespeicherung beruht auf der Zu- bzw. Abnahme der Bewegungsenergie der Elementarteilchen. Wird dem Körper immer mehr Wärmeenergie entzogen, dann verkleinert sich diese Wärmebewegung im gleichen Maße. Die klassische Thermodynamik besagt:

Am absoluten Nullpunkt hört die Wärmebewegung der Elementarteilchen ganz auf.

In der von Max **Planck (1858 bis 1947)** aufgestellten **Quantentheorie** und auch aus der experimentellen Bestätigung ergibt sich jedoch eine **Nullpunktsbewegung** und eine damit verbundene **Nullpunktsenergie**. Diese ist sehr klein und es gilt:

Am absoluten Nullpunkt hat die Bewegungsenergie der Elementarteilchen ihren kleinsten Wert.

Der deutsche Physiker W. H. **Nernst (1864 bis 1941)** formulierte in dem nach ihm benannten **Nernstschen Wärmesatz**, dem **3. Hauptsatz der Thermodynamik**:

Der absolute Nullpunkt kann niemals erreicht werden.

Diese Aussage aus dem Jahr 1906 wurde von Max Planck in der Quantentheorie bestätigt. Experimentell ist man heute in der Lage, sich dem absoluten Nullpunkt bis auf 10^{-6} °C zu nähern.

2.2.2.5 Die Änderung des Aggregatzustandes und Druckenergie

Ebenso wie bei Wärmeentzug die Bewegungsenergie der Elementarteilchen immer kleiner wird, nimmt sie bei Wärmezufuhr ständig zu. Dies bedeutet, daß die Bewegung der Elementarteilchen immer schneller und weiträumiger wird. Die Folge ist, daß die Kohäsionskräfte zwischen den Elementarteilchen überwunden werden und daß dadurch ein fester Körper flüssig wird. Bei noch weiterer Wärmezufuhr wird die Bewegungsenergie weiter vergrößert und die Flüssigkeitsmoleküle werden aus der Flüssigkeitsoberfläche herausgeschleudert, d. h.: die Flüssigkeit verdampft, der Aggregatzustand ändert sich erneut.

Durch Zu- oder Abfuhr von Wärmeenergie läßt sich der Aggregatzustand eines Stoffes verändern.

Befindet sich die verdampfende Flüssigkeit in einem geschlossenen Gefäß, dann werden die Flüssigkeitsmoleküle gegen die Gefäßwand geschleudert. Dies erklärt den Anstieg des **Druckes** und die damit verbundene Zunahme der **Druckenergie**.

Wärmeenergie kann in Druckenergie umgewandelt werden.

Ü 17. Beschreiben Sie die beiden Aufbauformen der festen Stoffe.

Ü 18. Nennen Sie die Aggregatzustände und machen Sie eine Aussage über die jeweilige Kohäsionskraft.

Ü 19. Nennen Sie die Energiearten und die grundsätzlichen Energieeigenschaften.

Ü 20. Was versteht man unter der Brownschen Molekularbewegung und welchen Rückschluß läßt diese zu?

Ü 21. Führen Sie die Einheit der Wärmeenergie J auf Basiseinheiten zurück.

Ü 22. Wie erklären Sie sich, daß man über kochendem Wasser den Dampf mit der Hand als Krafteinwirkung fühlen kann?

Ü 23. Was versteht man unter dem absoluten Nullpunkt und wie ist dieser energetisch gekennzeichnet?

V 13. Erklären Sie das Zustandekommen der Gitterkonstanten.

V 14. Welche Kristallgitterformen sind Ihnen bekannt?

V 15. Was versteht man unter Energie?

V 16. Versuchen Sie, die Energieumwandlungen in einem Verbrennungsmotor zu beschreiben.

V 17. Nennen Sie die Ihnen bekannten Energieeinheiten und erläutern Sie die Zusammenhänge.

V 18. Welche Aussage können Sie bei der Zufuhr einer latenten Wärmeenergie machen
a) über die Zunahme der Bewegungsenergie der Elementarteilchen,
b) über die Temperaturzunahme?

V 19. Nennen Sie einige Wärmequellen aus Ihrer Umgebung bzw. aus Ihrer täglichen Erfahrung.

V 20. Beschreiben Sie die Aggregatzustände von Wasser.

Lektion 3

Wärmeausdehnung fester und flüssiger Stoffe

3.1 Wärmeausdehnung fester Körper

3.1.1 Begründung der Wärmeausdehnung

Es wurde bereits an verschiedenen Stellen dieses Buches festgestellt, daß Temperaturschwankungen eine Vergrößerung bzw. eine Verkleinerung der Körper zur Folge haben. Dieser Effekt wird ja gerade auch bei der Temperaturmessung ausgenutzt. Er kann aber auch sehr störend sein, so. z. B. die **Wärmeausdehnung**, kurz **Wärmedehnung** genannt, die durch die Sonneneinstrahlung auf Metallkonstruktionen – z. B. Brücken – eintritt. In Lektion 2 wurde als Folge einer Temperaturzunahme bzw. einer Temperaturabnahme die Zu- oder Abnahme der Bewegungsintensität der Elementarteilchen erkannt. Dies bedeutet aber, daß sich die Schwingungsweite der Elementarteilchen vergrößert oder verkleinert, und dies hat auch eine Volumenzunahme bzw. eine Volumenabnahme zur Folge.

Die Volumenänderung infolge einer Temperaturänderung beruht auf der Änderung der Bewegungsenergie und damit der Änderung der Schwingungsweite der Elementarteilchen.

3.1.2 Längenausdehnung fester Körper

3.1.2.1 Der thermische Längenausdehnungskoeffizient

In der Technik werden viele Körper verwendet, bei denen die Längenabmessung dominiert. Dies sind z. B. Rohrleitungen, elektrische Freileitungen oder Stahl- bzw. Leichtbauprofile. Aus vielen Erfahrungen ist bekannt, daß sich unterschiedliche Stoffe bei einer bestimmten Temperaturdifferenz unterschiedlich stark dehnen. Erhöht man z. B. die Temperatur eines 1 m langen Stahlstabes um 1 °C, dann stellt man fest, daß sich eine Längenzunahme von ca. 0,000012 m ergibt. Hätte man einen Kupferstab mit den gleichen Abmessungen um den gleichen Temperaturbetrag erwärmt, dann hätte sich eine Längenzunahme von 0,000017 m ergeben. Kupfer dehnt sich also bei der gleichen Temperaturzunahme um über 40 % stärker aus als dies bei Stahl der Fall ist. Dieses unterschiedliche **Wärmedehnverhalten** der verschiedenen Stoffe wird durch die **Wärmedehnzahl**, die auch **Längenausdehnungszahl** oder **linearer Ausdehnungskoeffizient** genannt wird, berücksichtigt. Als Formelbuchstabe wird nach DIN 1304 der kleine griechische Buchstabe α (Alpha) verwendet. In dieser DIN-Norm spricht man auch vom **thermischen Längenausdehnungskoeffizienten**.

Die Wärmedehnzahl gibt als Stoffkonstante die Längenänderung eines 1 m langen Stabes bei einer Temperaturerhöhung oder Temperaturerniedrigung um 1 Grad Celsius an.

Die Einheit der Wärmedehnzahl ist demzufolge

$\frac{m}{m \cdot °C}$ ⟶ Meter Längenänderung pro Meter Ausgangslänge des Stabes und pro °C Temperaturänderung.
Da 1 °C Temperaturänderung auch ΔT = 1 K entspricht, wird heute meist

α in $\frac{m}{m \cdot K} = \frac{1}{K}$ angegeben,

wobei die Einheit $\frac{1}{K}$ keine physikalische Aussagekraft hat. Nebenstehende Tabelle zeigt die

α-Werte einiger wichtiger Stoffe

Stoff	α in $\frac{m}{m \cdot K}$	**Stoff**	α in $\frac{m}{m \cdot K}$
Aluminium	0,000024	Hartmetall	0,000005
Antimon	0,000011	Kupfer	0,000017
Beton	0,000012	Magnesium	0,000026
Blei	0,000029	Messing	0,000018
Bronze	0,000018	Nickel	0,000013
reines Eisen	0,000017	Platin	0,000009
Glas	0,000009	Quecksilber	0,0000606
Gold	0,000014	Silber	0,000020
Grauguß	0,000011	Stahl	0,000012

Diese Werte **beziehen sich auf Raumtemperatur ϑ = 20 °C.** Bei technischen Berechnungen ist deshalb zu beachten:

Die Wärmedehnzahl α ist stoffabhängig **und** temperaturabhängig.

Diese **Temperaturabhängigkeit** kann in einem Diagramm dargestellt werden. Bild 1 zeigt ein solches – nach Angaben des „Deutschen Kupferinstitutes" (DKI) für Reinkupfer bei tiefen Temperaturen.

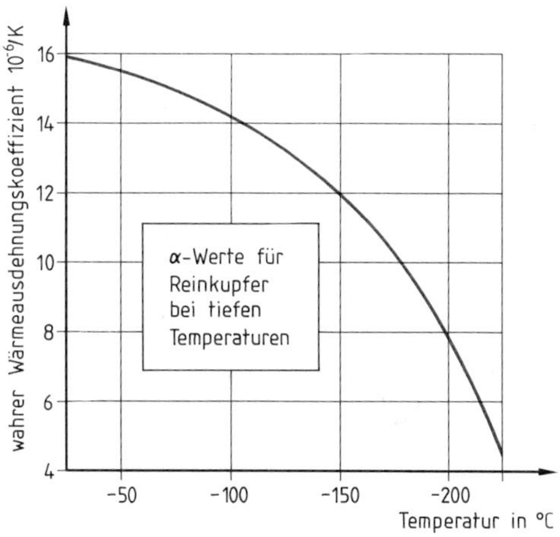

1

3.1.2.2 Berechnung der Längenausdehnung infolge Temperaturdifferenz

Aus der Einheit der Wärmedehnzahl α geht hervor, daß z. B. bei doppelter Ausgangslänge die doppelte Längenzunahme eintritt, vorausgesetzt, daß es sich um die gleiche Temperaturänderung handelt. Andererseits ist aber z. B. bei gleicher Ausgangslänge und der halben Temperaturänderung nur die halbe Längenänderung zu erwarten. Bei den Berechnungen ist

l_1 = Länge vor der Temperaturänderung ⟶ Ausgangslänge
l_2 = Länge nach der Temperaturänderung ⟶ Endlänge
ϑ_1 = Temperatur vor der Temperaturänderung ⟶ Ausgangstemperatur
ϑ_2 = Temperatur nach der Temperaturänderung ⟶ Endtemperatur

Die Gesetzmäßigkeit wird mit Hilfe der folgenden Musteraufgabe untersucht:

M 9. Ein Stab aus Aluminium mit $\alpha = 0{,}000024 \frac{m}{m \cdot K}$ hat bei ϑ_1 = 20 °C eine Länge l_1 = 325 mm. Durch die spanabhebende Bearbeitung auf einer Drehmaschine hat sich die Temperatur auf ϑ_2 = 180 °C erhöht. Wie groß ist die Länge des Stabes bei dieser Temperatur, wenn vorausgesetzt wird, daß er sich frei dehnen kann?

Lösung: Die Lösung erfolgt in einzelnen Schritten und in tabellarischer Form. Beachten Sie bei jedem dieser Schritte die Definition des Wärmeausdehnungskoeffizienten α.

Bei der Ausgangslänge l_1:	und der Temperaturzunahme $\Delta\vartheta$:	ist die Längenzunahme:
1 m	1 °C	$\Delta l = 0{,}000024\,\text{m}$
1 mm	1 °C	$\Delta l = 0{,}000024\,\text{mm}$
325 mm	1 °C	$\Delta l = 325 \cdot 0{,}000024\,\text{mm}$
325 mm	180 °C − 20 °C = 160 °C	$\Delta l = l_1 \cdot \alpha \cdot \Delta\vartheta$
		$\Delta l = 325\,\text{mm} \cdot 0{,}000024\,\frac{\text{m}}{\text{m} \cdot \text{K}} \cdot 160\,\text{K}$
		$\Delta l = \mathbf{1{,}248\,mm}$

Musteraufgabe M 9. zeigt: Bei einem Stab mit der Ausgangslänge l_1 beträgt bei einer Temperaturdifferenz $\Delta\vartheta$ und einer stoffabhängigen Wärmedehnzahl α die

Wärmeausdehnung $\Delta l = l_1 \cdot \alpha \cdot \Delta\vartheta$ 22–1

$\Delta l, l_1$	α	$\Delta\vartheta \triangleq \Delta T$
m	$\frac{\text{m}}{\text{m} \cdot \text{K}}$	°C, K

Bild 1:
Temperaturerhöhung ⟶ $l_2 = l_1 + \Delta l$ ⟶ 1

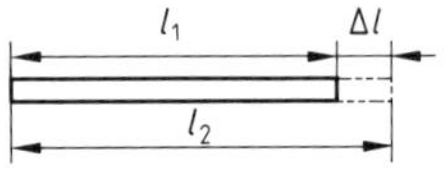

Bild 2:
Temperaturerniedrigung ⟶ $l_2 = l_1 - \Delta l$ ⟶ 2

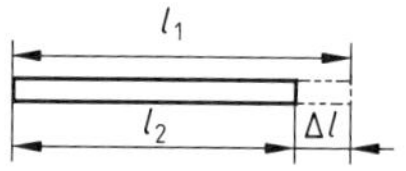

Somit ergibt sich für die
Endlänge $l_2 = l_1 \pm l_1 \cdot \alpha \cdot \Delta\vartheta$ 22-2 in m, mm

Dabei gilt ⟶ + für Temperaturerhöhung (Erwärmung)
− für Temperaturerniedrigung (Abkühlung)

Eine Anmerkung für die Praxis des Technikers: ⟶ Verbindliche Angaben über die Größe der Wärmedehnzahl erhält man beim Werkstoffhersteller

3.1.3 Volumenausdehnung fester Körper

Der in der Musteraufgabe M 9. betrachtete Aluminiumstab dehnt sich natürlich nicht nur in seiner Länge, sondern in allen drei Raumrichtungen aus. Somit ergibt sich eine **Volumenausdehnung** ΔV. Das Volumen hat sich also vom **Ausgangsvolumen** V_1 auf das **Endvolumen** V_2 ausgedehnt. Sehr einfach gelangt man zu einem Rechengesetz für die Berechnung des Endvolumens V_2, wenn man als Körper einen Würfel, der von ϑ_1 auf ϑ_2 erwärmt wird, betrachtet. Einen solchen zeigt Bild 3. Da sich alle Kanten linear dehnen, läßt dies den folgenden Schluß zu:

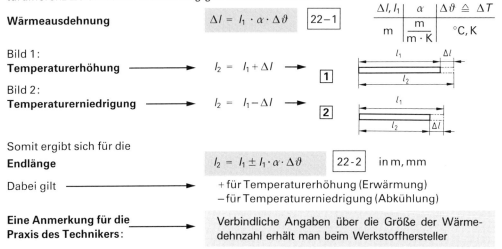

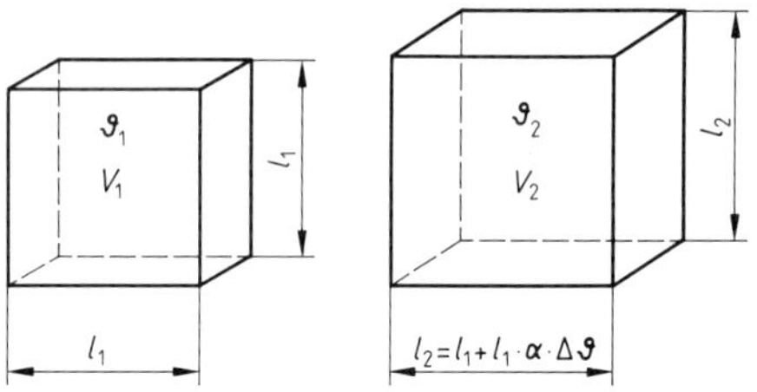

3

Hohlkörper (Gefäße) dehnen sich im gleichen Maß wie massive Körper (Vollkörper).

Bei ϑ_1 gilt: $V_1 = l_1^3$

Bei ϑ_2 gilt: $V_2 = l_2^3 = (l_1 + l_1 \cdot \alpha \cdot \Delta\vartheta)^3 = [l_1 \cdot (1 + \alpha \cdot \Delta\vartheta)]^3 = l_1^3 \cdot (1 + \alpha \cdot \Delta\vartheta)^3$

Rechnet man das kubische Binom $(1 + \alpha \cdot \Delta\vartheta)^3$ aus, dann erhält man nach den Regeln der Mathematik

$$V_2 = l_1^3 \cdot [1 + 3 \cdot \alpha \cdot \Delta\vartheta + 3 \cdot (\alpha \cdot \Delta\vartheta)^2 + (\alpha \cdot \Delta\vartheta)^3]$$

In der Praxis ist der Wert $\alpha \cdot \Delta\vartheta$ sehr klein. Selbst wenn man für $\Delta\vartheta = 1000\,°\text{C}$ setzen würde, ergäbe sich für $\alpha \cdot \Delta\vartheta$ nur $\approx$ 0,001. Somit ergäbe sich für den Wert $3 \cdot (\alpha \cdot \Delta\vartheta)^2$ die Zahl 0,000003 und für $(\alpha \cdot \Delta\vartheta)^3$ = 0,000000001. Die beiden letzten Klammerglieder können somit vernachlässigt werden und man erhält damit:

$$V_2 = l_1^3 \cdot [1 + 3 \cdot \alpha \cdot \Delta\vartheta] = l_1^3 + l_1^3 \cdot 3 \cdot \alpha \cdot \Delta\vartheta. \quad \text{Mit } l_1^3 = V_1 \text{ wird:}$$

$$V_2 = V_1 + V_1 \cdot 3 \cdot \alpha \cdot \Delta\vartheta$$

Der Wert $3 \cdot \alpha$ wird nach DIN 1304 und nach DIN 1345 als **Volumenausdehnungskoeffizient** γ (Gamma) bezeichnet.

Volumenausdehnungskoeffizient $\gamma = 3 \cdot \alpha$ 23-1 in $\frac{m^3}{m^3 \cdot K}$

Somit ergibt sich für die Berechnung des am Ende der Erwärmung vorhandenen Volumens, das

Endvolumen $V_2 = V_1 \pm V_1 \cdot \gamma \cdot \Delta\vartheta$ 23-2

V_1, V_2	γ	$\Delta\vartheta$
m^3	$\frac{m^3}{m^3 \cdot K}$	K

Dabei gilt ⟶ + für Temperaturerhöhung (Erwärmung)
– für Temperaturerniedrigung (Abkühlung)

Gleichung 23–2 entspricht in ihrem Aufbau der Gleichung für die Berechnung der Endlänge nach erfolgter Längenänderung.

M10. Eine Stahlschiene hat bei 10 °C eine Länge von 25 m. Welche Länge hat die Schiene $\left(\alpha = 0{,}000012 \frac{m}{m \cdot K}\right)$

a) im Sommer bei 40 °C,
b) im Winter bei –5 °C?

Lösung: a)

$$l_2 = l_1 + l_1 \cdot \alpha \cdot \Delta\vartheta$$

$$l_2 = 25\,m + 25\,m \cdot 0{,}000012 \frac{m}{m \cdot K} \cdot (40\text{-}10)\,K$$

$$l_2 = 25\,m + 25\,m \cdot 0{,}000012 \frac{m}{m \cdot K} \cdot 30\,K = 25\,m + 0{,}009\,m$$

$\boldsymbol{l_2}$ = **25,009 m** (Die Schiene hat sich um 9 mm verlängert)

b)

$$l_2 = l_1 - l_1 \cdot \alpha \cdot \Delta\vartheta$$

$$l_2 = 25\,m - 25\,m \cdot 0{,}000012 \frac{m}{m \cdot K} \cdot [10\text{–}(-5)]\,K$$

$$l_2 = 25\,m - 25\,m \cdot 0{,}000012 \frac{m}{m \cdot K} \cdot 15\,K = 25\,m - 0{,}0045\,m$$

$\boldsymbol{l_2}$ = **24,9955 m** (Die Schiene hat sich um 4,5 mm verkürzt)

M 11. Eine Stahlkugel hat einen Durchmesser von 10 cm und wird um 300 °C erwärmt. Welchen Raum nimmt sie im erwärmten Zustand ein, wenn mit einer „mittleren" Wärmedehnzahl $\alpha = 0{,}000012 \frac{m}{m \cdot K}$ gerechnet werden kann?

Lösung: $V_2 = V_1 + V_1 \cdot \gamma \cdot \Delta\vartheta$

$$V_1 = \frac{\pi}{6} \cdot d^3 = \frac{\pi}{6} \cdot (10\,cm)^3$$

$\boldsymbol{V_1}$ = **523,599 cm³**

$$V_2 = V_1 + V_1 \cdot 3 \cdot \alpha \cdot \Delta\vartheta = 523{,}599\,cm^3 + 523{,}599\,cm^3 \cdot 3 \cdot 0{,}000012 \frac{m}{m \cdot K} \cdot 300\,K$$

$$V_2 = 523{,}599\,cm^3 + 5{,}655\,cm^3$$

$\boldsymbol{V_2}$ = **529,254 cm³**

Probe: Rechnet man das Volumen V_2 über den veränderten Durchmesser d_2 aus, dann ergibt sich:

$$V_2 = \frac{\pi}{6} \cdot d_2^3$$

$$d_2 = d_1 + d_1 \cdot \alpha \cdot \Delta\vartheta$$

$$d_2 = 10\,\text{cm} + 10\,\text{cm} \cdot 0{,}000012 \frac{\text{m}}{\text{m} \cdot \text{K}} \cdot 300\,\text{K}$$

$$d_2 = 10\,\text{cm} + 0{,}036\,\text{cm}$$

$$\boldsymbol{d_2 = 10{,}036\,\text{cm}}$$

$$V_2 = \frac{\pi}{6} \cdot (10{,}036\,\text{cm})^3$$

$$\boldsymbol{V_2 = 529{,}274\,\text{cm}^3}$$

Der kleine Unterschied zwischen beiden Ergebnissen ergibt sich durch Rundungen. Außerdem beinhaltet die erste Rechnung die Ungenauigkeit der Vereinfachung $\gamma \approx 3 \cdot \alpha$.

3.2 Wärmeausdehnung von Flüssigkeiten

Flüssigkeiten dehnen sich unter dem Einfluß von Wärmeenergie stärker als feste Körper aus. Dieses Verhalten ist mit den relativ kleinen Kohäsionskräften zwischen den Flüssigkeitsmolekülen zu begründen. Da Flüssigkeiten keine feste Form haben, sind für die Berechnung nur die Volumenausdehnungskoeffizienten γ von Wichtigkeit. Nebenstehende Tabelle zeigt die

γ-**Werte** einiger wichtiger Stoffe

Stoff	γ in $\frac{\text{m}^3}{\text{m}^3 \cdot \text{K}}$	Stoff	γ in $\frac{\text{m}^3}{\text{m}^3 \cdot \text{K}}$
Alkohol	0,0011	Salpetersäure	0,00124
Benzin	0,0014	Salzsäure	0,00030
Glyzerin	0,0005	Schwefelsäure	0,00056
Maschinenöl	0,00076	Terpentinöl	0,0097
Quecksilber	0,000182	Toluol	0,00108
		Wasser	0,00018

Diese **Werte beziehen sich auf Raumtemperatur** $\boldsymbol{\vartheta = 20\,°\text{C}}$. Bei allen Stoffen ist es so, daß sich diese bei Temperaturzunahme ausdehnen. Nur Wasser, die wohl wichtigste Flüssigkeit, weicht von diesem Verhalten ab. Dies zeigt Bild 1: Bezieht man sich auf die Temperatur 4 °C, dann dehnt sich Wasser sowohl bei Abkühlung als auch bei Erwärmung aus. Dieses Verhalten nennt man die

Anomalie des Wassers.

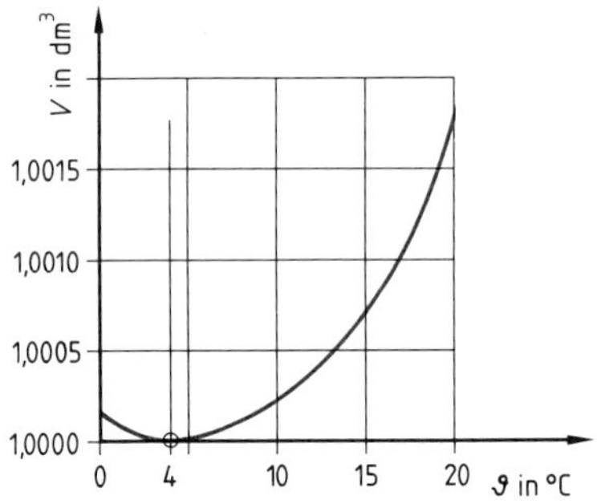

1

Eine bestimmte Wassermasse hat demzufolge bei 4 °C ihr kleinstes Volumen. Somit:

Wasser hat bei der Temperatur 4 °C seine größte Dichte.

Aus der Fluidmechanik ist bekannt, daß Stoffe mit einer bestimmten Dichte auf Flüssigkeiten schwimmen, wenn die Flüssigkeitsdichte größer als die Stoffdichte ist. Dies erklärt, daß tiefe Gewässer nur oben zufrieren. Bei der Abkühlung verhält sich das Wasser so, daß es bei einer Temperatur von 4 °C nach unten sinkt, während die kälteren Wasserschichten sowie das Eis mit der kleineren Dichte oben schwimmen. Die tief gelegenen Wasserschichten haben also eine konstante Temperatur von 4 °C. Nur so ist es möglich, daß in den Polarmeeren noch ein ausgeprägtes organisches Leben möglich ist. Erwähnenswert erscheint noch die Tatsache, daß in den gesamten Weltmeeren ab einer Wassertiefe von ca. 50 m eine konstante Wassertemperatur von 4 °C vorhanden ist.

M 12. Welchen Raum nehmen 2,5 m³ Benzin von 10 °C nach Erwärmung durch Sonneneinstrahlung auf eine Temperatur von 45 °C ein? Welche technische Regel leitet sich hieraus für die Aufbewahrung von Flüssigkeiten in geschlossenen Behältern ab?

Lösung: $V_2 = V_1 + V_1 \cdot \gamma \cdot \Delta\vartheta$

$V_2 = 2{,}5\,m^3 + 2{,}5\,m^3 \cdot 0{,}0014\,\frac{m^3}{m^3 \cdot K} \cdot 35\,K = 2{,}5\,m^3 + 0{,}1225\,m^3$

$\mathbf{V_2 = 2{,}6225\,m^3}$

Das Volumen hat also um 122,5 Liter zugenommen!

Aus dieser Tatsache resultiert die technische Regel, daß Flüssigkeitsbehälter im Falle von Wärmeeinwirkungen nicht vollkommen gefüllt werden dürfen, bzw. daß man eine Ausdehnungsmöglichkeit z. B. in Form eines Steigrohres schaffen muß.

3.3 Wärmespannung

Die in Musteraufgabe M 12. angesprochene Problematik nimmt im konstruktiven Ingenieurbau einen breiten Raum ein. Dies heißt, daß grundsätzlich die **konstruktive Voraussetzung einer freien Dehnung** geschaffen werden muß. So wird z. B. bei Brückenkonstruktionen die konstruktive Voraussetzung zur freien Dehnung mit einem **Loslager** (siehe Festigkeitslehre) realisiert. Würde einem Bauteil, welches Temperaturschwankungen unterliegt, die Möglichkeit der freien Dehnung genommen, entstünden in diesem Bauteil **mechanische Spannungen**. Ein solches Bauteil könnte z. B. eine Rohrleitung (Bild 1) zwischen zwei Behältern sein. Nimmt man einmal an, daß die Behälter fest verankert sind und daß die Rohrleitung spannungsfrei montiert wurde, dann baut sich in der Rohrleitung im Falle einer Erwärmung eine **Druckspannung**, im Falle einer Abkühlung eine **Zugspannung** auf.

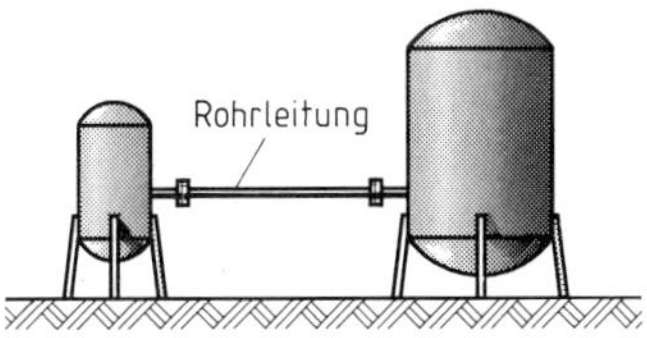

1

Aus der **Festigkeitslehre** wird als bekannt vorausgesetzt:

Dehnung $\varepsilon = \frac{\Delta l}{l_1}$ (25–1)

Hooke'sches Gesetz $\varepsilon = \frac{1}{E} \cdot \sigma$ (25–2)

Δl = Längenänderung = $l_2 - l_1$
l_1 = Ausgangslänge
l_2 = Endlänge
E = Elastizitätsmodul in $\frac{N}{mm^2}$
σ = Zug- bzw. Druckspannung in $\frac{N}{mm^2}$

Setzt man die Gleichungen 25–1 und 25–2 gleich, dann ergibt sich

$\frac{\Delta l}{l_1} = \frac{\sigma}{E} \longrightarrow \sigma = E \cdot \frac{\Delta l}{l_1}$. Mit $\Delta l = l_1 \cdot \alpha \cdot \Delta\vartheta$ ergibt sich

$\sigma = E \cdot \frac{l_1 \cdot \alpha \cdot \Delta\vartheta}{l_1}$. Kürzt man l_1, erhält man für die

Wärmespannung $\sigma = E \cdot \alpha \cdot \Delta\vartheta$ (25–3) in $\frac{N}{mm^2}$

α = Wärmedehnzahl, $\Delta\vartheta$ = Temperaturdifferenz
E = Elastizitätsmodul ⟶ siehe Festigkeitslehre und Tabelle Seite 26

Nebenstehende Tabelle zeigt einige durchschnittliche Werte für den Elastizitätsmodul verschiedener Werkstoffe: ⟶

Werkstoff	durchschnittlicher Elastizitätsmodul in N/mm^2
Al-Legierungen	70000
Stahl	210000
Grauguß	120000
Messing	100000
Rotguß	100000
Ti-Legierungen	120000

Aus der Festigkeitslehre ist weiterhin bekannt:

Spannung $\sigma = \frac{F}{A}$ [26–1] in $\frac{N}{mm^2}$

F = Zug- bzw. Druckkraft im Bauteil in N
A = Querschnitt des Bauteiles in mm^2

Somit ergibt sich für $F = \sigma \cdot A$. Mit Gleichung 25–3 verbunden ergibt sich die

Zug- oder Druckkraft im Bauteil $F = E \cdot \alpha \cdot \Delta\vartheta \cdot A$ [26–2] in N

Aus den Gleichungen 25–3 und 26–2 ist die folgende wichtige Erkenntnis abzuleiten:

Die Wärmespannung und die daraus resultierende Zug- oder Druckkraft in einem Bauteil sind von der Bauteillänge unabhängig.

M 13. Die beiden Behälter in Bild 1, Seite 25, sind mit einer Stahlrohrleitung mit dem Außendurchmesser D = 200 mm und dem Innendurchmesser d = 190 mm verbunden. Bei der verwendeten Stahlqualität kann von $E = 215000\ N/mm^2$ und $\alpha = 0{,}000012\ \frac{m}{m \cdot K}$ ausgegangen werden. Nach spannungsfreiem Einbau erwärmt sich die Leitung um $\Delta\vartheta$ = 70 °C. Wie groß ist die Druckkraft, die in der Leitung wirkt?

Lösung: $F = E \cdot \alpha \cdot \Delta\vartheta \cdot A$

$$A = \frac{\pi}{4} \cdot (D^2 - d^2) = \frac{\pi}{4} \cdot (200^2 - 190^2)\ mm^2$$

$$\mathbf{A} = \frac{\pi}{4} \cdot 3900\ mm^2 = \mathbf{3063\ mm^2}$$

$$F = 215000\ \frac{N}{mm^2} \cdot 0{,}000012 \frac{m}{m \cdot K} \cdot 70\ K \cdot 3063\ mm^2$$

$$\mathbf{F} = \mathbf{553178\ N}$$

Anmerkung: Die errechnete Kraft entspricht etwa der Gewichtskraft von fünfzig Personenkraftwagen. Lange bevor diese Kraft wirksam werden kann, wird die Verbindung durch unzulässige Verformungen zerstört.

Dies muß durch kontruktive Maßnahmen verhindert werden.

Ü 24. In welcher technischen Anwendung ist es wichtig, daß Stahl und Beton annähernd die gleiche Längenausdehnungszahl haben?

Ü 25. Außer bei Wasser zwischen 0 und 4 °C vergrößern sich beim Erwärmen immer die Volumina der Stoffe.

Erklären Sie, warum sich die Volumina ändern und wie sich Volumen und Dichte im Falle der Erwärmung verändern.

Ü 26. Erklären Sie die Einheit des thermischen Längenausdehnungskoeffizienten.

Ü 27. Bei präzisen Längenmessungen wird als Bezugstemperatur 20 °C angegeben. Versuchen Sie, dies zu erklären.

Ü 28. Warum springt bei einem emaillierten Gefäß, welches nicht mit einer Flüssigkeit – z. B. Wasser – gefüllt ist, bei plötzlicher Erwärmung die Emaille ab?

Ü 29. Durch das sog. **Schwindmaß** wird in der Gießereitechnik angegeben, um wieviel % sich die Abmessungen von Gußstücken beim Erstarren und beim anschließenden Erkalten auf Raumtemperatur verkleinern.

Grauguß hat ein lineares Schwindmaß von 1 %. Wie lang muß das Gußmodell sein, wenn das Gußstück eine Länge von 548 mm haben soll?

Ü 30. Warum sind die Einheiten $\frac{\text{m}}{\text{m} \cdot \text{K}}$ und $\frac{\text{m}}{\text{m} \cdot {}^\circ\text{C}}$ physikalisch identisch?

Ü 31. Ein Kupferstreifen und ein Stahlstreifen haben bei $\vartheta_1 = 20\ {}^\circ\text{C}$ eine Länge $l_1 = 50$ cm. Um wieviel mm unterscheiden sich die Längen bei einer Temperatur $\vartheta_2 = 100\ {}^\circ\text{C}$?

Ü 32. In einem Barometer mit Messingskala befindet sich eine 735 mm hohe Quecksilbersäule. Die Eichung fand bei einer Temperatur von 12 °C statt. Wie groß muß die Korrektur bei 30 °C sein?

Ü 33. Ein Kolbenbolzen aus Stahl hat bei der Verwendung in einem Schiffsdieselmotor bei 20 °C einen Durchmesser von 100,008 mm. Welches Maß hat der Bolzen bei einer Unterkühlung auf –30 °C? Kann er ohne besonderen Kraftaufwand in eine Bohrung mit dem Durchmesser 100 mm gefügt werden?

Ü 34. Der in Bild 1 dargestellte Schrumpfanker aus Stahl muß zur Herstellung einer Verbindung durch Wärmeeinwirkung um 0,3 mm verlängert werden.

Berechnen Sie

a) die erforderliche Temperatur ϑ_2 bei einer Ausgangstemperatur von 20 °C,
b) die Spannkraft des Ankers nach Abkühlung bei einem Elastizitätsmodul von 210 000 N/mm^2.

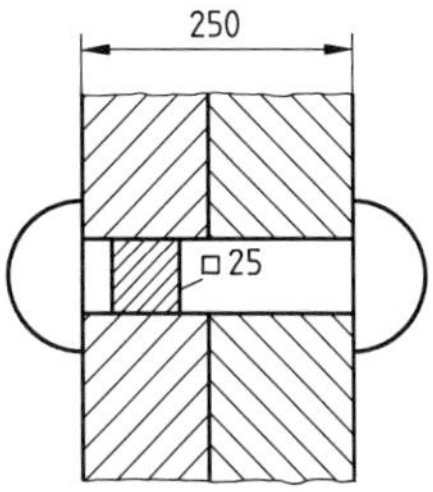

1

Ü 35. Was versteht man unter der Anomalie von Wasser? Zeichnen Sie eine Kurve für die Dichte von Wasser in Abhängigkeit von der Temperatur. Als Arbeitsunterlage dient Bild 1, Seite 24.

Ü 36. Eine Glyzerinmenge hat bei 25 °C das Volumen $V_1 = 20\ \text{cm}^3$. Wie groß ist das Volumen V_2 bei der Temperatur $\vartheta_2 = 80\ {}^\circ\text{C}$?

Ü 37. Das Innenvolumen eines Schwefelsäurebehälters beträgt 40 l. In diesem Tank befinden sich bei $\vartheta_1 = 15\ {}^\circ\text{C}$ 39 Liter Schwefelsäure bei einer Tanktemperatur von ebenfalls 15 °C.

Das Material des Tanks besteht aus säurebeständigem Stahl mit $\alpha = 0{,}000012\ \frac{\text{m}}{\text{m} \cdot \text{K}}$.

Bei welcher Temperatur läuft die Schwefelsäure über den Gefäßrand?

Ü 38. Begründen Sie die Funktion des Ausdehnungsgefäßes in einer Warmwasserheizung.

Ü 39. Eine Stahlstange mit einem Querschnitt von $A = 1{,}5\ \text{cm}^2$ und einer Länge von $l_1 = 1{,}5$ m ist mittels Schweißverbindung fest mit zwei unverrückbaren Maschinen verbunden. Durch Witterungseinflüsse tritt ein Temperaturgefälle von $\Delta\vartheta = 35\ °\text{C}$ ein.

Berechnen Sie bei $\alpha = 0{,}000012 \dfrac{\text{m}}{\text{m} \cdot \text{K}}$ und $E = 215\,000 \dfrac{\text{N}}{\text{mm}^2}$

a) die Wärmeausdehnung Δl,
b) die Wärmedehnung ε, } Unterscheiden Sie!
c) die in der Stange wirkende Zugkraft F.

Ü 40. Bei Brücken wird eventuell auftretenden Wärmespannungen mit einem **Loslager** auf einer Brückenseite begegnet. Welche weiteren konstruktiven Maßnahmen, die das Entstehen von Wärmespannungen verhindern, sind Ihnen aus anderen Anwendungsfällen bekannt?

V 21. Feinmeßgeräte sollen nicht zu lange in der Hand gehalten werden. Wenn dies trotzdem nicht zu umgehen ist, sollen sie beim Messen mit einem Ledertuch angefaßt werden. Warum?

V 22. Chemikalienflaschen haben in der Regel konisch eingeschliffene Verschlußstopfen aus Glas. Infolge des präzisen Sitzes sitzen diese Stopfen oftmals fest. In diesem Fall legt man eine Schnur um den Flaschenhals und bewegt diese schnell hin und her. Daraufhin läßt sich der Stopfen in Kürze lösen. Begründen Sie dies.

V 23. Welche Bezeichnungen sind für den thermischen Längenausdehnungskoeffizienten weiterhin gebräuchlich?

V 24. Warum dürfen Rohre von Heizungs- oder Kälteanlagen in Mauerdurchführungen nicht fest mit Mörtel eingebunden werden?

V 25. Wie verhält sich der Längenausdehnungskoeffizient zum Volumenausdehnungskoeffizient?

V 26. Warum ist es ungünstig, aus der Einheit für den Ausdehnungskoeffizienten $\dfrac{\text{m}}{\text{m} \cdot \text{K}}$ die Einheit m herauszukürzen? Dies ergibt die (meist übliche) Einheit $\dfrac{1}{\text{K}}$.

V 27. Eine Heißdampfleitung von $l_1 = 325$ m wird bei einer Temperatur $\vartheta_1 = 25\ °\text{C}$ verlegt. Der Heißdampf hat eine Temperatur $\vartheta_2 = 320\ °\text{C}$. Um wieviel würde sich die Leitung aus Stahl dehnen, wenn man dies nicht durch eingebaute **Dehnungsausgleicher**, die man auch als **Längenkompensatoren** bezeichnet, umgehen würde?

V 28. Ein Kupfergefäß faßt bei einer Temperatur von 20 °C genau 100 Liter. Wieviel Liter faßt das Gefäß bei $\vartheta_2 = 100\ °\text{C}$?

V 29. In Übungsaufgabe Ü 33. wird ein Bolzen **thermisch gefügt**. Dieses Verbindungsverfahren heißt **Schrumpfen**. Wie hätte der gleiche Effekt anders erzielt werden können? Welches der beiden Verfahren ist in diesem Fall günstiger?

V 30. Ein 25 m langes Brückengeländer hat bei einer Temperatur von 10 °C eine **Dehnfuge** von insgesamt 1,7 cm. Welche Temperatur darf maximal auftreten, wenn das Geländer aus Aluminium besteht?

V 31. Ein Ring aus Bronze soll durch Wärmeeinwirkung vom Durchmesser $d_1 = 500$ mm auf den Durchmesser $d_2 = 501{,}5$ mm geweitet werden. Berechnen Sie die minimal erforderliche Temperaturdifferenz.

V 32. Die Dichte von Quecksilber beträgt bei 0 °C $\rho_1 = 13{,}6\,\frac{\text{kg}}{\text{dm}^3}$. Berechnen Sie die Dichte bei 80 °C.

V 33. In Musteraufgabe M 13, Seite 26, wurde eine überraschend große Kraft errechnet. Eine solch große Kraft kann aber nur von verhältnismäßig kurzen und gedrungenen Bauteilen aufgenommen werden. Die gezeichnete Rohrleitung würde mit Sicherheit ausknicken. Überlegen Sie sich eine konstruktive Möglichkeit, die dies verhindert.

V 34. Auf einer Drehmaschine wird ein Stahlrohr ($E = 210\,000$ N/mm²) überdreht. Die Einspannung erfolgt annähernd spannungsfrei. Infolge der Reibung steigt beim Drehen die Temperatur von 20 °C auf durchschnittlich 78 °C an. Berechnen Sie

a) Δl bei einer Ausgangslänge von $l_1 = 580$ mm,

b) die auftretende Druckspannung, wenn das Werkstück fest eingespannt ist,

c) die dabei auf den Reitstock und das Arbeitsspindellager wirkende Kraft bei einem Rohraußendurchmesser $D = 100$ mm und einem Rohrinnendurchmesser $d = 80$ mm.

V 35. Bild 1 zeigt die Anordnung eines Stahlprofilträgers I̲PB 120 zwischen zwei starren Lagern. Der Träger hat einen Querschnitt von $A = 34\,\text{cm}^2$ und ist durch eine Verschraubung fest mit den Lagern verbunden. Bei der Montage, die in einem spannungsfreien Zustand bei einer Temperatur von +30 °C erfolgte, wurde eine eventuelle Temperaturänderung nicht berücksichtigt. Welche Zugspannung tritt im Trägerquerschnitt bei einem Temperaturabfall auf −15 °C auf?

1

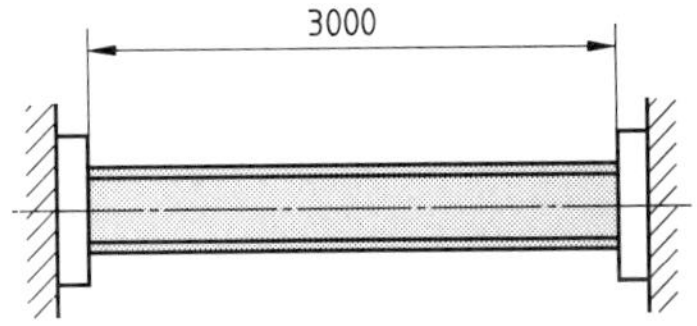

$$E = 210\,000\,\frac{\text{N}}{\text{mm}^2},\ \alpha = 0{,}000012\,\frac{\text{m}}{\text{m}\cdot\text{K}}$$

Lektion 4

Wärmeausdehnung von Gasen

4.1 Die Zustandsgrößen der Gase

Bild 1 zeigt die Arbeitsweise eines **Viertakt-Explosionsmotors**. Dabei durchläuft eine bestimmte Gasmasse in der durch das Verfahren festgelegten **Taktfolge** die **Brennkraftmaschine**. Die sich dabei ständig ändernden **Zustandsgrößen** der eingebrachten Gasmasse sind

Temperatur T

Volumen V

Druck p

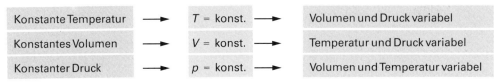

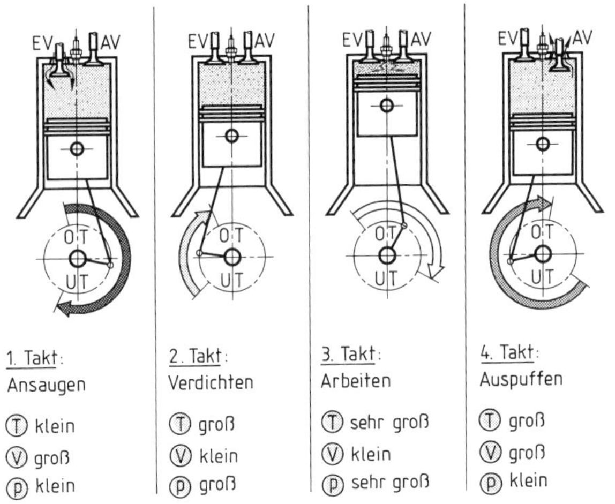

1

Die **Steuerung der Maschine** erfolgt in diesem Falle durch das **Einlaßventil** (EV) und das **Auslaßventil** (AV); der **Kolben** bewegt sich zwischen dem **oberen Totpunkt** (OT) und dem **unteren Totpunkt** (UT) hin und her. Ähnliche Zustandsänderungen erfährt ein **Gas** oder ein **Dampf** z. B. auch in einem **Kompressor**, d. h. in einem **Verdichter**.

Bei einem Gas können sich gleichzeitig die Zustandsgrößen Temperatur T, Volumen V und Druck p ändern.

Es sind jedoch auch die folgenden Sonderfälle durchführbar, allerdings nicht in einer Brennkraftmaschine oder in einem Verdichter:

Konstante Temperatur	→	T = konst.	→	Volumen und Druck variabel
Konstantes Volumen	→	V = konst.	→	Temperatur und Druck variabel
Konstanter Druck	→	p = konst.	→	Volumen und Temperatur variabel

4.1.1 Die Zustandsgrößen als absolute Größen

4.1.1.1 Bedeutung der absoluten Temperatur in der Thermodynamik

Aus den Betrachtungen über die Temperaturskalen ist bekannt, das Celsius, Fahrenheit und Rèaumur die Fundamentalpunkte auf den Stoff Wasser bezogen haben. Dies hatte zur Folge, daß der gesamte Temperaturbereich in negative und positive Temperaturen aufgeteilt wurde und daß es am **Eispunkt** eine Temperatur von

$$0\,°C = 32\,°F = 0\,°R$$ gibt.

Hätte ein „Bezugsstoff" mit besserer „Fundamentalpunkteignung" als Wasser zur Verfügung gestanden, dann hätte dies die Entscheidungen von Celsius, Fahrenheit und Rèaumur sicher beeinflußt; wahrscheinlich hätte man andere Fundamentalpunkte definiert. Auch diese lägen irgendwo im gesamten Temperaturbereich. Aus diesen Überlegungen kann abgeleitet werden, daß die Temperatur 0 °C ein zwar wichtiger Fixpunkt, aber dennoch ein zufälliger Temperaturpunkt auf der absoluten Temperaturskala ist. Dies kann aber nur bedeuten, daß in den **thermodynamischen Gesetzen**, die ja für den gesamten Temperaturbereich ihre Gültigkeit haben müssen, niemals mit Celsiustemperaturen gerechnet werden darf.

In thermodynamischen Rechnungen darf nur mit der absoluten Temperatur T in K gerechnet werden.

Natürlich bezieht sich diese wichtige Regel nicht auf das Rechnen mit Temperaturdifferenzen.

4.1.1.2 Luftdruck und absoluter Druck

Das Phänomen des Luftdruckes wird im Fach **Mechanik der Flüssigkeiten und Gase**, also der **Fluidmechanik**, besprochen. Aus diesem Fachgebiet ist auch bekannt, daß im **Vakuum**, also in einem **leeren Raum**, der Druck Null ist. Alle Druckangaben, die sich auf den Druck Null beziehen, heißen **absolute Drücke**. In der DIN 1314 heißt es:

Der absolute Druck p_{abs} ist der Druck gegenüber dem Druck Null im leeren Raum.

Den absoluten Druck kann man auch als den **tatsächlichen Druck** bezeichnen. Sehr oft wird dieser mit dem jeweiligen **Atmosphärendruck p_{amb}** verglichen. Diesen Zusammenhang zwischen dem momentanen Luftdruck p_{amb} und dem absoluten Druck p_{abs} zeigt Bild 1. Dazu DIN 1314:

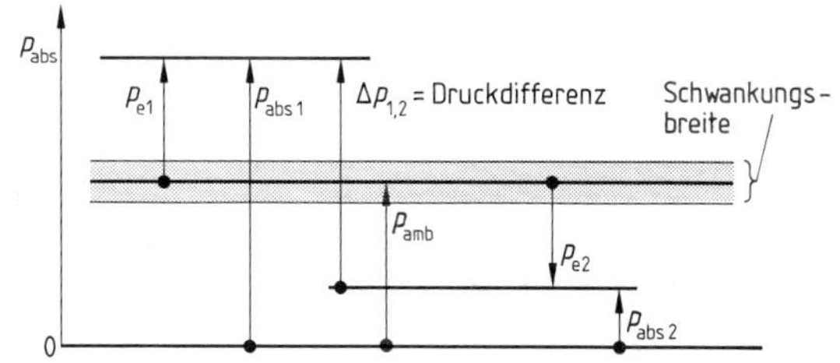

1

Die Differenz zwischen einem absoluten Druck p_{abs} und dem jeweiligen (absoluten) Atmosphärendruck p_{amb} ist die **atmosphärische Druckdifferenz p_e**; sie wird auch **Überdruck p_e** genannt.

Die Indizes an den Bezeichnungen des Bildes 1 leiten sich aus lateinischen Wörtern ab:

abs ≙ absolutus = losgelöst, unabhängig
amb ≙ ambiens = umgebend
e ≙ excedens = überschreitend

Aus Bild 1 ergibt sich auch die Berechnungsgleichung für den

Überdruck $p_e = p_{abs} - p_{amb}$ (31–1) → Überdrücke p_e können sowohl positiv als auch negativ sein.

Da also der Luftdruck Schwankungen unterworfen ist, kann man sagen: Der momentane Luftdruck ist ein zufällig vorhandener Druck im gesamten Druckbereich. In Analogie zu den Temperaturangaben gilt demzufolge:

In thermodynamischen Rechnungen darf nur mit dem absoluten Druck gerechnet werden.

Das in der technischen Praxis häufig verwendete Wort **„Unterdruck"** darf nach DIN 1314 nicht mehr als Benennung einer Größe, sondern nur noch als qualitative Bezeichnung eines Zustandes verwendet werden. Beispiele: „Unterdruckkammer"; „Im Saugrohr herrscht ein Unterdruck". Dennoch ist es üblich, mit dem Wort Unterdruck auch Größen zu bezeichnen. In der Technik wird i. d. R. wie folgt verfahren:

$p_{abs} > p_{amb}$ → p_e ist positiv → p_e wird mit **Überdruck $p_ü$** bezeichnet.
$p_{abs} < p_{amb}$ → p_e ist negativ → p_e wird mit **Unterdruck p_u** bezeichnet.

Zu bemerken ist noch, daß der Bereich der Drücke unterhalb des Atmosphärendruckes als der **Vakuumbereich** bezeichnet wird.

In der **Vakuumtechnik** wird grundsätzlich der stets positive absolute Druck p_{abs} angegeben.

Bild 1, Seite 31, wird gemäß den Belangen der technischen Praxis und entsprechend der obigen Erläuterungen durch die nebenstehende Abbildung (Bild 1) ergänzt.

1

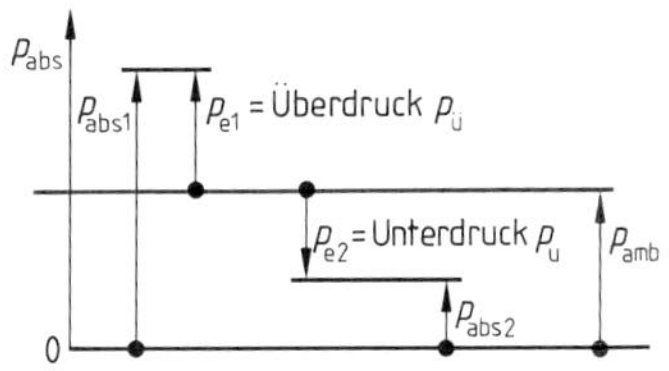

M 14. In einem Gefäß schwankt der Druck zwischen p_{abs1} = 3,8 bar und p_{abs2} = 0,36 bar. Der Luftdruck beträgt p_{amb} = 1,02 bar. Berechnen Sie
a) die Druckdifferenz $\Delta p_{1,2}$
b) die beiden Überdrücke p_{e1} und p_{e2}.

Lösung: a) $\boldsymbol{\Delta p_{1,2}} = p_{abs1} - p_{abs2} = 3{,}8\,\text{bar} - 0{,}36\,\text{bar} = \mathbf{3{,}44\,bar}$
b) $\boldsymbol{p_{e1}} = p_{abs1} - p_{amb} = 3{,}8\,\text{bar} - 1{,}02\,\text{bar} = \mathbf{2{,}78\,bar}$
$\boldsymbol{p_{e2}} = p_{abs2} - p_{amb} = 0{,}36\,\text{bar} - 1{,}02\,\text{bar} = \mathbf{-0{,}66\,bar}$

4.2 Verhalten der Gase bei konstanter Temperatur

4.2.1 Gesetz von Boyle-Mariotte

Bekanntlich wirken zwischen den einzelnen Gasmolekülen so gut wie keine, d. h. nur sehr geringfügige **Kohäsionskräfte**. Dies hat zur Folge, daß Gase – bei Vernachlässigung der Schwerkraft – jeden zur Verfügung stehenden Raum einnehmen. Dies wiederum bedeutet, daß beim Einwirken äußerer Kräfte ein starker Einfluß auf die Änderung des Volumens genommen werden kann. In der technischen Praxis geschieht dies z. B. durch einen **Kolben**, der in einen **Zylinder** hineinwirkt, so wie dies im Bild 1, Seite 2 und im Bild 1, Seite 30 dargestellt ist. Die mögliche Änderung des Volumens durch äußere Krafteinwirkung wird als **Kompressibilität** bezeichnet.

Im Gegensatz zu Flüssigkeiten haben die gasförmigen Körper eine große Kompressibilität.

Näheres über die Kompressibilität der Körper können Sie im Fachgebiet **Mechanik der Flüssigkeiten und Gase,** also der **Fluidmechanik**, nachlesen. Hier nur so viel: Die beschriebene Volumenveränderung heißt bei Volumenverkleinerung → Kompression → Verdichtung

bei Volumenvergrößerung → Expansion → Ausdehnung

Es wurde bereits gesagt:

Setzt man eine konstante Temperatur voraus, dann wird infolge einer Volumenverkleinerung der Druck im Gas vergrößert und infolge einer Volumenvergrößerung der Druck im Gas verkleinert.

Dies ist ein **Erfahrungsgesetz**, welches mit dem im Bild 1 dargestellten Versuch nachgewiesen werden kann. Dabei wird das Volumen eines in einem Zylinder ① eingeschlossenen Gases über die Zwischenstufen ② und ③ bis zur Endstufe ④ immer wieder halbiert. Dabei kann mit Hilfe eines Manometers festgestellt werden, daß sich bei der Halbierung des Volumens jeweils der Druck verdoppelt. Die erforderliche konstante Temperatur kann dadurch erzielt werden, daß der Versuch relativ langsam durchgeführt bzw. die entstehende Wärme relativ schnell abgeführt wird.

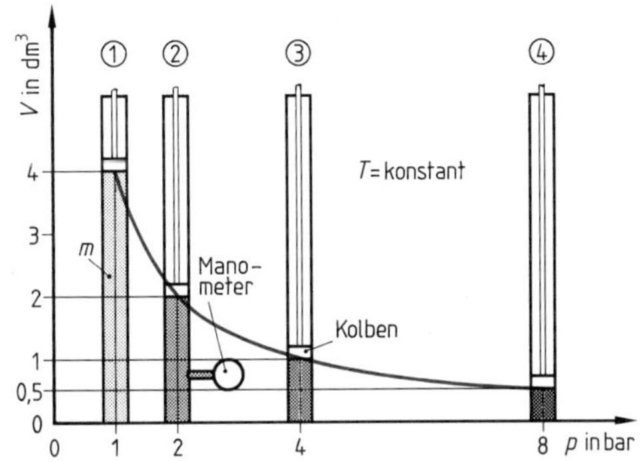

1

Bei konstanter Temperatur einer Gasmasse m ist das Produkt aus Druck und Volumen konstant.

Diese Feststellung machten zuerst der englische Physiker Robert **Boyle (1627 bis 1684)** und der französische Physiker Edme **Mariotte (1620 bis 1684)** und zwar unabhängig voneinander. Demzufolge nennt man dieses wichtige Erfahrungsgesetz der Physik:

Boyle-Mariottesches Gesetz $p \cdot V = \text{konst.}$ 33–1

p	V
Pa, bar ...	dm³, m³ ...

und bezogen auf Bild 1: $p_1 \cdot V_1 = p_2 \cdot V_2 = p_3 \cdot V_3 = p_4 \cdot V_4 = \ldots = \text{konst.}$

M 15. In einem mit einem Kolben verschlossenen Gefäß befinden sich $m = 1{,}293$ kg Luft. Das Volumen beträgt $V_1 = 1\ \text{m}^3$ und der absolute Druck $p_1 = 1{,}01325$ bar. Berechnen Sie den Druck p_2, wenn das Volumen auf $V_2 = 0{,}1\ \text{m}^3$ verkleinert und wenn $T = \text{konst.}$ vorausgesetzt wird.

Lösung: $p_1 \cdot V_1 = p_2 \cdot V_2 \longrightarrow p_2 = p_1 \cdot \frac{V_1}{V_2} = 1{,}01325\ \text{bar} \cdot \frac{1\ \text{m}^3}{0{,}1\ \text{m}^3}$

$\mathbf{p_2 = 10{,}1325\ bar}$

Anmerkung: Hätte man die Drücke auf den Luftdruck bezogen, dann wäre $p_{e1} \approx 0$, da $\mathbf{p_{amb} \approx 1\ bar}$ ist. Damit wäre in der obigen Rechnung ein Faktor, nämlich $p_{e\,1}$, Null. Somit erkennt man auch an diesem Beispiel die Wichtigkeit der Regel:

Es sind grundsätzlich die absoluten Drücke einzusetzen.

4.2.1.1 Die Gasdichte bei konstanter Temperatur

Unter der Dichte versteht man bekanntlich die auf die **Volumeneinheit** bezogene **Masseneinheit**. Es ist also

Dichte $\rho = \frac{m}{V}$ [34−1]

ρ	m	V
$\frac{kg}{m^3}$	kg	m^3

→ $V = \frac{m}{\rho}$

Die Dichte errechnet sich aus dem Quotienten von Masse m und Volumen V.

Dieser Sachverhalt ist vom Aggregatzustand der Körper unabhängig, d. h., daß Gleichung 34−1 auch für Gase und Dämpfe anwendbar ist. Beim Vergleich von Zustand ① mit dem Zustand ② im Bild 1, Seite 33, wird eine unveränderliche, d. h. **konstante Gasmasse *m*** vorausgesetzt. Da eine Volumenverkleinerung vorgenommen wird, muß zwangsläufig die Dichte ρ größer werden. Wendet man nun das **Boyle-Mariottesche Gesetz** an, dann ergibt sich die folgende Ableitung:

$$p_1 \cdot V_1 = p_2 \cdot V_2 \longrightarrow \frac{p_1}{p_2} = \frac{V_2}{V_1} = \frac{\frac{m}{\rho_2}}{\frac{m}{\rho_1}} = \frac{m}{\rho_2} \cdot \frac{\rho_1}{m} \longrightarrow \frac{p_1}{p_2} = \frac{\rho_1}{\rho_2}$$

Bei konstant gehaltener Temperatur verhalten sich die Dichten wie die zugehörigen Drücke.

Weiter ist aus der obigen Ableitung zu ersehen, daß das **Boyle-Mariottesche Gesetz** auch wie folgt formuliert werden kann:

Bei konstant gehaltener Temperatur verhalten sich die Volumina umgekehrt proportional den Drücken.

M 16. Berechnen Sie für die Zustände ① und ② in Musteraufgabe M 15. die jeweiligen Luftdichten.

Lösung: Zustand ① $\rho_1 = \frac{m}{V_1} = \frac{1{,}293\,kg}{1\,m^3}$

$$\boldsymbol{\rho_1 = 1{,}293\ \frac{kg}{m^3}}$$

Zustand ② $\frac{p_1}{p_2} = \frac{\rho_1}{\rho_2} \longrightarrow \rho_2 = \rho_1 \cdot \frac{p_2}{p_1} = 1{,}293\,\frac{kg}{m^3} \cdot \frac{10{,}1325\,bar}{1{,}01325\,bar}$

$$\boldsymbol{\rho_2 = 12{,}93\ \frac{kg}{m^3}}$$

4.3 Verhalten der Gase bei veränderlicher Temperatur

Aus den Überlegungen des Punktes 4.1 ergibt sich: Verändert man bei einem Gas die Temperatur, dann verändert sich im allgemeinen sowohl der Druck als auch das Volumen des Gases. Es besteht jedoch die Möglichkeit, die Gastemperatur bei konstantem Druck und veränderlichem Volumen oder bei konstantem Volumen und veränderlichem Druck zu verändern. Entsprechende Versuche führte erstmals der französische Physiker **Gay-Lussac (1778 bis 1850)** durch.

4.3.1 Gesetz von Gay-Lussac

4.3.1.1 Temperaturänderung bei konstantem Druck und veränderlichem Volumen

Bild 1 zeigt die Versuchseinrichtung von Gay-Lussac: Eine in einem Glaskolben eingeschlossene Gasmenge wird mit Hilfe des **Wärmeträgers** Wasser erwärmt. Diese Versuchsanordnung gewährleistet, daß die Gastemperatur der Wassertemperatur entspricht und somit gemessen werden kann. Ein Quecksilberpfropfen dient als Verschluß und ist dennoch – durch das sich ausdehnende Gas – frei und ohne nennenswerten Widerstand verschiebbar. Dadurch ist sichergestellt, daß der Gasdruck im Kolben stets konstant ist. In diesem Fall ist das Gasvolumen nur von der Gastemperatur alleine abhängig.

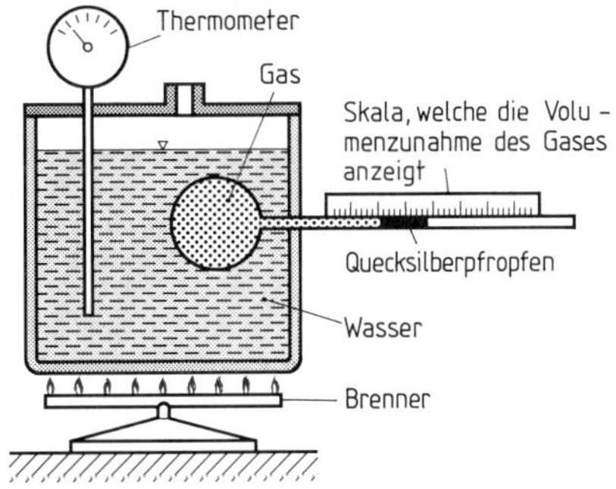

p = konst. ⟶ $V = f(T)$

1

Bei konstantem Gasdruck ist das Gasvolumen eine Funktion der Gastemperatur.

Den beschriebenen Versuch führte Gay-Lussac mit vielen verschiedenen Gasen durch. Unabhängig von der Gasart stellte er bei gleicher Temperaturerhöhung die gleiche Volumenzunahme fest. Bezieht man sich auf die Temperatur 0 °C, dann gilt:

Alle Gase dehnen sich bei konstantem Druck je Grad Temperaturerhöhung um $\frac{1}{273{,}15}$ des Volumens aus, welches sie bei 0 °C einnehmen.

Demzufolge beträgt der

Volumenausdehnungskoeffizient aller Gase

$$\gamma = \frac{1}{273{,}15} \quad \text{35–1} \quad \text{in } \frac{m^3}{m^3 \cdot °C} = \frac{m^3}{m^3 \cdot K}$$

Mit Hilfe der Gleichung 23–2 kann das Endvolumen eines Körpers nach seiner Erwärmung berechnet werden. Es ist:

$$V_2 = V_1 + V_1 \cdot \gamma \cdot \Delta\vartheta$$

und speziell für Gase:

$$V_2 = V_1 + V_1 \cdot \frac{1}{273{,}15\,K} \cdot \Delta\vartheta$$

Ist bei $\vartheta_1 = \mathbf{0\ °C}$ das Gasvolumen V_1, dann hat das Gasvolumen bei ϑ_2 den Betrag V_2. Da die Erwärmung von 0 °C ausgeht, ist aber $\Delta\vartheta = \vartheta_2$. Damit ergibt sich

$$V_2 = V_1 + V_1 \cdot \frac{1}{273{,}15\,K} \cdot \vartheta_2$$

$$V_2 = V_1 \cdot \left(1 + \frac{\vartheta_2}{273{,}15\,K}\right) = V_1 \cdot \frac{273{,}15\,K + \vartheta_2}{273{,}15\,K}$$

Des weiteren ist (mit $\vartheta_1 = 0$ °C) der Wert 273,15 K = T_1 und 273,15 K + $\vartheta_2 = T_2$.

Damit erhält man schließlich $V_2 = V_1 \cdot \frac{T_2}{T_1}$. Dies ist das

1. Gesetz von Gay-Lussac

$$\frac{V_1}{T_1} = \frac{V_2}{T_2} = \ldots = \text{konst.} \quad \text{35–2}$$

M 17. Setzen Sie, ausgehend von Gleichung 35–2, das Verhältnis der Volumina gleich dem Verhältnis der absoluten Temperaturen, und versuchen Sie das so geschriebene 1. Gesetz von Gay-Lussac verbal zu formulieren.

Lösung:

1. Gesetz von Gay-Lussac $\frac{V_1}{V_2} = \frac{T_1}{T_2}$ ⟶ Bei gleichbleibendem Druck verhalten sich die Gasvolumina wie die absoluten Gastemperaturen.

M 18. In der Versuchsanordnung des Bildes 1, Seite 35, hat die das Quecksilber führende Röhre einen Innendurchmesser von $d = 5$ mm. Bei Erwärmung wurde das Quecksilber um $s = 28$ mm verschoben. Die Anfangstemperatur betrug $\vartheta_1 = 24$ °C. Wie groß ist die Endtemperatur ϑ_2 des Gases, wenn das Anfangsvolumen $V_1 = 250$ cm³ ist?

Lösung: $\frac{V_1}{T_1} = \frac{V_2}{T_2}$ $\qquad$ $\boldsymbol{T_1} = 273\,\text{K} + 24\,\text{K} = \mathbf{297\,K}$

$$V_2 = V_1 + \frac{\pi}{4} \cdot d^2 \cdot s = 250\,\text{cm}^3 + \frac{\pi}{4} \cdot (0{,}5\,\text{cm})^2 \cdot 2{,}8\,\text{cm}$$

$$T_2 = T_1 \cdot \frac{V_2}{V_1} \qquad \boldsymbol{V_2} = \mathbf{250{,}55\,cm^3}$$

$$T_2 = 297\,\text{K} \cdot \frac{250{,}55\,\text{cm}^3}{250\,\text{cm}^3} = 297{,}65\,\text{K}$$

$$\vartheta_2 = \vartheta_1 + \Delta\vartheta = \vartheta_1 + \Delta T = 24\,°\text{C} + (T_2 - T_1)\,°\text{C} = 24\,°\text{C} + (297{,}65 - 297)\,°\text{C}$$

$$\boldsymbol{\vartheta_2} = \mathbf{24{,}65\,°C}$$

4.3.1.2 Temperaturänderung bei konstantem Volumen und veränderlichem Druck

In der Versuchsanordnung des Bildes 1 ist die Möglichkeit der Erwärmung eines konstanten Gasvolumens dargestellt. Da sich das Volumen nicht ändern kann, muß gelten:

Bei konstantem Gasvolumen ist der Gasdruck eine Funktion der Gastemperatur.

Ebenso wie beim 1. Gesetz von Gay-Lussac ist das Versuchsergebnis von der verwendeten Art des Gases unabhängig. Immer ist feststellbar, daß die Drucksteigerung der Temperatursteigerung proportional ist, und man spricht vom

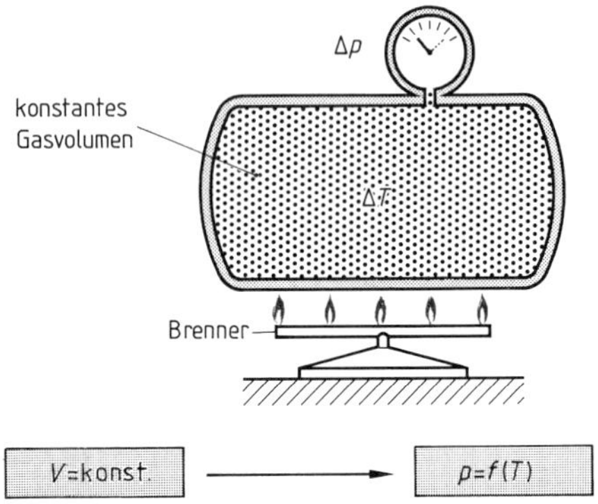

1

2. Gesetz von Gay-Lussac $\qquad \frac{p_1}{T_1} = \frac{p_2}{T_2} = \ldots = \text{konst.} \qquad$ 36–1

M 19. Verfahren Sie gemäß Musteraufgabe M 17., jedoch indem Sie die Drücke und die absoluten Temperaturen seperatisieren.

Lösung:

2. Gesetz von Gay-Lussac $\frac{p_1}{p_2} = \frac{T_1}{T_2}$ ⟶ Bei gleichbleibendem Volumen verhalten sich die Gasdrücke wie die absoluten Gastemperaturen.

M 20. In einem Behälter gemäß Bild 1, Seite 36, befindet sich Luft mit einem Druck von $p_{abs1} = 2$ bar und einer Temperatur $\vartheta_1 = 20$ °C. Wie groß ist der absolute Druck p_{abs2}, wenn die Temperatur auf $\vartheta_2 = 80$ °C ansteigt?

Lösung: $\frac{p_{abs1}}{T_1} = \frac{p_{abs2}}{T_2} \longrightarrow p_{abs2} = p_{abs1} \cdot \frac{T_2}{T_1} = 2\,\text{bar} \cdot \frac{353{,}15\,\text{K}}{293{,}15\,\text{K}}$

$\boldsymbol{p_{abs2} = 2{,}409\,\text{bar}}$

4.4 Das vereinigte Gasgesetz

Sowohl das **Gesetz von Boyle-Mariotte** als auch die **Gesetze von Gay-Lussac** sind **Erfahrungsgesetze**. Solche werden auch als **empirische Gesetze** bezeichnet. Von einem solchen spricht man, wenn sich eine durch Versuche gemachte Erfahrung jederzeit und an jedem Ort bei gleichem Versuchsergebnis wiederholen läßt. Die Gesetze von Boyle-Mariotte und Gay-Lussac werden zusammenfassend auch als **Gasgesetze** bezeichnet. Wie bereits mehrfach erwähnt, ändern sich in der Regel die Zustandsgrößen p, V und T eines Gases gleichzeitig. Ist dies der Fall, dann gilt eine Gesetzmäßigkeit mit der Bezeichnung

Vereinigtes Gasgesetz $\frac{p \cdot V}{T} = \text{konst.}$ 37–1

p = absoluter Gasdruck
V = Gasvolumen
T = absolute Gastemperatur

Dieses Gesetz läßt sich ebenfalls im Versuch bestätigen. Dabei wird vorausgesetzt, daß sich die Gasmenge nicht verändert.

Verändern sich bei einer abgeschlossenen Gasmenge gleichzeitig die absoluten Zustandsgrößen Druck, Temperatur und das Volumen, dann ist der Quotient aus Druck mal Volumen und Temperatur konstant.

Aus Gleichung 37–1 folgt für zwei verschiedene Zustände 1 und 2:

Vereinigtes Gasgesetz $\frac{p_1 \cdot V_1}{T_1} = \frac{p_2 \cdot V_2}{T_2}$ 37–2 Bedingung: $m = \text{konst.}$

M 21. Setzen Sie in Gleichung 37–2
a) $T = \text{konst.}$, d. h. $T_1 = T_2$
b) $p = \text{konst.}$, d. h. $p_1 = p_2$
c) $V = \text{konst.}$, d. h. $V_1 = V_2$

und versuchen Sie mit Hilfe Ihrer Ergebnisse eine Erklärung für den Begriff „Vereinigtes Gasgesetz" zu finden.

Lösung: a) Mit $T_1 = T_2$ ist $p_1 \cdot V_1 = p_2 \cdot V_2 \longrightarrow$ Boyle-Mariotte

b) Mit $p_1 = p_2$ ist $\frac{V_1}{T_1} = \frac{V_2}{T_2} \longrightarrow$ Gay-Lussac (1. Gesetz)

c) Mit $V_1 = V_2$ ist $\frac{p_1}{T_1} = \frac{p_2}{T_2} \longrightarrow$ Gay-Lussac (2. Gesetz)

Im vereinigten Gasgesetz sind die Gesetze von Boyle-Mariotte und Gay-Lussac enthalten, d. h. vereinigt.

M 22. Eine abgeschlossene Gasmenge mit dem Volumen $V_1 = 1{,}75\,\text{m}^3$ hat einen Druck $p_1 = 3{,}5$ bar und eine Temperatur $\vartheta_1 = 17$ °C. Durch eine Temperaturerhöhung auf ϑ_2 wird der Druck verdoppelt und das Volumen verdreifacht. Berechnen Sie die Temperatur ϑ_2.

Lösung: $\frac{p_1 \cdot V_1}{T_1} = \frac{p_2 \cdot V_2}{T_2}$ $\qquad \vartheta_1 = 17\,°C \triangleq T_1 = 290{,}15\,K$

$$T_2 = T_1 \cdot \frac{p_2}{p_1} \cdot \frac{V_2}{V_1} = T_1 \cdot \frac{2 \cdot p_1}{p_1} \cdot \frac{3 \cdot V_1}{V_1}$$

$$T_2 = 6 \cdot T_1 = 6 \cdot 290{,}15\,K$$

$$T_2 = 1740{,}9\,K \longrightarrow \vartheta_2 = (1740{,}9 - 273{,}15)\,°C$$

$$\boldsymbol{\vartheta_2 = 1467{,}75\,°C}$$

Ü 41. Nennen Sie die drei Zustandsgrößen der Gase.

Ü 42. Wie nennt man die auf den Luftdruck p_{amb} bezogenen Drücke?

Ü 43. In einer Gasflasche mit dem Innenvolumen V_1 = 40 l befindet sich ein Schweißgas mit einem Überdruck von 18 bar. Berechnen Sie bei der Annahme T = konst.
a) den absoluten Druck p_{abs}, wenn p_{amb} = 1,01 bar ist,
b) das Volumen V_2 des Gases, wenn angenommen wird, daß dieses bis auf den Atmosphärendruck entspannt.

Ü 44. Der absolute Druck eines Gases wird bei konstanter Temperatur verdreifacht. Wie verändert sich dabei die Dichte dieses Gases?

Ü 45. Wie groß ist der Volumenausdehnungskoeffizient aller idealen Gase, und welche Bedeutung hat dies für ein Gas bei T = 0 K? Versuchen Sie zu Ihrem Ergebnis eine Aussage zu machen.

Ü 46. Bei einer Temperatur von ϑ_1 = 20 °C befinden sich in einem PKW-Reifen V_1 = 10 dm^3 Luft. Der Reifendruck beträgt p_1 = 2,15 bar. Wie groß ist der Reifendruck, wenn die Reifentemperatur durch Sonneneinstrahlung auf ϑ_2 = 60 °C ansteigt und wenn angenommen werden kann, daß sich das Reifenvolumen um 2 % vergrößert?

Ü 47. Erklären Sie den Begriff „Vereinigtes Gasgesetz".

Ü 48. Für den Betrieb eines Hochofens wird in **Winderhitzern** (Bild 1), die auch als **Cowper** bezeichnet werden, Heißwind erzeugt. Die Erwärmung soll von 30 °C auf 850 °C erfolgen, und zwar bei konstantem Druck. Wieviel m^3 erwärmte Luft treten minütlich aus dem Winderhitzer aus, wenn ein Kaltwindeintritt V_1 = 180 m^3 pro Minute erfolgt?

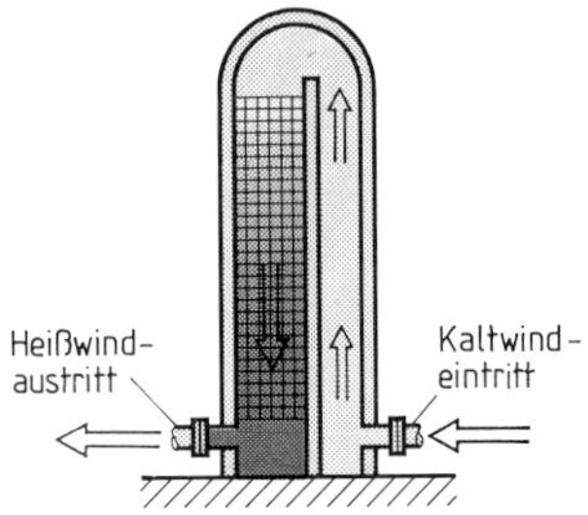

1

Ü 49. In einer Sauerstoff-Flasche mit dem Fassungsvermögen V_1 = 40 l befindet sich Sauerstoff mit einer Temperatur ϑ_1 = 20 °C und einem Druck p_1 = 150 bar. Durch Sonneneinstrahlung erwärmt sich der Sauerstoff auf ϑ_2 = 30 °C. Wieviel l Sauerstoff stehen zu Verfügung, wenn sich dieser auf Atmosphärendruck P_{amb} = 1,01 bar (bei ϑ = 30 °C) entspannt?

V 36. Was versteht man unter einer absoluten Zustandsgröße, und welche Bedeutung hat dieser Begriff für die Gasgesetze?

V 37. Erklären Sie den Begriff „Schwankungsbreite" im Zusammenhang mit dem Luftdruck.

V 38. Es werden $V_1 = 8000\ \text{m}^3$ Luft mit dem absoluten Druck $p_1 = 0{,}095$ MPa auf den absoluten Druck $p_2 = 1{,}0$ MPa verdichtet. Wieviel m^3 Luft stehen im verdichteten Zustand zu Verfügung, wenn angenommen wird, daß die Verdichtung bei konstanter Temperatur erfolgte?

V 39. Wie kann bei konstanter Temperatur der Gasdruck einer eingeschlossenen Gasmasse erhöht werden?

V 40. Machen Sie jeweils eine Aussage über die fehlende Zustandsgröße eines Gases und über das Verhalten der Dichte:

a) V = konst., T nimmt ab ⟶ p .... ⟶ ρ ....
b) p = konst., T nimmt zu ⟶ V .... ⟶ ρ ....
c) T = konst., V nimmt zu ⟶ p .... ⟶ ρ ....
d) T = konst., p nimmt ab ⟶ V .... ⟶ ρ ....

V 41. In einer Stahlflasche für Stickstoff herrscht bei 20 °C ein absoluter Druck von 30 bar. Wie groß ist der Überdruck in der Stahlflasche, wenn die Temperatur auf 35 °C ansteigt und wenn $p_{amb} = 1{,}02$ bar ist?

V 42. Ein Behälter hat ein Innenvolumen von $V_2 = 300$ l. Bei konstanter Temperatur werden $V_1 = 5000$ l Luft bei einem absoluten Druck $p_1 = 1{,}5$ bar in den Behälter gepreßt. Berechnen Sie den Druck p_2 im Behälter.

V 43. Ein Gas hat eine Temperatur von 10 °C. Es wird bei konstantem Druck erwärmt. Bei welcher Temperatur hat sich das Gasvolumen verdreifacht?

V 44. Eine abgeschlossene Gasmenge hat einen Druck von 5 bar, ein Volumen von 5 m^3 und eine Temperatur von 25 °C. Welche Temperatur hat das Gas, wenn der Druck infolge Abkühlung bei konstantem Volumen auf einen absoluten Druck von 2,2 bar fällt?

V 45. In einem abgeschlossenen Gefäß von 3 m^3 Rauminhalt befindet sich Luft mit der Temperatur 17 °C und dem absoluten Druck von 2 bar. Durch einen Kolben wird der Rauminhalt um 20 % verkleinert und gleichzeitig wird die Luft auf 100 °C erwärmt. Welcher absolute Luftdruck stellt sich dabei im Gefäß ein?

Lektion 5

Allgemeine Zustandsgleichung der Gase

5.1 Der Normzustand eines Gases

5.1.1 Notwendigkeit eines definierten Gaszustandes

Feste und flüssige Körper verändern unter dem Einfluß von Druck- und Temperaturänderungen ihr Volumen in verhältnismäßig engen Grenzen. Dies bedeutet, daß das Volumen eines festen oder flüssigen Stoffes in denselben engen Grenzen der Stoffmenge proportional ist. Ganz anders bei Gasen: Unter dem Einfluß von Druck- und Temperaturänderungen ändern Gase ihr Volumen sehr stark. Den Zusammenhang zeigen die **Gasgesetze**. Somit ist es auch nicht näherungsweise möglich, vom Gasvolumen V auf die Gasmasse m zu schließen. Um Mengenvergleiche vornehmen zu können, hat man deshalb einen **Normzustand** definiert.

Der Normzustand eines Gases ist gekennzeichnet durch den **Normdruck p_n** und die **Normtemperatur ϑ_n**.

Normzustand (DIN 1343) → **Normdruck p_n** → $p_n = 101325\ \text{Pa} = 1{,}01325\ \text{bar}$

Normzustand (DIN 1343) → **Normtemperatur ϑ_n** → $\vartheta_n = 0\,°\text{C} \mathrel{\hat{=}} T_n = 273{,}15\ \text{K}$

5.1.2 Die Gasdichte

Unter der Dichte versteht man bekanntlich die auf die **Volumeneinheit** bezogene **Masseneinheit**. Es ist

Dichte $$\rho = \frac{m}{V} \quad \boxed{40-1}$$

ρ	m	V
$\frac{kg}{m^3}$	kg	m^3

→ $V = \frac{m}{\rho}$

Dieser Sachverhalt ist vom Aggregatzustand der Körper unabhängig, d. h., daß **Gleichung 40-1 auch für Gase und Dämpfe anwendbar** ist.

5.1.2.1 Die Normdichte von Gasen

Die **Normdichte** ρ_n eines Gases ist seine Dichte im Normzustand.

Die ρ_n-Werte einiger technisch wichtiger Gase zeigt nebenstehende Tabelle. Diese Zahlenwerte geben also die Masse eines Gases an, die 1 m^3 Gas bei $p_n = 1{,}01325$ bar und $\vartheta_n = 0\,°C$ enthält. Weitere Werte findet man in technischen Handbüchern. Das Volumen eines Gases im Normzustand wird **Normvolumen V_n** genannt.

Normvolumen V_n in m_n^3 = Normkubikmeter

Stoff	Chemisches Zeichen	Normdichte ρ_n in $\frac{kg}{m^3}$
Ammoniak	NH_3	0,771
Ethin (Azetylen)	C_2H_2	1,171
Ethan	C_2H_6	1,356
Ethen (Äthylen)	C_2H_4	1,260
Argon	Ar	1,783
Helium	He	0,179
Kohlenstoffmonoxid	CO	1,250
Kohlenstoffdioxid	CO_2	1,977
Luft	–	1,293
Methan	CH_4	0,717
Sauerstoff	O_2	1,429
Stickstoff	N_2	1,250
Wasserstoff	H_2	0,090

5.1.2.2 Das spezifische Volumen

Das **spezifische Volumen** ist das Volumen von 1 kg Gas bzw. Dampf mit einem bestimmten Druck und einer bestimmten Temperatur. Im Gegensatz zum Volumen V wird das spezifische Volumen mit dem kleinen Formelbuchstaben v bezeichnet.

Das **spezifische Volumen v** (massenbezogenes Volumen) ist der Quotient aus dem Volumen V und der Masse m.

spezifisches Volumen $$v = \frac{V}{m}$$ 41–1

v	V	m
$\frac{m^3}{kg}$	m^3	kg

→ $V = m \cdot v$

Mit $\rho = \frac{m}{V}$ und $v = \frac{V}{m}$ ergibt sich durch Mulitplikation: $\rho \cdot v = \frac{m}{V} \cdot \frac{V}{m} = 1$

Durch die Multiplikation der Dichte ρ mit dem spezifischen Volumen v ergibt sich der Zahlenwert 1. → $v \cdot \rho = 1$ (41–2) → $\rho = \frac{1}{v}$ (41–3) → $v = \frac{1}{\rho}$ (41–4)

M 23. Berechnen Sie das **spezifische Normvolumen v_n** des Kältemittels Ammoniak (NH_3).

Lösung: $$v_n = \frac{1}{\rho_n} = \frac{1}{0{,}771 \frac{kg}{m^3}}$$

$$\mathbf{v_n = 1{,}297 \frac{m^3}{kg}}$$

Aus der nebenstehenden Rechnung ist zu ersehen, daß 1 kg Ammoniak im Normzustand, d. h. bei Normdruck $p_n = 1{,}01325$ bar und $\vartheta_n = 0$ °C einen Raum von $V_n = 1{,}297$ m^3 einnimmt.

5.1.2.3 Die Gasdichte in Abhängigkeit von Druck und Temperatur

Setzt man in das vereinigte Gasgesetz für $V = m \cdot v$, dann ergibt sich für die Zustände 1 und 2, den Normzustand n und für einen ganz speziellen Zustand i die folgende Beziehung:

$$\frac{p_1 \cdot m \cdot v_1}{T_1} = \frac{p_2 \cdot m \cdot v_2}{T_2} = \underbrace{\frac{p_n \cdot m \cdot v_n}{T_n} = \frac{p_i \cdot m \cdot v_i}{T_i}}$$

Durch die Masse m geteilt und für $v = \frac{1}{\rho}$ eingesetzt ergibt:

$$\frac{p_n}{\rho_n \cdot T_n} = \frac{p_i}{\rho_i \cdot T_i}$$

Diese Beziehung liefert eine Funktion für die Gasdichte in Abhängigkeit von

Normdichte ρ_n
Normdruck p_n
Normtemperatur T_n
→ **bekannte Zustandsgrößen**

sowie

Gasdruck p_i
Gastemperatur T_i
→ **Meßgrößen**

Gasdichte $$\rho_i = \rho_n \cdot \frac{p_i}{p_n} \cdot \frac{T_n}{T_i}$$ 41–5 in $\frac{kg}{m^3}$

Anmerkung 1: Der Buchstabe i steht für einen ganz speziellen Gaszustand.

Anmerkung 2: Gleichung 41–5 erlaubt es, da ρ_n, p_n und T_n bekannt sind, die spezielle Gasdichte ρ_i für einen speziellen Gasdruck p_i und für eine spezielle Gastemperatur T_i auszurechnen.

M 24. Ermitteln Sie die Dichte von Luft mit dem Druck $p = 21{,}5$ bar und $\vartheta = 235$ °C. Wie groß ist für diesen Fall das spezifische Volumen v?

Lösung: $\rho = \rho_n \cdot \frac{p}{p_n} \cdot \frac{T_n}{T}$ $\quad T = (235 + 273{,}15)\,\text{K} = 508{,}15\,\text{K}$

$\rho_n = 1{,}293\,\text{kg/m}^3$ (Tabelle Seite 40)

$$\rho = 1{,}293\,\frac{\text{kg}}{\text{m}^3} \cdot \frac{21{,}5\,\text{bar}}{1{,}01325\,\text{bar}} \cdot \frac{273{,}15\,\text{K}}{508{,}15\,\text{K}}$$

$$\boldsymbol{\rho} = \mathbf{14{,}748\,kg/m^3}$$

$$\boldsymbol{v} = \frac{1}{\rho} = \frac{1}{14{,}748\,\frac{\text{kg}}{\text{m}^3}} = \mathbf{0{,}0678\,\frac{m^3}{kg}}$$

5.2 Spezifische Gaskonstante und allgemeine Zustandsgleichung der Gase

Es wurde bereits festgestellt, daß bei $\frac{p \cdot V}{T}$ = konst. wegen $V = m \cdot v$ auch

$$\frac{p \cdot m \cdot v}{T} = \text{konst.}$$

sein muß.

Bei der Zustandsänderung eines Gases ändert sich die Masse m nicht, d. h. m ist konstant. Somit gilt auch

$$\frac{p \cdot v}{T} = \text{konst.}$$

Da es sich bei den thermodynamischen Betrachtungen immer um ein spezielles Gas, z. B. Sauerstoff, handelt, bezeichnet man diesen konstanten Ausdruck als die **spezifische Gaskonstante**. Man spricht auch von der **speziellen Gaskonstante** oder der **individuellen Gaskonstante**. Als Formelbuchstabe wird nach DIN 1345 der große Buchstabe R mit Index i verwendet. Somit

Spezifische Gaskonstante $\quad R_i = \frac{p \cdot v}{T}$ $\quad$ [42–1] $\quad$ Da $v = \frac{1}{\rho} \longrightarrow R_i = \frac{p}{\rho \cdot T}$ $\quad$ [42–2]

Die spezifische Gaskonstante errechnet sich aus dem Produkt von Druck p und spezifischem Volumen v geteilt durch die absolute Temperatur T. Sie hat für ein bestimmtes Gas bei allen Zuständen den gleichen Wert.

Die Einheit der spezifischen Gaskonstante errechnet sich wie folgt:

$$[R_i] = \frac{[p] \cdot [v]}{[T]} = \frac{\frac{\text{N}}{\text{m}^2} \cdot \frac{\text{m}^3}{\text{kg}}}{\text{K}} = \frac{\text{Nm}}{\text{kg} \cdot \text{K}} = \frac{\text{J}}{\text{kg} \cdot \text{K}}$$

Die Einheit der spezifischen Gaskonstante R_i ist das Newtonmeter pro Kilogramm und Kelvin bzw. das Joule pro Kilogramm und Kelvin.

Nebenstehende Tabelle beinhaltet die R_i-Werte einiger technisch wichtiger Gase bzw. Dämpfe. Die spezifische Gaskonstante R_i läßt sich auch mit den Werten p_n, T_n und ρ_n berechnen.

Gas bzw. Dampf	**spez. Gaskonstante in $\frac{J}{kg \cdot K}$**
Ethin (Azetylen)	319,5
Ammoniak	488,2
Helium	2077,0
Kohlenstoffdioxid	188,9
Luft	287,1
Methan	518,3
Sauerstoff	259,8
Stickstoff	296,8
Wasserstoff	4124,0
Wasserdampf (bei p_n und 100 °C)	461,5

Aus den Beziehungen $\frac{p \cdot V}{T} = \frac{p \cdot m \cdot v}{T}$ und $R_i = \frac{p \cdot v}{T}$ ergibt sich

$\frac{p \cdot V}{T} = m \cdot R_i$ und daraus die so wichtige

Allgemeine Zustandsgleichung der Gase $p \cdot V = m \cdot R_i \cdot T$ 43–1

5.3 Ideales und reales Gas

Lektion 12 befaßt sich u. a. mit der Verflüssigung von Gasen. Eine solche findet durch den Entzug von Wärmeenergie bei einer für das Gas typischen Temperatur und einem zugehörigen Druck statt. Druck und Temperatur während der Verflüssigung bestimmen den **Verflüssigungspunkt**. Die Lage des Verflüssigungspunktes, bezogen auf den momentan vorhandenen Gaszustand, ist das Kriterium dafür, ob es sich um ein **ideales Gas** oder um ein **reales Gas** handelt.

Man spricht von einem **idealen Gas**, wenn der momentan vorhandene Gaszustand sehr weit vom Verflüssigungspunkt entfernt ist.

Dies ist z. B. bei Luft mit normalen atmosphärischen Zuständen der Fall. Auch Wasserdampf mit sehr hohen Temperaturen – etwa 1000 °C – erfüllt bei Atmosphärendruck annähernd dieses Kriterium.

Bei idealen Gasen sind die Abstände der Gasmoleküle gegenüber ihrem Volumen sehr groß und es wirken deshalb kaum Kräfte zwischen ihnen. Stoßen die Teilchen einmal zusammen, dann gelten zwischen ihnen die Gesetze des elastischen Stoßes (siehe Dynamik).

Erfüllen Gase diese Kriterien nicht, dann werden sie als **reale Gase** bezeichnet. Ein solches ist z. B. Wasserdampf bei Atmosphärendruck und einer Temperatur, die etwas über dem **Kondensationspunkt** liegt, z. B. 120 °C.

Das vereinigte Gasgesetz, und damit die Gesetze von Gay-Lussac und Boyle-Mariotte, sowie die allgemeine Zustandsgleichung der Gase gelten streng genommen nur für die idealen Gase.

Die Gesetze für die realen Gase bzw. die Dämpfe sind z. T. sehr kompliziert. Es hat sich jedoch gezeigt, daß die **Gasgesetze in vielen Fällen, ohne große Ungenauigkeiten, auch für die realen Gase** verwendet werden können.

Eine Gleichung, die weitgehend die Zustände realer Gase erfaßt, ist die **Van-der-Waalssche Zustandsgleichung**, benannt nach dem niederländischen Physiker **van der Waals (1837 bis 1923)**.

Van-der-Waalssche Zustandsgleichung $\left(p + \frac{a}{V^2}\right) \cdot (V - b) = m \cdot R_i \cdot T$ 43-2

Dabei sind a und b Stoffkonstanten, die auf den realen Zustand korrigieren.

M 25. a) Berechnen Sie mit p_n, T_n und ρ_n (Tabelle Seite 40) die spezifische Gaskonstante von Luft und vergleichen Sie diesen Wert mit dem Tabellenwert auf Seite 42.

b) Berechnen Sie mit dem R_i-Wert die Dichte von Luft bei $p = 5{,}3$ bar und $\vartheta = 100$ °C. Kontrollieren Sie das Ergebnis mit der Gleichung 41–5.

Lösung: a) $\boldsymbol{R_i} = \dfrac{p_n}{\rho_n \cdot T_n} = \dfrac{101325 \dfrac{N}{m^2}}{1{,}293 \dfrac{kg}{m^3} \cdot 273{,}15\,K} = \mathbf{286{,}89 \dfrac{Nm}{kg \cdot K}} \approx 287{,}1 \dfrac{Nm}{kg \cdot K}$

Anmerkung: Der kleine rechnerische Unterschied ist auf Rundungen der ρ_n-Werte und R_i-Werte zurückzuführen.

b) $R_i = \dfrac{p_i}{\rho_i \cdot T_i} \longrightarrow \boldsymbol{\rho_i} = \dfrac{p_i}{R_i \cdot T_i} = \dfrac{530000 \dfrac{N}{m^2}}{287{,}1 \dfrac{Nm}{kg \cdot K} \cdot 373{,}15\,K} = \mathbf{4{,}95 \dfrac{kg}{m^3}}$

Kontrolle: $\rho_i = \rho_n \cdot \dfrac{p_i}{p_n} \cdot \dfrac{T_n}{T_i} = 1{,}293 \dfrac{kg}{m^3} \cdot \dfrac{5{,}3\,bar}{1{,}01325\,bar} \cdot \dfrac{273{,}15\,K}{373{,}15\,K}$

$\boldsymbol{\rho_i} = \mathbf{4{,}95 \dfrac{kg}{m^3}}$

M 26. Kohlenstoffdioxid hat gemäß einer Tabelle in einem technischen Handbuch eine spezifische Gaskonstante $R_i = 188{,}9 \dfrac{Nm}{kg \cdot K}$. Berechnen Sie hieraus die Normdichte von Kohlenstoffdioxid und vergleichen Sie Ihren Rechenwert mit dem Tabellenwert auf Seite 40.

Lösung: $R_i = \dfrac{p_n}{\rho_n \cdot T_n} \longrightarrow \rho_n = \dfrac{p_n}{R_i \cdot T_n} = \dfrac{101325 \dfrac{N}{m^2}}{188{,}9 \dfrac{Nm}{kg \cdot K} \cdot 273{,}15\,K}$

$\boldsymbol{\rho_n} = \mathbf{1{,}964 \dfrac{kg}{m^3}} \approx 1{,}977 \dfrac{kg}{m^3}$ (siehe Tabelle Seite 40)

M 27. Ethin (Azetylen) mit $\vartheta = 20$ °C steht unter einem Druck $p = 18$ bar und nimmt einen Raum $V = 40$ l ein. Berechnen Sie die Masse in kg.

Lösung: $p \cdot V = m \cdot R_i \cdot T$ $\qquad R_i = 319{,}5 \dfrac{Nm}{kg \cdot K}$ (Tabelle Seite 42)

$m = \dfrac{p \cdot V}{R_i \cdot T} = \dfrac{1800000 \dfrac{N}{m^2} \cdot 0{,}04\,m^3}{319{,}5 \dfrac{Nm}{kg \cdot K} \cdot 293{,}15\,K}$

$\boldsymbol{m} = \mathbf{0{,}769\,kg}$

Ü 50. Die Normdichte für Wasserstoff ist $\rho_n = 0{,}09 \dfrac{kg}{m^3}$. Berechnen Sie das spezifische Normvolumen v_n.

Ü 51. Wie groß ist die Dichte von Luft bei $\vartheta = 40$ °C und $p_{abs} = 1{,}35$ bar?

Ü 52. Führen Sie für die allgemeine Zustandsgleichung der Gase (Gleichung 43-1) die Einheitenprobe durch.

Ü 53. Wie groß ist der Rauminhalt von $m = 10$ kg Stickstoff bei $\vartheta = 50$ °C und $p_{abs} = 0{,}05$ MPa?

Ü 54. Die Normdichte von CO_2 beträgt $\rho_n = 1{,}977 \dfrac{kg}{m^3}$.

a) Wie groß ist das spezifische Normvolumen v_n?
b) Wie groß ist das spezifische Volumen v bei 25 °C und 98 100 Pa?
c) Wie groß ist die Dichte ρ für diese Daten?
d) Wie groß ist R_i? Vergleichen Sie mit dem Wert eines technischen Handbuches bzw. mit Tabelle Seite 42.
e) Welches Volumen nehmen 15 kg CO_2 bei 25 °C und 98 100 Pa ein?
f) Machen Sie die Probe mit der allgemeinen Zustandsgleichung der Gase.

V 46. Was versteht man unter einem Normkubikmeter (Normalkubikmeter)?

V 47. Berechnen Sie mit Hilfe der Normaldaten (ρ_n Tabelle Seite 40) die spezifische Gaskonstante von Ethin (Azetylen) und vergleichen Sie mit dem Tabellenwert auf Seite 42.

V 48. Eine Stahlflasche hat einen Innendurchmesser $d = 200$ mm und eine Innenhöhe von $h = 1150$ mm. Sie ist mit Sauerstoff gefüllt $\left(R_i = 259{,}8 \frac{\text{Nm}}{\text{kg} \cdot \text{K}}\right)$, und der absolute Druck beträgt $p = 150$ bar. Wieviel kg Sauerstoff enthält die Flasche bei einer Temperatur $\vartheta = 18\,°\text{C}$?

V 49. Eine Warmluftheizung liefert stündlich 900 m^3 Luft mit einer Temperatur von $\vartheta_1 = 65\,°\text{C}$ und einem Druck $p_{abs} = 0{,}98$ bar. Berechnen Sie
a) die stündlich erzeugte Luftmenge in kg,
b) das spezifische Volumen v der Luft im beschriebenen Zustand,
c) die Dichte in diesem Zustand,
d) die Dichte der Luft, wenn sie bei konstantem Druck auf $\vartheta_2 = 25\,°\text{C}$ abkühlt.

V 50. Berechnen Sie für den erzeugten Heißwind in Übungsaufgabe Ü 48. bei einem absoluten Druck von 98000 Pa
a) die Dichte ρ,
b) das spezifische Volumen v,
c) die spezielle Gaskonstante R_i,
d) die Masse m der stündlich erzeugten Heißluftmenge.
e) Machen Sie die Probe mit der allgemeinen Zustandsgleichung der Gase.

V 51. Wie unterscheiden sich die idealen Gase von den realen Gasen, und welcher Unterschied besteht – streng genommen – in ihrer rechnerischen Behandlung?

Lektion 6 **Molare Zustände und Größen**

6.1 Massenbestimmung der Elementarteilchen

Mit den Methoden der modernen Physik ist der Nachweis bezüglich der Abmessungen kleinster Teilchen, d. h. der Abmessungen von **Atomen** und **Molekülen** möglich. Man weiß:

Der Durchmesser der Atome beträgt je nach Stoff zwischen 10^{-8} cm und 10^{-9} cm.

Trotz dieser unvorstellbar kleinen Abmessungen haben die Elementarteilchen ein Gewicht bzw. eine Masse.

Elementarteilchen, d. h. Atome, Ionen und Moleküle haben eine Masse.

Die Bestimmung der **Atommasse** wird mit Hilfe eines **Massenspektrographen** vorgenommen. Mit einem solchen Gerät ist es möglich, dem zu untersuchenden **Atom** ein **Elektron** abzuspalten. Dadurch wird es zum **Ion**, d. h. einem elektrisch geladenen Teilchen. Ein solches kann in einem **elektrischen Feld** beschleunigt werden. Wird es anschließend in einem **Magnetfeld** abgelenkt, kann man infolge der **Massenträgheit** (siehe Dynamik) aus der Größe der Ablenkung Rückschlüsse auf die Größe der Atommasse ziehen.

6.1.1 Die atomare Masseneinheit

Die Größe der Atommasse läßt sich natürlich wie jede andere Masse in g oder kg angeben. Üblicherweise benutzt man jedoch hierzu die **atomare Masseneinheit *u***. Dabei bezieht man sich auf das **Kohlenstoffnuklid ^{12}C**, und es soll an dieser Stelle angemerkt werden, daß man unter einem **Nuklid** (siehe Chemie) ein Atom eines bestimmten Stoffes mit definierter **Kernladungszahl** und **Massenzahl** versteht.

Die **atomare Masseneinheit 1 *u*** ist der zwölfte Teil der Masse des Kohlenstoffatoms ^{12}C, dessen Masse genau $1{,}9927 \cdot 10^{-26}$ kg beträgt.

Entsprechend DIN 1301 „Einheiten" ist die

atomare Masseneinheit $1\ \text{u} = 1{,}6605655 \cdot 10^{-27}\ \text{kg}$ 46–1

6.1.2 Das Mol als Einheit für die Stoffmenge

Im Punkt 1.3.1 wurde als **7. Basisgröße** die Stoffmenge mit der **Basiseinheit Mol** genannt. Als **Formelzeichen** wird das kleine ***n*** verwendet. Die Bestimmungen des **Einheitengesetzes** haben ihren Niederschlag in der DIN 32625 „Stoffmenge und davon abgeleitete Größen" gefunden. Darin heißt es sinngemäß:

Mit der Basisgröße **Stoffmenge *n*** wird die Quantität einer **Stoffportion** auf der Grundlage der Anzahl der darin enthaltenen Teilchen bestimmter Art angegeben. Solche Teilchen können Atome, Moleküle, Ionen, Elektronen oder sonstwie spezifizierte Einzelteilchen sein.

Die **SI-Einheit der Stoffmenge *n* ist das Mol** mit dem Einheitenzeichen **mol** bzw. **kmol**.

$$1\ \text{kmol} = 1000\ \text{mol}$$

Eine Stoffmenge, die ebensoviele Teilchen enthält wie 12 kg des Kohlenstoffnuklids ^{12}C, wird als **1 Kilomol** (kmol) bezeichnet.

6.1.3 Relative Atommasse und relative Molekülmasse

Das Verfahren zur Bestimmung der **Atommasse** wurde bereits erklärt. Ebenso der Begriff der **atomaren Masseneinheit**. Bezieht man die Atommasse auf die atomare Masseneinheit, die sich ihrerseits auf die Masse von ^{12}C bezieht, dann spricht man von der **relativen Atommasse A_r** (früher: **Atomgewicht**).

Die relative Atommasse A_r ist eine dimensionslose Verhältniszahl, die angibt, wie groß die Masse m_A eines Atoms im Vergleich zur atomaren Masseneinheit u ist (Gleichung 47–1).

Element (Stoff)		relative Atommasse A_r
Aluminium	Al	26,98154
Argon	Ar	39,94
Brom	Br	79,904
Helium	He	4,00260
Kohlenstoff	C	12,011
Magnesium	Mg	24,305
Natrium	Na	22,98977
Neon	Ne	20,17
Quecksilber	Hg	200,59
Radium	Ra	226,0254
Sauerstoff	O	15,9994
Schwefel	S	32,06
Stickstoff	N	14,0067
Titan	Ti	47,88
Wasserstoff	H	1,0079
Xenon	Xe	131,29

A_r-Werte sind im **Periodensystem der Elemente** (siehe Chemie) angegeben. Die nebenstehende Tabelle beinhaltet A_r-Werte einiger technisch wichtiger Stoffe.

Relative Atommasse
(früher Atomgewicht)

$$A_r = \frac{m_A}{u} \quad \boxed{47-1}$$

A_r	m_A	u
1	kg	kg

Da sich Moleküle aus mehr oder weniger vielen Atomen zusammensetzen, gilt:

Die **relative Molekülmasse** M_r eines Moleküls ist gleich der Summe der relativen Atommassen der im Molekül vorhandenen Atome.

Relative Molekülmasse
(früher Molekulargewicht)

$$M_r = \Sigma A_r = \frac{\Sigma m_A}{u} \quad \boxed{47-2}$$

M_r	m_A	u
1	kg	kg

Aus der Summe der Atommassen Σm_A ergibt sich die **Molekülmasse m_M**. Mit Hilfe der Gleichung 47–2 ergibt sich somit für die

Molekülmasse

$$m_M = \Sigma m_A = M_r \cdot u \quad \boxed{47-3} \quad \text{in kg}$$

M 28. Bestimmen Sie mit Hilfe der obigen Tabelle die relative Molekülmasse M_r von Ammoniak NH_3 und daraus die **Molekülmasse** $m_M = \Sigma m_A$.

Lösung: $M_r = \Sigma A_r = 1 \cdot 14{,}0067 + 3 \cdot 1{,}0079 = 14{,}0067 + 3{,}0237$

$\mathbf{M_r = 17{,}0304}$

$M_r = \frac{\Sigma m_A}{u} = \frac{m_M}{u} \longrightarrow m_M = M_r \cdot u = 17{,}0304 \cdot 1{,}6605655 \cdot 10^{-27}$ kg

$\mathbf{m_M = 2{,}828 \cdot 10^{-26}\ kg}$

6.1.4 Das Gesetz von Avogadro

Definitionsgemäß wird unter einem kmol die Stoffmenge *n* verstanden, die ebensoviele Teilchen *N* enthält wie 12 kg ^{12}C.

Die Stoffmenge *n* in kmol ist ein Maß für die Teilchenzahl *N*.

Die Bilder 1 bis 4 zeigen somit die gleichen Mengen verschiedener Stoffe. Es ist

$$N_1 = N_2 = N_3 = N_4$$

Eine Stoffmenge Ammoniak (NH_3) entspricht also z. B. der Stoffmenge Argon (Ar), wenn die Anzahl der NH_3-Moleküle mit der Anzahl der Ar-Atome übereinstimmt.

6.1.4.1 Die molare Masse

Die **molare Masse**, d. h. die **stoffmengenbezogene Masse**, ist der Quotient aus der Masse *m* und der Stoffmenge *n*.

Das Formelzeichen ist das große *M*.

Molare Masse $$M = \frac{m}{n} \quad \text{(48–1)} \quad \text{in } \frac{\text{kg}}{\text{kmol}}$$

m = Masse in kg
n = Stoffmenge in kmol

Aus der Definition für das kmol ergibt sich mit den Werten der Tabelle auf Seite 47 z. B.:

12,011 kg C ≙ 1 kmol
24,305 kg Mg ≙ 1 kmol
17,0304 kg NH_3 ≙ 1 kmol

N_1 Teilchen Ammoniak NH_3:

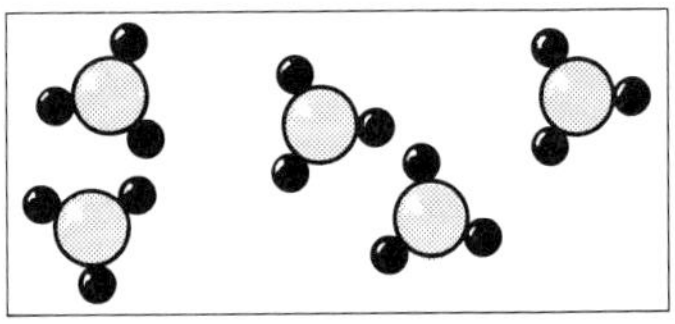

1

N_2 Teilchen Wasserstoff H_2:

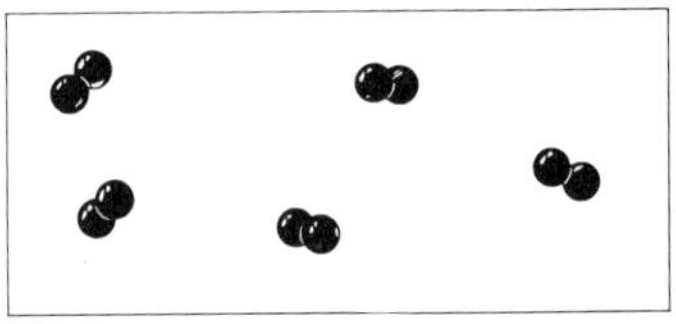

2

N_3 Teilchen Stickstoff N_2:

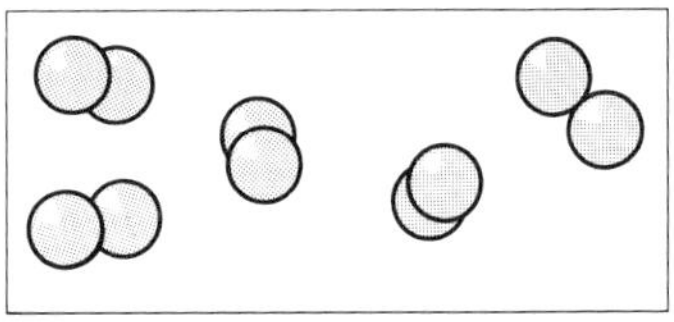

3

N_4 Teilchen Argon Ar:

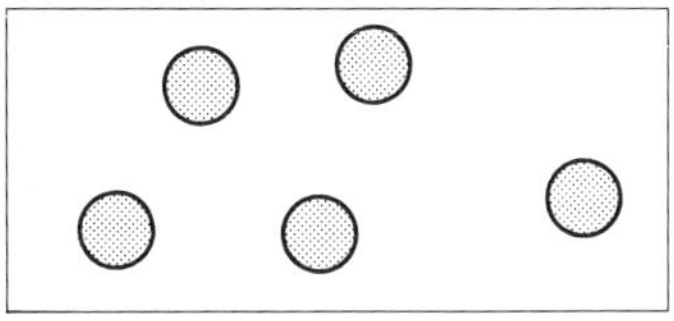

4

Der Zahlenwert der molaren Masse stimmt mit dem Zahlenwert der relativen Atommasse bzw. mit dem Zahlenwert der relativen Molekülmasse überein.

Die folgende Tabelle zeigt die **Normdichte** ρ_n (entsprechend Tabelle Seite 40), die **molare Masse** ***M*** und die **relative Molekülmasse** M_r bzw. die **relative Atommasse** A_r einiger Gase, u. a. auch für Luft mit „normaler" Zusammensetzung:

Gas	Ar	NH_3	Luft	He	O_2	N_2	H_2
ρ_n in $\frac{kg}{m^3}$	1,783	0,771	1,293	0,179	1,429	1,250	0,090
M in $\frac{kg}{kmol}$	39,94	17,0304	29,0	4,0026	31,9988	28,0134	2,016
M_r bzw. A_r	39,94	17,0304	29,0	4,0026	31,9988	28,0134	2,016

Dividiert man einmal ρ_n zweier Gase und ebenso deren *M*-Werte bzw. deren A_r- oder M_r-Werte, dann erkennt man:

Die Normdichten zweier Gase verhalten sich wie deren molare Massen bzw. wie deren relative Atom- oder Molekülmassen.

6.1.4.2 Das molare Normvolumen

Mit $\rho = \frac{m}{V}$ ist $V = \frac{m}{\rho}$. Somit ist das Normvolumen $V_n = \frac{m}{\rho_n}$. Bezieht man die Normdichte ρ_n auf die molare Masse M, dann nennt man diesen Quotienten gemäß der DIN 1343 „Normzustand, Normvolumen" das **molare Normvolumen** bzw. das **stoffmengenbezogene Normvolumen**. Es wird mit $V_{m\,n}$ bezeichnet.

Der Quotient aus molarer Masse M und Normdichte ρ_n heißt molares Normvolumen $V_{m\,n}$.

Molares Normvolumen

$$V_{m\,n} = \frac{M}{\rho_n} \qquad \boxed{49-1}$$

$V_{m\,n}$	M	ρ_n
$\frac{m^3}{kmol}$	$\frac{kg}{kmol}$	$\frac{kg}{m^3}$

Teilt man einmal die M-Werte durch die zugehörigen ρ_n-Werte (Tabelle Seite 40), dann erkennt man, daß das molare Normvolumen eine konstante Größe ist. Man stellt stets fest:

Das molare Normvolumen, d. h. das Gasvolumen im Normzustand ($\vartheta_n = 0$ °C, $p_n = 1{,}01325$ bar) beträgt für alle idealen Gase 22,4 m^3/kmol.

Nach DIN 1343 beträgt der genaue Wert 22,41383 m^3/kmol.

Verallgemeinert man diese Regel auf andere Drücke und Temperaturen, dann gilt das

Gesetz von Avogadro

Stoffmengen verschiedener Gase besitzen bei gleichen Drücken und gleichen Temperaturen das gleiche Volumen.

Die Bezeichnung dieses Gesetzes erfolgte zu Ehren des italienischen Physikers Amadeo **Avogadro (1776 bis 1856)**.

M 29. Das Kältemittel R 12 B 1 (Bezeichnung nach Kältemittelnorm DIN 8962) hat die chemische Formel $CClBrF_2$. Das Molekül besteht also aus einem Kohlenstoffatom, einem Chloratom, einem Bromatom und zwei Fluoratomen. Der Verflüssigungspunkt liegt bei $\vartheta_s = -4$ °C und $p_s = 1$ bar. Legt man nun den Normzustand $p_n = 1{,}01325$ bar und $\vartheta_n = 0$ °C zugrunde, dann erkennt man, daß das Kältemittel im Normzustand ganz wenig vom Verflüssigungspunkt entfernt liegt, es ist gerade noch dampfförmig. Dies bedeutet, daß es sich im Sinne von Lektion 5 um ein **reales Gas** handelt. Somit ist streng genommen die allgemeine Zustandsgleichung (Gleichung 43–1) nicht mehr anwendbar, sondern es müßte mit der **Van-der-Waalsschen Zustandsgleichung** (Gleichung 43–2) gerechnet werden. Auch die übrigen Gasgesetze sind eigentlich nicht mehr anwendbar. Ebenso muß das molare Normvolumen für dieses reale Gas von 22,41383 m^3/kmol abweichen! Aus einer Dampftafel für Kältemittel ergibt sich die im Versuch ermittelte Normdichte zu $\rho_n = 7{,}646$ kg/m^3.

a) Ermitteln Sie mit Hilfe eines Periodensystems der Elemente alle relativen Atommassen von R 12 B 1, und berechnen Sie
b) die relative Molekülmasse M_r,
c) die molare Masse M,
d) das molare Normvolumen $V_{m\,n}$.
e) Vergleichen Sie Ihr Ergebnis aus d) mit dem molaren Normvolumen für ideale Gase, und versuchen Sie mit diesem Vergleich eine Aussage bezüglich der Anwendbarkeit der idealen Verhältnisse beim Vorliegen technisch realer Verhältnisse zu machen.

Lösung: a)

Element	C	Cl	Br	F
relative Atommasse A_r	12,011	35,453	79,904	18,998

b) $M_r = \Sigma A_r = 12{,}011 + 35{,}453 + 79{,}904 + 2 \cdot 18{,}998$

$\boldsymbol{M_r = 165{,}364}$

c) $\boldsymbol{M = 165{,}364 \frac{kg}{kmol}}$

d) $$V_{mn} = \frac{M}{\rho_n} = \frac{165{,}364 \frac{kg}{kmol}}{7{,}646 \frac{kg}{m^3}}$$

$$\boldsymbol{V_{mn} = 21{,}63 \frac{m^3}{kmol}}$$

e) $$V_{mn\,real} = 21{,}63 \frac{m^3}{kmol} < V_{mn\,ideal} = 22{,}4 \frac{m^3}{kmol}$$

Die beiden Werte unterscheiden sich um ca. 3,5 %. Daraus kann eine Bestätigung der in Pkt. 5.3 aufgestellten Behauptung abgeleitet werden:

Für technisch reale Gase bzw. Dämpfe können in den meisten Fällen die Gesetzmäßigkeiten der idealen Gase angewendet werden. Die Ungenauigkeiten der Ergebnisse sind meist vernachlässigbar klein.

6.1.4.3 Die Avogadro-Konstante

Mit den Gleichungen 47–1 und 47–3 ist es möglich, die **Atommasse** $m_A = A_r \cdot u$ bzw. die **Molekülmasse** $m_M = M_r \cdot u$ (d. h. die **Masse eines Teilchens**) zu berechnen. Dabei ist u die atomare Masseneinheit.
Des weiteren ist es mit Hilfe des Periodensystems der Elemente immer möglich, die **molare Masse** $\boldsymbol{M}$, d. h. die **Masse eines Kilomols** zu ermitteln.

Daraus ergibt sich zwingend:

Teilt man die molare Masse M, d. h. die Masse eines Kilomols durch die Atommasse m_A bzw. durch die Molekülmasse m_M, d. h. die Masse eines Teilchens, dann ergibt sich die Anzahl N der Teilchen pro Kilomol.

Anzahl der Teilchen pro Kilomol $$N_m = \frac{M}{A_r \cdot u} \text{ bzw. } \frac{M}{M_r \cdot u} \quad \boxed{50-1} \quad \text{in } \frac{1}{kmol}$$

M 29 a. Berechnen Sie die Anzahl der Teilchen N für a) 1 kmol C (Kohlenstoff)
b) 1 kmol NH_3 (Ammoniak)

Lösung: a) $$\boldsymbol{N_m} = \frac{M}{A_r \cdot u} = \frac{12{,}011 \frac{kg}{kmol}}{12{,}011 \cdot 1{,}6605655 \cdot 10^{-27}\,kg} = \boldsymbol{6{,}022 \cdot 10^{26} \frac{1}{kmol}}$$

b) $$\boldsymbol{N_m} = \frac{M}{M_r \cdot u} = \frac{17{,}0304 \frac{kg}{kmol}}{17{,}0304 \cdot 1{,}6605655 \cdot 10^{-27}\,kg} = \boldsymbol{6{,}022 \cdot 10^{26} \frac{1}{kmol}}$$

Aus dem Vergleich der Ergebnisse in M 29 a. ergibt sich die allgemeingültige Regel:

Die Teilchenmenge 1 kmol jedes einheitlichen Stoffes enthält unabhängig von den individuellen Stoffeigenschaften und dem Aggregatzustand stets die gleiche Anzahl von Atomen, Ionen oder Molekülen.

Diese Anzahl der Teilchen pro Kilomol wird als **Avogadro-Konstante** bezeichnet. Nach DIN 1304 wird sie mit N_A abgekürzt.

Avogadro-Konstante $N_A = 6{,}022 \cdot 10^{26}$ [51–1] in $kmol^{-1}$

M 30. Wieviele Teilchen enthält 1 kg NH_3 (Ammoniak)?

Lösung:

$$N_A = \frac{N}{n} \qquad n = \frac{m}{M} = \frac{1\,\text{kg}}{17{,}0304\,\frac{\text{kg}}{\text{kmol}}} = 0{,}05872\,\text{kmol}$$

$$N = N_A \cdot n$$

$$N = 6{,}022 \cdot 10^{26}\,\text{kmol}^{-1} \cdot 0{,}05872\,\text{kmol}$$

$$\boldsymbol{N = 3{,}5361 \cdot 10^{25}}$$

6.2 Die universelle Gaskonstante

Die allgemeine Zustandsgleichung des idealen Gases lautet $p \cdot V = m \cdot R_i \cdot T$.

Mit $V = m \cdot v$ ändert sich die Schreibweise wie folgt $p \cdot m \cdot v = m \cdot R_i \cdot T$

Durch die Stoffmenge n geteilt ergibt sich $p \cdot \frac{m}{n} \cdot v = \frac{m}{n} \cdot R_i \cdot T$

Mit $\frac{m}{n} = M$ = molare Masse (Gleichung 48-1) erhält man $p \cdot M \cdot v = M \cdot R_i \cdot T$

Aus Gleichung 49–1 ergibt sich für $M \cdot v = V_m$. Somit: $p \cdot V_m = M \cdot R_i \cdot T$

Teilt man diese Gleichung noch durch T, ergibt sich die Form $\frac{p \cdot V_m}{T} = M \cdot R_i$

Da das molare Volumen für alle idealen Gase für die gleichen Drücke p und die gleichen absoluten Temperaturen T gleich groß ist, ergibt sich:

Der Ausdruck $\frac{p \cdot V_m}{T}$ ist für alle idealen Gase ein konstanter Wert.

Diese Konstante heißt **universelle Gaskonstante, molare Gaskonstante** oder auch **allgemeine Gaskonstante**. Nach DIN 1345 wird sie mit R bezeichnet.

Universelle Gaskonstante $R = \frac{p \cdot V_m}{T} = M \cdot R_i$ [51–2] in $\frac{\text{J}}{\text{kmol} \cdot \text{K}}$

p = Gasdruck in $\frac{\text{N}}{\text{m}^2}$

T = Gastemperatur in K

V_m = molares Volumen in m^3/kmol

M = molare Masse in kg/kmol

R_i = spezielle Gaskonstante in $\frac{\text{J}}{\text{kg} \cdot \text{K}}$

Setzt man in Gleichung 51–2 die Normzustände ein, d. h. $p_n = 101325 \frac{N}{m^2}$, $T_n = 273{,}15$ K und $V_{m\,n} = 22{,}41383\ m^3/kmol$, dann läßt sich der Zahlenwert der universellen Gaskonstanten berechnen:

$$\boldsymbol{R} = \frac{p_n \cdot V_{m\,n}}{T_n} = \frac{101325 \frac{N}{m^2} \cdot 22{,}41383 \frac{m^3}{kmol}}{273{,}15\ K} = 8314{,}41 \frac{Nm}{kmol \cdot K} = \mathbf{8314{,}41 \frac{J}{kmol \cdot K}}$$

Die universelle Gaskonstante beträgt für alle idealen Gase $\boldsymbol{R} = \mathbf{8314{,}41 \frac{J}{kmol \cdot K}}$.

6.2.1 Berechnung der speziellen Gaskonstante aus der universellen Gaskonstante

Aus Gleichung 51–2 ergibt sich für die

spezifische Gaskonstante $R_i = \frac{R}{M}$ 52–1

R_i	R	M
$\frac{J}{kg \cdot K}$	$\frac{J}{kmol \cdot K}$	$\frac{kg}{kmol}$

Die spezifische Gaskonstante R_i errechnet sich aus dem Quotienten der universellen Gaskonstante R und der molaren Masse M.

M 31. Ermitteln Sie mit Hilfe der universellen Gaskonstante für das Gas SO_2 (Schwefeldioxid)
a) die spezielle Gaskonstante R_i,
b) die Normdichte ρ_n
und vergleichen Sie Ihre Ergebnisse mit den entsprechenden Angaben in einem technischen Handbuch.

Lösung: a) $R_i = \frac{R}{M}$

$$\boldsymbol{M_r} = \Sigma A_r = 32{,}06 + 2 \cdot 15{,}9994 = \mathbf{64{,}0588}$$

$$\boldsymbol{M} = \mathbf{64{,}0588 \frac{kg}{kmol}}$$

$$R_i = \frac{8314{,}41 \frac{J}{kmol \cdot K}}{64{,}0588 \frac{kg}{kmol}}$$

$$\boldsymbol{R_i} = \mathbf{129{,}793 \frac{J}{kg \cdot K}} \quad \left(\text{Tabellenwert: } 129{,}84 \frac{J}{kg \cdot K}\right)$$

b) $$R_i = \frac{p_n}{\rho_n \cdot T_n} \longrightarrow \rho_n = \frac{p_n}{R_i \cdot T_n} = \frac{101325 \frac{N}{m^2}}{129{,}793 \frac{Nm}{kg \cdot K} \cdot 273{,}15\ K}$$

$$\boldsymbol{\rho_n} = \mathbf{2{,}858 \frac{kg}{m^3}} \quad \left(\text{Tabellenwert: } 2{,}926 \frac{kg}{m^3}\right)$$

Die geringfügigen Unterschiede zwischen Rechenwert und Tabellenwert sind mit der Abweichung des Realzustandes vom Idealzustand begründet.

Ü 55. Was versteht man unter der atomaren Masseneinheit?

Ü 56. Welcher formelmäßige Zusammenhang besteht zwischen der relativen Molekülmasse M_r, der Molekülmasse m_M, der Molmasse M und der Masse m?

Ü 57. Berechnen Sie die Stoffmenge n von 100 kg Luft. Wieviele Teilchen beinhalten 100 kg Luft?

Ü 58. Welche Aussage können Sie über das molare Normvolumen machen? Wie groß ist das Volumen von 100 kg Luft im Normzustand?

Ü 59. Berechnen Sie für den fluorierten Kohlenwasserstoff $CH\,F_3$ (Kältemittel R 23)
a) die relative Molekülmasse M_r,
b) die Molekülmasse m_M,
c) die molare Masse M,
d) das molare Normvolumen $V_{m\,n}$ (Idealzustand),
e) die Anzahl der Teilchen pro kmol (Idealzustand),
f) die spezielle Gaskonstante R_i nach Gleichung 52–1,
g) das spezifische Volumen v für $p = 0{,}31$ bar, $\vartheta = -80$ °C. (Wert aus der Kältemitteldampftafel: $v = 720{,}26$ l/kg). Interpretieren Sie einen eventuellen Unterschied des Rechenwertes vom Dampftafelwert. Hierzu noch eine Information: der Verflüssigungspunkt liegt bei $p_s = 0{,}31$ bar und $\vartheta_s = -100$ °C.

V 52. Wann spricht man von gleichen Stoffmengen?

V 53. Unterscheiden Sie die Bezeichnungen Mol, mol, kmol.

V 54. Wie viele Teilchen beinhalten a) 1 kg Sauerstoff O_2,
b) 1 kg Stickstoff N_2?

V 55. Wie lautet das Gesetz von Avogadro und was versteht man unter der Avogadro-Konstanten?

V 56. Welcher Zusammenhang besteht zwischen der universellen Gaskonstante R und der speziellen Gaskonstante R_i?

V 57. Wie groß ist das Volumen von $m = 0{,}8$ kg Sauerstoff O_2 bei $\vartheta = 45$ °C und $p_{abs} = 3{,}9$ bar?

V 58. Berechnen Sie die spezielle Gaskonstante von Propan C_3H_8 und vergleichen Sie gegebenenfalls mit dem Tabellenwert eines technischen Handbuches.

Lektion 7 Mischung idealer Gase

7.1 Gasgemische in technischer Praxis und Umwelt

Meist hat man es in der Technik mit Gemischen verschiedener Gase zu tun. Beispiele: Schweißgasmischungen, Generatorgas oder auch Abgase von Verbrennungsmotoren. Das wohl wichtigste **Gasgemisch** ist die uns umgebende **Luft,** die ein Gemisch aus Sauerstoff, Stickstoff sowie anderer geringer Gasanteile ist. Darüber hinaus enthält atmosphärische Luft mehr oder weniger **Wasserdampf**, die Luft ist demnach mehr oder weniger feucht. Atmosphärische Luft ist also immer **feuchte Luft**. Grundsätzlich gilt:

Man unterscheidet die **trockenen Gasgemische** von den mit Dampf beladenen **feuchten Gasgemischen.**

Aus den bisherigen Überlegungen – insbesondere im Punkt 5.3 – kann gefolgert werden:

trockenes Gasgemisch → Unter einem trockenen Gasgemisch versteht man die Mischung von zwei oder mehreren idealen Gasen.

feuchtes Gasgemisch → Unter einem feuchten Gasgemisch versteht man die Mischung verschiedener realer Gase (Dämpfe) oder die Mischung von einem oder mehreren idealen Gasen mit einem oder mehreren realen Gasen.

Gegenstand dieses Buches sind die trockenen Gasgemische, d. h. die **Mischungen idealer Gase**.

Die Gesetzmäßigkeiten der realen Gase (Dämpfe) und die der feuchten Gasgemische werden im Fachgebiet **„Mechanik der Dämpfe und feuchten Gase"** behandelt.
Einen grundsätzlichen Einblick bezüglich feuchter Gase gewährt **Lektion 13: „Feuchte Luft"**.

7.2 Die Zustandsgrößen der Mischungen idealer Gase

7.2.1 Die Anwendbarkeit der Gasgesetze

Bereits in Lektion 5 wurde Luft wie ein einzelnes spezielles Gas behandelt. Dabei wurde jedoch stillschweigend vorausgesetzt, daß es sich um **trockene Luft** handelt. Die durch Versuche bestätigte Erfahrung zeigt:

Das thermodynamische Verhalten einer Mischung idealer Gase kann vollständig mit den für ideale Einzelgase geltenden Gasgesetzen beschrieben werden

Somit gelten für eine Mischung idealer Gase

vereinigtes Gasgesetz $\frac{p_1 \cdot V_1}{T_1} = \frac{p_2 \cdot V_2}{T_2}$ [54–1] = [37–2]

allgemeine Zustandsgleichung $p \cdot V = m \cdot R_i \cdot T$ [54–2] = [43–1]

→ Bedingung: m = konst.

Ebenso wie bei den idealen Einzelgasen wird auch hier eine konstante Masse m vorausgesetzt. Auch das **Mischungsverhältnis** der einzelnen **Gaskomponenten** wird als konstant vorausgesetzt, was z. B. bei atmosphärischer Luft angenähert in den unteren Atmosphärenschichten der Fall ist. Ändert sich die Zusammensetzung, d. h. das Mischungsverhältnis der einzelnen Gaskomponenten, dann spricht man von einem **variablen Gasgemisch** und es gilt:

Bei variablen Gasgemischen ist der Anteil der beteiligten Gaskomponenten zu berücksichtigen.

7.2.2 Beschaffenheit und Verhalten von Gasmischungen

Bezüglich der Beschaffenheit und dem Verhalten von Gasmischungen gelten die folgenden

Grundannahmen → 7.2.2.1 Die gemischten Gaskomponenten reagieren nicht chemisch miteinander.

7.2.2.2 Das zur Verfügung stehende Volumen wird vom Gemisch homogen ausgefüllt, d. h. es tritt keine Entmischung infolge unterschiedlicher Dichte der Gaskomponenten ein.

7.2.2.3 Das Gemisch hat an jeder Stelle des von ihm ausgefüllten Raumes die gleiche Temperatur.

7.2.2.4 Das Gemisch hat an jeder Stelle des von ihm ausgefüllten Raumes den gleichen Druck.

Zum Punkt 7.2.2.4 ist noch anzumerken, daß diese Annahme in aller Regel hinreichend bei Räumen erfüllt ist, die relativ niedrig sind. In diesen Fällen ist gewährleistet, daß sich mit zunehmender Höhe die Änderung des **Gravitationsfeldes** und die Änderung des **Schweredruckes** (siehe Mechanik der Flüssigkeiten und Gase) – wie etwa in der Erdatmosphäre – kaum bemerkbar machen.

7.2.3 Das Gesetz von Dalton

Bild 1 zeigt einen Versuch, der zuerst von dem englischen Chemiker John **Dalton (1766 bis 1844)** durchgeführt wurde. In den Behältern ①, ② und ③ befinden sich drei verschiedene Gase, z. B. Sauerstoff, Stickstoff und Argon. Sie haben den gleichen Druck p, aber unterschiedliche **Teilvolumina** V_1, V_2 und V_3 sowie unterschiedliche **Teilmassen** m_1, m_2 und m_3. Diese Gase sind durch Ventile von einem Behälter ④ getrennt, der vollkommen leer ist und dessen Innenvolumen V_i ebenso groß ist wie die Summe der Teilvolumina V_1, V_2, V_3. Nach Abschluß des Versuches wird sich im Behälter ④ die Mischung aus den drei Gaskomponenten befinden. Somit ist – gemäß Versuchsvoraussetzung – und wenn man sich den Versuch auf eine beliebige Anzahl z von Gaskomponenten verallgemeinert denkt – das

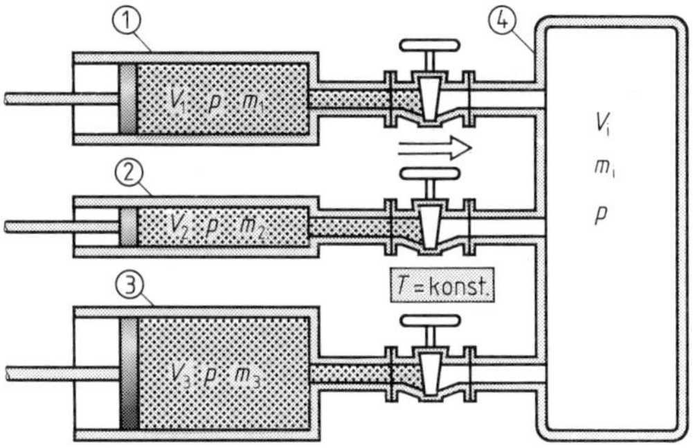

1

Volumen einer Gasmischung $V_i = V_1 + V_2 + V_3 + ... + V_z$ (55–1) in m³

Ebenso ergibt sich für die

Masse einer Gasmischung $m_i = m_1 + m_2 + m_3 + ... + m_z$ (55–2) in kg

Und nun zum eigentlichen Versuch von Dalton: Es wurde bereits gesagt, daß sich am Ende

des Versuches die drei Teilmassen m_1, m_2 und m_3 im Behälter ④ befinden. Drückt man zuerst das Teilvolumen V_1 aus dem Behälter ① in den Behälter ④, dann muß – da die Temperatur T = konst. bleibt – nach dem Gesetz von Boyle Mariotte die folgende Gleichung geschrieben werden können:

$$\text{I.} \quad p \cdot V_1 = p_{④1} \cdot V_i .$$

Dabei ist $p_{④1}$ der durch die Masse m_1 bzw. durch das Volumen V_1 im Raum V_i erzeugte Druck, also ein Teil des später im Raum V_i vorhandenen Gesamtdruckes. Dieser Druckanteil wird als **Teildruck** oder auch als **Partialdruck** bezeichnet.

Unter dem Partialdruck versteht man den Druck, den ein Gas ausüben würde, wenn es im Raum der Gasmischung (V_i) alleine anwesend wäre.

Verfährt man in der gleichen Weise mit den Massen m_2 und m_3, dann ergeben sich die Gleichungen

$$\text{II.} \quad p \cdot V_2 = p_{④2} \cdot V_i \quad \text{und}$$

$$\text{III.} \quad p \cdot V_3 = p_{④3} \cdot V_i .$$

Aus den Gleichungen I, II und III ergeben sich die Teildrücke zu

$$p_{④1} = \frac{p \cdot V_1}{V_i} \quad ; \quad p_{④2} = \frac{p \cdot V_2}{V_i} \quad ; \quad p_{④3} = \frac{p \cdot V_3}{V_i}$$

Addiert man nun diese Teildrücke, dann erhält man

$$\boldsymbol{p_{④1} + p_{④2} + p_{④3}} = \frac{p \cdot V_1}{V_i} + \frac{p \cdot V_2}{V_i} + \frac{p \cdot V_3}{V_i} = p \cdot \frac{V_1 + V_2 + V_3}{V_i} = p \cdot \frac{V_i}{V_i} = \boldsymbol{p}$$

Diese Gleichung beschreibt die von Dalton entdeckte Gesetzmäßigkeit, die als **Daltonsches Gesetz** bezeichnet wird:

Der Gesamtdruck in einem Gasgemisch errechnet sich aus der Summe aller Partialdrücke.

Gesamtdruck einer Gasmischung $p = p_1 + p_2 + p_3 + ... + p_z$ 56–1 in Pa bzw. bar

Aus dem bisher Gesagten, aber auch aus Erfahrungen beim Umgang mit Gasen oder Dämpfen, kann abgeleitet werden:

Innerhalb einer Gasmischung verteilt sich jedes Einzelgas so, als ob es den zur Verfügung stehenden Gesamtraum – von den übrigen Einzelgasen unbehindert – einnehmen würde.

Die Bestätigung dieses Verhaltens erhält man beim Ausströmen riechender Gase oder Dämpfe. Öffnet man z. B. einen Benzinkanister, lassen sich die Benzindämpfe innerhalb kürzester Zeit im gesamten Raum wahrnehmen.

7.2.4 Die spezifische Gaskonstante einer Gasmischung

Es ist also so, daß innerhalb einer Gasmischung die Einzelgase alle den gleichen Gesamtdruck und die gleiche Temperatur, aber verschiedene Teildrücke – die in ihrer Summe den Gesamtdruck ergeben – haben. Setzt man dies voraus und bezeichnet man mit R_{i1}, R_{i2} und R_{i3} die spezifischen Gaskonstanten der beteiligten Einzelgase, dann erhält man durch die **Addition der allgemeinen Zustandsgleichungen** für die Gasanteile **im Behälter**:

$$\begin{array}{l|c} p_1 \cdot V = m_1 \cdot R_{i1} \cdot T & \\ p_2 \cdot V = m_2 \cdot R_{i2} \cdot T & + \\ p_3 \cdot V = m_3 \cdot R_{i3} \cdot T & \end{array}$$

$$(p_1 + p_2 + p_3) \cdot V = (m_1 \cdot R_{i1} + m_2 \cdot R_{i2} + m_3 \cdot R_{i3}) \cdot T$$

Mit $p = p_1 + p_2 + p_3 \longrightarrow p \cdot V = (m_1 \cdot R_{i1} + m_2 \cdot R_{i2} + m_3 \cdot R_{i3}) \cdot T$

Da auch für die Gasmischung die allgemeine Zustandsgleichung $p \cdot V = m \cdot R_i \cdot T$ gilt, erhält man schließlich:

$$m \cdot R_i \cdot T = (m_1 \cdot R_{i1} + m_2 \cdot R_{i2} + m_3 \cdot R_{i3}) \cdot T$$

Teilt man diese Gleichung noch durch die absolute Temperatur T, dann erhält man für die

Spezifische Gaskonstante einer Gasmischung

$$R_i = \frac{m_1}{m} \cdot R_{i1} + \frac{m_2}{m} \cdot R_{i2} + \frac{m_3}{m} \cdot R_{i3} + \ldots + \frac{m_z}{m} \cdot R_{iz} \qquad \boxed{57-1}$$

Die Massenverhältnisse $\frac{m_1}{m}$, $\frac{m_2}{m}$ etc. werden nach DIN 1310 „Zusammensetzung von Mischphasen" auch als **Massenanteile *w*** bezeichnet.

7.2.5 Spezifisches Volumen und Dichte eines Gasgemisches

Ist die spezifische Gaskonstante R_i eines Gasgemisches bekannt, dann ergibt sich das spezifische Volumen v und die Dichte ρ, ebenso wie bei einem Einzelgas, aus der Beziehung

$$R_i = \frac{p \cdot v}{T} = \frac{p}{\rho \cdot T}. \text{ Somit:}$$

Spezifisches Volumen einer Gasmischung

$$v = \frac{R_i \cdot T}{p} \qquad \boxed{57-2} \text{ in } \frac{\text{m}^3}{\text{kg}}$$

Dichte einer Gasmischung

$$\rho = \frac{p}{R_i \cdot T} \qquad \boxed{57-3} \text{ in } \frac{\text{kg}}{\text{m}^3}$$

M 32. Die spezielle Gaskonstante eines Brenngases beträgt $R_{i1} = 702 \frac{\text{Nm}}{\text{kg} \cdot \text{K}}$. Es wird ein brennbares Gemisch aus $m_1 = 1$ kg dieses Brenngases und $m_2 = 15$ kg Luft hergestellt. Berechnen Sie

a) die spezifische Gaskonstante R_i des Gemisches,
b) das spezifische Normvolumen v_n des Gemisches,
c) die Normdichte ρ_n des Gemisches.

Lösung: a) $R_i = \frac{m_1}{m} \cdot R_{i1} + \frac{m_2}{m} \cdot R_{i2}$ $\qquad$ $\boldsymbol{m} = m_1 + m_2 = 1\text{ kg} + 15\text{ kg} = \mathbf{16\ kg}$

$\boldsymbol{R_{i2}} = \mathbf{287{,}1 \frac{Nm}{kg \cdot K}}$ (Seite 42)

$$R_i = \frac{1\text{ kg}}{16\text{ kg}} \cdot 702 \frac{\text{Nm}}{\text{kg} \cdot \text{K}} + \frac{15\text{ kg}}{16\text{ kg}} \cdot 287{,}1 \frac{\text{Nm}}{\text{kg} \cdot \text{K}} = 43{,}875 \frac{\text{Nm}}{\text{kg} \cdot \text{K}} + 269{,}156 \frac{\text{Nm}}{\text{kg} \cdot \text{K}}$$

$$\boldsymbol{R_i} = \mathbf{313{,}03 \frac{Nm}{kg \cdot K}}$$

b) $$\boldsymbol{v_n} = \frac{R_i \cdot T_n}{p_n} = \frac{313{,}03 \frac{\text{Nm}}{\text{kg} \cdot \text{K}} \cdot 273{,}15\text{ K}}{101325 \frac{\text{N}}{\text{m}^2}} = \mathbf{0{,}844 \frac{m^3}{kg}}$$

c) $\varrho_n = \frac{1}{v_n} = \frac{1}{0{,}844 \frac{m^3}{kg}} = \mathbf{1{,}185 \frac{kg}{m^3}}$

7.3 Ermittlung des Partialdruckes eines Gasanteiles

7.3.1 Partialdruck bei gegebenem Massenanteil und Gesamtdruck

Der Gesamtdruck einer Gasmischung ist entweder bekannt oder leicht meßbar. Ebenso sind oftmals die Teilmassen und damit auch die Gesamtmasse bzw. die **Massenanteile *w*** bekannt. Teilt man die allgemeine Zustandsgleichung des Gasanteiles, für den der Partialdruck gesucht ist, durch die allgemeine Zustandsgleichung des Gasgemisches, dann erhält man:

$$\begin{array}{l} p_1 \cdot V_i = m_1 \cdot R_{i1} \cdot T \\ p \cdot V_i = m \cdot R_i \cdot T \end{array} \quad :$$

$$\frac{p_1 \cdot V_i}{p \cdot V_i} = \frac{m_1 \cdot R_{i1} \cdot T}{m \cdot R_i \cdot T} \longrightarrow p_1 = p \cdot \frac{m_1}{m} \cdot \frac{R_{i1}}{R_i} \text{ bzw. } p_1 = p \cdot w_1 \cdot \frac{R_{i1}}{R_i}$$

Allgemein ergibt sich somit für den

Partialdruck eines Gasanteiles $p_z = p \cdot \frac{m_z}{m} \cdot \frac{R_{iz}}{R_i} = p \cdot w_z \cdot \frac{R_{iz}}{R_i}$ 58–1 in Pa bzw. bar

7.3.2 Partialdruck bei gegebenem Volumenanteil und Gesamtdruck

In vielen Aufgabenstellungen sind neben dem Gesamtdruck die **Volumenanteile** φ, d. h. $\varphi_1 = \frac{V_1}{V}$, $\varphi_2 = \frac{V_2}{V}$ etc. gegeben. Mit dem Gesamtdruck ergibt sich für das Einzelgas:

$p \cdot V_1 = m_1 \cdot R_{i1} \cdot T$ und für das gleiche Gas in der Mischung:

$p_1 \cdot V_i = m_1 \cdot R_{i1} \cdot T$

Teilt man diese Gleichungen wieder durcheinander, dann erhält man:

$$\frac{p \cdot V_1}{p_1 \cdot V_i} = \frac{m_1 \cdot R_{i1} \cdot T}{m_1 \cdot R_{i1} \cdot T} = 1 \longrightarrow p_1 = p \cdot \frac{V_1}{V_i} = p \cdot \varphi_1$$

Allgemein ergibt sich somit für den

Partialdruck eines Gasanteiles $p_z = p \cdot \frac{V_z}{V_i} = p \cdot \varphi_z$ 58–2 in Pa bzw. bar

M 33. Wie bereits gesagt, ist Luft im wesentlichen ein Gemisch aus Sauerstoff und Stickstoff. Die Massenanteile von Sauerstoff (w_1) und Stickstoff (w_2) betragen ca.:

$w_1 = \frac{m_1}{m} = 0{,}23$, d. h. 23 % Sauerstoff (früher **Massenprozent**) und

$w_2 = \frac{m_2}{m} = 0{,}77$, d. h. 77 % Stickstoff.

a) Berechnen Sie die Gaskonstante von Luft mit Hilfe der R_i-Werte auf Seite 42 und vergleichen Sie mit dem dortigen R_i-Wert für Luft.

b) Berechnen Sie bei Normalluftdruck der Luft die Teildrücke von Sauerstoff (p_1) und Stickstoff (p_2) und machen Sie mit $p = p_1 + p_2$ die Probe auf Ihre Rechnung.

c) Wie groß sind die Volumenanteile (**Raumanteile**) von Sauerstoff und Stickstoff?

Lösung: a) $R_i = \frac{m_1}{m} \cdot R_{i1} + \frac{m_2}{m} \cdot R_{i2}$ $\qquad R_{i1} = 259{,}8 \frac{Nm}{kg \cdot K}$ $\qquad R_{i2} = 296{,}8 \frac{Nm}{kg \cdot K}$

$$R_i = 0{,}23 \cdot 259{,}8 \frac{Nm}{kg \cdot K} + 0{,}77 \cdot 296{,}8 \frac{Nm}{kg \cdot K} = 59{,}754 \frac{Nm}{kg \cdot K} + 228{,}536 \frac{Nm}{kg \cdot K}$$

$$\boldsymbol{R_i = 288{,}29 \frac{Nm}{kg \cdot K}} \approx 287{,}1 \frac{Nm}{kg \cdot K}$$

Anmerkung: Die Differenz zwischen Rechenwert und Tabellenwert läßt sich mit den geringfügig vorhandenen weiteren Gasbestandteilen in der Luft (siehe Ü 61.) erklären.

b) $$p_1 = p_n \cdot \frac{m_1}{m} \cdot \frac{R_{i1}}{R_i} = 1{,}01325\,\text{bar} \cdot 0{,}23 \cdot \frac{259{,}8 \frac{Nm}{kg \cdot K}}{288{,}29 \frac{Nm}{kg \cdot K}}$$

$$\boldsymbol{p_1 = 0{,}21\,\text{bar}}$$

$$p_2 = p_n \cdot \frac{m_2}{m} \cdot \frac{R_{i2}}{R_i} = 1{,}01325\,\text{bar} \cdot 0{,}77 \cdot \frac{296{,}8 \frac{Nm}{kg \cdot K}}{288{,}29 \frac{Nm}{kg \cdot K}}$$

$$\boldsymbol{p_2 = 0{,}8032\,\text{bar}}$$

Probe: $p = p_1 + p_2 = 0{,}21\,\text{bar} + 0{,}8032\,\text{bar}$
$\boldsymbol{p = 1{,}0132\,\text{bar}} \approx 1{,}01325\,\text{bar}$

c) $p_z = p \cdot \frac{V_z}{V_i} \longrightarrow p_1 = p \cdot \frac{V_1}{V_i}$ $\qquad$ Annahme $V_i = 1\,dm^3$

$$\boldsymbol{V_1} = \frac{p_1}{p} \cdot V_i = \frac{0{,}21\,\text{bar}}{1{,}01325\,\text{bar}} \cdot 1\,dm^3 = \boldsymbol{0{,}2073\,dm^3}$$

Somit: $\boldsymbol{\varphi_1} = \frac{V_1}{V} = \frac{0{,}2073\,dm^3}{1\,dm^3} = \boldsymbol{0{,}2073}$

Dies bedeutet: Luft setzt sich aus ca. 20,7 % Sauerstoff (frühere Bezeichnung: **Volumenprozent**) und 79,3 % Stickstoff zusammen.

Ü 60. Unterscheiden Sie die früher üblichen Begriffe Massenprozent und Volumenprozent.

Ü 61. Entgegen der sehr groben Angaben in Musteraufgabe M 33. setzt sich die Gasmischung **trockene Luft** genauer wie folgt zusammen:

Einzelgas	**Volumenanteil in %**	**Massenanteil in %**	**R_i-Wert in $\frac{Nm}{kg \cdot K}$**
Stickstoff N_2	78,09	75,51	296,8
Sauerstoff O_2	20,95	23,15	259,8
Argon Ar	0,929	1,289	208,2
Kohlenstoffdioxid CO_2	0,03	0,05	188,95
Wasserstoff H_2	0,001	0,001	4124
	100,00	100,00	

Berechnen Sie mit Hilfe der angegebenen R_i-Werte

a) die spezifische Gaskonstante R_i für Luft,

b) die Normdichte ρ_n für Luft und vergleichen Sie Ihre Rechenwerte mit den Tabellenwerten auf den Seiten 40 und 42.

Ü 62. Bestimmen Sie mit den Angaben für trockene Luft in Übungsaufgabe Ü 61. die Partialdrücke aller Gasanteile bei einem Gesamtdruck der Luft von 10 bar.

Ü 63. Wie groß ist die Dichte von Luft bei 10 bar und 100 °C?

V 59. Was versteht man unter einem Partialdruck (Teildruck)?

V 60. Wie verhalten sich die Partialdrücke zum Gesamtdruck eines Gasgemisches?

V 61. 5 kg Argon sind mit 5 kg Sauerstoff und 5 kg Stickstoff gemischt. Berechnen Sie mit den R_i-Werten in der Tabelle von Übungsaufgabe Ü 61.
a) die spezifische Gaskonstante R_i dieses Gasgemisches,
b) die Normdichte ρ_n,
c) die Dichte ρ bei $\vartheta = 20$ °C und $p = 1{,}5$ bar.
d) die Partialdrücke bei 20 °C und $p = 1{,}5$ bar.

V 62. Die Bestandteile eines Abgases besitzen folgende Massenanteile in Prozent:

$CO_2 : w = 10\,\% \left(R_i = 188{,}9 \frac{\text{Nm}}{\text{kg} \cdot \text{K}}\right)$, $O_2 : w = 8\,\% \left(R_i = 259{,}8 \frac{\text{Nm}}{\text{kg} \cdot \text{K}}\right)$ und

$N_2 : w = 82\,\% \left(R_i = 296{,}8 \frac{\text{Nm}}{\text{kg} \cdot \text{K}}\right)$

Berechnen Sie
a) die spezielle Gaskonstante R_i,
b) die Partialdrücke für den Normzustand,
c) die molare Masse in kg/kmol,
d) die spezielle Gaskonstante R_i mit Hilfe der molaren Masse M und der universellen Gaskonstante R.

Wärmemenge

Lektion 8 — Wärmekapazität fester und flüssiger Stoffe

8.1 Die spezifische Wärmekapazität

Bereits in Lektion 2 wurde **Wärme als Energieform** definiert. Dabei wurde zwischen den Formen **sensible Wärmeenergie** und **latente Wärmeenergie** unterschieden. Unter der Voraussetzung der Synonyma **Wärme** = **Wärmeenergie** = **Wärmemenge** konnte definiert werden:

sensible Wärme → Die zu- oder abgeführte Energie ändert die Temperatur des Stoffes.

latente Wärme → Die zu- oder abgeführte Energie ändert den Aggregatzustand des Stoffes.

Im Zusammenhang mit diesen Begriffen wurde auch bereits der **Mechanismus der Wärmespeicherung** erörtert. In dieser Lektion wird zunächst auf die **Speicherung von sensiblen Wärmemengen** eingegangen, während die **Speicherung von latenten Wärmeenergien** Gegenstand der Lektionen 11 und 12 ist.

Anmerkung: **Temperaturhaltepunkte** entstehen z. B. auch bei Gitterumwandlungen im festen **Metallgefüge**. Die den **Gitterumschlag** bewirkenden Wärmemengen sind also auch **latente Wärmen**. Näheres über diesen Sachverhalt erfahren Sie im Fachgebiet **Werkstoffkunde.**

Ebenfalls in Lektion 2 wurde bereits erkannt:

Zugeführte Wärmeenergie und Temperaturerhöhung sind einander proportional.

Setzt man außerdem eine bestimmte Temperaturdifferenz $\Delta\vartheta$ voraus, dann gilt auch:

Zugeführte Wärmeenergie und Masse sind einander proportional.

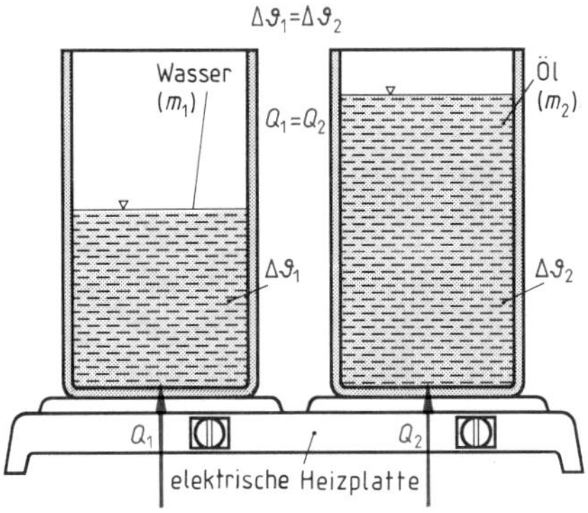

1

Dieser Sachverhalt wird durch die im Bild 1 dargestellte Variante des auf Seite 17 beschriebenen Versuches dargestellt: Durch die Zufuhr jeweils gleicher Wärmeenergien Q_1 und Q_2 sollen verschiedene Stoffe – hier Wasser und ein bestimmtes Öl – um den jeweils gleichen Temperaturbetrag $\Delta\vartheta_1$ und $\Delta\vartheta_2$ erwärmt werden. Dabei ist feststellbar, daß beim Einhalten der Versuchsbedingungen $Q_1 = Q_2$ und $\Delta\vartheta_1 = \Delta\vartheta_2$ mit der gleichen Wärmeenergie – gegenüber der Wassermasse m_1 – in etwa die doppelte Ölmasse m_2 um jeweils die gleiche Temperaturdifferenz erwärmt werden kann. Es ist also erkennbar, daß die zur Realisierung einer bestimmten Temperaturdifferenz erforderliche Wärmeenergie auch vom Stoff selber abhängt. Diese Stoffabhängigkeit wird durch eine spezifische Stoffkonstante erfaßt. Man bezeichnet diese als die **spezifische Wärmekapazität** oder kurz als **spezifische Wärme**. Als Formelbuchstabe wird das kleine *c* verwendet.

Unter der spezifischen Wärmekapazität *c* versteht man diejenige Wärmemenge, die man benötigt, um 1 kg eines festen oder flüssigen Stoffes um die Temperaturdifferenz 1 K ≙ 1 °C zu erwärmen.

Aus dieser Definition ergibt sich – als SI-Einheit – die

Einheit der spezifischen Wärmekapazität $[c] = \frac{\text{kJ}}{\text{kg} \cdot \text{K}} \triangleq \frac{\text{kJ}}{\text{kg} \cdot {}^\circ\text{C}}$ 62–1

Um das Problem nochmals zu verdeutlichen, kann man den Sachverhalt der Stoffabhängigkeit auch wie folgt beschreiben:

Möchte man die Temperatur verschiedener Stoffe um den gleichen Temperaturbetrag erhöhen, so sind unterschiedliche Wärmemengen dazu erforderlich, d. h.: Die in jeweils einem Kilogramm verschiedener Stoffe speicherbare Wärmeenergie ist unterschiedlich groß.

8.1.1 Wahre und mittlere spezifische Wärmekapazität

Im Bild 1 ist der Verlauf der spezifischen Wärmekapazität von Wasser zwischen den Temperaturen 0 °C und 100 °C abgebildet. Auf die Ermittlung der spezifischen Wärmekapazität wird in Lektion 9 eingegangen. Bild 1 zeigt aber schon jetzt:

Die spezifische Wärmekapazität **c ist temperaturabhängig.**

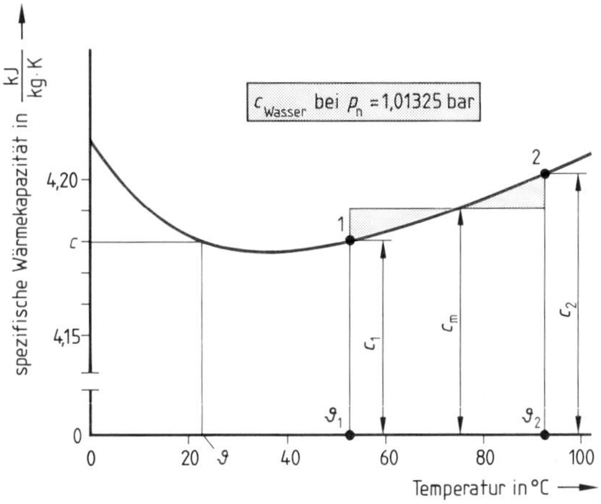

1

Die Versuchsergebnisse beziehen sich auf p_n = 1,01325 bar. Daraus ist zu ersehen, daß auch gilt: **c ist druckabhängig**. Dieses Verhalten spielt jedoch bei festen und flüssigen Stoffen kaum eine Rolle, **bei Gasen und Dämpfen ist der Druck aber ein entscheidendes Kriterium** für den Zahlenwert **der spezifischen Wärmekapazität**. Dies ist der Grund, weswegen hierauf nochmals in Lektion 15 eingegangen wird. Entsprechend Bild 1 muß – infolge der Temperaturabhängigkeit – wie folgt unterschieden werden:

Wahre spezifische Wärmekapazität ⟶ Diese Wärmekapazität ist für eine ganz bestimmte Temperatur gültig.

Mittlere spezifische Wärmekapazität ⟶ Hierbei handelt es sich um einen Mittelwert der spezifischen Wärme innerhalb einer Temperaturdifferenz $\vartheta_2 - \vartheta_1$ (Temperaturbereich). Formelbuchstabe: c_m.

Bei genauen Rechnungen innerhalb eines Temperaturbereiches muß mit c_m gerechnet werden.

Der c_m-Wert kann geometrisch gemäß Bild 1 ermittelt werden.

Bild 2 zeigt als Beispiel den c-Verlauf von Kupfer von –50 °C bis 1200 °C. Der Kurvensprung ist mit dem Schmelzpunkt (1083 °C) von Kupfer identisch.

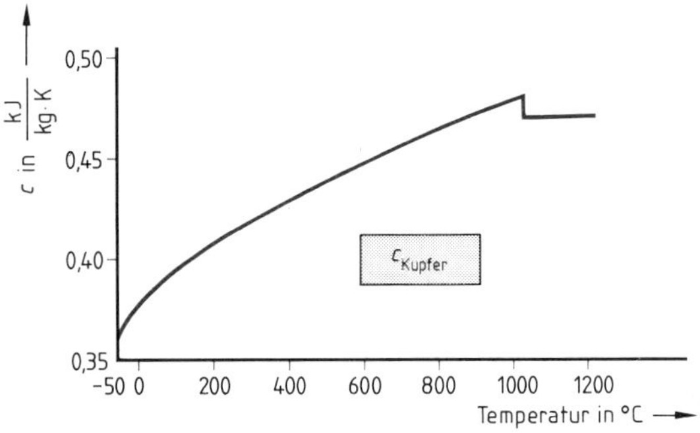

2

In der technischen Praxis genügt es in den meisten Fällen, mit dem Wert für 20 °C zu rechnen. Dies wird stillschweigend immer dann gemacht, wenn keine Einschränkungen durch die **Betriebstemperatur** einer Anlage oder eines Anlagenteiles vorliegen.
Die nebenstehende Tabelle beinhaltet die *c*-Werte einiger fester und flüssiger Stoffe. Aus den angegebenen Zahlenwerten für Stahl und Wasser ist ersichtlich:

Der Zahlenwert der spezifischen Wärmekapazität von Legierungen und Mischungen ist von der Zusammensetzung (Konzentration) abhängig.

Weitere Werte sind in technischen Handbüchern enthalten. Die Beachtung von **Herstellerangaben** ist aber in vielen Fällen unabdingbar notwendig.

Von allen festen und flüssigen Stoffen hat Wasser die größte spezifische Wärmekapazität.

flüssiger bzw. fester Stoff	**spez. Wärmekapazität c in $\frac{kJ}{kg \cdot K}$ bei 20 °C**
Alkohol (Ethanol)	ca. 2,43
Aluminium	0,942
Benzin	2,01
Beton	0,89
Blei	0,13
Eis (bei 0 °C)	2,11
Glas	0,82
Kieselgur	0,88
Kupfer	0,39
Quecksilber	0,138
Sandstein	0,92
Stahl mit 0,2 % C	0,46
Stahl mit 1,0 % C	0,49
Wasser rein	4,1816 ≈ 4,19
Wasser (0,5 % Salz)	4,10
Wasser (3,0 % Salz)	3,93
Ziegelstein	0,85
Angaben beziehen sich auf $\vartheta = 20\,°C$!	

→ $c_{Wasser} \approx 4{,}19 \frac{kJ}{kg \cdot K}$ (bei 20 °C)

c_{Wasser} bei 100 °C: $4{,}22 \frac{kJ}{kg \cdot K}$ / bei 20 °C ≈ 4,19 $\frac{kJ}{kg \cdot K}$

M 34. In Lektion 2 wurde bereits erläutert, daß es für einen Techniker wichtig ist, alte mit neuen Einheiten verbinden zu können. Die alte Einheit für die spezifische Wärmekapazität war $\frac{kcal}{kg \cdot °C}$. Rechnen Sie mit der Beziehung **1 kcal ≈ 4,19 kJ** den Zahlenwert der spezifischen Wärmekapazität von Aluminium bei 20 °C aus dem SI-Einheitensystem in das alte Einheitensystem um.

Lösung: $c_{Al} = 0{,}942 \frac{kJ}{kg \cdot K} = 0{,}942 \frac{kJ}{kg \cdot °C} = \frac{0{,}942}{4{,}19} \frac{kcal}{kg \cdot °C} = \mathbf{0{,}2248 \frac{kcal}{kg \cdot °C}}$

Anmerkung: Das obige Rechenverfahren liefert: $c_{Wasser} \approx 4{,}19 \frac{kJ}{kg \cdot K} \approx 1{,}0 \frac{kcal}{kg \cdot °C}$

und zwar in Übereinstimmung mit der Definition der Kilokalorie auf Seite 18.

8.2 Das Grundgesetz der Wärmelehre

Aus den bisherigen Überlegungen ergibt sich, daß die zur Temperaturerhöhung eines Stoffes erforderliche Wärmeenergie, d. h. die sensible Wärmemenge Q, der Temperaturerhöhung $\Delta\vartheta$, der Masse m und der spezifischen Wärmekapazität c proportional ist. Die Verkettung dieser Größen ist multiplikativ und man bezeichnet sie als das

Grundgesetz der Wärmelehre $Q = m \cdot c \cdot \Delta\vartheta$ **63–1** in kJ

$[Q] = [m] \cdot [c] \cdot [\Delta\vartheta] = kg \cdot \frac{kJ}{kg \cdot °C} \cdot °C = kJ$

Das Produkt $m \cdot c$ heißt **Wärmekapazität**. Diese ist ein **Maß für die Speicherfähigkeit von Wärmeenergie** pro K Temperaturerhöhung. Vergleicht man einmal in der obigen Tabelle den *c*-Wert von Wasser und Stein, dann ist zu erkennen, daß 1 kg Wasser eine etwa fünfmal größere Wärmemenge als Stein speichern kann.

8.2.1 Übertragung von Wärmeenergie in Stoffsysteme

Unter einem **Stoffsystem** versteht man eine aus mehreren Stoffen bestehende Anordnung, z. B. einen mit Wasser gefüllten Stahlbehälter. Haben Wasser und Stahlbehälter unterschiedliche Temperaturen, dann fließt Wärmeenergie solange vom Körper mit höherer Temperatur in den Körper mit niedrigerer Temperatur, bis ein Temperaturausgleich stattgefunden hat.

Am Ende des Wärmeaustausches haben alle Teile eines Stoffsystems die gleiche Endtemperatur.

Die Gesetzmäßigkeiten eines solchen **Wärmetransportes** werden in den Lektionen 21 bis 26 erörtert. Wird einem solchen „Stoffsystem mit Temperaturausgleich" eine Wärmeenergie zugeführt, dann erhöht sich die Temperatur um den gleichen Betrag, jeder einzelne Stoff nimmt aber im Verhältnis der Masse **und** der spezifischen Wärmekapazität eine unterschiedlich große Wärmemenge auf. Somit errechnet sich die

Änderung der Wärmeenergie in Stoffsystemen $Q = m_1 \cdot c_1 \cdot \Delta\vartheta + m_2 \cdot c_2 \cdot \Delta\vartheta + \ldots + m_z \cdot c_z \cdot \Delta\vartheta$ | 64–1 | in kJ

M 35. In der Nähe großer Wassermassen (z. B. Meer, Seen, Flüsse) wird meist ein sehr ausgewogenes Klima angetroffen. Man bezeichnet es auch als **Seeklima**. Versuchen Sie, eine Erklärung für dessen Unterschied zum **Landklima** zu finden.

Lösung: Wasser ist infolge seiner großen spezifischen Wärmekapazität ein ausgezeichneter **Wärmespeicher**. Diese Wärme wird – sobald die Umgebungstemperatur niedriger ist als die Wassertemperatur – wieder abgegeben. Da im Binnenland solche Wärmespeicher weitgehend fehlen, sind die Temperaturschwankungen (zwischen Tag und Nacht und zwischen Sommer und Winter) dort sehr viel größer.

M 36. Welche Wärmemenge Q ist erforderlich, wenn damit $m = 7{,}5$ kg Stahl mit $c = 0{,}46 \frac{\text{kJ}}{\text{kg} \cdot \text{K}}$ von $\vartheta_1 = 20\,°\text{C}$ auf $\vartheta_2 = 980\,°\text{C}$ erwärmt werden sollen?

Anmerkung: Die bei Stahl erforderlichen (relativ kleinen) latenten Wärmen für den Gitterumschlag werden nicht berücksichtigt.

Lösung: $Q = m \cdot c \cdot \Delta\vartheta$

$$Q = m \cdot c \cdot (\vartheta_2 - \vartheta_1) = 7{,}5\,\text{kg} \cdot 0{,}46 \frac{\text{kJ}}{\text{kg} \cdot \text{K}} \cdot (980-20)\,\text{K}$$

$$\mathbf{Q = 3312\,kJ}$$

M 37. Eine Wassermasse von $m = 5000$ kg hat eine Temperatur von $\vartheta_1 = 80\,°\text{C}$. Auf welche Temperatur ϑ_2 fällt die Wassertemperatur, wenn eine Wärmemenge $Q = 80000$ kJ in die Umgebung abfließt und wenn mit $c = 4{,}19 \frac{\text{kJ}}{\text{kg} \cdot \text{K}}$ gerechnet werden kann?

Lösung: $Q = m \cdot c \cdot \Delta\vartheta \longrightarrow \Delta\vartheta = \dfrac{Q}{m \cdot c} = \dfrac{80000\,\text{kJ}}{5000\,\text{kg} \cdot 4{,}19 \frac{\text{kJ}}{\text{kg} \cdot \text{K}}} = 3{,}82\,\text{K}$

$$\Delta\vartheta = 3{,}82\,°\text{C} = \vartheta_1 - \vartheta_2 \longrightarrow \vartheta_2 = \vartheta_1 - \Delta\vartheta = 80\,°\text{C} - 3{,}82\,°\text{C}$$

$$\boldsymbol{\vartheta_2 = 76{,}18\,°\text{C}}$$

M 38. Ein Stahlbehälter $m_1 = 3\,\text{kg}$, $c_1 = 0{,}46\,\frac{\text{kJ}}{\text{kg}\cdot\text{K}}$ ist mit Wasser $m_2 = 8\,\text{kg}$, $c_2 = 4{,}19\,\frac{\text{kJ}}{\text{kg}\cdot\text{K}}$ gefüllt. Dieses Stoffsystem hat eine Temperatur von $\vartheta_1 = 20\,°\text{C}$ und wird auf eine Temperatur $\vartheta_2 = 90\,°\text{C}$ erwärmt. Berechnen Sie

a) die Temperaturdifferenz in °C und K,

b) die erforderliche Wärmeenergie Q, wenn das System als nach außen isoliert betrachtet wird (kein Energieaustausch mit der Umgebung!).

Lösung: a) $\boldsymbol{\Delta\vartheta} = \vartheta_2 - \vartheta_1 = 90\,°\text{C} - 20\,°\text{C} = \mathbf{70\,°C} \mathrel{\hat=} \mathbf{70\,K}$

b) $Q = m_1 \cdot c_1 \cdot \Delta\vartheta + m_2 \cdot c_2 \cdot \Delta\vartheta$

$$Q = \Delta\vartheta \cdot \left(m_1 \cdot c_1 + m_2 \cdot c_2\right) = 70\,\text{K} \cdot \left(3\,\text{kg} \cdot 0{,}46\frac{\text{kJ}}{\text{kg}\cdot\text{K}} + 8\,\text{kg} \cdot 4{,}19\frac{\text{kJ}}{\text{kg}\cdot\text{K}}\right)$$

$$Q = 70\,\text{K} \cdot \left(1{,}38\frac{\text{kJ}}{\text{K}} + 33{,}52\frac{\text{kJ}}{\text{K}}\right) = 70\,\text{K} \cdot 34{,}9\frac{\text{kJ}}{\text{K}}$$

$$\mathbf{Q = 2443\,kJ}$$

Ü 64. Welche Aussage macht die Einheit für die spezifische Wärme $\frac{\text{kJ}}{\text{kg}\cdot\text{K}}$?

Ü 65. Wie zeichnet sich Wasser wärmetechnisch gegenüber allen anderen Stoffen aus?

Ü 66. Es sollen jeweils 1,5 kg Stahl $\left(c_1 = 0{,}46\frac{\text{kJ}}{\text{kg}\cdot\text{K}}\right)$ und 1,5 kg Silber $\left(c_2 = 0{,}26\frac{\text{kJ}}{\text{kg}\cdot\text{K}}\right)$ von 20 °C auf 120 °C erwärmt werden. Ermitteln Sie die jeweils erforderlichen Wärmemengen Q_1 und Q_2. Welche Schlußfolgerung ziehen Sie?

Ü 67. 240 g Blei $\left(c_{\text{Pb}} = 0{,}127\frac{\text{kJ}}{\text{kg}\cdot\text{K}}\right)$ und 80 g Messing $\left(c_{\text{Ms}} = 0{,}379\frac{\text{kJ}}{\text{kg}\cdot\text{K}}\right)$ werden jeweils um 80 K erwärmt. Berechnen Sie die erforderlichen Wärmemengen.

Ü 68. In einem Kupfertopf mit $m_1 = 180$ g befinden sich $m_2 = 1000$ g Wasser. Wie groß ist die Temperaturdifferenz $\Delta\vartheta$, wenn $Q = 208$ kJ zugeführt werden?

Ü 69. Ein Stahlteil $m_1 = 1\,\text{kg}$, $c_1 = 0{,}46\,\frac{\text{kJ}}{\text{kg}\cdot\text{K}}$ wird beim Härten von $\vartheta_1 = 680\,°\text{C}$ auf $\vartheta_2 = 30\,°\text{C}$ abgeschreckt. Wie groß ist die dabei vom Stahl abgegebene Wärmeenergie?

Ü 70. 200 g Zink werden um 30 K mit 2,31 kJ erwärmt. Wie groß ist die spezifische Wärmekapazität von Zink?

V 63. Formulieren Sie in Ihren Worten das Grundgesetz der Wärmelehre.

V 64. Was versteht man unter der mittleren spezifischen Wärmekapazität?

V 65. Welche Wärmemenge ist erforderlich, um 3,2 kg Kupfer von 20 °C auf 600 °C zu erwärmen?

V 66. Bei einem Versuch werden 20 cm³ Wasser in einem Glasgefäß $m_2 = 160$ g von 4 °C auf 70 °C erwärmt. Wie groß ist die erforderliche Wärmemenge, wenn die spezifische Wärme von Glas mit $c_2 = 0{,}8\,\frac{\text{kJ}}{\text{kg}\cdot\text{K}}$ gegeben ist, und wenn mit $c_1 = 4{,}19\,\frac{\text{kJ}}{\text{kg}\cdot\text{K}}$ gerechnet wird?

V 67. Eine Wassermasse $m = 20$ kg kühlt um 70 K ab. Wie groß ist die dabei an die Umgebung abgegebene Wärmemenge Q? (Gefäß bleibt unberücksichtigt.)

V 68. Wasser hat bekanntlich von allen festen und flüssigen Stoffen die größte spezifische Wärmekapazität. Wo wird dieser Sachverhalt in der Technik ausgenutzt?

Lektion 9 | **Kalorimetrie**

Kalorimetrie

Unter der **Kalorimetrie** versteht man das Teilgebiet der Wärmelehre, welches sich mit der Messung von Wärmemengen beschäftigt.

9.1 Kalorimeter

In Lektion 8 wurde bereits darauf verwiesen, daß in Lektion 9 auf die Ermittlung der Zahlenwerte für die spezifische Wärmekapazität eingegangen wird. Die entsprechenden Stoffuntersuchungen werden mit Hilfe eines **Kalorimeters** durchgeführt. Ein solches Kalorimeter ist in Bild 1 abgebildet, und man spricht auch oft vom **Kalorimetergefäß**.

Unter einem Kalorimeter versteht man ein Gefäß zur Messung von Wärmemengen.

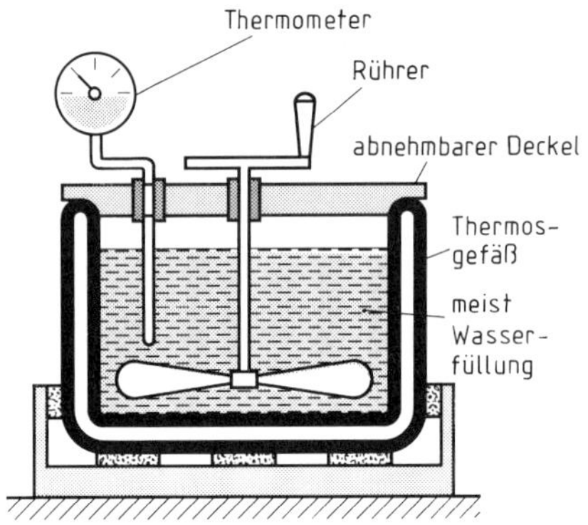

1

Es handelt sich dabei um ein **Stoffsystem**. Dieses besteht aus dem eigentlichen Gefäß und einem Thermometer, meist ist noch ein Rührer und ein abnehmbarer Deckel vorhanden. Die Füllung des Gefäßes besteht in der Regel aus einer bestimmten Menge Wasser, es können aber auch andere Füllflüssigkeiten verwendet werden. Der auf eine bestimmte Temperatur erwärmte Stoff wird in die Füllflüssigkeit gelegt und gibt – da die Flüssigkeit eine niedrigere Temperatur hat – Wärmeenergie ab. Um zu genauen Versuchsergebnissen zu kommen, ist es erforderlich, daß der Wärmeaustausch mit der Gefäßumgebung möglichst kleingehalten wird. Dies geschieht im allgemeinen durch ein evakuiertes **Thermosgefäß**, nach dem englischen Chemiker **Dewar (1842 bis 1923)** auch **Dewargefäß** genannt. Nicht zu vermeiden ist es, daß der innere Behälter, der Rührer und das Thermometer am Wärmeaustausch beteiligt sind. Dies wirkt sich aber so aus, als ob die im Gefäß befindliche Wassermenge größer wäre als sie in Wirklichkeit ist. Man berücksichtigt diesen Sachverhalt mit der bereits in Lektion 8 erwähnten **Wärmekapazität**. Nach DIN 1304 und DIN 1345 wird für diese das Formelzeichen C gewählt. Mit Hilfe der Definition in Lektion 8 für die Wärmekapazität ergibt sich für die

Wärmekapazität des Kalorimeters

$$C = \Sigma(m \cdot c) = m_{\text{Rührer}} \cdot c_{\text{Rührer}} + m_{\text{Therm.}} \cdot c_{\text{Therm.}} + \ldots \quad \boxed{66-1} \quad \text{in } \frac{\text{kJ}}{\text{K}}$$

Nach dem Grundgesetz der Wärmelehre kann man also sagen:

Unter der Wärmekapazität eines Kalorimeters versteht man diejenige Wärmemenge, die dem Kalorimeter zugeführt werden muß, um seine Temperatur (ohne Wasserfüllung) um 1 °C zu erhöhen.

Die Wärmekapazität ist als **Gerätekonstante** auf dem Typenschild des Kalorimeters angegeben. Damit wird die Handhabung sehr vereinfacht. Es ergibt sich für die

vom Kalorimeter aufgenommene Wärme

$$Q_{\text{Kal}} = C \cdot \Delta\vartheta \quad \boxed{66-2}$$

Q	C	$\Delta\vartheta$
kJ	$\frac{\text{kJ}}{\text{K}}$	K

9.2 Die Mischungsregel

Auch der folgende Sachverhalt wurde bereits in Lektion 8 beschrieben:

Stoffe, die sich gegenseitig berühren (Stoffsysteme) tauschen Wärmeenergie aus, sofern eine Temperaturdifferenz vorhanden ist. Der Gesamtwärmeinhalt aller daran beteiligten Stoffe ändert sich dabei nicht. Die von den wärmeren Stoffen abgegebene Wärmemenge Q_{ab} ist genau so groß wie die von den kälteren Stoffen aufgenommene Wärmemenge Q_{auf}.

Dieses Verhalten bezeichnet man als die **Mischungsregel.**

Mischungsregel $Q_{ab} = Q_{auf}$ 67–1 in J, kJ

9.2.1 Die Mischungstemperatur

Bei dem oben beschriebenen Austausch von Wärmeenergie findet nach einer gewissen Zeit ein **Temperaturausgleich** statt, d. h.: es stellt sich im gesamten Stoffsystem die **gleiche Endtemperatur** ein. Diese wird als **Mischungstemperatur** oder auch als **Mischtemperatur** bezeichnet. Als Formelzeichen wird ϑ_m verwendet. Die Herleitung einer Gleichung zur Berechnung von ϑ_m erfolgt mit Hilfe der Mischungsregel. Dabei wird zunächst die Annahme gemacht, daß nur zwei Stoffe am Wärmeaustausch beteiligt sind:

	Temperatur		
	vor Wärmeaustausch	nach Wärmeaustausch	Temperaturdifferenz
Stoff 1: m_1, c_1	$\vartheta_1 > \vartheta_m > \vartheta_2$	ϑ_m	$\Delta\vartheta_1 = \vartheta_1 - \vartheta_m$
Stoff 2: m_2, c_2	$\vartheta_2 < \vartheta_m < \vartheta_1$	ϑ_m	$\Delta\vartheta_2 = \vartheta_m - \vartheta_2$

Wendet man nun die Mischungsregel an, so ergibt sich folgende Ableitung:

$$\begin{aligned}
Q_{ab} &= Q_{auf} \\
m_1 \cdot c_1 \cdot \Delta\vartheta_1 &= m_2 \cdot c_2 \cdot \Delta\vartheta_2 \\
m_1 \cdot c_1 \cdot (\vartheta_1 - \vartheta_m) &= m_2 \cdot c_2 \cdot (\vartheta_m - \vartheta_2) \\
m_1 \cdot c_1 \cdot \vartheta_1 - m_1 \cdot c_1 \cdot \vartheta_m &= m_2 \cdot c_2 \cdot \vartheta_m - m_2 \cdot c_2 \cdot \vartheta_2 \\
-m_1 \cdot c_1 \cdot \vartheta_m - m_2 \cdot c_2 \cdot \vartheta_m &= -m_1 \cdot c_1 \cdot \vartheta_1 - m_2 \cdot c_2 \cdot \vartheta_2 \\
\vartheta_m \cdot (-m_1 \cdot c_1 - m_2 \cdot c_2) &= -m_1 \cdot c_1 \cdot \vartheta_1 - m_2 \cdot c_2 \cdot \vartheta_2 \\
\vartheta_m &= \frac{-m_1 \cdot c_1 \cdot \vartheta_1 - m_2 \cdot c_2 \cdot \vartheta_2}{-m_1 \cdot c_1 - m_2 \cdot c_2} \\
\boldsymbol{\vartheta_m} &= \boldsymbol{\frac{m_1 \cdot c_1 \cdot \vartheta_1 + m_2 \cdot c_2 \cdot \vartheta_2}{m_1 \cdot c_1 + m_2 \cdot c_2}}
\end{aligned}$$

Sind **mehr als zwei Stoffe** am Wärmeaustausch beteiligt, dann ergibt sich für die

Mischungstemperatur $\vartheta_m = \frac{\Sigma(m \cdot c \cdot \vartheta)}{\Sigma(m \cdot c)}$ 67–2

ϑ = Ausgangstemperatur

ϑ_m, ϑ	m	c
°C	kg	$\frac{kJ}{kg \cdot K}$

Am Wärmeaustausch können in beliebiger Kombination feste, flüssige und gasförmige Stoffe beteiligt sein.

M 39. 13 kg Messing mit einer Temperatur von 600 °C werden in 25 Liter ≙ 25 kg Wasser, welches eine Temperatur von 15 °C hat, abgeschreckt. Welche Mischungstemperatur ϑ_m nehmen Messing und Wasser an, wenn man einmal annimmt, daß das Wassergefäß und die Umgebung am Wärmeaustausch nicht beteiligt sind. Es ist $c_{Ms} = 0{,}39 \frac{kJ}{kg \cdot K}$.

Lösung:

$$\vartheta_m = \frac{m_1 \cdot c_1 \cdot \vartheta_1 + m_2 \cdot c_2 \cdot \vartheta_2}{m_1 \cdot c_1 + m_2 \cdot c_2} = \frac{13\,kg \cdot 0{,}39 \frac{kJ}{kg \cdot K} \cdot 600\,°C + 25\,kg \cdot 4{,}19 \frac{kJ}{kg \cdot K} \cdot 15\,°C}{13\,kg \cdot 0{,}39 \frac{kJ}{kg \cdot °C} + 25\,kg \cdot 4{,}19 \frac{kJ}{kg \cdot °C}}$$

$$\boldsymbol{\vartheta_m} = \frac{3042 + 1571{,}25}{5{,}07 + 104{,}75}\,°C = \frac{4613{,}25}{109{,}82}\,°C = \mathbf{42\,°C}$$

Probe:

$$Q_{ab} = Q_{auf}$$

$$m_1 \cdot c_1 \cdot \Delta\vartheta_1 = m_2 \cdot c_2 \cdot \Delta\vartheta_2$$

$$13\,kg \cdot 0{,}39 \frac{kJ}{kg \cdot K} \cdot 558\,K = 25\,kg \cdot 4{,}19 \frac{kJ}{kg \cdot K} \cdot 27\,K$$

$$\mathbf{2829{,}06\,kJ \approx 2828{,}25\,kJ}$$

$$\Delta\vartheta_1 = \vartheta_1 - \vartheta_m = (600 - 42)\,K = 558\,K$$

$$\Delta\vartheta_2 = \vartheta_m - \vartheta_2 = (42 - 15)\,K = 27\,K$$

M 40. **Stahlgefäß** : $m_1 = 3\,kg,\ c_1 = 0{,}46 \frac{kJ}{kg \cdot K},\ \vartheta_1 = 15\,°C$

Wasserfüllung : $m_2 = 25\,kg,\ c_2 = 4{,}19 \frac{kJ}{kg \cdot K},\ \vartheta_2 = 15\,°C$

Messing : $m_3 = 13\,kg,\ c_3 = 0{,}39 \frac{kJ}{kg \cdot K},\ \vartheta_3 = 600\,°C$

→ $\vartheta_m = ?$

Lösung : $\vartheta_m = \frac{m_1 \cdot c_1 \cdot \vartheta_1 + m_2 \cdot c_2 \cdot \vartheta_2 + m_3 \cdot c_3 \cdot \vartheta_3}{m_1 \cdot c_1 + m_2 \cdot c_2 + m_3 \cdot c_3}$

Wegen des Platzaufwandes wird ausnahmsweise ohne Einheiten gerechnet:

$$\vartheta_m = \frac{3 \cdot 0{,}46 \cdot 15 + 25 \cdot 4{,}19 \cdot 15 + 13 \cdot 0{,}39 \cdot 600}{3 \cdot 0{,}46 + 25 \cdot 4{,}19 + 13 \cdot 0{,}39}\,°C = \frac{4633{,}95}{111{,}2}\,°C$$

$$\boldsymbol{\vartheta_m} = \mathbf{41{,}6722\,°C}$$

9.2.2 Ermittlung der spezifischen Wärmekapazität

Es wurde bereits gesagt, daß die **spezifische Wärmekapazität *c*** eines Stoffes mit Hilfe eines Kalorimeters (Bild 1, Seite 66) ermittelt wird. Dabei werden die folgenden Formelzeichen verwendet:

C = Wärmekapazität des Kalorimeters = $\Sigma\,(m \cdot c)$ in $\frac{kJ}{K}$

m_1 = Masse des zu untersuchenden Stoffes in kg

ϑ_1 = Anfangstemperatur des zu untersuchenden Stoffes in °C

c_1 = gesuchte spezifische Wärmekapazität des zu untersuchenden Stoffes in $\frac{kJ}{kg \cdot K}$

m_2 = Masse der Flüssigkeitsfüllung (i. d. R. Wasser) in kg

c_2 = spezifische Wärmekapazität der Flüssigkeitsfüllung in $\frac{kJ}{kg \cdot K}$

ϑ_2 = Anfangstemperatur der Flüssigkeitsfüllung und des Gefäßes in °C

ϑ_m = Mischungstemperatur = Endtemperatur des Stoffsystems in °C

In aller Regel ist es so, daß $\vartheta_1 > \vartheta_2$ ist. Dies bedeutet, daß der zu untersuchende Stoff Wärmeenergie abgibt. Der Versuch ist aber auch mit $\vartheta_2 > \vartheta_1$ durchführbar. Unabhängig davon ist immer zu beachten:

Vor dem Einbringen des zu untersuchenden Stoffes muß ein Temperaturausgleich zwischen Kalorimetergefäß und Kalorimeterfüllung stattgefunden haben.

Unter dieser Voraussetzung und bei der Annahme $\vartheta_1 > \vartheta_2$ ergibt sich mit Hilfe der **Mischungsregel** folgende Ableitung:

$$Q_{ab} = Q_{auf}$$
$$m_1 \cdot c_1 \cdot \Delta\vartheta_1 = C \cdot \Delta\vartheta_2 + m_2 \cdot c_2 \cdot \Delta\vartheta_2$$
$$m_1 \cdot c_1 \cdot \Delta\vartheta_1 = \Delta\vartheta_2 \cdot (C + m_2 \cdot c_2) \qquad \Delta\vartheta_1 = \vartheta_1 - \vartheta_m$$
$$c_1 = \frac{\Delta\vartheta_2 \cdot (C + m_2 \cdot c_2)}{\Delta\vartheta_1 \cdot m_1} \qquad \Delta\vartheta_2 = \vartheta_m - \vartheta_2$$

Setzt man noch für $\Delta\vartheta_1 = \vartheta_1 - \vartheta_m$ und $\Delta\vartheta_2 = \vartheta_m - \vartheta_2$ ein, so erhält man für die

zu ermittelnde spezifische Wärmekapazität

$$c_1 = \frac{(C + m_2 \cdot c_2) \cdot (\vartheta_m - \vartheta_2)}{m_1 \cdot (\vartheta_1 - \vartheta_m)} \qquad \boxed{69-1} \quad \text{in } \frac{kJ}{kg \cdot K}$$

M 41. Für ein thermisch stark beanspruchtes Teil in der Brennkammer eines Raketentriebwerkes wurde ein spezieller hochlegierter Stahl mit einem hohen Titan- und Vanadiumgehalt entwickelt. Zur Bestimmung der spezifischen Wärmekapazität wird ein Stück dieses Werkstoffes mit der Masse $m_1 = 0{,}2$ kg in ein Kalorimetergefäß eingebracht. Dieses besitzt eine Wärmekapazität $C = 0{,}06 \frac{kJ}{K}$ und ist mit $m_2 = 1{,}2$ kg Wasser gefüllt. Wasser- und Gefäßtemperatur betragen $\vartheta_2 = 20$ °C. Die Stahltemperatur beträgt exakt
$\vartheta_1 = 150$ °C und nach Beendigung des Wärmeaustausches wird eine Mischungstemperatur von
$\vartheta_m = 22{,}3$ °C gemessen.

a) Wie groß ist die spezifische Wärme c_1 des Stahls?

b) Vergleichen Sie den errechneten Wert mit den Werten in Tabelle auf Seite 63.

Lösung: a) Entsprechend Gleichung 69–1 ergibt sich:

$$c_1 = \frac{(C + m_2 \cdot c_2) \cdot (\vartheta_m - \vartheta_2)}{m_1 \cdot (\vartheta_1 - \vartheta_m)} = \frac{\left(0{,}06 \frac{kJ}{K} + 1{,}2\,kg \cdot 4{,}19 \frac{kJ}{kg \cdot K}\right) \cdot \left(22{,}3\,°C - 20\,°C\right)}{0{,}2\,kg \cdot (150\,°C - 22{,}3\,°C)}$$

$$\mathbf{c_1} = \frac{5{,}088 \frac{kJ}{K} \cdot 2{,}3\,°C}{0{,}2\,kg \cdot 127{,}7\,°C} = \mathbf{0{,}458 \frac{kJ}{kg \cdot K}}$$

b) Der Vergleich mit den Werten in Tabelle Seite 63 bestätigt die richtige Größenordnung.

Ü 71. Was versteht man unter Kalorimetrie und was unter einem Kalorimeter?

Ü 72. Wie groß ist die erforderliche Wärmemenge Q, um eine Schnittplatte mit der Masse $m_1 = 4{,}5$ kg von 25 °C auf 925 °C zu erwärmen, wenn die Schnittplatte aus Stahl mit $c_1 = 0{,}46 \frac{kJ}{kg \cdot K}$ besteht? (Wärmeenergie zur Umwandlung des Gefüges wird nicht berücksichtigt.)

Ü 73. Die Schnittplatte aus Übungsaufgabe Ü 72. wird – um diese zu härten – anschließend in Härteöl mit der Masse $m_2 = 50$ kg und $\vartheta_2 = 15$ °C abgeschreckt. Welche Mischungstemperatur nehmen Öl und Schnittplatte an, wenn die spezifische Wärmekapazität von Öl $c_2 = 1{,}9 \frac{kJ}{kg \cdot K}$ beträgt und wenn alle Wärmeverluste vernachlässigt werden?

Ü 74. 500 l Wasser sollen eine Temperatur ϑ_m = 40 °C haben. Zur Herstellung der Mischungstemperatur steht Wasser von 10 °C und solches von 90 °C zur Verfügung. Welche Menge kaltes Wasser und welche Menge heißes Wasser werden für die Mischung benötigt?

Ü 75. 80 g Aluminium werden mit einer Heizflamme, welche das Aluminium vollständig umstreicht, 15 Minuten erwärmt. Es kann demzufolge davon ausgegangen werden, daß das Aluminium die Temperatur der Heizflamme angenommen hat. Anschließend wird es in einem Kalorimetergefäß mit $C = 0{,}07\ \frac{\text{kJ}}{\text{K}}$ abgekühlt. Kalorimetergefäß und die Wasserfüllung m_2 = 1,5 kg hatten vor dem Abschrecken eine Temperatur ϑ_2 = 25 °C. Nach dem Wärmeaustausch ist die Temperatur des gesamten Stoffsystems auf ϑ_m = 32 °C angestiegen. Welche durchschnittliche Flammentemperatur liegt vor?

Ü 76. Ein Kalorimetergefäß ist mit m_2 = 1,0 kg Wasser von ϑ_2 = 20 °C gefüllt. Es wird ein Stück Sandstein mit m_1 = 200 g, $c_1 = 0{,}92\ \frac{\text{kJ}}{\text{kg} \cdot \text{K}}$, ϑ_1 = 90 °C in das Gefäß geworfen. Dabei stellt sich die Mischungstemperatur ϑ_m = 22,7 °C ein. Welche Wärmekapazität hat das Kalorimetergefäß?

V 69. Welche Bedingung muß am Anfang eines Kalorimeterversuches erfüllt sein?

V 70. Wie setzt sich die Wärmekapazität eines Kalorimeters zusammen?

V 71. Wie lautet die Mischungsregel?

V 72. 50 kg Wasser von 10 °C werden mit 5 kg Alkohol $\left(c = 2{,}43\ \frac{\text{kJ}}{\text{kg} \cdot \text{K}}\right)$ von 30 °C gemischt. Welche Mischungstemperatur ergibt sich?

V 73. Eine Messingplatte mit m = 0,3 kg wird in erhitztem Zustand in ein Kalorimetergefäß mit $C = 0{,}1\ \frac{\text{kJ}}{\text{K}}$, welches 5 kg Wasser von 20 °C enthält, gelegt. Dabei erhöht sich die Temperatur von Gefäß und Wasser um 5 °C. Welche Temperatur hatte die Messingplatte vorher?
$c_{Ms} = 0{,}39\ \frac{\text{kJ}}{\text{kg} \cdot \text{K}}$

V 74. Vier Stoffe mit den unterschiedlichen Massen m_1, m_2, m_3 und m_4, den unterschiedlichen spezifischen Wärmekapazitäten c_1, c_2, c_3 und c_4 sowie den unterschiedlichen Temperaturen ϑ_1, ϑ_2, ϑ_3 und ϑ_4 werden zu einem Stoffsystem vereint. Schreiben Sie die Berechnungsgleichung für die Mischungstemperatur ϑ_m auf.

V 75. Ermitteln Sie die spezifische Wärmekapazität einer Metallegierung, wenn ein Kalorimeter mit $C = 4{,}2\ \frac{\text{kJ}}{\text{K}}$ mit einer Wasserfüllung m_2 = 3,5 kg und ϑ_2 = 18 °C verwendet wird. Die Anfangstemperatur von m_1 = 0,5 kg Legierungsmetall beträgt ϑ_1 = 280 °C und die Mischungstemperatur wird mit ϑ_m = 23 °C gemessen.

V 76. Welche Einschränkung muß für den ermittelten c-Wert in Vertiefungsaufgabe V 75. gemacht werden?

Lektion 10 **Wärmequellen**

10.1 Natürliche Wärmequellen

Als wichtigste **natürliche Wärmequelle** ist die **Sonne** zu nennen. Die von der Sonne in 24 Stunden in die Erdatmosphäre eingestrahlte Wärmemenge beträgt etwa $15 \cdot 10^{18}$ kJ. Nur ein Bruchteil dieses enormen Wärmebetrages wird genutzt, und in Lektion 11 lernen Sie, daß man damit in einem Jahr bei einer Temperatur von 0 °C ein Eisvolumen von 1.750.000 km^3 schmelzen könnte. Würde man dieses Eis gleichmäßig um die Erde verteilen, dann ergäbe dies eine Schicht von ca. 7 m. Eine weitere wichtige Wärmequelle ist die **Erdwärme**, die wegen der niedrigen Oberflächentemperatur der Erde oftmals erst mit Hilfe einer **Wärmepumpe** genutzt werden kann. Die im Erdinnern vorhandenen Wärmevorräte werden zum Teil durch **Vulkane** und **heiße Quellen** an die Erdoberfläche gebracht. Auch bei Fäulnis- und Gärungsprozessen und durch den Energieumsatz im menschlichen und tierischen Körper entsteht Wärmeenergie. Eine Wärmequelle besonderer Größenordnung stellen **Radionuklide** dar. Dies sind Atome, die von selbst zerfallen und dabei Wärmeenergie abgeben. Auf der ganzen Erde sind dies in 24 Stunden etwa $1{,}2 \cdot 10^{15}$ kJ. Diese beträchtliche Wärmemenge wird ständig und annähernd über die Erde gleichmäßig verteilt abgegeben. Sie trägt wesentlich zum Gesamtwärmehaushalt der Erde bei, ist aber nicht direkt nutzbar.

Eine Hauptaufgabe der Menschheit ist die methodische Nutzung der natürlichen Wärmequellen.

10.2 Künstliche Wärmequellen

10.2.1 Reibungswärme

Bei allen Reibungsvorgängen zwischen festen, flüssigen und gasförmigen Stoffen wird **mechanische Energie** in **Wärmeenergie** umgewandelt. Diese Vorgänge werden in den Fachgebieten **Dynamik** und **Mechanik der Flüssigkeiten und Gase** behandelt. Dort unterscheidet man die **äußere Reibung** (zwischen festen Stoffen) von der **inneren Reibung** (zwischen Flüssigkeits- und Gasteilchen).

10.2.2 Elektrische Wärmequellen

Wird ein metallischer Draht von einem elektrischen Strom durchflossen, wird der Draht durch die „Reibung" der bewegten Elektronen erwärmt. Solche **Heizdrähte** befinden sich in allen elektrischen Wärmequellen wie Heizöfen, Heizkissen, Tauchsiedern, Fönen, Kochplatten, Schweißkeilen für die Kunststoffschweißung usw. Die Umwandlung von elektrischer Energie in Wärmeenergie und umgekehrt von Wärmeenergie in elektrische Energie ist das Thema der Lektionen 19. und 20.

10.2.3 Atomare Wärmequellen

Atomkerne mit großen relativen Atommassen, insbesondere das **Uranatom**, können durch Beschuß mit Neutronen gespalten werden. Bei einer solchen **Kernspaltung** wird immer ein Teil der gespaltenen Masse in Wärmeenergie verwandelt. Die aus einer Masseneinheit gespaltener Urankerne freigesetzte Energie hat ca. die $2{,}5 \cdot 10^6$-fache Größe wie die Energie, die bei der Verbrennung der gleichen Steinkohlenmenge freigesetzt wird. Nach dem deutschen Physiker Albert **Einstein (1879 bis 1955)** beträgt die bei der Kernspaltung freiwerdende

Energie $W = \Delta m \cdot c^2$ [71–1]

W	m	c
Ws = J	kg	$\frac{m}{s}$

c = Lichtgeschwindigkeit = $3 \cdot 10^8 \frac{m}{s}$

In Gleichung 71–1 ist Δm die in Strahlungsenergie umgesetzte Masse, und es ist noch zu bemerken, daß ein Großteil der Masse in Form von **Spaltprodukten** erhalten bleibt.

Die „Gewinnung" dieser Energie wird in **Kernreaktoren** vorgenommen und ist immer mit der Gefahr einer **radioaktiven Verseuchung** verbunden. Um Umweltschäden abzuwenden, erfordert diese Technologie einen extremen sicherheitstechnischen Einsatz.

10.2.4 Reaktionswärme

Wärmemengen, die bei einer chemischen Reaktion verbraucht oder frei werden, bezeichnet man als **Reaktionswärme**. Solche chemischen Reaktionen vollziehen sich z. B. bei jeder **Verbrennung**. Die dabei aus den **Brennstoffen** freigesetzte Wärmeenergie wird als **Verbrennungswärme** bezeichnet. Für den Reaktionsablauf ist die Zufuhr von Sauerstoff erforderlich.

Für eine Verbrennung ist ein brennbarer Stoff und Sauerstoff erforderlich. Die freigesetzte Wärmemenge ist eine Reaktionswärme.

10.2.4.1 Brennwert und Heizwert

Das wesentliche Kriterium für die **Qualität eines Brennstoffes** ist die bei seiner Verbrennung abgegebene Wärmemenge, also die Verbrennungswärme. Um die Brennstoffe miteinander vergleichen zu können, bezieht man sich bei **festen und flüssigen Brennstoffen** auf die Verbrennung von 1 kg und bei **gasförmigen Brennstoffen** auf die Verbrennung von 1 m_n^3 Brennstoff.

Die bei der Verbrennung von 1 kg bzw. 1 m_n^3 Brennstoff freiwerdende Wärmemenge heißt **spezifischer Brennwert H_o** (bei gasförmigen Brennstoffen $H_{o,n}$).

Demzufolge ist die **Einheit des spezifischen Brennwertes H_o**: $\frac{kJ}{kg}$ bzw. $H_{o,n}$: $\frac{kJ}{m_n^3}$ und es ergibt sich für die

Verbrennungswärme bei festen und flüssigen Brennstoffen:

$$Q = m \cdot H_o \quad \boxed{72-1}$$

Q	m	H_o
kJ	kg	$\frac{kJ}{kg}$

bei gasförmigen Brennstoffen:

$$Q = V \cdot H_{o,n} \quad \boxed{72-2}$$

Q	V	H_o
kJ	m_n^3	$\frac{kJ}{m_n^3}$

Bei der Angabe des spezifischen Brennwertes H_o setzt die DIN 5499 („Brennwert und Heizwert") voraus, daß

a) die Temperatur des Brennstoffes vor der Verbrennung und die Temperatur der Verbrennungsprodukte 25 °C beträgt,

b) das vor dem Verbrennen im Brennstoff vorhandene Wasser und das beim Verbrennen der wasserstoffhaltigen Verbindungen des Brennstoffes gebildete Wasser nach der Verbrennung in flüssigem, d. h. kondensiertem Zustand vorliegt.

Eine Begründung für die Berücksichtigung des Punktes b) liefert Lektion 12. Vorab aber die folgende Information:

Zum Verdampfen von Flüssigkeiten ist eine Wärmeenergie erforderlich. Diese wird bei anschließender Verflüssigung (Kondensation) wieder freigesetzt.

Bezieht man sich wieder auf die Masse der zu verdampfenden Flüssigkeit, dann gibt die **spezifische Verdampfungswärme r** die Wärmemenge an, die zum Verdampfen von 1 kg Flüssigkeit erforderlich ist.

Die spezifische Verdampfungswärme ist für jede Flüssigkeit unterschiedlich. Für Wasser von 25 °C beträgt sie $r = 2442 \frac{kJ}{kg}$. Da das Wasser am Ende einer Verbrennung i. d. R. verdampft ist und sich dampfförmig verflüchtigt, kann der zur Verdampfung erforderliche Wärmebetrag durch die Rückkondensation nicht mehr gewonnen werden. Der „Verlust" dieser Wärmemenge ist im **spezifischen Heizwert H_u** berücksichtigt. Es ist somit:

Heizwert = Brennwert minus Verdampfungswärme des Wassers

Der Heizwert eines Brennstoffes ist also immer kleiner als sein Brennwert, und da bei Verbrennungen letztendlich nur der Heizwert genutzt werden kann, ist dieser für technische Berechnungen von größerer Bedeutung als der Brennwert. Der beschriebene Sachverhalt erklärt die frühere Bezeichnungsweise:

heutige Bezeichnung	frühere Bezeichnung
spezifischer Brennwert H_o	oberer Heizwert H_o
spezifischer Heizwert H_u	unterer Heizwert H_u

Somit ergibt sich für die

nutzbare Wärmeenergie bei festen und flüssigen Brennstoffen:

$$Q = m \cdot H_u \quad \boxed{73-1}$$

Q	m	H_u
kJ	kg	$\frac{kJ}{kg}$

bei gasförmigen Brennstoffen:

$$Q = V \cdot H_{u,n} \quad \boxed{73-2}$$

Q	V	$H_{u,n}$
kJ	m_n^3	$\frac{kJ}{m_n^3}$

Die Ermittlung von spezifischem Brennwert H_o und spezifischem Heizwert H_u erfolgt mit Hilfe eines **Kalorimeters**. Die folgende Tabelle enthält einige

H_o- und H_u-Werte fester, flüssiger und gasförmiger Brennstoffe mit einer Temperatur von 25 °C:

Brennstoff	H_o in $\frac{kJ}{kg}$ bzw. $H_{o,n}$ in $\frac{kJ}{m_n^3}$	H_u in $\frac{kJ}{kg}$ bzw. $H_{u,n}$ in $\frac{kJ}{m_n^3}$
reiner Kohlenstoff	je nach Wassergehalt um den Betrag der zur Verdampfung dieses Wassers erforderlichen Wärme größer als H_u.	33800
Steinkohle		30000 bis 35000
Braunkohle		8000 bis 11000
Brikett		17000 bis 21000
Torf		10000 bis 15000
Holz		9000 bis 15000
Heizöl EL	45400	42700
Heizöl S	42300	40200
Benzin	46700	42500
Benzol	41940	40230
Dieselöl	44800	41640
Petroleum	42900	40800
Hochofengichtgas	4080	3980
Koksofengas	19670	17370
Erdgas Typ H	41300	37300
Methan	39850	35790
Propan	100890	92890

M 42. 60 kg Wasser $\left(c = 4{,}19 \frac{\text{kJ}}{\text{kg} \cdot \text{K}}\right)$ werden in einem Gasofen von 22 °C auf 84 °C erwärmt. Wieviel m_n^3 Erdgas mit einem spezifischen Heizwert $H_{u,n} = 37\,100 \frac{\text{kJ}}{m_n^3}$ werden dazu benötigt, wenn angenommen wird, daß wegen der Wärmeverluste 30 % mehr an Wärmeenergie aufgewendet werden muß?

Lösung: $Q_{erf} = m \cdot c \cdot \Delta\vartheta + 0{,}3 \cdot m \cdot c \cdot \Delta\vartheta = 1{,}3 \cdot m \cdot c \cdot \Delta\vartheta = V \cdot H_{u,n}$ $\quad \Delta\vartheta = 62\,°\text{C} \triangleq 62\,\text{K}$

$$V_{erf} = \frac{1{,}3 \cdot m \cdot c \cdot \Delta\vartheta}{H_{u,n}} = \frac{1{,}3 \cdot 60\,\text{kg} \cdot 4{,}19 \frac{\text{kJ}}{\text{kg} \cdot \text{K}} \cdot 62\,\text{K}}{37\,100 \frac{\text{kJ}}{m_n^3}}$$

$$\mathbf{V_{erf} = 0{,}546\, m_n^3}$$

Ü 77. Wieviel kg Aluminium $\left(c = 0{,}942 \frac{\text{kJ}}{\text{kg} \cdot \text{K}}\right)$ können mit 5 kg Heizöl $\left(H_u = 40\,200 \frac{\text{kJ}}{\text{kg}}\right)$ bei Vernachlässigung der Wärmeverluste von 20 °C auf 600 °C erwärmt werden?

Ü 78. Was versteht man unter einer Reaktionswärme?

Ü 79. Es werden durch Spaltung $\Delta m = 5$ g Uran in Energie umgewandelt.

a) Berechnen Sie die freiwerdende Energie.

b) Wieviel kg Steinkohle mit $H_u = 30\,000 \frac{\text{kJ}}{\text{kg}}$ müßten statt dessen verbrannt werden?

Ü 80. 150 l Wasser $\left(c = 4{,}19 \frac{\text{kJ}}{\text{kg} \cdot \text{K}}\right)$ werden mit Erdgas $\left(H_{u,n} = 38\,000 \frac{\text{kJ}}{m_n^3}\right)$ von 10 °C auf 82 °C erwärmt. Welches Erdgasvolumen mit dem Zustand 20 °C und 50 000 Pa muß verbrannt werden, wenn wegen des Wärmeverlustes 32 % mehr Wärmeenergie aufgewendet werden muß?

V 77. Wie unterscheidet sich der spezifische Brennwert H_o vom spezifischen Heizwert H_u? Verbinden Sie Ihre Antwort mit den früheren Bezeichnungsweisen „oberer Heizwert" und „unterer Heizwert".

V 78. Wieviel % der täglich auf die Erde eingestrahlten Sonnenenergie entspricht der durch den Zerfall von Radionukliden täglich auf der Erde erzeugten Wärme?

V 79. Wieviel m^3 Wasser könnte man von 0 °C auf 100 °C $\left(\text{bei } c = 4{,}19 \frac{\text{kJ}}{\text{kg} \cdot \text{K}}\right)$ mit der Wärmeenergie erwärmen, die täglich durch den Zerfall von Radionukliden auf der Erde erzeugt wird?

V 80. Ein Härteofen wird mit Heizöl $\left(H_u = 40\,500 \frac{\text{kJ}}{\text{kg}}\right)$ betrieben. Er hat einen Wirkungsgrad von 48 %, d. h., daß nur 48 % der zugeführten Energie in Wärmeenergie umgewandelt werden. Wieviel kg Heizöl sind erforderlich, wenn eine Stahlplatte $\left(c = 0{,}46 \frac{\text{kJ}}{\text{kg} \cdot \text{K}}\right)$ mit $m = 3$ kg von 10 °C auf 980 °C in diesem Ofen erwärmt wird? Die für Gitterumwandlungen erforderliche Energie bleibt unberücksichtigt.

Änderung des Aggregatzustandes

Lektion 11 **Schmelzen und Erstarren**

11.1 Das Schmelzen chemisch einheitlicher Stoffe

Bereits in Lektion 1 wurde der Schmelzpunkt von Wasser als ein **thermodynamischer Fundamentalpunkt** definiert. Es wurde festgestellt, daß bei der Zustandsänderung vom festen in den flüssigen Aggregatzustand die Temperatur solange konstant bleibt, bis der Schmelzvorgang abgeschlossen ist. Es ergibt sich ein **Temperaturhaltepunkt**, der in einem **Temperatur, Zeit-Diagramm** (Bild 1) dargestellt ist, und die entsprechende Temperatur wird als **Schmelztemperatur** bzw. als **Schmelzpunkt** ϑ_{Sch} bezeichnet.

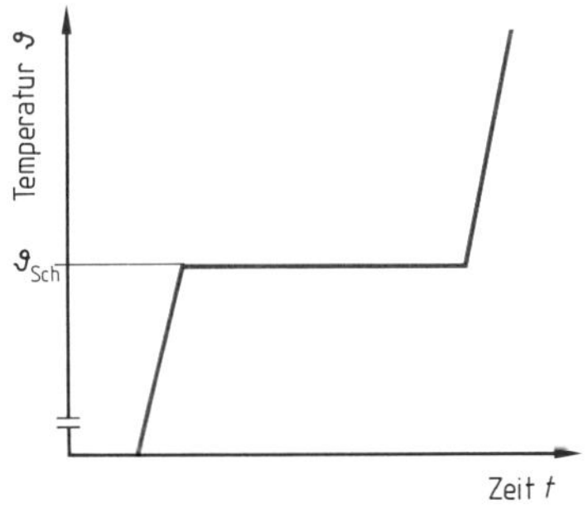

1

Unter dem Schmelzpunkt versteht man die Temperatur, bei der ein chemisch einheitlicher Stoff unter konstantem Druck aus dem festen in den flüssigen Aggregatzustand übergeht.

Dabei wird unter einem chemisch einheitlichen Stoff entweder ein chemischer Grundstoff (z. B. Eisen) oder eine chemische Verbindung (z. B. Wasser) verstanden, und der Druck, auf den sich der Schmelzpunkt bezieht, ist der Normalluftdruck p_n = 1,01325 bar.

Der Schmelzpunkt eines Stoffes ist vom Umgebungsdruck abhängig (siehe 11.2.1).

Die nebenstehende Tabelle enthält die Schmelzpunkte einiger technisch wichtiger Stoffe, insbesondere von Metallen. Umfangreiche Tabellen befinden sich in technischen Handbüchern.

Stoff	Schmelzpunkt in °C
Aluminium	658
Blei	327
Eisen, rein	1527
Gold	1063
Kupfer	1083
Nickel	1455
Quecksilber	–39
Schwefel	115
Titan	1690
Wasser	0
Wolfram	3380
Zink	419
Zinn	232

In Lektion 2 wurde Wärme als die Bewegungsenergie der Atome und Moleküle erklärt, und es sind dort auch die Aufbauformen der Stoffe sowie die Aggregatzustände behandelt. Ebenso wurde dort bereits besprochen, daß durch Zufuhr von Wärmeenergie der Aggregatzustand geändert werden kann. Diese Wärmeenergie wird dann als **Umwandlungswärme** bezeichnet. Da sie keine Temperaturerhöhung des Stoffes bewirkt, bezeichnet man sie – gemäß Lektion 2 – als eine **latente Wärme**.

Chemisch reine Stoffe schmelzen bei konstanter Temperatur. Die während des Schmelzens zugeführte Wärmemenge ist eine latente Wärme.

Beim Schmelzen wird die **Schmelzwärme** im schmelzenden Körper gespeichert. Diese Wärmemenge wird beim Erstarren wieder an die Umgebung abgegeben und man spricht in diesem Fall von der **Erstarrungswärme**. Die **Erstarrungstemperatur** heißt auch **Erstarrungspunkt**.

Bei chemisch reinen Stoffen ist der Schmelzpunkt gleich dem Erstarrungspunkt.

11.1.1 Die spezifische Schmelzwärme

Beim Schmelzen verschiedener Stoffe ist feststellbar, daß für gleiche Stoffmassen verschieden große Schmelzwärmen erforderlich sind.

Die Wärmeenergie, die man benötigt, um 1 kg eines Stoffes – ohne Temperaturerhöhung – zu schmelzen, heißt **spezifische Schmelzwärme**.

Als Formelzeichen verwendet man q und die Einheit ist $\frac{kJ}{kg}$. Nebenstehende Tabelle zeigt einige Werte technisch wichtiger Stoffe. Weitere Werte finden Sie auch hier in technischen Handbüchern. Aus diesen Überlegungen ergibt sich die

Stoff	**spezifische Schmelzwärme q in $\frac{kJ}{kg}$**
Aluminium	404
Ammoniak	339
Blei	24,7
Eis	335
Eisen	270
Kupfer	209
Platin	113
Quecksilber	12
Wolfram	193
Zinn	59

Schmelzwärme $Q = m \cdot q$ 76–1

Q	m	q
kJ	kg	$\frac{kJ}{kg}$

M 43. Schmelzendes Eis dient traditionell der Kühlung. In jüngster Zeit wird auch ein Verfahren eingesetzt, mit dem es möglich ist, durch vorher – in kühllastarmen Zeiten – gefrorenes Wasser, in Kühllastspitzen die Kältemaschine zu unterstützen, um diese dadurch kleiner bauen zu können. In diesem Zusammenhang spricht man auch von **Kältespeichern**.
In einem Kältespeicher liegen 100 kg Eis vor. Welche Wärmemenge kann das schmelzende Eis aufnehmen? Rechnen Sie diesen Energiebetrag in kWh um.

Lösung: $Q = m \cdot q = 100\,\text{kg} \cdot 335\,\frac{kJ}{kg}$

$\boldsymbol{Q = 33\,500\,kJ}$

$Q = 33\,500\,\text{kJ} = 33\,500\,000\,\text{J} = 33\,500\,000\,\text{Ws} = \frac{33\,500\,000}{1000 \cdot 3600}\,\text{kWh} = \mathbf{9{,}31\,kWh}$

Anmerkung: Der errechnete Energiebetrag wird von einer normalen Kühltruhe in einer Laufzeit von etwa 20 Stunden benötigt!

M 44. Zum Schmelzen eines Bleiklumpens werden 300 kJ an Wärmeenergie benötigt. Um wieviel kg Blei handelt es sich, wenn alle Wärmeverluste unberücksichtigt bleiben? Entnehmen Sie q_{Blei} aus der obigen Tabelle.

Lösung: $Q = m \cdot q \longrightarrow m = \frac{Q}{q} = \frac{300\,\text{kJ}}{24{,}7\,\frac{kJ}{kg}}$

$\boldsymbol{m = 12{,}15\,kg}$

11.2 Besonderheiten beim Schmelzen und Erstarren

11.2.1 Abhängigkeit des Schmelzpunktes vom Druck

Im Zusammenhang mit den Werten der Schmelzpunkte wurde bereits darauf hingewiesen, daß der Schmelzpunkt vom Umgebungsdruck des Stoffes abhängt. Diese Abhängigkeit ist jedoch bei verschiedenen Stoffen unterschiedlich. Bei den meisten Stoffen ist der Schmelzpunkt in großen Druckbereichen konstant, d. h., daß keine Abhängigkeit des Schmelzpunktes vom Umgebungsdruck vorliegt. Ist aber eine solche Abhängigkeit in bestimmten Druckbereichen nachweisbar, dann wird der **Schmelzpunkt bei den meisten Stoffen durch eine Druckerhöhung heraufgesetzt.**

Auch in dieser Frage verhält sich Wasser völlig anders als die anderen Stoffe:

Durch Erhöhung des Druckes wird die Schmelztemperatur des Eises erniedrigt.

Der Nachweis dieses Verhaltens kann mit einem Versuch gemäß Bild 1 erfolgen:
Legt man eine Drahtschleife um einen Eisblock und belastet diese mit einem Gewicht, dann ist feststellbar, daß die Schleife von oben nach unten in einer gewissen Zeit durch das Eis hindurchwandert. Durch den vom Draht ausgelösten großen Druck schmilzt das Eis, friert aber sofort wieder hinter dem Draht zusammen. Diesen Vorgang bezeichnet man als die **Regelation** des Eises.

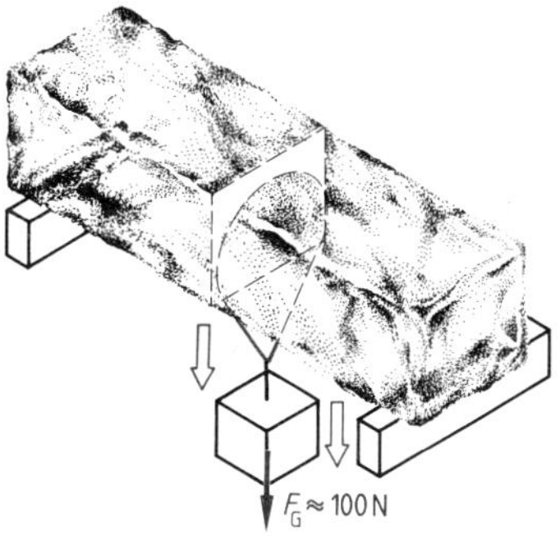

1

Unter Regelation versteht man das Wiedergefrieren von Wasser zu Eis bei Druckentlastung, wenn das Eis vorher durch Druckzunahme geschmolzen war.

Beispiele zur Regelation: entstehender Wasserfilm beim Schlittschuhfahren, Entstehung von Gletscherwasser und Gletschereis.

11.2.2 Volumenänderung beim Schmelzen und Erstarren

Die meisten Stoffe dehnen sich beim Schmelzen aus und ziehen sich beim Erstarren wieder zusammen. Diesen Vorgang kann man bei „ausgelassenem" Schweineschmalz (Bild 2) sehr gut beobachten, und auch die **Lunkerbildung** bei Gußstücken ist hierauf zurückzuführen. Nur wenige Stoffe verhalten sich umgekehrt. Hierzu gehören Wismut, und – wie könnte es anders sein – Wasser.

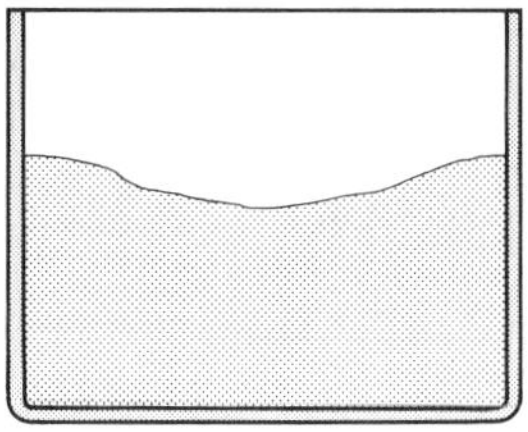

2

Wasser dehnt sich beim Gefrieren um etwa 1/10 seines ursprünglichen Volumens aus.

Wird die Ausdehnung bei der Eisbildung verhindert, dann treten große Kräfte mit meist zerstörender Wirkung auf.

11.2.3 Unterkühlung einer Schmelze

Beim Erstarren ändern reine Stoffe ihre Aufbauform, sie gehen vom **amorphen Zustand** in den **kristallinen Zustand** (siehe Lektion 2) über. Dazu ist es aber erforderlich, daß **Kristallisationskeime** in der Schmelze vorhanden sind oder sich bilden. An diese lagern sich die Atome bzw. die Moleküle der Schmelze an. Solche Kristallisationskeime können **Elementarzellen**, winzige Verunreinigungen oder Molekülgruppen sein, und man bezeichnet diese auch als **Kristallisationskerne**. Viele Flüssigkeiten lassen sich, wenn sie sehr rein sind, d. h. wenn Kristallisationskerne fehlen und wenn sie nicht erschüttert werden, durch langsames erschütterungsfreies Abkühlen bis tief unter den Schmelzpunkt flüssig halten; z. B. Wasser bis unterhalb –70 °C. Der gleiche Effekt ist auch mit reinen Metallschmelzen zu erzielen. Der Zusatz von Kristallisationskeimen (z. B. Metallpulver) heißt **impfen**, und man erzielt dadurch feinkörnige **Gefüge**.

11.3 Das Schmelzen von Stoffgemischen

11.3.1 Schmelzen und Erstarren von Legierungen

Unter einer **Legierung** versteht man einen metallischen Werkstoff aus zwei oder mehreren Komponenten. Aus der **Werkstoffkunde** ist bekannt, daß es verschiedene **Legierungstypen** gibt und daß deren Schmelz- bzw. Erstarrungskurven ein sehr unterschiedliches Aussehen haben. Bild 1 zeigt z. B. die Erstarrungskurve einer Kupfer-Nickel-Legierung mit den Massenanteilen 70 % Ni und 30 % Cu. Die Erstarrung erfolgt hier nicht bei einem Temperaturhaltepunkt, sondern es liegt bei 1380 °C ein **Erstarrungsbeginn** und bei 1330 °C ein **Erstarrungsende** vor. Es gibt also keinen Erstarrungspunkt, sondern einen **Erstarrungsbereich**. Erwärmt man die Legierung, dann wird zwischen den gleichen Temperaturpunkten ein **Schmelzbereich** durchlaufen. Das spezielle Wissen über Legierungen wird im Fach Werkstoffkunde vermittelt. Von dort ist bekannt:

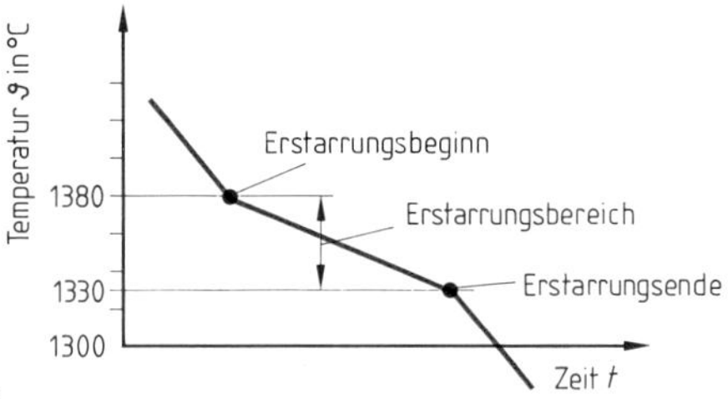

1

Bis auf einige spezielle Ausnahmen schmelzen die Legierungen in einem Schmelzbereich und sie erstarren in einem Erstarrungsbereich.

Das **Schmelz- und Erstarrungsverhalten in Abhängigkeit von der Zusammensetzung** der Legierung wird in einem **Zustandsdiagramm** dargestellt. Als Hauptvertreter der **Zweistofflegierungen** unterscheidet man die **festen Lösungen**, z. B. die Cu-Ni-Legierungen im Bild 2 von den Legierungen, deren Komponenten im festen Zustand nicht ineinander löslich sind, z. B. die Blei-Wismut-Legierungen im Bild 3. Daraus erkennt man, daß jede Legierung eine spezielle Schmelz- und Erstarrungscharakteristik hat und daß der Temperaturbereich des Schmelzens und Erstarrens von Legierungen oftmals unterhalb der Schmelzpunkte der beteiligten Komponenten liegt. Als Beispiel hierfür kann die eutektische Blei-Wismut-Legierung (Bild 3) dienen.

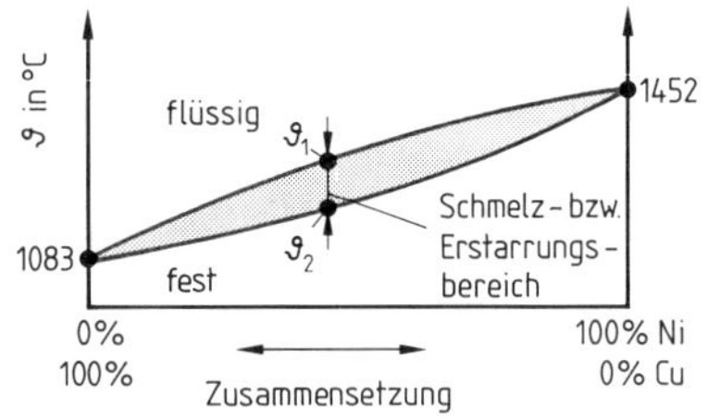

Zustandsdiagramm einer festen Lösung (Mischkristallbildung)

2

Es ist $\vartheta_{\text{Sch Pb}} = 327\ °C$

$\vartheta_{\text{Sch Bi}} = 270\ °C$

Im **Mischungsverhältnis** 20 % Pb und 80 % Bi ergibt sich für die Temperaturpunkte

ϑ_1 = Erstarrungsbeginn = 210 °C

ϑ_2 = Erstarrungsende = 110 °C

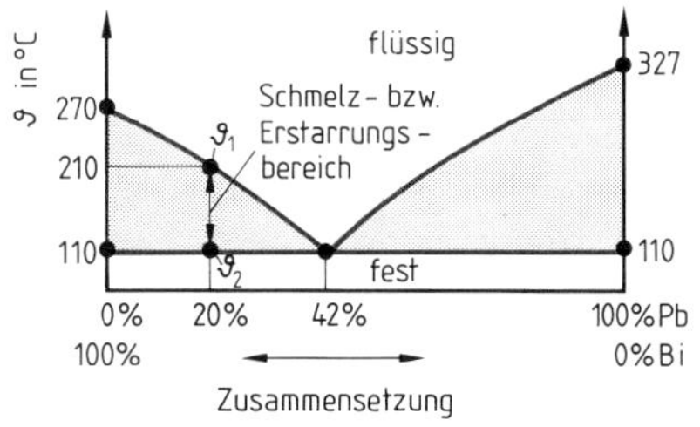

Zustandsdiagramm einer Legierung ohne Mischkristallbildung

3

Der Erstarrungsbeginn ϑ_1 wird als **Liquidustemperatur** (Liquiduspunkt) und das Erstarrungsende ϑ_2 als **Solidustemperatur** (Soliduspunkt) bezeichnet.

Aus Bild 3 ist zu ersehen, daß Legierungen ohne Mischkristallbildung bei einem bestimmten Mischungsverhältnis einen Schmelzpunkt haben. Dieser wird als **eutektischer Punkt** bezeichnet und eine solche Legierung heißt **eutektische Legierung**. Im Beispiel Blei-Wismut liegt der eutektische Punkt bei einer Temperatur von 110 °C und bei einem Mischungsverhältnis von 42 % Pb und 58 % Bi.

Anmerkung: Eutektikum ⟶ grch.-lat.: das Tiefste
Der eutektische Punkt ist also der tiefste Schmelzpunkt.

Aus den Zustandsdiagrammen (Bilder 2 und 3 Seite 78) ist zu erkennen:

Der Schmelzbereich (= Erstarrungsbereich) bzw. der Schmelzpunkt (= Erstarrungspunkt) einer Legierung hängt vom Mischungsverhältnis der Legierungskomponenten ab.

11.3.2 Kältemischungen

11.3.2.1 Die Lösungswärme

Löst man einen festen Stoff in einer Flüssigkeit auf, z. B. Kochsalz in Wasser, wird entweder Wärmeenergie frei oder (in den meisten Fällen) verbraucht. Diese Wärmeenergie wird als **Lösungswärme** bezeichnet, ihre Einheit ist $\frac{kJ}{kmol}$ oder $\frac{kJ}{kg}$. Wird beim Lösen Wärmeenergie verbraucht, d. h. der Umgebung entzogen, dann spricht man von einer **negativen Lösungswärme**, wird dagegen Wärmeenergie freigesetzt, dann bezeichnet man diese als eine **positive Lösungswärme**.

Die Lösungswärme von Kochsalz (NaCl) in Wasser ist negativ, d. h. bei der Lösung tritt eine Abkühlung des Wassers ein.

Bemerkenswert ist noch, daß die Lösungswärme sowohl vom gelösten Stoff als auch von der lösenden Flüssigkeit abhängig ist. Löst man z. B. 1 g Calciumchlorid in 32,9 g Wasser auf, so ist für diesen Vorgang eine Energie von 19,2 kJ erforderlich. Die Beträge von Lösungswärmen lassen sich chemischen Handbüchern entnehmen.

11.3.2.2 Lösungsdiagramme

Unter einer **Lösung** versteht man eine homogene Mischphase, bei der die einzelnen Komponenten nicht mehr als eigene Phasen erkennbar sind. Eine solche Lösung kann in den drei Aggregatzuständen existieren, im allgemeinen meint man aber **flüssige Lösungen**. Ein Beispiel hierfür ist eine Kochsalzlösung. In dieser bezeichnet man das Wasser als **Lösemittel** und das Kochsalz als **gelöste Substanz**. In Analogie zum Zustandsdiagramm einer Legierung (Seite 78) zeigt Bild 1 ein solches für eine Kochsalzlösung. Man bezeichnet es als ein **Lösungsdiagramm** und man erkennt:

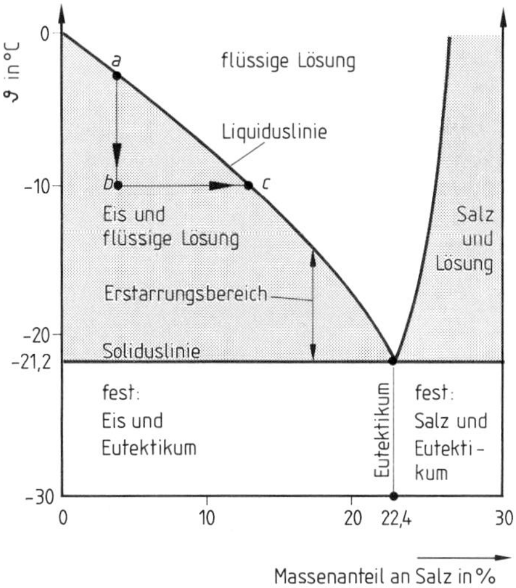

1

Der Schmelzpunkt einer Lösung hängt von der Salzkonzentration (Mischungsverhältnis) ab.

Dies gilt für alle Salze. Im speziellen Fall einer NaCl-Lösung endet die im Bild 1 dargestellte **Gefrierpunkterniedrigung** bei einer Konzentration von 22,4 %, und der Gefrierpunkt beträgt −21,2 °C. Auch hier spricht man vom **Eutektikum**. Ebenso wie bei den eutektischen Legierungen liegt hier ein **Gefrierpunkt** vor, während man ober- und unterhalb eines Salzgehaltes von 22,4 %

zwischen der **Liquiduslinie** und der **Soliduslinie** einen **Erstarrungsbereich** vorfindet. Dabei ist bei einer flüssigen Lösung mit untereutektischer Zusammensetzung (NaCl-Gehalt $< 22{,}4\,\%$) feststellbar, daß während des Erstarrens Eiskristalle aus der Lösung auskristallisieren. Dieser Sachverhalt wird bei der **Süßwassergewinnung** aus Meerwasser ausgenutzt. Man geht dabei so vor, daß man eine Salzlösung durch Abkühlung vom Punkt a (Bild 1, Seite 79) auf den Punkt b aus dem gleichgewichtigen Zustand auf der Liquiduslinie auslenkt. Es fällt dann solange Eis aus, bis der neue Gleichgewichtszustand im Punkt c auf der Liquiduslinie erreicht ist. Siebt man dieses Eis heraus und schmilzt es anschließend, liegt mineralstoffreies Wasser vor.

11.3.2.3 Eutektische Kältespeicher

Es wurde bereits gesagt, daß bei der eutektischen Zusammensetzung ein Gefrierpunkt vorliegt. Zum Gefrieren einer solchen eutektischen Mischung, die man als **Eutektikum** oder **Kryohydrat** bezeichnet, sind dieser große Wärmemengen zu entziehen. Umgekehrt werden diese Wärmemengen beim Schmelzen des Eutektikums als Schmelzwärme der Umgebung entzogen. Da das Schmelzen bei der konstanten eutektischen Temperatur vonstatten geht, kann ein Eutektikum ein hervorragender **Kältespeicher** sein. Die nachfolgende Tabelle zeigt die eutektischen Werte verschiedener Salzlösungen:

Stoff	eutektische Zusammensetzung (Massenanteil in %)	Schmelz- bzw. Erstarrungstemperatur	spezifische Schmelzwärme des Eutektikums in kJ/kg
Kaliumchlorid	19,7	−11,1	303
Ammoniumchlorid	18,7	−15,8	310
Natriumnitrat	36,9	−18,5	244
Natriumchlorid	22,4	−21,2	235

Eutektische Kältespeicher gibt es in Form von plattenförmigen Behältern (eutektische Platten) oder auch in Plastikschläuchen aufbewahrt (Kühlbeutel).

M 45. Wieviel kg Natriumchlorid-Eutektikum sind erforderlich, um eine Wärmemenge von 50 000 kJ aufzunehmen?

Lösung: $Q = m \cdot q \longrightarrow m = \dfrac{Q}{q} = \dfrac{50\,000\ \text{kJ}}{235\ \dfrac{\text{kJ}}{\text{kg}}}$

$$\boldsymbol{m = 212{,}766\ \textbf{kg}}$$

11.3.2.4 Kältemischungen unter Verwendung von Eis

Mischt man Eis mit Wasser, so ist diese Mischung bei 0 °C im thermischen Gleichgewicht. Mischt man als dritte Komponente Salz hinzu, dann sinkt gemäß Bild 1, Seite 79, der Schmelzpunkt dieser Lösung auf eine Temperatur unterhalb 0 °C, d. h. das Eis beginnt zu schmelzen. Bei diesem Vorgang führen die negative Lösungswärme, vor allem aber die Schmelzwärme des Eises zu einer Temperaturerniedrigung. Es ist also so, daß Lösungswärme **und** Schmelzwärme dem Gemisch Eis/Wasser/Salz selbst entzogen werden. Dabei erfolgt die besagte Temperaturabsenkung des Gemisches, welches als **Kältegemisch** bezeichnet wird.

M 46. 8 kg einer 22,4 %igen Kochsalzlösung haben eine Temperatur von $\vartheta_L = 20\ °C$. Es werden 2 kg Eis mit einer Temperatur von $\vartheta_E = -15\ °C$ hinzugefügt. Welche Temperatur ϑ_m stellt sich ein, wenn alles Eis geschmolzen ist?

Setzen Sie $c_{Lösung} = 4{,}15 \frac{kJ}{kg \cdot K}$, $c_{Eis} = 2{,}1 \frac{kJ}{kg \cdot K}$, $q_{Eis} = 335 \frac{kJ}{kg}$.

Lösung: Die Lösung erfolgt mit Hilfe der Mischungsregel (Lektion 9):

$$\begin{aligned}
Q_{ab} &= Q_{auf} \\
m_L \cdot c_L \cdot (\vartheta_L - \vartheta_m) &= m_E \cdot c_E \cdot (\vartheta_{Sch} - \vartheta_E) + m_E \cdot q_E + m_E \cdot c_W \cdot (\vartheta_m - \vartheta_{Sch}) \\
c_L \cdot m_L \cdot \vartheta_L - c_L \cdot m_L \cdot \vartheta_m &= -c_E \cdot m_E \cdot \vartheta_E + m_E \cdot q_E + c_W \cdot m_E \cdot \vartheta_m \\
c_W \cdot m_E \cdot \vartheta_m + c_L \cdot m_L \cdot \vartheta_m &= c_L \cdot m_L \cdot \vartheta_L + c_E \cdot m_E \cdot \vartheta_E - m_E \cdot q_E \\
\vartheta_m &= \frac{c_L \cdot m_L \cdot \vartheta_L + c_E \cdot m_E \cdot \vartheta_E - m_E \cdot q_E}{c_W \cdot m_E + c_L \cdot m_L}
\end{aligned}$$

$$\vartheta_m = \frac{4{,}15 \frac{kJ}{kg \cdot °C} \cdot 8\,kg \cdot 20\,°C + 2{,}1 \frac{kJ}{kg \cdot °C} \cdot 2\,kg \cdot (-15\,°C) - 2\,kg \cdot 335 \frac{kJ}{kg}}{4{,}19 \frac{kJ}{kg \cdot °C} \cdot 2\,kg + 4{,}15 \frac{kJ}{kg \cdot °C} \cdot 8\,kg}$$

$$\vartheta_m = \frac{664\,kJ - 63\,kJ - 670\,kJ}{8{,}38 \frac{kJ}{°C} + 33{,}2 \frac{kJ}{°C}} = \frac{-69\,kJ}{41{,}58 \frac{kJ}{°C}}$$

$$\boldsymbol{\vartheta_m = -1{,}66\,°C}$$

Ü 81. a) Welche Wärmemenge ist erforderlich, um 20 kg Eis zu schmelzen?
b) Wieviel kg Kupfer könnte man mit der gleichen Wärmemenge von 20 °C auf 1000 °C erwärmen?

Ü 82. Wie stehen Schmelzpunkt und Erstarrungspunkt in Beziehung?

Ü 83. Erklären Sie die abkühlende Wirkung von Eiswürfeln in Flüssigkeiten.

Ü 84. 10 kg Schnee haben eine Temperatur von −25 °C. Welche Wärmemenge ist erforderlich, um daraus Wasser mit einer Temperatur von 50 °C zu machen? Rechnen Sie mit
$c_{Schnee} = 2{,}0 \frac{kJ}{kg \cdot K}$, $c_{Wasser} = 4{,}19 \frac{kJ}{kg \cdot K}$, $q_{Schnee} = 320 \frac{kJ}{kg}$.

Ü 85. Was versteht man unter Regelation?

Ü 86. Wie verhält sich das Volumen eines Körpers beim Erstarren?

Ü 87. Empfindliche Kühlgüter werden in Gefriertruhen gelagert, die zusätzlich mit einem eutektischen Kältespeicher ausgerüstet sind. Dieser ist meist am oberen Rand der Gefriertruhe angebracht. Wie lange kann ein solcher Kältespeicher einen Stromausfall kompensieren, wenn angenommen wird, daß die indizierte elektrische Leistung 100 Watt beträgt, und wenn als Kältespeicher 10 kg Natriumchloridlösung eutektischer Zusammensetzung zur Anwendung kommen?

Ü 88. Ermitteln Sie aus Bild 1, Seite 79, Erstarrungsbeginn und Erstarrungsende (ca.) einer Kochsalzlösung mit einem Kochsalz-Massenanteil von 10 %.

Ü 89. **Unterkühlter Regen** ist Niederschlag aus Wassertropfen, die trotz einer Temperatur von unter 0 °C nicht gefroren sind. Er entsteht, wenn Regentropfen aus höheren wärmeren Luftschichten durch Luftschichten mit Temperaturen unter 0 °C hindurchfallen. Wie erklären Sie sich das sofortige Gefrieren solcher Regentropfen beim Aufprall auf feste Gegenstände oder auf den Erdboden unter Bildung von Glatteis?

V 81. Eine Metallschmelze von 7,5 kg gibt beim Erstarren eine Wärmemenge von 1567,5 kJ an die Umgebung ab. Um welches Metall könnte es sich handeln?

V 82. Ergänzen Sie die Darstellung des Bildes 1:

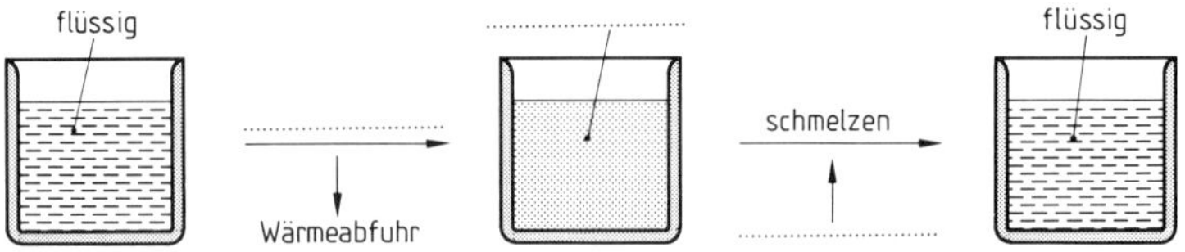

1

V 83. 50 kg Blei kühlen von 500 °C auf 20 °C ab. Ermitteln Sie aus den Tabellen dieses Buches

a) Schmelzpunkt von Blei (Tabelle Seite 75)

b) spezifische Schmelzwärme von Blei (Tabelle Seite 76)

c) spezifische Wärmekapazität von Blei (Tabelle Seite 63)

Berechnen Sie

d) die beim Abkühlen freiwerdende Wärmemenge. (Annahme: $c_{\text{flüssig}} \approx c_{\text{fest}}$)

V 84. Wie verhält sich der Schmelzpunkt in Abhängigkeit vom Umgebungsdruck?

V 85. Bei welchen Stoffen treten Schmelz- bzw. Erstarrungsbereiche auf?

V 86. Was versteht man unter einer negativen Lösungswärme?

V 87. Was versteht man unter einer Kältemischung? Welche thermodynamischen Vorgänge sind bei einer Kältemischung beteiligt?

V 88. In eine 10 %ige Kochsalzlösung (m_1 = 10 kg) wird m_2 = 1 kg Eis von 0 °C hinzugegeben. Auf welche Temperatur kühlt die Kochsalzlösung ab, wenn sie vor dem Zumischen des Eises eine Temperatur von 0 °C hatte und wenn

$q_{\text{Eis}} = 335 \frac{\text{kJ}}{\text{kg}}$, $c_{\text{Lösung}} = 4{,}1 \frac{\text{kJ}}{\text{kg} \cdot \text{K}}$ und $c_{\text{Wasser}} = 4{,}19 \frac{\text{kJ}}{\text{kg} \cdot \text{K}}$ ist?

Verdampfen und Kondensieren, Sublimieren

12.1 Verdampfungstemperatur und Verdampfungsdruck

Im Zusammenhang mit den **thermometrischen Fundamentalpunkten** wurde in Lektion 1 festgestellt, daß Wasser in Abhängigkeit vom vorhandenen Luftdruck bei einer bestimmten Temperatur siedet bzw. verdampft. Im Gegensatz zum Schmelzen ist beim Verdampfen eine sehr große **Druckabhängigkeit** feststellbar, und deshalb war es im Zusammenhang mit den thermometrischen Fundamentalpunkten wichtig, eine Siedetemperatur im Zusammenhang mit einem bestimmten Luftdruck zu definieren. Wir wissen:

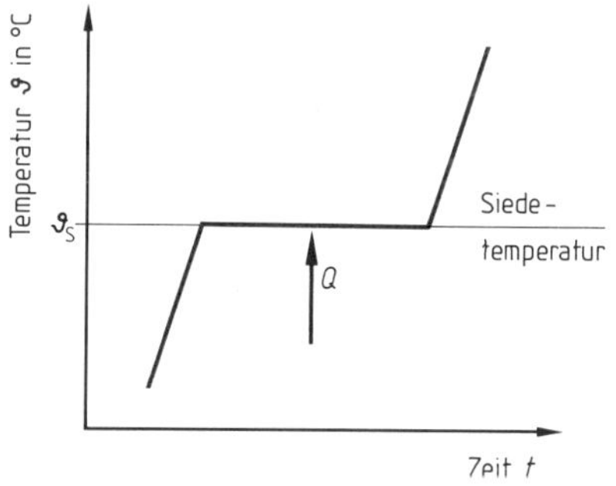

1

Bei Normalluftdruck p_n = 1,01325 bar beträgt die **Siedetemperatur** bzw. die **Verdampfungstemperatur** für Wasser ϑ_S = 100 °C.

Unter der Siedetemperatur bzw. der Verdampfungstemperatur, die auch als **Siedepunkt** oder **Kochpunkt** bezeichnet wird, versteht man die Temperatur, bei der ein Stoff intensiv verdampft. Dabei geht der Stoff vom flüssigen in den gasförmigen Aggregatzustand über. Unter dem **normalen Siedepunkt** versteht man die Temperatur, bei der der Stoff unter Normaldruck siedet. Nebenstehende Tabelle zeigt die normalen Siedepunkte einiger technisch wichtiger Stoffe. Weitere Werte finden Sie in den technischen Handbüchern. Ebenso wie das Schmelzen findet das Sieden bei konstanter Temperatur statt. Der Siedepunkt ist – entsprechend der Ausführungen in Lektion 1 – ein **Temperaturhaltepunkt**. Dies zeigt das **ϑ, *t*-Diagramm** im Bild 1.

Stoff	Siedepunkt bei 1,01325 bar in °C
Alkohol (Ethanol)	78,3
Aluminium	2270,0
Ammoniak NH_3	–33,4
Benzol	80,1
Helium	–268,9
Kupfer	2330,0
Luft	–192,3
Quecksilber	357,0
Wasser	100,0
Wolfram	5530,0

Allgemein gilt also:

Verdampfungstemperatur ϑ_S und Verdampfungsdruck p_S sind voneinander abhängig.

In Lektion 2 wurde die Wärmeenergie als Bewegungsenergie der Stoffteilchen erklärt. Werden bestimmte stofftypische Energiebeträge erreicht, ändert sich der Aggregatzustand. So verdampft z. B. ein Stoff, wenn seine Moleküle eine stofftypische Bewegungsenergie haben. Ist dies der Fall, dann „schießen" die Moleküle aus der Flüssigkeit heraus, es entsteht **Dampf**.

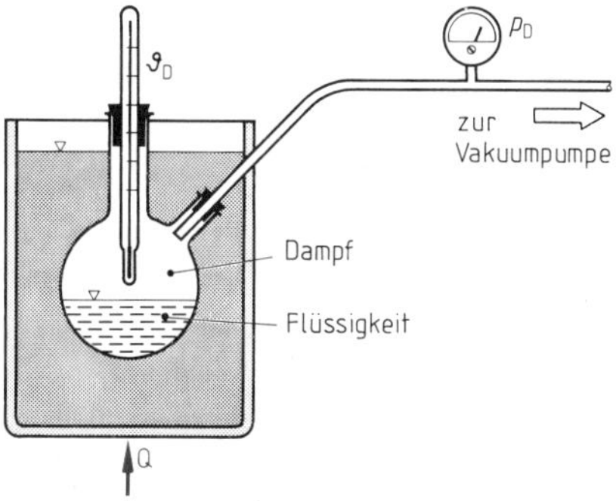

2

Dabei ist es einleuchtend, daß dieser Vorgang um so besser abläuft, je kleiner der Druck über dem Flüssigkeitsspiegel ist. Diese Abhängigkeit kann mit einer Versuchseinrichtung gemäß Bild 2 festgestellt werden.

Durch Druckerniedrigung wird der Siedepunkt einer Flüssigkeit herabgesetzt.

Siedet eine Flüssigkeit, dann entstehen innerhalb derselben Dampfblasen. Die Entstehung dieser Dampfblasen ist aber nur möglich, wenn der Druck in den Blasen genauso groß wie der Flüssigkeitsdruck ist. Ermittelt man entsprechend dieser Erscheinung mit Hilfe der im Bild 2, Seite 83, abgebildeten Versuchseinrichtung für verschiedene Drücke die zugehörigen Verdampfungstemperaturen, dann ergibt sich die Verdampfungstemperatur ϑ_S als Funktion des Verdampfungsdruckes p_S. Es ist somit:

$\vartheta_S = f(p_S)$ bzw. $p_S = f(\vartheta_S)$

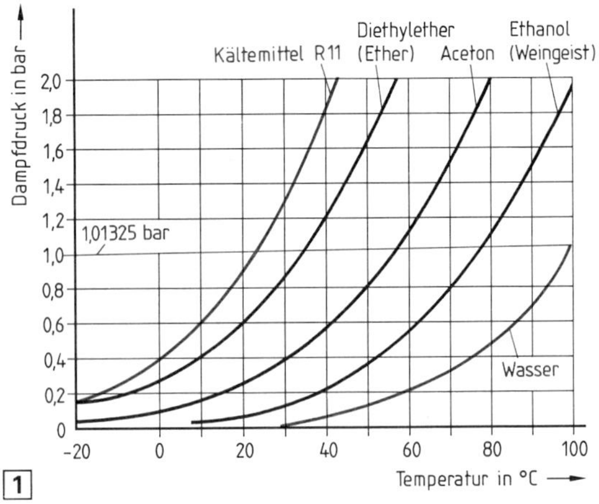

1

Trägt man also den Dampfdruck p_S über der Verdampfungstemperatur ϑ_S auf, dann ergibt sich die Abbildung dieser Funktion, die man als **Siedepunktskurve,** meist aber als **Dampfdruckkurve** bezeichnet. Bild 1 zeigt solche Dampfdruckkurven für verschiedene Stoffe, und es ist noch zu bemerken, daß manchmal auch vom **Dampfdruckdiagramm** gesprochen wird.

Eine Flüssigkeit siedet, wenn ihr Dampfdruck gleich dem in der Flüssigkeit herrschenden Druck ist.

Die Wertepaare ϑ_S/p_S können somit aus der Dampfdruckkurve entnommen werden, sie sind aber auch tabellarisch in den sog. **Dampftafeln** zusammengestellt. Solche gibt es z. B. für alle **Kältemittel** – z. B. für Ammoniak und alle **Frigene** – aber auch für Wasser. Letztere wird als **Wasserdampftafel** bezeichnet, und die folgende Tabelle zeigt einen Auszug aus dieser:

Siededruck p_S von Wasser in bar	0,01	0,1	0,2	0,5	1,0	p_n	2,0	10,0	100,0	200,0
Siedetemperatur ϑ_S von Wasser in °C	6,98	45,83	60,09	81,35	99,63	100,0	120,23	179,88	310,96	365,70

M 47. In Bild 1 ist u. a. die Dampfdruckkurve des Kältemittels R 11 wiedergegeben. Ermitteln Sie daraus die Siededrücke für $\vartheta_S = -20$ °C, $\vartheta_S = 0$ °C, $\vartheta_S = 20$ °C und $\vartheta_S = 40$ °C.

Lösung:

ϑ_S in °C	−20	0	20	40
p_S in bar	0,15	0,4	0,9	1,8

12.2 Kondensation

Das ϑ, t-Diagramm (Bild 1, Seite 83) zeigt, daß nach vollständiger Verdampfung des Stoffes die Temperatur bei weiterer Wärmezufuhr wieder ansteigt. Der entstandene Dampf wird also aufgeheizt und man spricht von **überhitztem Dampf** bzw. **Heißdampf**. Wird umgekehrt Wärmeenergie entzogen, dann kühlt der überhitzte Dampf wieder ab, und er beginnt sich bei der gleichen Temperatur, mit der das Verdampfen einsetzte, wieder zu verflüssigen. Diese **Verflüssigung** heißt auch **Kondensation**.

Siedetemperatur (Siedepunkt) und Kondensationstemperatur sind identisch.

Die **Kondensationstemperatur** wird auch als **Kondensationspunkt** und die kondensierte flüssige Phase des Stoffes als **Kondensat** bezeichnet.

12.3 Besonderheiten beim Verdampfen und Kondensieren

12.3.1 Verdunstung

In Lektion 2 haben Sie die Wärmeenergie als Bewegungsenergie der Stoffteilchen kennengelernt, und letztendlich bedeutet dies, daß die Temperatur des Stoffes einer ganz bestimmten Geschwindigkeit der Stoffteilchen entspricht. Nun ist es aber so, daß die Geschwindigkeiten der Moleküle in einer Flüssigkeit nicht gleich groß sind. Bei jeder Temperatur gibt es also schnellere und langsamere Moleküle, und deshalb gilt:

> Die Temperatur eines Stoffes ist der **mittleren kinetischen Energie** der Stoffmoleküle proportional.

Der Geschwindigkeitsunterschied der einzelnen Moleküle ist dabei so erheblich groß, daß es bei jeder Flüssigkeitstemperatur Moleküle gibt, deren Geschwindigkeit so hoch und deren Bewegung so gerichtet ist, daß diese aus der Oberfläche der Flüssigkeit austreten können. Diese Verdampfung unterhalb der Siedetemperatur heißt **Verdunstung**. Während das Sieden in der Flüssigkeit (Blasenbildung) **und** an der Flüssigkeitsoberfläche erfolgt, findet die **Verdunstung** ausschließlich **an der Flüssigkeitsoberfläche** statt. Dabei unterscheidet man **leicht flüchtige Stoffe** (z. B. Benzin) von solchen, die nur äußerst geringfügig verdunsten (z. B. Maschinenöl). Die Verdunstungsgeschwindigkeit von Wasser liegt etwa dazwischen. Die leicht flüchtigen Stoffe verdunsten bereits bei Raumtemperatur sehr intensiv. Aus alledem ergibt sich also die Regel:

> Die Verdunstungsgeschwindigkeit hängt vom Stoff selbst, seiner Temperatur, dem Umgebungsdruck und der Größe der Flüssigkeitsoberfläche ab.

> Flüssigkeitstemperatur in der Nähe der Siedetemperatur
> leicht flüchtiger Stoff
> Flüssigkeitsoberfläche groß
> Druck klein
>
> → größte Verdunstungsrate

Die zur Verdunstung erforderliche Wärmeenergie wird der Umgebung und der Flüssigkeit selbst entzogen. Dies hat zur Folge, daß die Flüssigkeit bei der Verdunstung abkühlt. In diesem Zusammenhang spricht man auch von der **Verdunstungswärme**.

> Verdunstung ist der langsame Übergang einer Flüssigkeit in den gasförmigen Zustand unterhalb des Siedepunktes der Flüssigkeit, von deren Oberfläche ausgehend, unter Aufnahme von Wärme aus der Umgebung.

Technische Anwendungen:

Trocknungsvorgänge → Der zu trocknende Stoff wird ausgebreitet bzw. zerteilt, damit seine Oberfläche möglichst groß wird. Meist wird er zusätzlich erwärmt.

Verdunstungsverflüssiger → Bei Flüssigkeitskondensatoren wird ein Teil der Flüssigkeit (meist Wasser) verdunstet und kühlt somit das restliche Wasser ab.

12.3.2 Siedepunkterhöhung von Lösungen

Wir wissen, daß sowohl Schmelz- als auch Siedepunkte mehr oder weniger vom Umgebungsdruck abhängen. Diese Abhängigkeit ist stoffbezogen, und ein Analogieschluß vom Schmelzpunkt auf den Siedepunkt ist in Abhängigkeit vom Umgebungsdruck nicht möglich. Ein solcher

Analogieschluß zwischen Schmelz- und Siedepunkt in Abhängigkeit von der Lösungskonzentration ist ebenfalls nicht möglich. Es ist bereits bekannt, daß der Erstarrungspunkt bzw. der **Schmelzpunkt von Lösungen** immer kleiner ist als der Schmelzpunkt des Lösungsmittels. Betrachtet man nun den **Siedepunkt von Lösungen**, dann stellt man fest, daß hier eine Verschiebung in die entgegengesetzte Richtung erfolgt. Es gilt also:

Die Siedetemperatur einer Lösung liegt immer oberhalb der Siedetemperatur des Lösungsmittels.

Bei verdünnten Lösungen beobachtet man nur relativ kleine Siedepunktserhöhungen, während diese bei starken Konzentrationen ganz erheblich ansteigen. So ist bei einer konzentrierten Kochsalzlösung eine Siedepunktserhöhung von ca. 10 °C – je nach Salzgehalt – feststellbar.

12.3.3 Unterkühlter Dampf

Der instabile Zustand einer unterkühlten Schmelze beim Übergang vom flüssigen in den festen Aggregatzustand wurde in Lektion 11 besprochen. Dieser instabile Zustand kann auch beim Übergang vom gasförmigen (dampfförmigen) in den flüssigen Aggregatzustand eintreten. In diesem Fall spricht man vom **unterkühlten Dampf**, der auch als **übersättigter Dampf** bezeichnet wird. Dies wird durch fehlende **Kondensationskeime** zu Beginn der Kondensation erklärt. Es kann so eine Unterkühlung von einigen Grad erreicht werden. Der unterkühlte Dampf kondensiert schlagartig, wenn plötzlich **Kondensationskerne**, z. B. durch hochenergetische Elementarteilchen erzeugte Ionen, eingebracht werden. Dies ist das Prinzip der **Wilsonschen Nebelkammer**, und mit dieser hat der englische Physiker Charles **Wilson (1869 bis 1959)** im Jahr 1912 erstmals radioaktive Strahlen und die Bahnen geladener Elementarteilchen nachgewiesen.

12.4 Verdampfungs- und Kondensationswärme

Ebenso wie beim Schmelzen ist beim Verdampfen verschiedener Stoffe feststellbar, daß für gleiche Stoffmengen verschieden große Wärmemengen für die Verdampfung erforderlich sind.

Die Wärmemenge, die man benötigt, um 1 kg eines Stoffes ohne Temperaturerhöhung zu verdampfen, heißt **spezifische Verdampfungswärme**.

Als Formelzeichen verwendet man r und die Einheit ist – ebenso wie bei der spezifischen Schmelzwärme – $\frac{kJ}{kg}$. Im Gegensatz zur Schmelzwärme ist die Verdampfungswärme sehr stark vom Umgebungsdruck abhängig. Die nebenstehende Tabelle zeigt die spezifischen Verdampfungswärmen einiger technisch wichtiger Stoffe bei Normalluftdruck p_n = 1,01325 bar. Weitere Werte können technischen Handbüchern entnommen werden.

Stoff	**spez. Verdampfungswärme r in $\frac{kJ}{kg}$ bei 1,01325 bar**
Aluminium	11721
Ammoniak	1369
Blei	921
Chlor	260
Eisen	6363
Kohlenstoff	50232
Kältemittel R 11	183
flüssige Luft	197
Propan	448
Quecksilber	301
Terpentinöl	293
Toluol	356
Wasser	2258
Zinn	2595

Die spezifische Verdampfungswärme ist – ebenso wie der Siedepunkt – sehr stark vom Umgebungsdruck abhängig.

Mit dem Wert der spezifischen Verdampfungswärme r ist es möglich, die Wärmemenge zu berechnen, die für das Verdampfen einer ganz bestimmten Stoffmenge erforderlich ist. Diese bezeichnet man als

Verdampfungswärme $Q = m \cdot r$ 87–1

Q	m	r
kJ	kg	$\frac{kJ}{kg}$

Mit dieser Verdampfungswärme wird also der Aggregatzustand des Stoffes von flüssig in gasförmig (dampfförmig) geändert. Wird rückläufig wieder verflüssigt, d. h. kondensiert, dann wird die gleiche Wärmemenge wieder an die Umgebung freigegeben. Diese Wärmeenergie wird als **Kondensationswärme** bezeichnet.

Die Kondensationswärme entspricht ihrem Betrag nach der Verdampfungswärme.

M 48. 5 kg Wasser werden bei Normalluftdruck $p_n = 1{,}01325$ bar und zugehöriger Siedetemperatur $\vartheta_S = 100$ °C verdampft. Wie groß ist die erforderliche Verdampfungswärme?

Lösung: $Q = m \cdot r = 5\,kg \cdot 2258\frac{kJ}{kg}$

$\mathbf{Q = 11\,290\,kJ}$

M 49. Welche Wärmeenergie wird bei der Kondensation von 0,8 kg Ammoniak bei Normalluftdruck an Kondensationswärme frei (r aus Tabelle Seite 86)?

Lösung: $Q = m \cdot r = 0{,}8\,kg \cdot 1369\frac{kJ}{kg}$

$\mathbf{Q = 1095{,}2\,kJ}$

12.5 Die Enthalpiezunahme beim Schmelzen und Verdampfen

Vergleicht man die spezifischen Schmelzwärmen q (Tabelle Seite 76) mit den spezifischen Verdampfungswärmen r (Tabelle Seite 86), dann macht man die Feststellung:

Die spezifischen Verdampfungswärmen der Stoffe sind stets wesentlich größer als die spezifischen Schmelzwärmen.

Vergleicht man z. B. die speziellen **Werte von Wasser**

$$q_{Wasser} = 335\frac{kJ}{kg} \text{ und } r_{Wasser} = 2258\frac{kJ}{kg}$$

dann ergibt sich das Verhältnis $\frac{r}{q} = 6{,}74.$

Die maßstäbliche Darstellung dieser Werte zeigt Bild 2, Seite 88. Diese speziellen Zahlen bestätigen nochmals die allgemeine Aussage, die zunächst verblüffen mag, aber mit einer relativ einfachen Überlegung zu erklären ist: Ebenso wie beim Schmelzen wird beim Verdampfen eine **Abtrennarbeit** benötigt. Beim Schmelzen werden damit die Moleküle gegen die Bindungskräfte des festen Körpers, beim Verdampfen gegen (die kleineren) Bindungskräfte der Flüssigkeit verschoben. Sowohl beim Schmelzen als auch beim Verdampfen wird also die Bewegungsenergie der Moleküle vergrößert. Man bezeichnet die Zunahme der Bewegungsenergie der Moleküle als Erhöhung der **inneren Energie *U*.** Da die Verdampfung bei konstanter Temperatur erfolgt, gilt:

Dampf hat eine größere innere Energie als Flüssigkeit mit gleicher Temperatur.

Da beim Übergang vom flüssigen in den dampfförmigen Aggregatzustand die Anziehungskräfte der Moleküle völlig überwunden werden, vergrößert sich das Volumen des Dampfes gegenüber dem Volumen der Flüssigkeit um ein Vielfaches. Dies bedeutet, daß der Dampf gegenüber dem äußeren Druck eine **Volumenänderungsarbeit** $W = F \cdot s$ verrichten muß. Eine Darstellung des Verdampfungsvorganges bei konstantem Druck und der zugehörigen konstanten Temperatur zeigt Bild 1. Der Dampf leistet Volumenänderungsarbeit, indem er einen Kolben verschiebt. Somit kann man sagen:

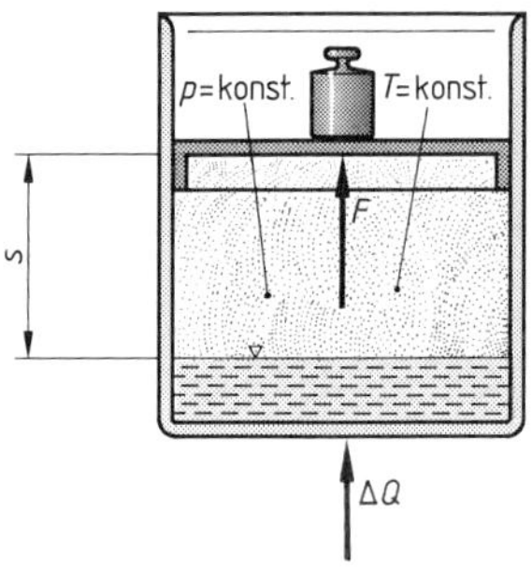

1

Die zum Verdampfen erforderliche zugeführte Wärmeenergie ΔQ setzt sich aus der Erhöhung der inneren Energie ΔU und der vom Dampf verrichteten Volumenänderungsarbeit ΔW zusammen.

Beim Verdampfen einer Flüssigkeit erhöht sich also der **Wärmeinhalt**, der nach dem amerikanischen Physiker J. W. **Gibbs (1839 bis 1903)** als **Enthalpie *H*** bezeichnet wird, um die Beträge ΔU und ΔW.

Verdampfungswärme = Verdampfungsenthalpie $\Delta Q = \Delta H = \Delta U + \Delta W$ **88–1** in kJ

ΔQ = zugeführte Wärmeenergie in kJ
ΔH = Änderung des Wärmeinhaltes, d. h. Änderung der Enthalpie in kJ
ΔU = Änderung der inneren Energie in kJ
ΔW = vom Dampf verrichtete Volumenänderungsarbeit in kJ

Auf die beschriebenen Zusammenhänge gehen nochmals sehr ausführlich die Lektionen 15 bis 17 ein. Die Erläuterung des Begriffes der Enthalpie war aber schon an dieser Stelle erforderlich, um die Bezeichnungen des Bildes 2 alle zu verstehen. Dieses zeigt ein

Temperatur, Enthalpie-Diagramm

kurz: ***ϑ*, *h*-Diagramm**. Auf der waagerechten Achse ist die Enthalpie auf die Masse 1 kg bezogen. Sinngemäß wie bei q und r spricht man hier von der **spezifischen Enthalpie**. Formelbuchstabe ist *h*.

Der auf 1 kg eines Stoffes bezogene Wärmeinhalt heißt spezifische Enthalpie.

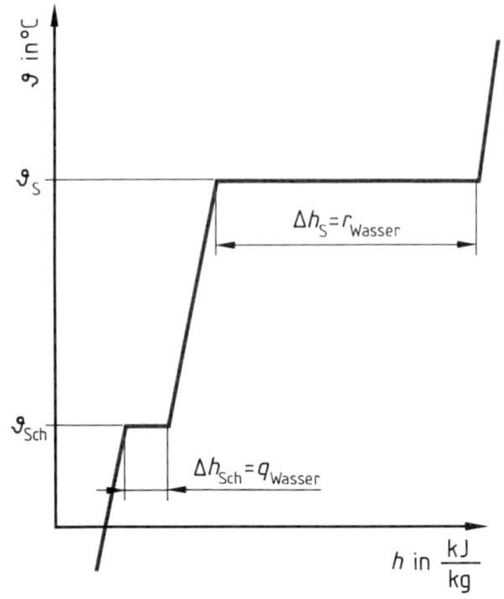

2

Bild 2 zeigt somit die

spezifische Enthalpiedifferenz beim Schmelzen $\Delta h_{Sch} = q$ **88–2** in $\frac{kJ}{kg}$ und die

spezifische Enthalpiedifferenz beim Verdampfen $\Delta h_S = r = \Delta u + \Delta w$ **88–3** in $\frac{kJ}{kg}$.

Analog Gleichung 88–1 ist Δu = Änderung der **spezifischen** inneren Energie in $\frac{kJ}{kg}$

Δw = vom Dampf verrichtete **spezifische** Volumenänderungsarbeit gegen den Umgebungsdruck in $\frac{kJ}{kg}$.

12.6 Die Phasen vom festen Körper zum Heißdampf

Stellvertretend für alle Stoffe, die im festen, flüssigen und gasförmigen (dampfförmigen) Aggregatzustand existieren können, soll in der folgenden Betrachtung der Stoff Wasser untersucht werden. Dabei werden alle **Phasen** von tiefgefrorenem Eis, d. h. dem Temperaturbereich unterhalb 0 °C, bis hin zum **überhitzten Dampf**, d. h. – setzt man den Normalluftdruck voraus – dem Temperaturbereich oberhalb 100 °C durchlaufen. Es wäre also denkbar, die Betrachtung von z. B. –100 °C bis 1000 °C durchzuführen, wobei ein Wärmeverlust des Systems nicht angenommen wird:

1. Phase: → Bild 1:

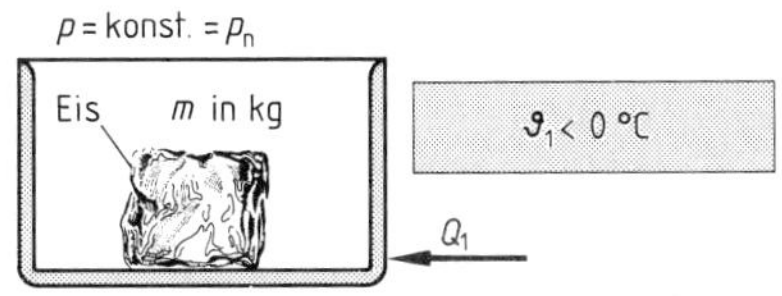

1

Das Eis wird von einer Temperatur $\vartheta_1 < 0$ °C auf die Schmelztemperatur $\vartheta_2 = \vartheta_{Sch} = 0$ °C erwärmt. Die hierfür benötigte Wärmemenge beträgt

$$Q_1 = m \cdot c_{Eis} \cdot (\vartheta_{Sch} - \vartheta_1) \text{ in kJ} \rightarrow \Delta h_1 = \frac{Q_1}{m} \text{ in } \frac{\text{kJ}}{\text{kg}}$$

2. Phase: → Bild 2:

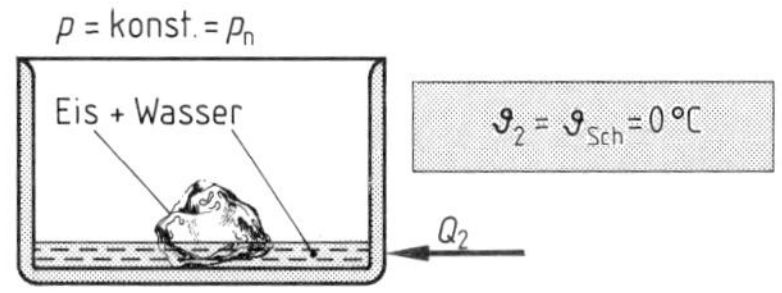

2

Das Eis geht in den flüssigen Aggregatzustand über. Beim Zuführen der Schmelzwärme besteht zwischen Eis und Wasser ein **Phasengleichgewicht.**

$$Q_2 = m \cdot q \text{ in kJ} \rightarrow \Delta h_2 = \frac{Q_2}{m} = q \text{ in } \frac{\text{kJ}}{\text{kg}}$$

3. Phase: → Bild 3:

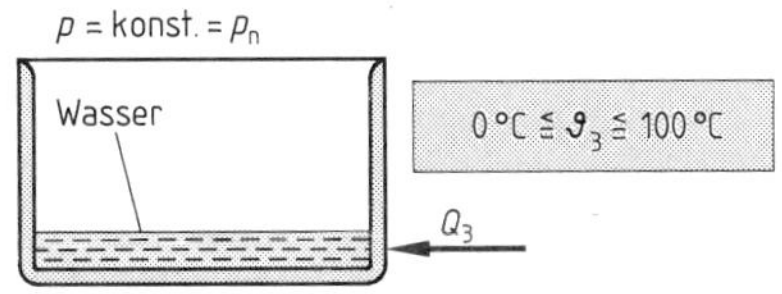

3

Das Eis ist völlig geschmolzen und das entstandene Wasser erwärmt sich von $\vartheta_{Sch} = 0$ °C auf $\vartheta_S = 100$ °C.

$$Q_3 = m \cdot c_{Wasser} \cdot (\vartheta_S - \vartheta_{Sch}) \text{ in kJ} \rightarrow \Delta h_3 = \frac{Q_3}{m} \text{ in } \frac{\text{kJ}}{\text{kg}}$$

4. Phase: → Bild 4:

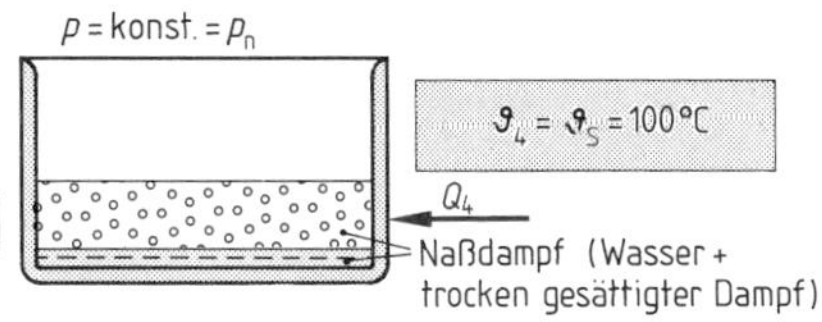

4

5. Phase:

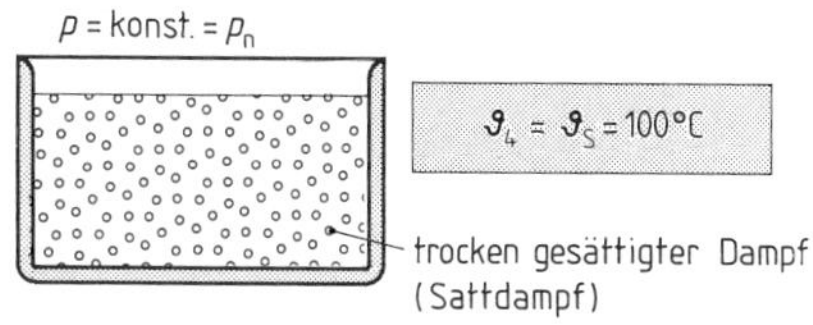

5

Das Wasser verdampft bei ϑ_S. Beim Zuführen der Verdampfungswärme besteht zwischen Dampf und Wasser ein **Phasengleichgewicht.** Man spricht auch vom **Sättigungszustand** und bezeichnet den entstandenen Dampf (ohne das Wasser) als **trocken gesättigten Dampf** oder **Sattdampf.** Die Mischung aus Wasser und trocken gesättigtem Dampf heißt **Naßdampf.** In diesem kann Wasser auch in Tropfenform vorkommen. Ist die gesamte Wärmemenge Q_4 zugeführt, dann ist alles Wasser verdampft und es existiert nur Sattdampf (**Bild 5**).

$$Q_4 = m \cdot r \text{ in kJ} \rightarrow \Delta h_4 = \frac{Q_4}{m} = r \text{ in } \frac{\text{kJ}}{\text{kg}}$$

6. Phase → Bild 6:

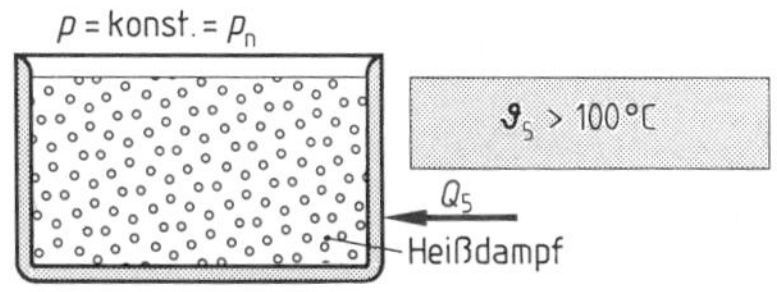

6

Wird dem trocken gesättigten Dampf (Bild 5) die Wärmemenge Q_5 zugeführt, dann steigt die Temperatur des Dampfes wieder an und es entsteht **Heißdampf** oder **überhitzter Dampf.**

$$Q_5 = m \cdot c_{Dampf} \cdot (\vartheta_5 - \vartheta_S) \text{ in kJ} \rightarrow \Delta h_5 = \frac{Q_5}{m} \text{ in } \frac{\text{kJ}}{\text{kg}}$$

Wird also ein fester Stoff erhitzt, anschließend geschmolzen und die Flüssigkeit bis zum Sieden erhitzt sowie dann völlig verdampft, und erhitzt man diesen Dampf noch über die Siedetemperatur, dann erfordert dieser Vorgang die

Gesamtwärmemenge $Q_{ges} = Q_1 + Q_2 + Q_3 + Q_4 + Q_5$ 90–1 in kJ

M 50. 10 kg Eis mit $\vartheta_1 = -50\,°C$ werden zu Heißdampf mit $\vartheta_5 = 800\,°C$ verwandelt. Berechnen Sie bei $c_{Eis} = 2{,}0\,\frac{kJ}{kg \cdot K}$, $c_{Wasser} = 4{,}19\,\frac{kJ}{kg \cdot K}$ und $c_{Dampf} = 2{,}1\,\frac{kJ}{kg \cdot K}$ (Mittelwerte)

a) die erforderlichen Wärmeenergien Q_1, Q_2, Q_3, Q_4 und Q_5,

b) die erforderliche Gesamtwärmemenge Q_{ges},

c) die Änderungen der einzelnen spezifischen Enthalpien Δh_1, Δh_2, Δh_3, Δh_4 und Δh_5,

d) die Gesamtänderung der spezifischen Enthalpie.

Zeichnen Sie das Temperatur, Enthalpie-Diagramm (ϑ, h-Diagramm).

Lösung: a)

$$\boldsymbol{Q_1} = m \cdot c_{Eis} \cdot (\vartheta_{Sch} - \vartheta_1) = 10\,kg \cdot 2{,}0\,\frac{kJ}{kg \cdot K} \cdot 50\,K = \mathbf{1000\,kJ}$$

$$\boldsymbol{Q_2} = m \cdot q = 10\,kg \cdot 335\,\frac{kJ}{kg} = \mathbf{3350\,kJ}$$

$$\boldsymbol{Q_3} = m \cdot c_{Wasser} \cdot (\vartheta_S - \vartheta_{Sch}) = 10\,kg \cdot 4{,}19\,\frac{kJ}{kg \cdot K} \cdot 100\,K = \mathbf{4190\,kJ}$$

$$\boldsymbol{Q_4} = m \cdot r = 10\,kg \cdot 2258\,\frac{kJ}{kg} = \mathbf{22580\,kJ}$$

$$\boldsymbol{Q_5} = m \cdot c_{Dampf} \cdot (\vartheta_5 - \vartheta_S) = 10\,kg \cdot 2{,}1\,\frac{kJ}{kg \cdot K} \cdot 700\,K = \mathbf{14700\,kJ}$$

b) $\boldsymbol{Q_{ges}} = \Sigma Q = 1000\,kJ + 3350\,kJ + 4190\,kJ + 22580\,kJ + 14700\,kJ = \mathbf{45820\,kJ}$

c) Dividiert man die einzelnen Wärmemengen Q_1, Q_2, Q_3, Q_4 und Q_5 jeweils durch die Masse $m = 10$ kg, dann erhält man die einzelnen spezifischen Enthalpieänderungen. Somit:

$$\Delta \boldsymbol{h_1} = \mathbf{100\,\frac{kJ}{kg}};\quad \Delta \boldsymbol{h_2} = \mathbf{335\,\frac{kJ}{kg}} = \boldsymbol{q},\quad \Delta \boldsymbol{h_3} = \mathbf{419\,\frac{kJ}{kg}},\quad \Delta \boldsymbol{h_4} = \mathbf{2258\,\frac{kJ}{kg}} = \boldsymbol{r},$$

$$\Delta \boldsymbol{h_5} = \mathbf{1470\,\frac{kJ}{kg}}$$

d) $\Delta \boldsymbol{h_{ges}} = \Sigma \Delta h = 100\,\frac{kJ}{kg} + 335\,\frac{kJ}{kg} + 419\,\frac{kJ}{kg} + 2258\,\frac{kJ}{kg} + 1470\,\frac{kJ}{kg} = \mathbf{4582\,\frac{kJ}{kg}}$

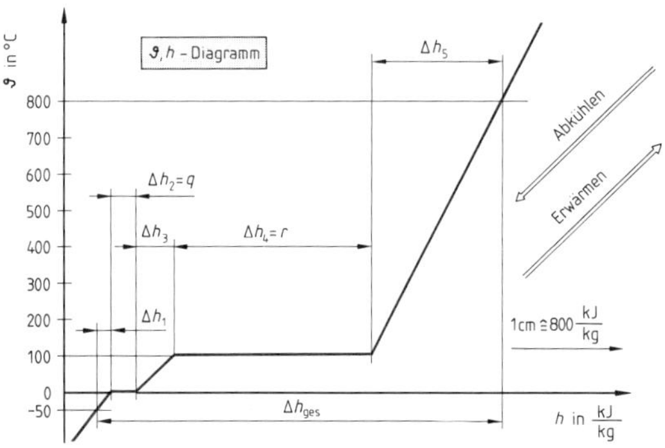

12.7 Die Zustandsdiagramme

12.7.1 Dampfdefinition und kritischer Zustand

Bereits in Lektion 5 wurde zwischen dem **idealen Gas** und dem **realen Gas** unterschieden. Als Kriterium des idealen Gases wurde die sehr weite Entfernung von seinem Verflüssigungspunkt erkannt. Da dies bei Dämpfen nicht der Fall ist, kann man sagen:

> Von Dämpfen spricht man, wenn der tatsächliche Gaszustand sehr nahe am Verflüssigungspunkt liegt.

Dies ist um so mehr der Fall, je weniger der Dampf überhitzt ist, d. h. je kleiner der Molekülabstand ist und je mehr dadurch die Kräfte zwischen den Molekülen wirken. Nicht mehr vernachlässigbare Molekülkräfte sind aber das Kennzeichen eines realen Gases. Aus Lektion 5 ist bekannt:

> Die Gasgesetze gelten streng genommen nur für die idealen Gase.

In der technischen Praxis ist es jedoch oftmals so, daß die Gasgesetze auch bei realen Gasen, z. B. Dämpfen, angewendet werden. Dies vor allem bei Überschlagsrechnungen und wenn die Dämpfe stark überhitzt sind. Eine weitestgehende Erfassung der Zustände realer Gase erlauben die **van-der-Waalssche Zustandsgleichung** (Gleichung 43–2) oder die von dem deutschen Ingenieur Richard **Mollier (1863 bis 1935)** erstellten **Zustandsdiagramme für Dämpfe**. Mollier war Professor für Technische Thermodynamik an der Technischen Hochschule in Dresden, und seine Zustandsdiagramme werden auch als **Mollier-Diagramme** bezeichnet. Genaue Werte können aus den auf Seite 84 angesprochenen **Dampftafeln** entnommen werden.

Anmerkung: Eine vollständige Darstellung der Dämpfe erfolgt – aufbauend auf diesem Buch – in einem Anwendungsband „Mechanik der Dämpfe und Dampferzeuger".

Nach dem bisher Gesagten ergibt sich als

Dampfdefinition ⟶

> Als Dämpfe bezeichnet man luftartige Stoffe, die durch Zufuhr von Wärmeenergie aus einer Flüssigkeit oder, bei Sublimation (siehe 12.7.3.1), aus einem festen Stoff entstehen.

Bild 1 zeigt nochmals eine **Dampfdruckkurve** (hier Aceton im Temperaturbereich von 0 bis 80 °C). Auf dieser Kurve befinden sich die Flüssigkeit und der Dampf im Phasengleichgewicht. **Sie zeigt Temperatur und Druck der siedenden Flüssigkeit, des Naßdampfes und des trocken gesättigten Dampfes.** Dies bedeutet:

> Siededruck = Sättigungsdruck
> Siedetemperatur = Sättigungstemperatur

Außerdem läßt sich sagen:

> Die Dampfdruckkurve trennt die flüssige Phase von der Heißdampfphase.

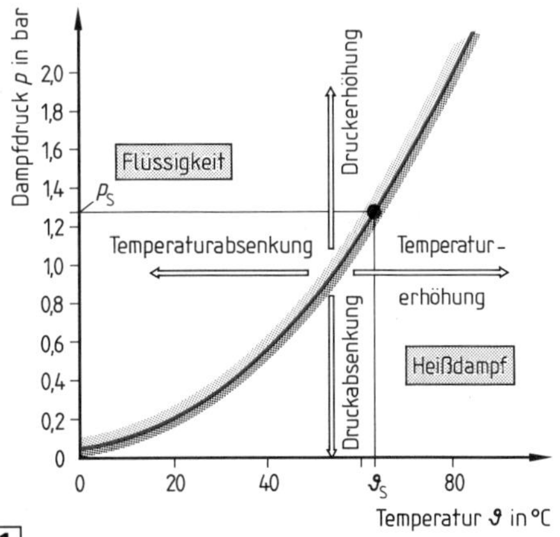

1

Weiter ist zu ersehen:

> Bei Temperaturerhöhung und/oder Druckabsenkung können Flüssigkeiten verdampft werden, und bei Temperaturerniedrigung (Wärmeentzug) und/oder Druckerhöhung können Dämpfe wieder verflüssigt werden.

In den – z. B. von Mollier – durchgeführten Versuchen zeigt es sich jedoch, daß es für jeden luftartigen Stoff eine Temperatur gibt, oberhalb der eine Verflüssigung auch mit größten Drücken nicht mehr möglich ist. Man bezeichnet sie als **kritische Temperatur** ϑ_K und den zugehörigen Druck als **kritischen Druck** p_K. Nebenstehende Tabelle zeigt die kritischen **Zustandsdaten** ϑ_K und p_K einiger technisch wichtiger Stoffe. Da die Dampfdruckkurve am Schmelzpunkt beginnt und da ϑ_K und p_K auf der Dampfdruckkurve liegen – man bezeichnet diese Stelle als den **kritischen Punkt** – gilt:

Stoff	**kritische Daten**	
	ϑ_K in °C	p_K in bar
Quecksilber	1460	1056
Wasser	374,12	221,15
Ammoniak	132,4	113,0
Kältemittel R22	96,18	49,9
Kältemittel R114	145,69	32,59
Methan	–82,5	46,3

Die Dampfdruckkurve (Siedelinie) beginnt am Schmelzpunkt und endet am kritischen Punkt.

12.7.2 Das Temperatur, Enthalpie-Diagramm (ϑ, *h*-Diagramm) nach Mollier

Aus Abschnitt 12.4 ist bekannt:

Die spezifische Verdampfungswärme *r* ist sehr stark vom Umgebungsdruck abhängig.

Da Verdampfungsdruck und Verdampfungstemperatur zwei voneinander abhängige Größen sind, gilt auch:

Die spezifische Verdampfungswärme *r* ist sehr stark von der Umgebungstemperatur abhängig.

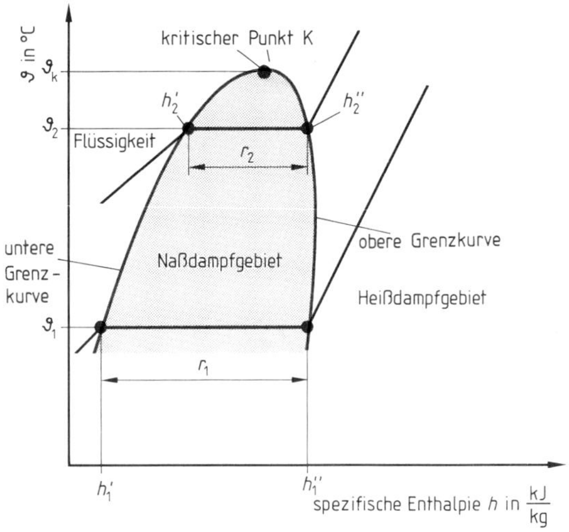

ϑ,h - Diagramm

Zeichnet man gemäß Musteraufgabe M 50. verschiedene **ϑ, *h*-Diagramme**, z. B. für die Drücke p_1 und p_2 in ein einziges Diagramm (Bild 1), verbindet jeweils die Punkte des Verdampfungs- **1** beginns und des Verdampfungsendes, dann erhält man für den gesamten Temperaturbereich ein ϑ, *h*-Diagramm. Ein solches zeigt Bild 1. Im kritischen Punkt gehen die **untere Grenzkurve** und die **obere Grenzkurve** harmonisch ineinander über. Es ist zu erkennen:

untere Grenzkurve ⟶ Diese trennt die Flüssigkeit vom Naßdampfgebiet und gibt die spezifische Enthalpie am Verdampfungsbeginn an. Diese wird mit *h'* bezeichnet.

obere Grenzkurve ⟶ Diese trennt das Naßdampfgebiet vom Heißdampfgebiet und gibt die spezifische Enthalpie am Verdampfungsende an. Diese wird mit *h''* bezeichnet.

Zwischen unterer und oberer Grenzkurve liegt also das Naßdampfgebiet und grundsätzlich ergibt sich (gemäß Bild 1) die

Verdampfungswärme $r = h'' - h'$ **92–1** in $\frac{kJ}{kg}$

12.7.3 Das Druck, Enthalpie-Diagramm (*p*, *h*-Diagramm) nach Mollier

Da Verdampfungsdruck und Verdampfungstemperatur zwei voneinander abhängige Größen sind, kann sehr leicht aus dem ϑ, *h*-Diagramm ein **Druck, Enthalpie-Diagramm** (*p*, *h*-Diagramm) entwickelt werden. Ein solches ist im Bild 1 abgebildet.

Um den gesamten Druckbereich erfassen zu können, wird die **Druckachse** des Diagramms i. d. R. in einer dekadischen **Logarithmenteilung** angelegt. Da grundsätzlich immer die senkrechte Koordinate zuerst genannt wird, heißt das Diagramm

lg *p*, *h*-Diagramm

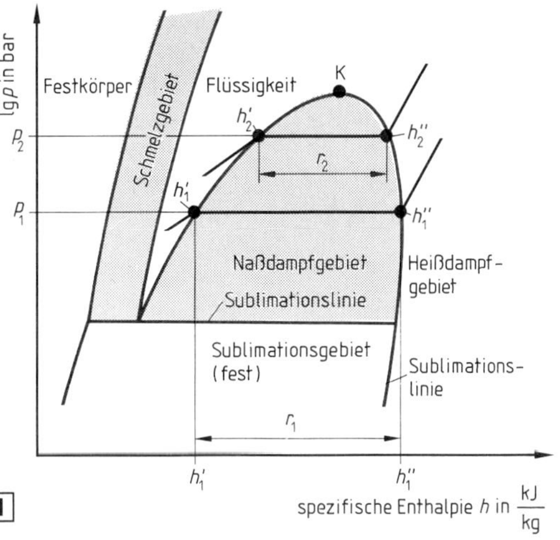

1

In der technischen Praxis spricht man vom **log *p*, *h*-Diagramm**. Sowohl aus Bild 1, Seite 92, als auch aus Bild 1 dieser Seite ist zu ersehen:

Die Verdampfungswärme *r* wird bei zunehmendem Druck, d. h. auch bei zunehmender Temperatur, kleiner. Im kritischen Punkt hat sie den Wert Null.

Hinweis: Bei den Dampf-**Kreisprozessen** (siehe Lektionen 17. und 18.) wird ausschließlich mit **Enthalpie-Differenzen** gearbeitet, z. B. $r = h'' - h'$. Aus diesem Grunde kann der **Anfangswert** der spezifischen Enthalpie (*h*-Achse) beliebig festgelegt werden. So ist auch der diesbezügliche Unterschied des Bildes 1, Seite 92, mit dem Bild 1 dieser Seite zu begründen.

12.7.3.1 Sublimation

Bild 1 zeigt – getrennt durch Grenzkurven – Festkörpergebiet,
Schmelzgebiet,
Flüssigkeitsgebiet,
Naßdampfgebiet,
Heißdampfgebiet sowie ein Diagrammfeld,
welches als **Sublimationsgebiet** bezeichnet wird.

Unter Sublimation versteht man den unmittelbaren Übergang eines Stoffes aus dem festen in den gasförmigen Zustand, ohne daß die flüssige Zwischenphase eingenommen wird.

Aus Bild 1 ist zu erkennen, daß dieser Vorgang aus dem Sublimationsgebiet in das Naßdampfgebiet oder in das Heißdampfgebiet erfolgen kann. Beim **Sublimieren** müssen die Atome oder Moleküle aus dem festen Gefüge gelöst und in den ungeordneten Zustand der Gase überführt werden. Dies erfordert einen Energieaufwand, der als **Sublimationswärme** dem Stoff zugeführt werden muß.

Beim Sublimieren nimmt der Stoff Wärmeenergie aus der Umgebung auf.

Dies ist eine **latente Wärme**, denn es gilt:

Beim Sublimieren bleibt – wie beim Schmelzen und Verdampfen – die Temperatur konstant.

Da beim Sublimieren Wärmeenergie aus der Umgebung aufgenommen wird, kühlt diese ab. Der Vorgang der Sublimation kann also für Kühlzwecke ausgenutzt werden.

Bezieht man die Sublimationswärme auf die Stoffmasse 1 kg, dann bezeichnet man diesen Quotienten als die **spezifische Sublimationswärme**. Die Einheit ist somit $\frac{kJ}{kg}$, und als Formelbuchstabe verwendet man σ (Sigma). Es ist also:

Sublimationswärme $$Q = m \cdot \sigma$$ 94–1

Q	m	σ
kJ	kg	$\frac{kJ}{kg}$

Durch Sublimation erhöht sich der Wärmeinhalt, d. h. die Enthalpie des Stoffes. Die Sublimationswärme entspricht demzufolge der **Sublimationsenthalpie** *H* und die spezifische Sublimationswärme der **spezifischen Sublimationsenthalpie** *h*.

Die **Sublimation tritt bei allen Stoffen auf**, sie ist aber an bestimmte Druck- und Temperaturbereiche des betreffenden Stoffes gebunden. Als Beispiel hierfür dient **Trockeneis**, dies ist festes Kohlenstoffdioxid (CO_2). Es wird zu Kühlzwecken benutzt und sublimiert bei p_n = 1,01325 bar und einer Temperatur ϑ = –78 °C. Der Begriff Trockeneis ist so zu erklären, daß Kohlenstoffdioxid bei Atmosphärendruck nicht in flüssiger Form existiert, es besteht **Phasengleichgewicht** zwischen dem festen und dem dampfförmigen Stoff. Die spezifische Sublimationswärme von Trockeneis beträgt σ = 565 kJ/kg.

Auch die sogenannte **Gefriertrocknung**, ein Verfahren zum **Konservieren** leicht verderblicher Lebensmittel, beruht auf der Sublimation. Der Vorgang ist mit dem Trockenvorgang von tiefgefrorener Wäsche im Winter vergleichbar. Dabei verdunstet das Eis zu Wasserdampf, und Wasser in flüssiger Form kommt dabei nicht vor. Man spricht auch von einer **Eisverdunstung**. Der beschriebene Vorgang der Sublimation kann auch umgekehrt verlaufen. In diesem Fall – also beim Übergang vom dampfförmigen in den festen Zustand ohne Flüssigphase – spricht man von der **Verfestigung** oder **Resublimation**. Hierbei wird die Sublimationswärme an die Umgebung abgegeben.

12.7.3.1.1 Die Sublimationslinie im *p*, ϑ-Diagramm

Bild 1, Seite 93, zeigt die **Sublimationslinie** im lg *p*, *h*-Diagramm.

> Sublimation tritt durch Zustandsänderungen ein, die zum Überschreiten der Sublimationslinie führen.

Bild 1 zeigt die Sublimationslinie im *p*, ϑ-Diagramm. Der obere Endpunkt derselben ist mit dem **Tripelpunkt** ***T*** (siehe Lektion 1) identisch. Es ist bereits bekannt:

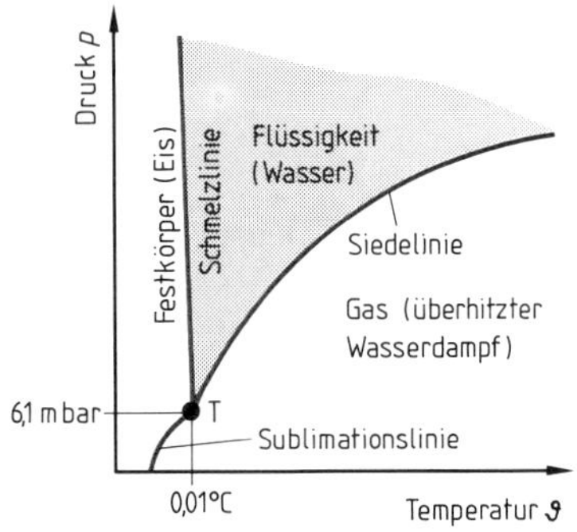

1

> Im Tripelpunkt (Dreiphasenpunkt) herrscht **Gleichgewicht zwischen den Phasen** fest, flüssig und gasförmig (dampfförmig).

M 51. 1 kg Stahl $\left(c = 0{,}46 \frac{kJ}{kg \cdot K}\right)$ soll für einen Kerbschlagbiegeversuch von Raumtemperatur ϑ_1 = 20 °C auf Prüftemperatur ϑ_2 = –70 °C abgekühlt werden. Wieviel Gramm Trockeneis (siehe obige Daten) sind für diesen Kühlvorgang zu sublimieren, wenn infolge guter Wärmeisolation ein Einströmen von Wärmeenergie vernachlässigt werden kann?

Lösung: $Q = m_{St} \cdot c_{St} \cdot \Delta\vartheta = m_{CO_2} \cdot \sigma_{CO_2}$ $\qquad \Delta\vartheta = 90\,°C \triangleq 90\,K$

$$m_{CO_2} = \frac{m_{St} \cdot c_{St} \cdot \Delta\vartheta}{\sigma_{CO_2}} = \frac{1\,kg \cdot 0{,}46\frac{kJ}{kg \cdot K} \cdot 90\,K}{565\frac{kJ}{kg}} = 0{,}0733\,kg$$

$\boldsymbol{m_{CO_2} = 73{,}3\,g}$

12.7.4 Das Druck, Volumen-Diagramm (*p, v*-Diagramm) nach Mollier

Es wurde bereits darauf hingewiesen, daß in diesem Buch die „Mechanik der Dämpfe" nur im grundlegenden Sinn behandelt werden kann. Insgesamt stehen dem Techniker eine Vielzahl von Diagrammen zur Verfügung, und als weiteres – an dieser Stelle letztes – Beispiel soll im Bild 1 noch das ***p, v*-Diagramm** für Wasserdampf gezeigt werden:

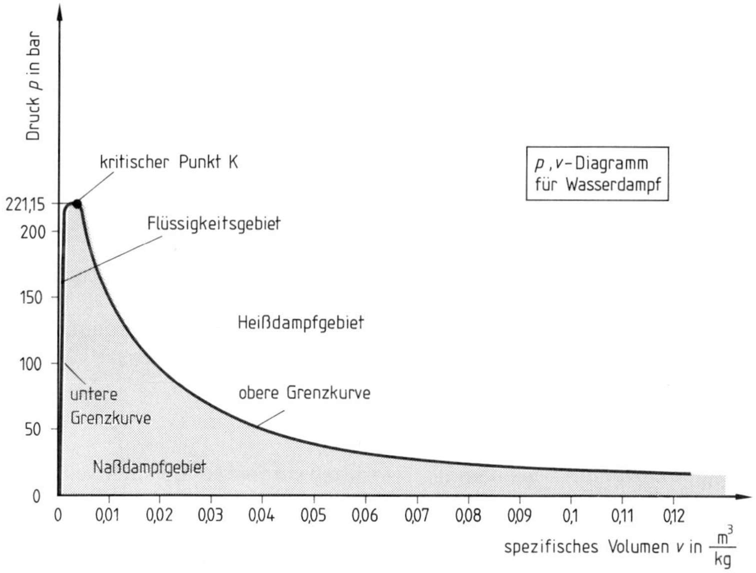

1

Das *p, v*-Diagramm zeigt die Abhängigkeit des spezifischen Volumens *v* vom Druck *p*.

Durch die **obere und untere Grenzkurve** werden auch hier das Flüssigkeitsgebiet, das Naßdampfgebiet und das Heißdampfgebiet getrennt.

M 52. Ermitteln Sie aus dem *p, v*-Diagramm für Wasserdampf (Bild 1) das spezifische Volumen von gesättigtem Wasserdampf, der unter einem Druck von $p = 50$ bar steht.

Anmerkung: Das spezifische Volumen im Sättigungszustand wird mit v'' bezeichnet (analog h'').

Lösung: Es wird abgelesen: $\boldsymbol{v'' \approx 0{,}04\,\frac{m^3}{kg}}$

Anmerkung: Die Wasserdampftafel liefert den Wert $\rho'' = 25{,}36\,\frac{kg}{m^3}$. Somit genauer Wert

$$\text{für } v'' = \frac{1}{\rho''} = \frac{1}{25{,}36\,\frac{kg}{m^3}} = 0{,}03943\,\frac{m^3}{kg}$$

Ü 90. Mit welcher Temperatur ist die Verdampfungstemperatur identisch?

Ü 91. Was versteht man unter dem „normalen Siedepunkt"?

Ü 92. Wie erklären Sie es, daß Wasser auf hohen Bergen bei niedrigerer Temperatur siedet als z. B. in Meereshöhe?

Ü 93. Ermitteln Sie mit Hilfe des Bildes 1, Seite 84, die ungefähre Siedetemperatur von Ether bei Normalluftdruck.

Ü 94. Welche gemeinsamen Merkmale haben das Schmelzen, das Verdampfen und das Sublimieren?

Ü 95. Welche Aussage können Sie über den Siedepunkt von Lösungen machen?

Ü 96. Wie verhält sich die Verdampfungswärme zur Kondensationswärme?

Ü 97. Wie kann ein Trocknungsvorgang beschleunigt werden?

Ü 98. Welche Wärmeenergie ist für das Verdampfen von 3 kg Quecksilber bei Normalluftdruck erforderlich?

Ü 99. Wie kann aus einem festen Körper Heißdampf erzeugt werden?

Ü 100. Entnimmt man Flüssiggasflaschen (z. B. Propan) große Gasmengen, bildet sich an ihrer Außenwand Rauhreif. Erklären Sie dieses Geschehen.

Ü 101. Aus 6 kg Eis soll bei Normalluftdruck trocken gesättigter Wasserdampf hergestellt werden. Berechnen Sie die dafür erforderliche Wärmemenge, wenn die Anfangstemperatur $\vartheta_1 = -25\,°C$ beträgt und wenn $c_{Eis} = 2{,}5\,\frac{kJ}{kg \cdot K}$ ist.

Ü 102. Ein Rennpferd verliert bei einem Rennen durch verdunstenden Schweiß 3,2 kg an Masse. Welche Wärmemenge wurde seinem Körper dadurch entzogen?
Annahme: Für den Verdunstungsvorgang ist die spezifische Verdampfungswärme von Wasser einzusetzen.

Ü 103. Wie groß ist die Wärmemenge, die 50 g Wasserdampf bei Normalluftdruck und einer Temperatur von 100 °C beim Abkühlen auf 50 °C abgeben?

Ü 104. Geben Sie eine Erklärung dafür, daß für Dämpfe Zustandsdiagramme entwickelt wurden.

Ü 105. Wie unterscheidet sich Naßdampf, trocken gesättigter Dampf und Heißdampf?

Ü 106. Eine siedende Flüssigkeit hat die spezifische Enthalpie $h' = 512{,}2\,\frac{kJ}{kg}$ und der Dampf des gleichen Stoffes im Sättigungszustand die spezifische Enthalpie $h'' = 1918{,}6\,\frac{kJ}{kg}$. Ermitteln Sie die spezifische Verdampfungswärme *r*.

Ü 107. In eine Wassermenge von 500 g ($\vartheta_1 = 20\,°C$) wird bei p_n Wasserdampf von $\vartheta_2 = 100\,°C$ eingeleitet. Dies geschieht so lange, bis eine Mischungstemperatur $\vartheta_m = 40\,°C$ erreicht ist. Berechnen Sie aus diesen Daten die Verdampfungswärme des Wassers (und vergleichen Sie mit dem ihnen bereits bekannten Wert), wenn nach Abschluß des Vorganges durch Wägung festgestellt wird, daß jetzt eine Wassermasse von 516,7 g bei der Mischungstemperatur $\vartheta_m = 40\,°C$ vorhanden ist. Alle Wärmeverluste bleiben unberücksichtigt.

Ü 108. Entsprechend Bild 1, Seite 93, wird beim Druck p_1 ein Festkörper in den Heißdampfzustand überführt. Zeichnen Sie die Charakteristik des ϑ, h-Diagrammes.

Ü 109. a) 5 g Trockeneis (CO_2) sublimieren bei Normalluftdruck. Berechnen Sie die aus der Umgebung aufgenommene Sublimationswärme (σ = 565 kJ/kg).

b) Welchen Zustand nehmen 2 kg Wasser von +20 °C ein, wenn demselben die Sublimationswärme von a) entzogen wird?

V 89. Mit welchem Druck ist der Verdampfungsdruck identisch?

V 90. Wie nennt man das Diagramm, welches Verdampfungstemperatur und Verdampfungsdruck miteinander verknüpft?

V 91. Welcher wärmetechnische Vorgang läuft bei der Kondensation (Verflüssigung) eines Dampfes ab?

V 92. Ein Körper geht vom festen Zustand in den Heißdampfzustand über. Beschreiben Sie den Energiefluß, wenn Sublimation ausgeschlossen werden kann.

V 93. Ermitteln Sie mit Hilfe des Bildes 1, Seite 84, den ungefähren Siededruck von Wasser mit einer Temperatur von 60 °C.

V 94. Welche Unterschiede bestehen zwischen dem Vorgang des Siedens und dem Vorgang der Verdunstung?

V 95. Was versteht man unter einem unterkühlten Dampf?

V 96. Wie verhält sich die Verdampfungswärme bei Erhöhung des Siededruckes?

V 97. Was können Sie über das Verhältnis von Schmelz- und Verdampfungswärme sagen?

V 98. Was versteht man unter der Enthalpie eines Stoffes?

V 99. Aus welchen Teilbeträgen setzt sich die spezifische Enthalpiedifferenz beim Verdampfen zusammen?

V 100. In einem Kondensator werden 2000 kg überhitzter Wasserdampf von ϑ_1 = 120 °C auf ϑ_2 = 60 °C bei Normaldruck abgekühlt und dabei kondensiert. Wie groß ist die dabei abgeführte Wärmeenergie, wenn mit $c_{\text{Dampf}} = 2{,}1 \frac{\text{kJ}}{\text{kg} \cdot \text{K}}$ gerechnet werden kann?

V 101. Eine Mischung von 520 g Wasser und 600 g Eis steht im Temperaturgleichgewicht (0 °C). Wieviel Wasserdampf von 100 °C muß zugeführt werden, damit Wasser von ϑ_m = 30 °C entsteht?

V 102. 5000 kg Wasser werden bei Normalluftdruck verdampft.

a) Wie groß ist die hierzu erforderliche Wärmemenge, wenn die Anfangstemperatur des Wassers ϑ_1 = 22 °C beträgt?

b) Welche Wärmemenge wird beim Kondensieren des Dampfes abgegeben?

c) Wie erklären Sie den Unterschied der beiden Wärmemengen?

V 103. Einer unbekannten Menge Eis mit einer Temperatur $\vartheta_1 = -10\,°C$ strömen minütlich 30 kJ an Wärmeenergie zu. Nach einer Stunde ist Wasser von 50 °C entstanden. Berechnen Sie bei Vernachlässigung aller Wärmeverluste

a) die Masse m des Eises bei $c_{Eis} = 2{,}1\ \frac{kJ}{kg \cdot K}$,

b) die Wassermenge, die 2,5 Stunden nach Beginn der Wärmeströmung noch vorhanden ist, wenn der Siedepunkt mit 100 °C (Normalluftdruck) zugrunde gelegt wird.

V 104. Was versteht man unter den kritischen Daten eines Stoffes?

V 105. Welche Dampfgebiete werden durch die obere Grenzkurve getrennt? Welcher Dampfzustand liegt auf der oberen Grenzkurve vor?

V 106. Was versteht man unter einer Verfestigung und welcher wärmetechnische Vorgang läuft dabei ab?

V 107. In der Kältetechnik wird die Gefriertrocknung auch als **Sublimationstrocknung** bezeichnet. Warum?

V 108. Welche Analogien bestehen Ihrer Meinung nach beim Verdunsten und Sublimieren?

V 109. 5 kg Wasser mit einer Temperatur von 100 °C werden durch Sublimieren von 5 g CO_2 Wärme entzogen. Welche Temperatur nimmt das Wasser nach Abgabe dieser Sublimationswärme an (σ = 565 kJ/kg)?

Lektion 13 **Feuchte Luft**

13.1 Feuchte Luft als Gasgemisch

In Lektion 7 wurden die Gesetze besprochen, die für Mischungen idealer Gase angewendet werden, und aus Lektion 7 ist auch bereits bekannt:

Atmosphärische Luft ist ein Gemisch aus dem Gasgemisch trockene Luft und Wasserdampf.

Es wird auch als bekannt vorausgesetzt, daß sich das Gasgemisch **trockene Luft** wie ein Einzelgas im idealen Zustand verhält, d. h.:

Für trockene Luft sind die Gasgesetze ohne Einschränkungen anwendbar.

Da Wasserdampf ein reales Gas ist und da für reale Gase die Gasgesetze nur eingeschränkt anwendbar sind, gilt:

Für feuchte Luft sind die Gasgesetze nur mit Einschränkungen anwendbar.

Die uns umgebende Luft ist also ein Mehrstoffgemisch, bestehend aus verschiedenen Gasen, die in ihrer Summe als trockene Luft bezeichnet wird, **und** Wasserdampf. In diesem Zusammenhang wird nochmals auf die **Tabelle Seite 59** hingewiesen, die die **Zusammensetzung der trockenen Luft** angibt. Somit kann man sagen:

Feuchte Luft ist ein **Zweistoffgemisch**, bestehend aus trockener Luft und Wasserdampf.

Das Teilgebiet der Thermodynamik, welches sich mit den Gesetzmäßigkeiten der feuchten Luft bzw. mit **Zustandsänderungen der Luft** befaßt, heißt **Psychrometrie**.

Für das Realgasgemisch feuchte Luft wurden von Mollier spezielle Zustandsdiagramme, insbesondere das **Enthalpie, Wassergehalt-Diagramm** (siehe Abschnitt 13.3) entwickelt. Es gilt jedoch der Grundsatz:

Für technische Belange wird meist eine ausreichende Genauigkeit erreicht, wenn man das Realgasgemisch feuchte Luft wie ein Gemisch idealer Gase – entsprechend Lektion 7 – behandelt.

13.2 Zustandsgrößen der feuchten Luft

13.2.1 Wasserdampf-Teildruck

Aus Lektion 7 ist Ihnen der Begriff des **Teildruckes** bzw. **Partialdruckes** bekannt:

Unter dem Partialdruck versteht man den Druck, den ein Gas ausüben würde, wenn es im Raum der Gasmischung alleine anwesend wäre.

Nach Dalton (siehe Seite 56) gilt:

Der Gesamtdruck in einem Gasgemisch errechnet sich aus der Summe aller Partialdrücke.

Entsprechend Gleichung 56–1 gilt somit

Gesamtdruck der feuchten Luft $p = p_L + p_D$ (99–1) in Pa, hPa ≙ mbar

In Gleichung 99–1 bedeuten: p_L = Partialdruck des Anteils an trockener Luft,
p_D = Partialdruck des Anteils an Wasserdampf.

In den meisten technischen Anwendungen – z. B. in der **Klimatechnik** und in der **Kältetechnik** – entspricht der Gesamtdruck dem Atmosphärendruck. In diesem speziellen Fall ergibt sich aus Gleichung 99–1:

Atmosphärischer Druck (Barometerdruck) $p_{amb} = p_L + p_D$ 100–1 in hPa ≙ mbar

Der Atmosphärendruck errechnet sich aus der Summe des Partialdruckes der trockenen Luft und des Partialdruckes des Wasserdampfes.

13.2.2 Der Sättigungsdruck des Wasserdampfes

In der Regel ist der in der Luft vorhandene Wasserdampf als **überhitzter Dampf** zu bezeichnen. Kühlt diese Luft (mit dem in ihr enthaltenen Wasserdampf) ab, dann entspricht irgendwann die Lufttemperatur der **Sättigungstemperatur** ϑ_S bei einem zugehörigen **Sättigungsdruck** p_S entsprechend Lektion 12. Auf diese Art und Weise verwandelt sich

ungesättigte feuchte Luft mit $p_D < p_S$

in gesättigte feuchte Luft mit $p_D = p_S$.

Der **Sättigungsdruck** $p_S = f(\vartheta)$ ergibt sich aus der Dampfdruckkurve bzw. der Dampftafel (siehe Lektion 12) oder auch aus Bild 1, Seite 94. **Er liegt** mit Sicherheit **vor, wenn** im betreffenden Raum oder Behälter auch noch **Wasser oder Eis von der gleichen Temperatur vorhanden ist.** Die folgende Tabelle zeigt einige Werte des Sättigungsdruckes über Wasser und Eis in Abhängigkeit von der Temperatur:

Temperatur in °C	Sättigungsdruck über Wasser in mbar ≙ hPa	Sättigungsdruck über Eis in mbar ≙ hPa
100	1013,25	–
80	473,6	–
50	123,4	–
20	23,27	–
0	6,108	6,107
–10	2,863	2,597
–20	1,254	1,032
–40	0,189	0,128
–80	–	0,000547
–100	–	0,000014

Aus der Tabelle ist zu ersehen:

Der Dampfdruck über Eis ist immer kleiner als der Dampfdruck über Wasser von gleicher Temperatur.

13.2.3 Der Taupunkt

Aus dem beschriebenen Sachverhalt und auch aus Lektion 12 ist bekannt, daß es sich beim Sättigungszustand um den Grenzzustand zwischen dem Naßdampf- und dem Heißdampfgebiet handelt. Erniedrigt sich – von diesem Sättigungszustand ausgehend – geringfügig die Temperatur oder erhöht sich geringfügig der Gesamtdruck, womit nach Gleichung 100–1 auch p_D ansteigt – kommt es zur Kondensation des Wasserdampfes in der Luft.

Die Sättigungstemperatur ϑ_S, bei der der Sättigungsdruck p_S dem Wasserdampfpartialdruck p_D entspricht, heißt Taupunkttemperatur.

Die Taupunkttemperatur wird meist kurz als **Taupunkt** oder auch als **Nebelpunkt** bezeichnet, da bei weiterer Abkühlung ein Teil des Wasserdampfes als flüssiger oder fester Nebel ausgeschieden wird. Daraus ergibt sich:

Der höchstmögliche Wasserdampfpartialdruck p_D entspricht dem Sättigungsdruck p_S.

Liegt die Temperatur der gesättigten feuchten Luft oberhalb $\vartheta = 0{,}01\ °C$ (Tripelpunkttemperatur), entsteht **flüssiger Nebel**, liegt sie darunter, entsteht **Eisnebel** bzw. **Reif**.

13.2.4 Wassergehalt der Luft

13.2.4.1 Die absolute Luftfeuchtigkeit

Die Bezeichnung **absolute Luftfeuchtigkeit** ist eigentlich falsch, da man hierunter die **Dichte des Wasserdampfes** zu verstehen hat, die völlig unabhängig von der Anwesenheit von Luft oder anderer Gase ist.

Unter der absoluten Luftfeuchtigkeit versteht man den auf die Volumeneinheit 1 m³ bezogenen Wassergehalt in kg, also die Dampfdichte.

Absolute Luftfeuchtigkeit (Dampfdichte) $\rho_D = \frac{m_D}{V_L}$ 101–1

ρ_D	m_D	V_L
$\frac{kg}{m^3}$	kg	m^3

. Dabei ist $V_L = V_D$

Mit Hilfe der Definition für die spezielle Gaskonstante $R_i = \frac{p \cdot v}{T} = \frac{p}{\rho \cdot T}$ ergibt sich als weitere Berechnungsmöglichkeit für die

Absolute Luftfeuchtigkeit (Dampfdichte) $\rho_D = \frac{p_D}{R_{iD} \cdot T}$ 101–2 in $\frac{kg}{m^3}$

Dabei ist p_D = Wasserdampfpartialdruck in $\frac{N}{m^2}$

R_{iD} = spezifische Gaskonstante des Wasserdampfes = **461,5** $\mathbf{\frac{Nm}{kg \cdot K}}$

T = absolute Dampftemperatur

Anmerkung: Nach DIN 1358 wird für die absolute Feuchte auch der Formelbuchstabe *a* verwendet.

13.2.4.2 Die relative Luftfeuchtigkeit

Aus den bisherigen Überlegungen ergibt sich, daß es eine **maximale absolute Luftfeuchtigkeit** geben muß, bei der die Luft den **Sättigungszustand** erreicht. In diesem Fall ist der Wasserdampfpartialdruck p_D gleich dem Sättigungsdruck p_S, d. h., daß der Taupunkt erreicht ist und demzufolge flüssiges Wasser ausfällt. Somit ergibt sich mit $p_D = p_S$ für die

Maximale absolute Luftfeuchtigkeit $\rho_{D\,max} = \frac{p_S}{R_{iD} \cdot T}$ 101–3 in $\frac{kg}{m^3}$

In der **Wetterkunde** und auch in der **Klimatechnik** ist es üblich, die absolute Luftfeuchtigkeit mit der maximalen absoluten Luftfeuchtigkeit in das Verhältnis zu setzen und dieses Verhältnis als **relative Luftfeuchtigkeit** zu bezeichnen.

Mulitpliziert man diesen Wert mit 100, dann ergibt sich die relative Luftfeuchtigkeit in einem %-Wert. Als Formelzeichen dient φ. Somit ergibt sich

$$\varphi = \frac{\rho_D}{\rho_{D\,max}} \cdot 100 = \frac{\frac{p_D}{R_{iD} \cdot T}}{\frac{p_S}{R_{iD} \cdot T}} \cdot 100 = \frac{p_D}{p_S} \cdot 100$$

Relative Luftfeuchtigkeit $\varphi = \frac{p_D}{p_S} \cdot 100$ 102–1 in %

Die relative Luftfeuchtigkeit in % ist der einhundertfache Wert des Verhältnisses aus Wasserdampfpartialdruck und Sättigungsdruck.

Sie hängt bei einer vorgegebenen Luftmenge von der Lufttemperatur ab, da die Sättigungsmenge ebenfalls von der Temperatur abhängt. Man kann also sagen:

Die relative Luftfeuchtigkeit steigt, wenn man ungesättigte Luft abkühlt und sie sinkt, wenn man ungesättigte Luft erwärmt.

Dies zeigt Bild 1, in welchem **Linien konstanter relativer Luftfeuchtigkeit** eingezeichnet sind. Es bedeutet:

K = kühlen
H = heizen

Des weiteren zeigt Bild 1:

Die relative Luftfeuchtigkeit steigt, wenn man Luft bei konstanter Temperatur verdichtet und sie sinkt, wenn man Luft bei konstanter Temperatur entspannt.

Es bedeutet:

C = komprimieren
E = entspannen

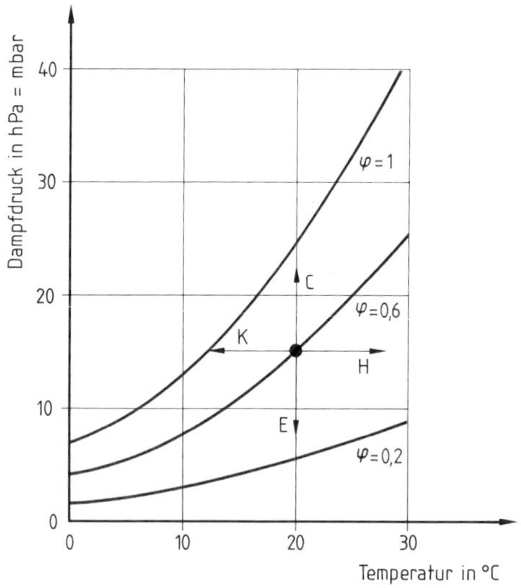

1

Bei einer relativen Luftfeuchtigkeit von 100 % ist die Luft mit Wasserdampf gesättigt.

In **Klimatabellen**, die z. B. der **DKV** (Deutscher Kältetechnischer Verein) herausgibt, kann man die Luftfeuchte von ausgewählten Orten der Erde ablesen. Für verschiedene **Klimatypen** gibt es auch entsprechende Darstellungen in Diagrammen.
Bild 2 zeigt z. B. den **Klimatyp Hannover**.

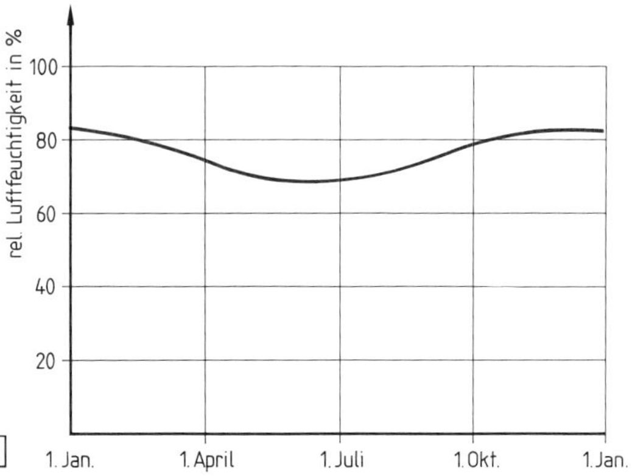

2

M 53. Aus der Tabelle Seite 100 ist für $\vartheta_S = 20\,°C$ der Sättigungsdruck $p_S = 23{,}27$ mbar zu entnehmen. Berechnen Sie bei $\varphi = 72\,\%$

a) den Wasserdampfpartialdruck p_D

b) die absolute Luftfeuchtigkeit ρ_D in $\frac{kg}{m^3}$

Lösung:

a) $\varphi = \frac{p_D}{p_S} \cdot 100\,\% = 72\,\% \longrightarrow p_D = p_S \cdot \frac{\varphi}{100\,\%} = 23{,}27\,\text{mbar} \cdot \frac{72\,\%}{100\,\%}$

$\mathbf{p_D} = \mathbf{16{,}7544\,mbar} = 16{,}7544 \cdot \frac{10^5}{10^3}\,\text{Pa} = 1675{,}44\,\frac{N}{m^2}$

b) $\rho_D = \frac{p_D}{R_{iD} \cdot T} = \frac{1675{,}44\,\frac{N}{m^2}}{461{,}5\,\frac{Nm}{kg \cdot K} \cdot 293{,}15\,K} = 0{,}01238\,\frac{kg}{m^3}$

$\boldsymbol{\rho_D \approx 12{,}4\,\frac{g}{m^3}}$

13.2.4.3 Der Wassergehalt feuchter Luft

Der Wassergehalt feuchter Luft – und allgemein die **Gasfeuchte** – wird mit dem Formelbuchstaben x bezeichnet. Entsprechend eines Vorschlages von Mollier gilt als Definition für den

Wassergehalt feuchter Luft $\qquad x = \frac{m_D}{m_L} \qquad$ 103–1

x	m_D, m_L
$\frac{kg}{kg}$	kg

Der Wassergehalt feuchter Luft ist also ein Massenverhältnis, und aus Gleichung 103–1 ergibt sich für

$\mathbf{x = 0} \longrightarrow$ **trockene Luft**
$\mathbf{x = x_S} \longrightarrow$ **gesättigte Luft**
$\mathbf{x = \infty} \longrightarrow$ **luftfreies Wasser**

m_D = Dampfmasse
m_L = Masse der trockenen Luft

Mit $m = V \cdot \rho$ und mit $V_D = V_L$ (die feuchte Luft nimmt den gleichen Raum wie der in ihr enthaltene Wasserdampf ein) gilt weiter

$$x = \frac{V \cdot \rho_D}{V \cdot \rho_L}$$

und damit gilt für den

Wassergehalt feuchter Luft $\qquad x = \frac{\rho_D}{\rho_L} \qquad$ 103–2

ρ_D = Dampfdichte ≙ absoluter Luftfeuchtigkeit
ρ_L = Dichte der trockenen Luft

Anmerkung: In der Verfahrenstechnik wird für den Wassergehalt i. d. R. das Wort **Beladung** verwendet.

M 54. Trockene Luft eines bestimmten Zustandes hat die Dichte $\rho_L = 1{,}3\,\frac{kg}{m^3}$ und erhält durch Beimischung einen Wasseranteil von 8 g je m³. Wie groß ist

a) ρ_D (absolute Luftfeuchtigkeit),

b) der Wassergehalt x?

Lösung: a) $\boldsymbol{\rho_D} = 8\,\frac{g}{m^3} = \mathbf{0{,}008\,\frac{kg}{m^3}}$

b) $x = \frac{\rho_D}{\rho_L} = \frac{0{,}008\,\frac{kg}{m^3}}{1{,}3\,\frac{kg}{m^3}}$

$\mathbf{x = 0{,}006154\,\frac{kg}{kg}}$

13.2.4.3.1 Partialdrücke als Funktion von Wassergehalt und Gesamtdruck

Schreibt man die allgemeinen Zustandsgleichungen der in der feuchten Luft enthaltenen Komponenten auf, so lauten diese für

trockene Luft : $p_L \cdot V_L = m_L \cdot R_{iL} \cdot T_L$ $\qquad R_{iL} = 287{,}1 \frac{\text{Nm}}{\text{kg} \cdot \text{K}}$ (Tabelle Seite 42)

Wasserdampf : $p_D \cdot V_D = m_D \cdot R_{iD} \cdot T_D$ $\qquad R_{iD} = 461{,}5 \frac{\text{Nm}}{\text{kg} \cdot \text{K}}$ (Tabelle Seite 42)

Teilt man diese Gleichungen durcheinander, dann erhält man unter den Voraussetzungen $V_L = V_D$ und $T_L = T_D$:

$$\frac{\mathbf{p_L}}{\mathbf{p_D}} = \frac{m_L}{m_D} \cdot \frac{R_{iL}}{R_{iD}} = \frac{1}{x} \cdot \frac{287{,}1 \frac{\text{Nm}}{\text{kg} \cdot \text{K}}}{461{,}5 \frac{\text{Nm}}{\text{kg} \cdot \text{K}}} = \frac{\mathbf{1}}{\boldsymbol{x}} \cdot \mathbf{0{,}622}$$

Mit $\mathbf{p} = \mathbf{p_L} + \mathbf{p_D}$ (Gleichung 99–1) und der hergeleiteten Beziehung ergibt sich für

Partialdruck der trockenen Luft $\qquad p_L = p \cdot \frac{0{,}622}{0{,}622 + x}$ $\qquad$ 104–1 $\qquad$ in bar, mbar ≙ hPa

Wasserdampf-Partialdruck $\qquad p_D = p \cdot \frac{x}{0{,}622 + x}$ $\qquad$ 104–2 $\qquad$ in bar, mbar ≙ hPa

---

M 55. Feuchte Luft steht unter Normalluftdruck $p_n = 1{,}01325$ bar. Der Wassergehalt ist $x = 0{,}01$ kg/kg. Berechnen Sie

a) p_L,

b) p_D und machen Sie mit $p_n = p_L + p_D$ die Probe.

Lösung:

a) $p_L = p_n \cdot \frac{0{,}622}{0{,}622 + x} = 1{,}01325 \text{ bar} \cdot \frac{0{,}622}{0{,}622 + 0{,}01} = 1{,}01325 \text{ bar} \cdot \frac{0{,}622}{0{,}632}$

$\mathbf{p_L} = \mathbf{0{,}99722\ bar}$

b) $p_D = p_n \cdot \frac{x}{0{,}622 + x} = 1{,}01325 \text{ bar} \cdot \frac{0{,}01}{0{,}622 + 0{,}01} = 1{,}01325 \text{ bar} \cdot \frac{0{,}01}{0{,}632}$

$\mathbf{p_D} = \mathbf{0{,}01603\ bar}$

Probe: $\mathbf{p_n} = p_L + p_D = 0{,}99722 \text{ bar} + 0{,}01603 \text{ bar} = \mathbf{1{,}01325\ bar}$

13.2.5 Messung der Luftfeuchtigkeit

13.2.5.1 Hygrometer

Die atmosphärische Feuchte wird meist mit **Hygrometern** gemessen. Ebenso wie bei der Temperaturmessung handelt es sich bei der Luftfeuchtemessung mit Hygrometern um ein **indirektes Messen.** Die Meßverfahren beruhen auf Längen- oder Volumenänderung oder auf der Änderung des elektrischen Widerstandes. Bild 1 zeigt ein **Haarhygrometer.** Das Meßprinzip beruht darauf, daß sich menschliche Haare bei zunehmender Feuchtigkeit ausdehnen und bei abnehmender Feuchtigkeit wieder zusammenziehen.

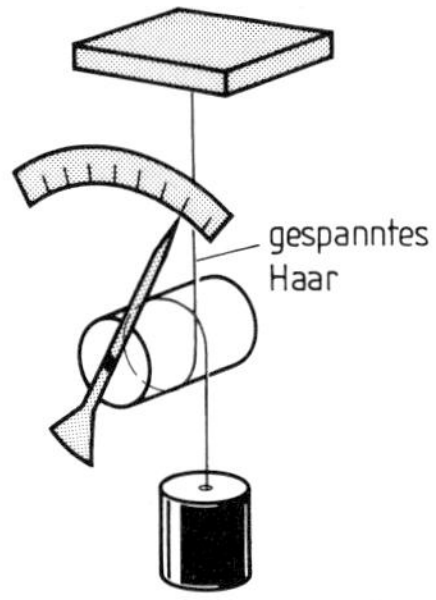

1

Mit Hilfe eines Zeigermechanismus kann die **relative Luftfeuchtigkeit** auf einer entsprechend geeichten Skala unmittelbar abgelesen werden. Beim **elektrischen Widerstandshygrometer** nutzt man die Tatsache, daß sich der elektrische Widerstand des Salzes Lithiumchlorid in Abhängigkeit von der Feuchte ändert. Meßgeräte, deren Funktion auf der Änderung dieser physikalischen Zustandsgröße beruhen, gestatten ebenfalls das Feststellen der relativen Luftfeuchtigkeit auf einer geeichten Skala.

13.2.5.2 Die Taupunktmethode

Bei der Messung der Luftfeuchtigkeit mit Hilfe der **Taupunktmethode** wird eine durch ein Kühlmedium abkühlbare Spiegelfläche so lange am Meßmedium Luft (oder Gas) abgekühlt, bis sich auf ihr Wasser niederschlägt, d. h. bis der **Taupunkt** erreicht ist. Der Sättigungsdruck p_S der abgekühlten Luft entspricht in diesem Fall dem Wasserdampfpartialdruck p_D der abgekühlten Luft, der nach den Gleichungen 50–1 und 100–1 ebenso groß sein muß wie p_D der zu messenden Luft.

→ 1. p_D-Ermittlung ↓ Mit Hilfe der Spiegeltemperatur

Des weiteren erhält man den Sättigungsdruck p_S des Wasserdampfes für die gemessene Lufttemperatur ϑ_S mit Hilfe der Wasserdampftafel (Ausschnitt: Tabelle Seite 84) oder mit Hilfe der Dampfdruckkurve.

→ 2. p_S-Ermittlung ↓ Mit Hilfe der Lufttemperatur

Aus p_D und p_S läßt sich mit Hilfe der Gleichung 102-1 die relative Luftfeuchtigkeit (M 56.) berechnen.

Die Taupunktmethode gilt als ein sehr genaues Meßverfahren zur Bestimmung der Luftfeuchtigkeit. Sie dient deswegen zur Eichung anderer Meßinstrumente, z. B. von Hygrometern.

M 56. Gemäß der im Punkt 13.2.5.2 beschriebenen Methode wird bei einer Lufttemperatur $\vartheta_S = 20\,°C \triangleq p_S = 23{,}3$ mbar (Dampftafel) ein Wasserdampfpartialdruck von $p_D = 16{,}4$ mbar ermittelt. Wie groß ist die relative Luftfeuchtigkeit in %?

Lösung: $\varphi = \frac{p_D}{p_S} \cdot 100\ \% = \frac{16{,}4\ \text{mbar}}{23{,}3\ \text{mbar}} \cdot 100\ \%$

$\boldsymbol{\varphi} = \mathbf{70{,}39\ \%}$

13.2.5.3 Die Absorptionsmethode

Hygroskopische Stoffe sind solche, die aus der Umgebungsluft Wasser aufnehmen. Dieses Verhalten der Aufnahme eines Stoffes wird mit **Absorption** bezeichnet, und in Verbindung mit der Wasseraufnahme sind besonders die Salze, z. B. Natriumchlorid (Kochsalz) oder Calciumchlorid zu nennen. Setzt man getrocknete hygroskopische Stoffe feuchter Luft aus, dann wird Wasserdampf absorbiert, und man kann durch Wägung – nach einer gewissen Zeit – die **absolute Feuchtigkeit** der so gemessenen Luft feststellen.

13.2.5.4 Psychrometer

13.2.5.4.1 Verdunstungs-Psychrometer

Zur Bestimmung der **relativen Luftfeuchtigkeit** φ mit Hilfe eines **Verdunstungs-Psychrometers** ist es erforderlich, die Lufttemperatur mit einem trockenen Thermometer und gleichzeitig mit einem an der Thermometermeßstelle angefeuchteten Thermometer zu messen. Hierzu wird die Thermometermeßstelle mit feuchtem Mull umwickelt.

Da am feuchten Thermometer Wasser verdunstet, kühlt sich dieses durch Entzug der Verdunstungswärme ab und es wird dort eine kleinere Temperatur gemessen als am trockenen Thermometer. Die an den beiden Thermometern gemessenen Temperaturen bezeichnet man als **Trokkenkugeltemperatur** ϑ_{tr} bzw. als **Feuchtkugeltemperatur** ϑ_f, deren Differenz als die **psychrometrische Differenz**.

Psychrometrische Differenz $\quad \Delta\vartheta = \vartheta_{tr} - \vartheta_f \quad$ [106–1] $\quad$ in °C

Aus den bisherigen Erkenntnissen ergibt sich, daß sich am feuchten Thermometer die größte Verdunstungsrate einstellt, wenn die Umgebungsluft völlig trocken ist. Bei mit Wasserdampf gesättigter Luft ist die Verdunstungsrate hingegen Null. Daraus folgt:

Die psychrometrische Differenz ist um so größer, je größer das Sättigungsdefizit, d. h. je trokkener die Luft ist.

Aus Gleichung 102-1 ist ersichtlich, daß die relative Luftfeuchtigkeit mit Hilfe des **Wasserdampf-Teildruckes p_D** und des **Sättigungsdruckes p_S** ermittelt werden kann.

Danach ist die

Relative Luftfeuchtigkeit $\quad \varphi = \frac{p_D}{p_S} \cdot 100 \quad$ [106–2] = [102–1] $\quad$ in %

Es ist klar, daß sich der Sättigungsdruck p_S auf die Sättigungstemperatur ϑ_S, d. h. auf die Lufttemperatur und d. h. auf die Trockenkugeltemperatur bezieht. Somit:

p_S = Sättigungsdruck in hPa bzw. in mbar bei der Trockenkugeltemperatur ϑ_{tr}

Um Gleichung 106-2 anwenden zu können, muß noch der Wasserdampfteildruck p_D ermittelt werden. Dies ist mit einer Näherungsgleichung möglich, die der deutsche Meteorologe A. F. W. **Sprung (1848 bis 1909)** entwickelte. Man bezeichnet diese Gleichung als die

Sprungsche Psychrometerformel: $\quad p_D = p_f - k \cdot (\vartheta_{tr} - \vartheta_f) \cdot p \quad$ [106–3] $\quad$ in hPa bzw. mbar

In dieser Gleichung bedeuten:

p_D = Wasserdampf-Teildruck der gemessenen Luft in hPa bzw. mbar
p_f = Sättigungs-Dampfdruck bei der Feuchtkugeltemperatur in hPa bzw. mbar
p = Gesamtdruck $\triangleq p_{amb}$ in hPa bzw. mbar
ϑ_{tr} = Trockenkugeltemperatur in °C
ϑ_f = Feuchtkugeltemperatur in °C
k = eine Konstante = 0,00061 für Wasser/Luft (Messung über 0 °C)
k = 0,00057 für Eis/Luft (Messung unter 0 °C)

Anmerkung: Um eindeutige Meßwerte zu erzielen, muß die Luft mit einer Mindestgeschwindigkeit von 2 m/s an den Thermometern vorbeiströmen. Dies erreicht man beim **Schleuderpsychrometer** durch Herumschleudern des Meßgerätes, beim **Aspirationspsychrometer** (Aspirator = Vorrichtung zum Ansaugen und Fördern von Gasen, z. B. Wasserstrahlpumpe oder Ventilator) mit einem im Gerät eingebauten Ventilator.

Die relative Luftfeuchtigkeit kann auch mit Hilfe eines **Psychrometerdiagrammes** (Bild 1) ermittelt werden. Solche existieren für jeweils einen bestimmten Gesamtdruck, z. B. für p_{amb} = 1013 hPa entsprechend Bild 1. Man bezeichnet ein solches Diagramm auch als **Psychrometertafel**. Aus Bild 1 ist zu ersehen:

> Mit einem Psychrometerdiagramm läßt sich die relative Luftfeuchtigkeit φ in Abhängigkeit vom Atmosphärendruck, der Feuchtkugeltemperatur und der Trockenkugeltemperatur bestimmen.

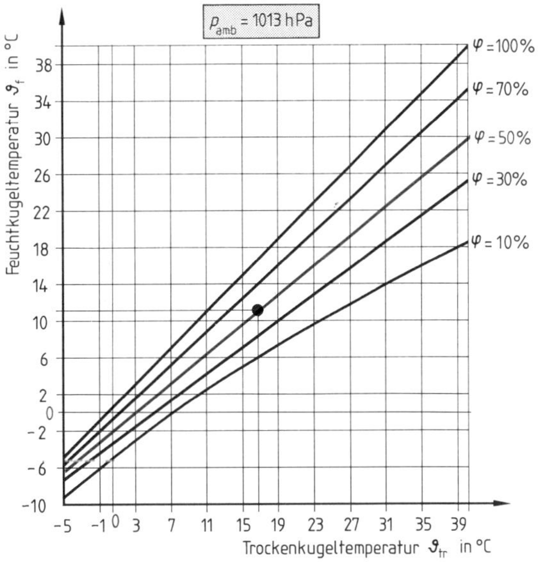

1

M 57. Bei einem Luftdruck p_{amb} = 1013 hPa wird eine Trockenkugeltemperatur ϑ_{tr} = 17 °C und eine Feuchtkugeltemperatur ϑ_f = 11 °C gemessen. Ermitteln Sie mit Hilfe eines entsprechenden Psychrometerdiagrammes die relative Luftfeuchtigkeit φ.

Lösung: Gemäß Bild 1 (dünne Vollinie) ergibt sich $\boldsymbol{\varphi}$ = **50 %**.

M 58. Bei Normalluftdruck p_{amb} = 1013 hPa wird eine Feuchtkugeltemperatur ϑ_f = 14 °C und eine Trockenkugeltemperatur ϑ_{tr} = 20 °C gemessen. Aus der Wasserdampftafel ergibt sich der Sättigungsdampfdruck bei der Feuchtkugeltemperatur p_f = 15,973 hPa.

a) Ermitteln Sie mit Hilfe der Sprungschen Psychrometerformel den Wasserdampfpartialdruck p_D der gemessenen Luft (k = 0,00061 da $\vartheta_{tr} > 0$ °C).

b) Wie groß ist die relative Luftfeuchtigkeit φ? Vergleichen Sie mit Bild 1!

Lösung:

a) $p_D = p_f - k \cdot (\vartheta_{tr} - \vartheta_f) \cdot p$

$p_D = 15{,}973\,\text{hPa} - 0{,}00061 \cdot (20 - 14) \cdot 1013\,\text{hPa} = 15{,}973\,\text{hPa} - 3{,}71\,\text{hPa}$

$\boldsymbol{p_D = 12{,}263\,\text{hPa}}$

b) $\varphi = \dfrac{p_D}{p_S} \cdot 100\,\%$ $\qquad p_S$ = Sättigungsdruck bei ϑ_{tr} = 23,27 hPa (Aus Wasserdampftafel)

$\varphi = \dfrac{12{,}263\,\text{hPa}}{23{,}27\,\text{hPa}} \cdot 100\,\%$

$\boldsymbol{\varphi = 52{,}7\,\%}$ Der Vergleich mit Bild 1 bestätigt das Ergebnis.

13.2.5.4.2 Sekunden-Psychrometer

Eine Neuentwicklung von Psychrometern, die **Sekunden-Psychrometer**, verwenden als Meßgröße die von der Luftfeuchte abhängige Wärmeableitung und nicht die Verdunstung. Es handelt sich dabei um Meßgeräte, die mit **Thermistoren** (Halbleiterwiderstände mit temperaturabhängigem Widerstandswert) ausgerüstet sind und bei denen, im Gegensatz zu Verdunstungs-Psychrometern, keine Luftbewegung erforderlich ist.

13.3 Enthalpie, Wassergehalt-Diagramm (*h, x*-Diagramm) feuchter Luft nach Mollier

Beim Vergleich der Musteraufgaben M 57. (Psychrometertafel) und M 58. (Sprungsche Psychrometerformel) erkennt man

> Die Zustandsgrößen feuchter Luft lassen sich graphisch am einfachsten darstellen. Dies gilt auch für die Änderungen der Zustände feuchter Luft.

Bei solchen Zustandsänderungen – z. B. bei Erwärmung oder Abkühlung feuchter Luft – ändert sich neben der Feuchtigkeit meist auch der Wärmeinhalt, d. h. die **spezifische Enthalpie *h*.** Die Abhängigkeiten der einzelnen Zustandsgrößen voneinander können in verschiedenen Diagrammen dargestellt werden. Unter diesen hat sich als **Berechnungsgrundlage der Klimatechnik** das von Mollier entwickelte **Enthalpie, Wassergehalt-Diagramm** durchgesetzt. Die übliche Kurzbezeichnung hierfür lautet

h, x-Diagramm → siehe Seite 109

Ein solches enthält

(1) Linien konstanten Wassergehaltes x
(2) Linien konstanter Temperatur ϑ_{tr}
(3) Linien konstanter spezifischer Enthalpie $h_{(1+x)}$

→ Die Koordinatenachsen stehen schiefwinklig aufeinander.

(4) Linien konstanter Dichte ρ
(5) Linien konstanter relativer Feuchte φ
(6) Linien konstanten Wasserdampfpartialdruckes p_D.

Dabei bedeutet $(1 + x)$: 1 kg trockene Luft plus x kg Wasserdampf.

Die Linie $\varphi = 100\,\%$ wird auch **Taulinie** oder **Nebellinie** genannt. Auf dieser befindet sich i. d. R. eine Skala der Feuchtkugeltemperatur ϑ_f, deren Teilung parallel zu den Linien konstanter spezifischer Enthalpie verläuft. Die folgende Grafik zeigt
Zustandsänderungen bezogen auf Punkt ● A im Bild 1, Seite 109:

nach oben:
p_D = konstant
x = konstant
ϑ wird größer
ρ wird kleiner
φ wird kleiner
h wird größer

nach links:
p_D wird kleiner
x wird kleiner
ϑ wird größer
ρ wird größer
φ wird kleiner
h wird kleiner

nach rechts:
p_D wird größer
x wird größer
ϑ wird kleiner
ρ wird kleiner
φ wird größer
h wird größer

nach unten:
h wird kleiner
φ wird größer
ρ wird größer
ϑ wird kleiner
x = konstant
p_D = konstant

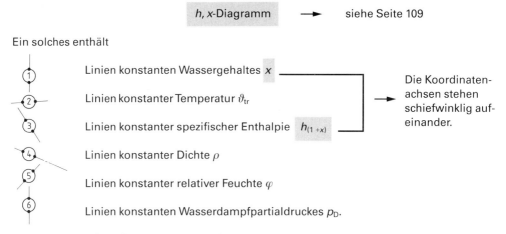

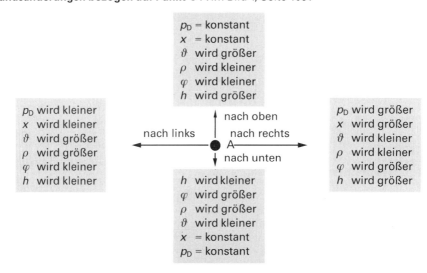

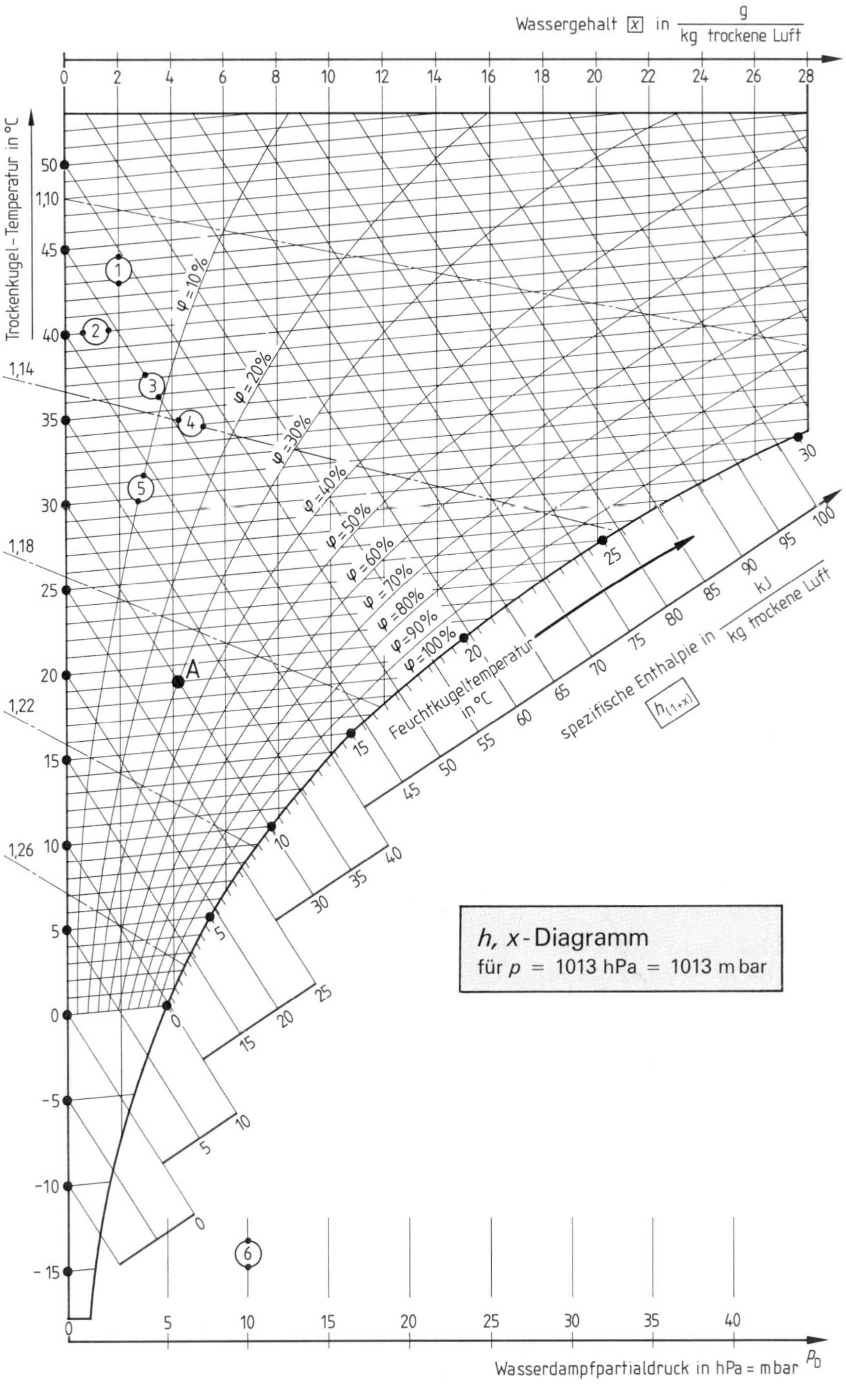

Für eine exakte Maßstäblichkeit dieses Diagrammes wird keine Gewähr übernommen. Genaue *h,x*-Diagramme sind klimatechnischen Handbüchern oder aus den Firmenunterlagen der Hersteller klimatechnischer Gerätschaften bzw. Anlagen zu entnehmen.

1

13.3.1 Druckabhängigkeit der *h, x*-Diagramme

Aus der Sprungschen Psychrometerformel (Gleichung 106–3) ist die Abhängigkeit des Wasserdampf-Teildruckes p_D vom Gesamtdruck p zu ersehen. Da die relative Luftfeuchtigkeit φ vom Wasserdampf-Teildruck p_D abhängt (Gleichung 106–2) gilt:

> Alle im *h, x*-Diagramm erfaßten Zustandsgrößen ändern sich bei Änderung des Gesamtdruckes *p*.

Gesamtdruck p in hPa ≙ mbar	Höhe in m ü. NN	Umrechnungsfaktor für φ	Umrechnungsfaktor für $v = \frac{1}{\rho}$
1013	0	1,000	1,000
990	200	0,976	1,025
966	400	0,953	1,049
942	600	0,931	1,074
921	800	0,909	1,100
898	1000	0,887	1,127
842	1500	0,831	1,202
794	2000	0,785	1,273

Diese Naturgesetzlichkeit hat der Techniker – z. B. bei der Planung von Klimaanlagen – zu berücksichtigen. In der technischen Praxis geschieht dies durch die **Benutzung spezieller *h, x*-Diagramme** oder dadurch, daß man ein *h, x*-Diagramm für Normalluftdruck (Bild 1, Seite 109) benutzt und die Werte mit entsprechenden **Umrechnungsfaktoren** (siehe obige Tabelle) auf die tatsächlichen Gegebenheiten – z. B. Höhe 1000 m ü. NN – umrechnet.

13.3.2 Darstellung einiger Zustandsänderungen im *h, x*-Diagramm

13.3.2.1 Erwärmung oder Abkühlung feuchter Luft bei veränderlicher Luftfeuchtigkeit

Diese Zustandsänderung der Veränderung der Trockenkugeltemperatur zeigt Bild 1. Zu unterscheiden ist:

b ⟶ a: **Erwärmung der Luft**
Bei konstantem Wassergehalt x und bei konstantem Wasserdampfteildruck p_D wird die relative Luftfeuchtigkeit φ kleiner.

a ⟶ b: **Abkühlung der Luft**
Auch hier ist x und p_D konstant. Die relative Luftfeuchtigkeit φ nimmt zu. Wird bis zum Punkt c abgekühlt, dann wird der **Taupunkt** ϑ_S erreicht und aus der Luft fällt flüssiges Wasser aus.

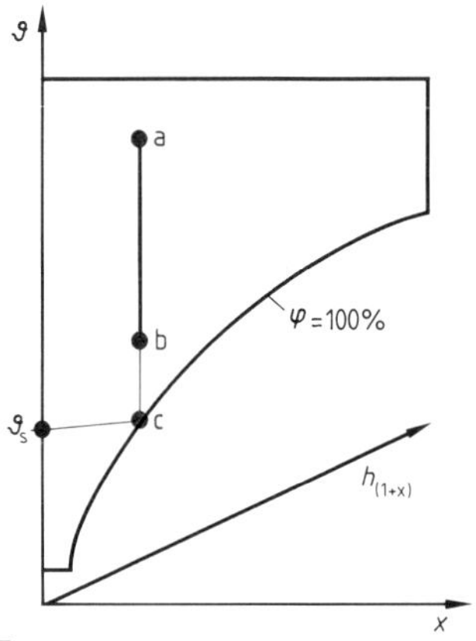

1

13.3.2.2 Erwärmung oder Abkühlung feuchter Luft bei konstanter Luftfeuchtigkeit

Häufig kommt es vor, daß sich bei einer Abkühlung die relative Luftfeuchtigkeit nicht ändern soll. Eine solche Zustandsänderung a ⟶ b zeigt Bild 2. Um dies zu gewährleisten, muß der Luft ein Anteil an Wasser – nämlich Δx – entzogen werden. Dabei wird die spezifische Enthalpie um den Betrag Δh kleiner, d. h.: Es findet ein **Entzug von Wärmeenergie** statt. Die spezifische Enthalpiedifferenz Δh setzt sich dabei aus zwei Teilbeträgen, nämlich einem sensiblen und einem latenten Teil, zusammen. Aus Bild 2 ist zu ersehen:

spezifische Enthalpiedifferenz $\Delta h = \Delta h_s + \Delta h_l$

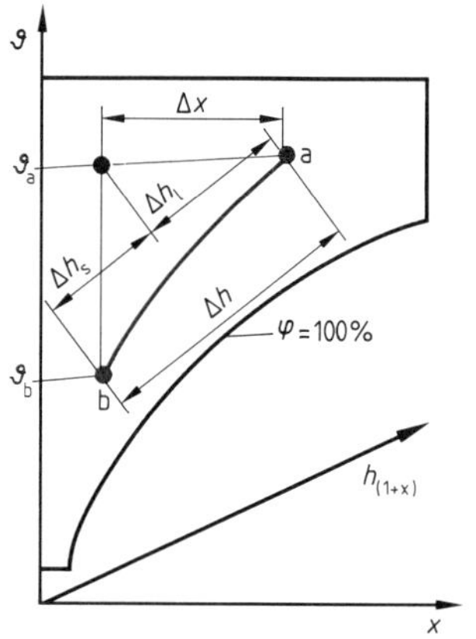

2

Δh_s = sensible spezifische Enthalpiedifferenz ≙ **sensibler Wärmeentzug** ($\vartheta_a \neq \vartheta_b$)

Δh_l = latente spezifische Enthalpiedifferenz ≙ **latenter Wärmeentzug** (ϑ = konst.)

Anmerkung: Weitere Zustandsänderungen, die durch **Kühlung, Erwärmung, Be- und Entfeuchtung** eintreten, werden in speziellen psychrometrischen Fachbüchern besprochen. Eine Behandlung in diesem Buch würde den beabsichtigten Rahmen einer Einführung in die Physik sprengen.

M 59. Ermitteln Sie mit Hilfe des *h, x*-Diagrammes auf Seite 109

a) die relative Feuchtigkeit φ von Luft mit einer Temperatur von 31 °C, einem Druck von 1013 hPa bei einem Wasserdampfpartialdruck p_D = 23 hPa,

b) den Feuchtegehalt *x* in diesem Zustand der Luft,

c) die Dichte ρ in diesem Luftzustand,

d) die spezifische Enthalpie *h* in diesem Luftzustand,

e) die spezifische Enthalpiedifferenz Δh, wenn die Trockenkugeltemperatur der Luft auf 24 °C fällt und sich dabei der Wassergehalt *x* nicht ändert,

f) die latente und die sensible spezifische Enthalpiedifferenz Δh_l und Δh_s.

Lösung: Es liegt eine Zustandsänderung entsprechend Bild 1, Seite 110 vor. Somit:

a) $\boldsymbol{\varphi \approx 50\,\%}$ b) $\boldsymbol{x \approx 14\ \frac{g}{kg}}$ c) $\boldsymbol{\rho \approx 1{,}135\ \frac{kg}{m^3}}$ d) $\boldsymbol{h \approx 67\ \frac{kJ}{kg}}$

e) $\boldsymbol{\Delta h \approx 6\ \frac{kJ}{kg}}$ f) $\boldsymbol{\Delta h_l = 0}$ $\boldsymbol{\Delta h_s \approx 6\ \frac{kJ}{kg}}$

Ü 110. Ein Raum ist gleichmäßig mit 50 m^3 feuchter Luft gefüllt. Der Luftdruck beträgt p_{amb} = 1,02 bar. Wie groß ist der Teildruck p_L der trockenen Luft, wenn der Wasserdampfpartialdruck p_D = 30 mbar beträgt?

Ü 111. Im Abschnitt 13.2.2 wird die Aussage gemacht, daß der Dampfdruck über Eis immer kleiner ist als der Dampfdruck über Wasser von gleicher Temperatur. Wie erklären Sie sich dies?

Ü 112. Was versteht man unter der absoluten Luftfeuchtigkeit?

Ü 113. Welcher Zustand liegt bei feuchter Luft vor, wenn sie ihre maximale absolute Luftfeuchtigkeit hat?

Ü 114. Berechnen Sie die absolute Luftfeuchtigkeit ρ_D, wenn die Lufttemperatur ϑ = 30 °C beträgt und wenn ein Wasserdampfpartialdruck p_D = 25 hPa vorliegt.

Ü 115. Wie groß ist die relative Luftfeuchtigkeit, wenn feuchte Luft eine Temperatur von ϑ = 20 °C hat, der Sättigungsdruck bei dieser Temperatur p_S = 23,27 mbar (Tabelle Seite 100) ist und wenn der Wasserdampfpartialdruck p_D = 10 mbar beträgt?

Ü 116. Wie ist der Wassergehalt, d. h. die Beladung der feuchten Luft definiert?

Ü 117. Luft mit ϑ = 20 °C und φ = 45 % hat einen Gesamtdruck *p* = 1,02 bar. Wie groß ist der Wassergehalt dieser Luft?

Ü 118. Erklären Sie das Meßprinzip eines Hygrometers.

Ü 119. Unterscheiden Sie die Taupunktmethode von der Absorptionsmethode.

Ü 120. Bestimmen Sie mit Hilfe des Psychrometerdiagrammes (Bild 1, Seite 107) für Luft mit $\varphi = 70\,\%$ die Feuchtkugeltemperatur, wenn die feuchte Luft eine Temperatur von 27 °C hat.

Ü 121. Was versteht man unter einem *h*, *x*-Diagramm und warum werden solche Diagramme als bevorzugte Rechengrundlage bei der Projektierung von Klimaanlagen eingesetzt?

Ü 122. Ermitteln Sie die Zustandsgrößen h, φ, ρ, ϑ, x und p_D von Luft, wie sie bei ● A im *h*, *x*-Diagramm Seite 109 vorliegen.

Ü 123. In einem Kühler wird Luft von $\vartheta_1 = 28\,°C$ und $x_1 = 11\ \frac{g}{kg}$ auf $\vartheta_2 = 20\,°C$ und $x_2 = 9\ \frac{g}{kg}$ verändert. Stellen Sie diesen Vorgang in einem *h*, *x*-Diagramm dar.

Ü 124. Wie groß ist in Übungsaufgabe Ü 123. Δh_l und Δh_s, wenn die Zustandsänderungen gemäß Diagramm Seite 109 ablaufen?

V 110. Wie nennt man das Teilgebiet der Thermodynamik, welches sich mit den Zustandsänderungen der feuchten Luft befaßt?

V 111. Nennen Sie die Kriterien von ungesättigter feuchter Luft und von gesättigter feuchter Luft.

V 112. Wie groß ist die spezielle Gaskonstante von Wasserdampf?

V 113. Berechnen Sie mit den Daten von Übungsaufgabe Ü 114. die Masse des Wasserdampfes m_D, wenn das Volumen der feuchten Luft $V_L = 500\ m^3$ beträgt.

V 114. Wann spricht man von Gasfeuchte?

V 115. Der Wassergehalt feuchter Luft beträgt $x = 0{,}007\ \frac{kg}{kg}$ und ihre Dichte ist $\rho_L = 1{,}3\ kg/m^3$. Berechnen Sie die absolute Luftfeuchte ρ_D.

V 116. a) Wie groß ist der Wasserdampfpartialdruck p_D der Luft in Vertiefungsaufgabe V 115., wenn die Luft einen Gesamtdruck $p = 1$ bar hat?
b) Wie groß ist in diesem Fall der Partialdruck der trockenen Luft p_L?

V 117. Erklären Sie das Meßprinzip des Verdunstungspsychrometers.

V 118. Berechnen Sie mit den Daten der Musteraufgabe M 56. den Wasserdampfteildruck, wenn die relative Luftfeuchtigkeit auf $\varphi = 85\,\%$ ansteigt.

V 119. Wie verhält sich die Feuchtkugeltemperatur zur Trockenkugeltemperatur?

V 120. Welchen Vorteil bietet ein Sekunden-Psychrometer?

V 121. Begründen Sie die Druckabhängigkeit der *h*, *x*-Diagramme.

V 122. Ermitteln Sie mit Hilfe des *h*, *x*-Diagrammes Seite 109, d. h. bei $p = 1013$ mbar, für die feuchte Luft in Übungsaufgabe Ü 123. jeweils die relative Luftfeuchtigkeit φ_1 und φ_2.

V 123. Was versteht man unter der Nebellinie?

Umwandlung von Wärmeenergie in mechanische Energie und umgekehrt

Lektion 14

Technische Möglichkeiten der Umwandlung von Wärme in mechanische Arbeit

14.1 Forderungen an die Energieumwandlung

In Lektion 2 wurde **Energie als gespeicherte Arbeitsfähigkeit** definiert. Dort wurden auch verschiedene Energiearten aufgezählt und es wurde an dieser Stelle auch gesagt:

Energie ist von einer Art in eine andere Art umwandelbar.

Die Möglichkeiten solcher Energieumwandlungen sind jedoch zum Teil stark eingeschränkt bzw. überhaupt nicht möglich. Für die **Nutzbarkeit** der uns zur Verfügung stehenden Energiereserven bedeutet dies, daß die **folgenden Voraussetzungen** gegeben sein müssen.

1. Physikalische Voraussetzung → **Die Energieumwandlung muß physikalisch möglich sein.** So ist es z. B. unmöglich, Wärmeenergie in Atomenergie umzuwandeln.

2. Technische Voraussetzung → **Die Energieumwandlung muß technisch durchführbar sein.** So ist es heute zwar möglich, mit Solarzellen die Sonnenenergie in elektrische Energie umzuwandeln, die großtechnische Durchführbarkeit scheitert jedoch noch am Transport der elektrischen Energie vom Ort der Energieumwandlung (z. B. in Afrika) zum Ort des Energiebedarfs (z. B. in Europa).

3. Wirtschaftliche Voraussetzung → **Die Energieumwandlung muß kostengünstig sein,** d. h.: Das für die Energieumwandlungsanlage aufgewendete Kapital muß in kürzester Zeit zurückgeflossen sein.

4. Ökologische Voraussetzung → **Die Energieumwandlung muß umweltfreundlich sein.**

14.2 Technische Anlagen zur Energieumwandlung

Es ist anzustreben, daß die vom Techniker gebauten Energieumwandlungsanlagen möglichst alle Forderungen bzw. Voraussetzungen erfüllen, die im Abschnitt 14.1 genannt wurden; dies ist jedoch meist nur mit Einschränkungen der Fall.
Die Bezeichnung der Energieumwandlungsanlage erfolgt meist nach der **Energieart** vor bzw. nach der Energieumwandlung. Für diese Bezeichnung wird oft auch der **Energieträger** herangezogen. Beispiele: Kohlekraftwerk, Elektromotor oder Wärmekraftmaschine.
Auch ganze Gruppen von Energieumwandlungsanlagen werden zusammengefaßt. Eine sehr große Gruppe bilden die **Kraftmaschinen**.

Unter einer Kraftmaschine versteht man eine Maschine zur Umsetzung einer bestimmten Energieform in mechanische Energie. Dabei werden treibende Kräfte erzeugt.

Demnach unterscheidet man z. B.: **Wärmekraftmaschinen, Wasserkraftmaschinen, Windkraftmaschinen, Elektromotoren.**

14.2.1 Wärmekraftmaschinen

Der Aufgabenstellung dieses Buches entsprechend, werden nur die grundsätzlichen Prinzipien der Wärmekraftmaschinen und das zum Verständnis erforderliche theoretische, d. h. thermodynamische, Grundlagenwissen besprochen. Zunächst eine Definition:

Unter einer Wärmekraftmaschine versteht man eine Kraftmaschine, die Wärmeenergie in mechanische Energie umwandelt.

Aufbau und Wirkungsweise der Wärmekraftmaschinen sind in ihrer Darstellung so umfangreich, daß sich in der technischen Lehre eigenständige Disziplinen gebildet haben. Dabei unterscheidet man die **Kolbenmaschinen** von den **Strömungsmaschinen**.

14.2.1.1 Kolbenmaschinen

Entsprechend dem Energieträger wird die **Kolbendampfmaschine** von den **Kolbenbrennkraftmaschinen** unterschieden.

14.2.1.1.1 Kolbendampfmaschine

Im Jahr 1769 baute der englische Ingenieur James **Watt (1736 bis 1819)** die erste brauchbare Maschine, mit der Wärmeenergie in mechanische Arbeit umgewandelt werden konnte, eine **Wärmekraftmaschine**, und zwar als **Kolbendampfmaschine**. Das Prinzip ihrer Arbeitsweise besteht darin, daß durch Verbrennung meist fester Brennstoffe Wärmeenergie frei wird (siehe Lektion 10), mit deren Hilfe aus flüssigem Wasser Wasserdampf erzeugt wird (siehe Lektion 12). Der sich ausdehnende Dampf bewegt einen Kolben hin und her (Bild 1). Dies wird dadurch ermöglicht, daß der Dampf mit Hilfe einer **Schiebersteuerung** abwechselnd vor bzw. hinter den Kolben geleitet wird. Die hin- und hergehende Bewegung (Translation) wird mit Hilfe einer **Schubkurbel** – man bezeichnet dies auch als **Kurbeltrieb** – in eine drehende Bewegung (Rotation) umgewandelt. Näheres hierüber ist im Fachgebiet Dynamik zu erfahren.

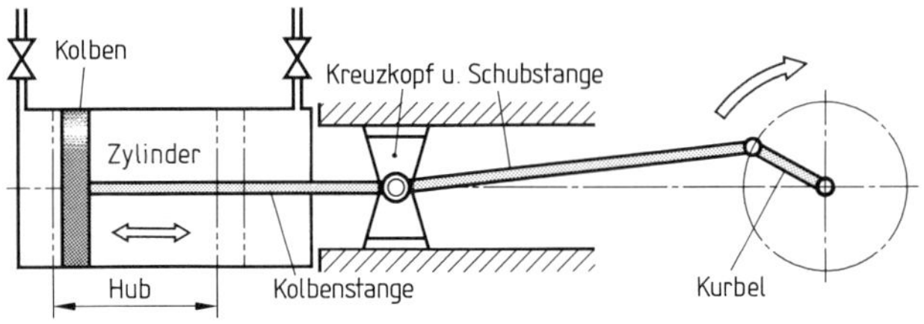

1

Wie ebenfalls aus der Dynamik bekannt ist, hat jede Maschine einen **Wirkungsgrad**. Dieser gibt an, wieviel Prozent der zugeführten Energie von der Maschine als **Nutzarbeit** wieder abgegeben werden. Der nicht mehr abgegebene Energiebetrag, die **Verlustarbeit**, wird zum größten Teil durch Reibung (z. B. in den Lagern) in Wärme umgewandelt, welche i. d. R. nicht mehr genutzt werden kann. Bei Wärmekraftmaschinen muß noch der **thermische Wirkungsgrad** berücksichtigt werden. Dieser hängt aber bei der Dampfmaschine von der Differenz zwischen Dampfeintrittstemperatur und Dampfaustrittstemperatur ab. Die genauen Zusammenhänge werden in Lektion 17 erklärt. Doch ist bereits hier zu erkennen: Da bei Wasserdampf die erforderliche Temperaturdifferenz relativ klein ist, ist auch der Wirkungsgrad einer Kolbendampfmaschine klein. Dies hat dazu geführt, daß heute nur noch dort Kolbendampfmaschinen Verwendung finden, wo keine anderen Energiequellen zugänglich sind.

14.2.1.1.2 Kolbenbrennkraftmaschinen

Die heute noch am häufigsten verwendete Kraftmaschine ist die **Kolbenbrennkraftmaschine**. Sie wird auch als **Kolbenmotor** bezeichnet, und ihr Haupteinsatzgebiet ist der Antrieb von Kraftfahrzeugen. Als weitere Einsatzbereiche kann die Antriebstechnik für Schiffe und kleinere Flugzeuge sowie der Antrieb von stationären und beweglichen Aggregaten, z. B. Notstromaggregaten oder Pumpenaggregaten, genannt werden. Die meisten Kolbenmotoren funktionieren ebenfalls nach dem bei der Kolbendampfmaschine beschriebenen Prinzip, d. h. unter Verwendung eines Kurbelantriebes. Im Unterschied zur Kolbendampfmaschine – bei der die Verbrennung und die Dampferzeugung außerhalb des Zylinderraumes erfolgt – werden hier im Zylinderraum flüssige oder gasförmige Brennstoffe, die man als **Kraftstoffe** bezeichnet, welche mit Luft vermischt sind, verbrannt. Die Entwicklung, Brennkraftmaschinen mit festen Brennstoffen, und zwar mit Kohlenstaub, zu betreiben, ist noch nicht abgeschlossen. Solche Motoren, die mit Leistungen zwischen 50 und 600 kW gebaut wurden, bezeichnet man als **Kohlenstaubmotoren**. Das Prinzip wurde von dem deutschen Ingenieur Rudolf **Pawlikowski** an der Technischen Universität Berlin entwickelt und man bezeichnet deshalb einen solchen Motor auch als **Rupa-Motor**.

Im Einklang mit den Erkenntnissen der Lektion 10 kann man also sagen:

Brennkraftmaschinen wandeln Reaktionswärme in mechanische Arbeit um.

Die Kolbenmotoren werden nach ihrer Bauart bezeichnet, so z. B. als

Reihenmotor → Kolben arbeiten hintereinanderliegend, also in Reihe.

Boxermotor → Kolben stehen sich in einer Ebene gegenüber.

Sternmotor → Kolben sind – bezogen auf die Kurbelwelle – sternförmig angeordnet.

V-Motor → Kolben sind V-förmig angeordnet.

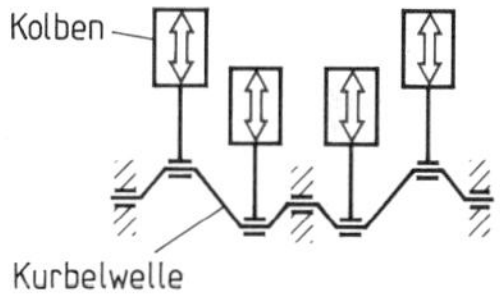

1

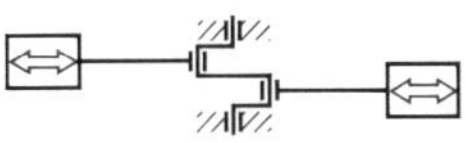
2

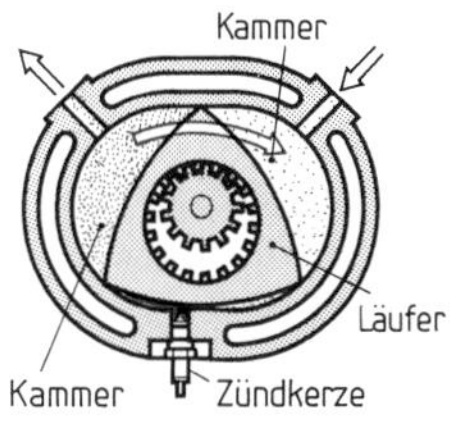

3

Die Bilder 1 und 2 machen die Begriffe an zwei Beispielen schematisch deutlich. Bild 1 zeigt einen 4-Zylinder-Reihenmotor und Bild 2 einen 2-Zylinder-Boxermotor. Für den Bau einer bestimmten Form entscheidet man sich nach Abwägung aller Vor- und Nachteile im speziellen Fall. Nachteilig an allen Kolbenmaschinen mit **Translationskolben** ist, daß die Kolben an ihren äußersten Bahnpunkten, den **Totpunkten**, eine Bewegungsumkehr ausführen müssen. Dadurch entstehen sehr große **Massenkräfte** (siehe Dynamik), welche von der Maschine aufgefangen werden müssen und oftmals Veranlassung zu einem unruhigen Lauf sind. Es sind in jedem Fall Maßnahmen zu einem **Massenausgleich** (Gegengewichte) erforderlich. Dieser Nachteil ist im **Kreiskolbenmotor**, nach seinem Erfinder, dem deutschen Ingenieur Felix **Wankel** auch **Wankelmotor** genannt, ausgeschaltet. Bei einem solchen läuft – gemäß Bild 3 – ein speziell geformter Läufer (Kreiskolben) in einem Raum, der durch seine Form und die Form des Läufers in verschiedene Kammern aufgeteilt wird. Mit einem speziellen Steuermechanismus ist es so möglich, eine Brennkraftmaschine ohne hin- und hergehende Teile zu betreiben, und zwar in der Regel als **Viertakter**, d. h. mit den Takten Ansaugen, Verdichten, Arbeiten und Ausstoßen des Gemisches (siehe Seite 30). Als Nachteil des Kreiskolbenmotors sind Dichtungsprobleme zwischen den Brennkammern und dem Läufer (Kreiskolben) zu nennen. Im Gegensatz zu den Kreiskolbenmotoren werden Motoren mit Translationskolben auch als **Hubkolbenmotoren** bezeichnet. Diese werden auch als **Zweitakter** gebaut. Bei einem solchen ist jeder zweite Takt ein Arbeitstakt.

Nach dem Verfahren unterscheidet man den **Otto-Motor** vom **Diesel-Motor,** und zwar nach ihren Erfindern, den deutschen Ingenieuren Nikolaus August **Otto (1832 bis 1891)** und Rudolf **Diesel (1858 bis 1913)**. Sowohl das Otto-Verfahren als auch das Diesel-Verfahren sind im Viertakt-Motor und im Zweitakt-Motor realisiert.

Der Otto-Motor wird mit einem Benzin-Luft-Gemisch betrieben. Er hat eine **Fremdzündung**, d. h. eine separate Zündanlage. Diese erzeugt an der Zündkerze in einer bestimmten Kolbenstellung einen Zündfunken, welcher – in das verdichtete Gasgemisch schlagend – dieses zur Explosion bringt. Der Diesel-Motor hingegen wird mit Gasöl (Dieselkraftstoff) betrieben. Es wird zuerst Luft angesaugt, welche dann sehr stark verdichtet wird, wobei die Lufttemperatur auf ca. 600 bis 750 °C ansteigt. Dann wird der Kraftstoff mit hohem Druck eingespritzt. Infolge der hohen Lufttemperatur verbrennt er, ohne daß dafür ein Zündfunke erforderlich ist. Man spricht deshalb von der **Selbstzündung**.

14.2.1.2 Strömungsmaschinen

14.2.1.2.1 Turbinen

Kraftmaschinen, in denen die **Strömungsenergie** (siehe Mechanik der Flüssigkeiten und Gase) von Dampf, Brenngasen, Wasser oder Wind unmittelbar in mechanische Energie, und zwar in **Rotationsenergie**, umgewandelt wird, heißen **Turbinen**. Im Bereich der Wärmekraftmaschinen unterscheidet man – entsprechend dem Energieträger – die **Dampfturbine** von der **Gasturbine**.

Bei der **Dampfturbine** strömt Dampf mit hoher Geschwindigkeit, also mit großer kinetischer Energie, aus Düsen oder anderen Leiteinrichtungen gegen die Schaufeln eines Laufrades, welches man sich so ähnlich wie ein Wasserrad vorstellen kann. Dabei wird die kinetische Energie des Dampfes, die durch vorherige Umwandlung von Wärmeenergie entstanden ist, in Rotationsenergie umgewandelt.

Ebenso wie die Entwicklung von der Kolbendampfmaschine zur Dampfturbine gelaufen ist, ergab sich über die Brennkraftmaschine als Kolbenmaschine eine Brennkraftmaschine, welche als **Strömungsmaschine** gebaut wird: die **Gasturbine**. In Brennkammern wird die vorher durch einen Kompressor verdichtete Luft mit Kraftstoff gemischt und gezündet. Dieser Vorgang läuft kontinuierlich, d. h. gleichförmig ab und die expandierenden Gase setzen, ebenso wie bei der Dampfturbine der Dampf, ein Schaufelrad in Rotation, welche auf die Antriebswelle übertragen wird.

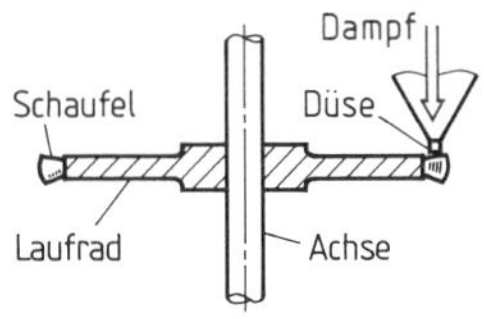

1

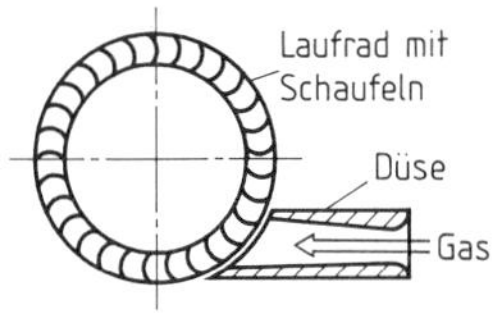

2

Bei den Turbinen werden zwei Bauarten unterschieden. Bild 1 zeigt eine **Axialturbine**. Dampf bzw. Brenngas strömt hier in Richtung der Turbinenachse auf schräggestellte Schaufeln. Dadurch wird das Laufrad in Rotation versetzt. Im Bild 2 ist eine **Radialturbine** abgebildet. Bei einer solchen strömt der Dampf bzw. das Brenngas radial (bzw. tangential) gegen die über den gesamten Umfang des Laufrades angebrachten Turbinenschaufeln.

14.2.1.2.2 Das Strahltriebwerk

Strahltriebwerke werden gelegentlich auch als **Luftstrahltriebwerke** bzw. als **Düsentriebwerke**

bezeichnet und sie werden ausschließlich zum Antrieb von Flugzeugen verwendet. Strahltriebwerke entnehmen der sie umgebenden Atmosphäre pro Zeiteinheit eine bestimmte Menge Luft. Diese Luft strömt in Brennkammern und wird dort mit Brennstoff vermischt und gezündet. Das heiße Verbrennungsgas wird anschließend mittels Düsen auf eine höhere Geschwindigkeit beschleunigt, als sie die einströmende Luft hatte. Dadurch ergibt sich ein **Rückstoß**, also eine nach vorne auf das Flugzeug wirkende Kraft. Kraft multipliziert mit dem zurückgelegten Weg in Kraftrichtung, ist aber eine **mechanische Arbeit** (siehe Dynamik).
Beim **Raketenantrieb**, der ebenso wie das Strahltriebwerk nach dem **Prinzip des Rückstoßes** arbeitet, wird der zur Verbrennung erforderliche Sauerstoff mitgeführt. Dadurch ist dieser Antrieb auch im luftleeren Weltall geeignet, aus **chemischer Energie** durch Verbrennung Wärmeenergie zu erzeugen und in mechanische Energie umzuwandeln.

Ü 125. Nennen Sie aus Ihrer Erfahrung – informieren Sie sich gegebenenfalls – je ein Energieumwandlungsverfahren, bei welchem jeweils eine der genannten Voraussetzungen, die bei jeder Energieumwandlung gegeben sein sollen, nur eingeschränkt gegeben ist.

Ü 126. Nach welchen Gesichtspunkten lassen sich Wärmekraftmaschinen gliedern?

Ü 127. Versuchen Sie schematisch darzustellen, wie die Kolben bei einem **Sternmotor** angeordnet sind. Informieren Sie sich gegebenenfalls in einem Lexikon.

Ü 128. Was versteht man unter einer Fremdzündung?

Ü 129. Welcher wesentliche mechanische Unterschied besteht zwischen Kolbenmaschinen und Strömungsmaschinen?

Ü 130. Welchen mechanischen Vorteil bietet ein Drehkolbenmotor?

V 124. Außer den Kraftmaschinen gibt es noch die **Arbeitsmaschinen**. Definieren Sie – eventuell unter Zuhilfenahme eines Lexikons – diesen Begriff.

V 125. Was versteht man unter einer Selbstzündung?

V 126. Versuchen Sie, den Begriff „Strömungsmaschine“ zu definieren.

V 127. Nennen Sie den Ort der Wärmeenergieerzeugung und den Ort, an welchem diese Wärmeenergie in mechanische Energie umgewandelt wird
a) für die Kolbendampfmaschine,
b) für die Kolbenbrennkraftmaschine.

V 128. Definieren Sie – eventuell unter Zuhilfenahme eines Lexikons – den Begriff „Motor“.

Lektion 15 **Der erste Hauptsatz der Thermodynamik**

15.1 Äquivalenz von Wärmeenergie und mechanischer Arbeit

Die Umwandelbarkeit einer Energieform in eine andere Energieform kann nun als bekannt vorausgesetzt werden. Die technischen Möglichkeiten einer Umwandlung von Wärmeenergie in mechanische Energie wurden – ohne Anspruch auf Vollständigkeit – in Lektion 14 besprochen. Zieht man nun einmal als Beispiel für eine Energieumwandlung eine Dampflokomotive heran, dann ist es so, daß die von der Lokomotive auf den Zug übertragene mechanische Arbeit in den beiden Dampfzylindern (siehe Bild 1, Seite 114) dadurch erzeugt wird, daß durch den Dampfdruck auf die Kolbenflächen eine Kraft wirkt (siehe Mechanik der Flüssigkeiten und Gase). Diese Kraft verschiebt den Kolben um einen bestimmten Weg, den **Kolbenhub**, und nach den Gesetzen der Dynamik verrichtet der Kolben dabei eine Arbeit, die **Kolbenarbeit**. Stellt man nun die Frage nach der Erzeugung des Dampfdruckes, so ergibt sich, daß dieser durch das Verdampfen von Wasser, d. h. durch die Zuführung von Wärmeenergie aus dem Feuerungsraum in den Dampfkessel entsteht. Aus diesem Beispiel ist die bereits bekannte Tatsache zu erkennen:

Wärmeenergie kann (mit einer Wärmekraftmaschine) in mechanische Arbeit umgewandelt werden.

Daß dies auch umgekehrt möglich ist, zeigt der im Bild 1 abgebildete Versuch, dessen Ergebnisse eine Aussage über das Verhältnis der Wärmeenergie zur mechanischen Energie zuläßt. Etwa zur gleichen Zeit, jedoch unabhängig voneinander, haben der deutsche Arzt Robert **Mayer (1814 bis 1878)** und der bereits in Lektion 2 erwähnte englische Physiker James Prescot **Joule (1818 bis 1889)** diesen Versuch erstmals durchgeführt. Dabei wird durch eine frei fallende Masse m mit der Gewichtskraft F_G über ein Zugseil und eine Seilscheibe ein vollständig im Wasser befindlicher Rührer in Bewegung versetzt. Gemäß Lektion 2 wird dabei die

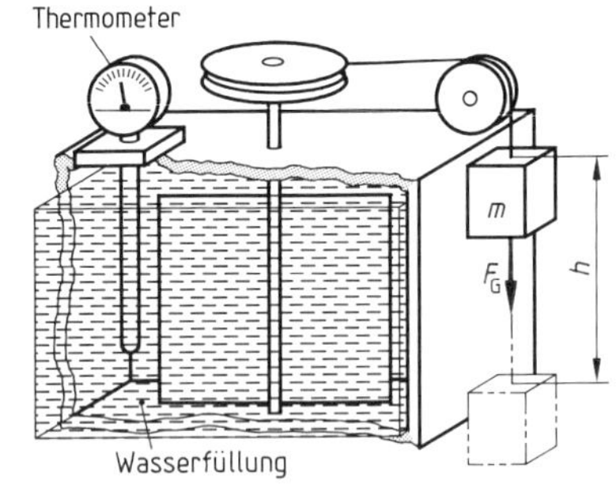

1

mechanische Arbeit $W = F_G \cdot h$ $\triangleq$ **potentielle Energie**

auf das Wasser übertragen, und mit dem Thermometer kann nachgewiesen werden, daß sich das Wasser dabei erwärmt. Setzt man eine bestimmte Wassermenge m_W voraus, dann gilt gemäß dem Grundgesetz der Thermodynamik (Lektion 8):

Wärmemenge $Q = m_W \cdot c \cdot \Delta\vartheta$

Der Versuch zeigt somit:

Mechanische Arbeit (mechanische Energie) kann in Wärmeenergie umgewandelt werden.

Da nach dem **Energieerhaltungssatz** (siehe Dynamik) keine Energie verloren gehen kann, muß bei gut gelagerten Teilen der Versuchseinrichtung (**Reibungsverluste**: siehe Dynamik) und guter Wärmeisolation (**Wärmeverluste**) – z. B. mit Hilfe eines **Dewargefäßes** (siehe Lektion 10) gelten:

$\boxed{W = Q}$ ⟶ $F_G \cdot h = m_W \cdot c \cdot \Delta\vartheta$ ⟶ $[F_G] \cdot [h] = [m_W] \cdot [c] \cdot [\Delta\vartheta]$

$$N \cdot m = kg \cdot \frac{J}{kg \cdot K} \cdot K$$

$$1\,Nm = 1\,J \qquad \boxed{119-1}$$

Der beschriebene Versuch bestätigt somit das in Lektion 2 über die Einheit der Wärmeenergie Gesagte:

Die mechanische Energie 1 Nm ist der Wärmeenergie 1 J äquivalent (gleichwertig).

Gleichung 119-1 bezeichnet man auch als das **mechanische Wärmeäquivalent**. Robert Mayer und Joule formulierten somit ein Naturgesetz, welches die aus einer mechanischen Arbeit **maximal** erzeugbare Wärmeenergie festlegt. Dieses Naturgesetz heißt

Erster Hauptsatz der Thermodynamik. Die **erste Formulierung** desselben lautet:

Zur Erzeugung einer Wärmeenergie ist eine äquivalente mechanische Energie und zur Erzeugung einer mechanischen Energie ist eine äquivalente Wärmeenergie aufzuwenden.

M 60. Um wieviel K erwärmen sich in der Versuchsanordnung des Bildes 1, Seite 118 eine Wassermasse $m_W = 0{,}5$ kg bei $F_G = 100$ N und $h = 3$ m, wenn alle Verlustenergien unberücksichtigt bleiben?

Lösung: $m_W \cdot c_W \cdot \Delta T = F_G \cdot h$

$$\Delta T = \frac{F_G \cdot h}{m_W \cdot c_W} = \frac{100\,N \cdot 3\,m}{0{,}5\,kg \cdot 4{,}19\frac{kJ}{kg \cdot K}} = \frac{300\,J}{0{,}5\,kg \cdot 4190\frac{J}{kg \cdot K}}$$

$$\Delta T = \mathbf{0{,}1432\,K}$$

15.2 Darstellung der Volumenänderungsarbeit im *p, V*-Diagramm

Aus der Dynamik ist bekannt:

Mechanische Arbeit ist das Produkt einer auf einen Körper wirkenden konstanten Kraft und dem Verschiebeweg des durch diese Kraft bewegten Körpers.

Mechanische Arbeit $\quad W = F \cdot s \quad \boxed{119-2} \quad$ in Nm

Gleichung 119–2 entspricht in ihrem Aufbau der Formel für die Berechnung einer Rechteckfläche ($A = l \cdot b$). Daraus kann gefolgert werden, daß auch das Produkt $F \cdot s$ als Rechteckfläche abgebildet werden kann. In einem rechtwinkligen Koordinatensystem (Bild 1) bezeichnet man diese Darstellung als

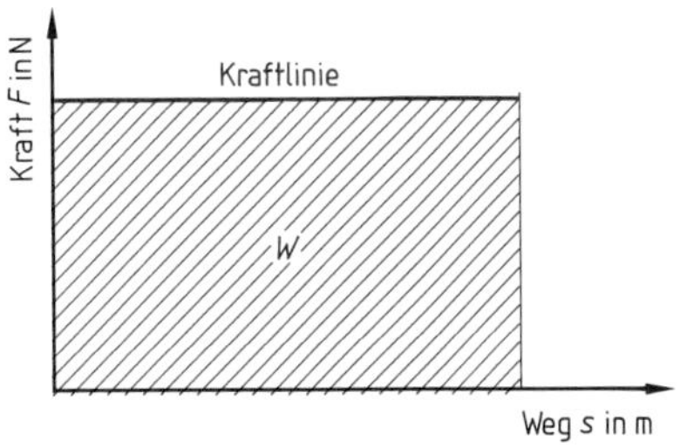

1

Kraft, Weg-Diagramm

Im Kraft, Weg-Diagramm (*F, s*-Diagramm) entspricht die Fläche unterhalb der Kraftlinie der mechanischen Arbeit *W*.

M 61. In einem *F*, *s*-Diagramm wird gemäß Bild 1, Seite 119, eine konstante Kraft $F = 200$ N über einen Weg $s = 500$ m abgebildet. Wie groß ist der von einem Quadratzentimeter abgebildete Anteil der insgesamt abgebildeten mechanischen Arbeit, wenn der
Kräftemaßstab 1 cm ≙ 100 N und der
Wegmaßstab 1 cm ≙ 50 m ist?

Lösung: $W = F \cdot s = 200\ \text{N} \cdot 500\ \text{m} = \mathbf{100\,000\ Nm}$ $\qquad A = 2\ \text{cm} \cdot 10\ \text{cm} = \mathbf{20\ cm^2}$

Somit: $\mathbf{1\ cm^2} \triangleq \mathbf{5000\ Nm}$

Mit den Erkenntnissen einer konstanten Kraft soll nun das Beispiel eines Kolbens einer Kraftmaschine mit Hubkolbenmotor (Bild 1) betrachtet werden:
Der Kolben legt bei einem **Hub** den **Weg *s*** vom oberen Totpunkt ① zum unteren Totpunkt ② zurück. Dabei wird das Gas- bzw. Dampfvolumen größer, und die **Gasgesetze** sagen aus, daß der Druck *p* und damit die Kolbenkraft *F* kleiner geworden sein muß (Bild 2).

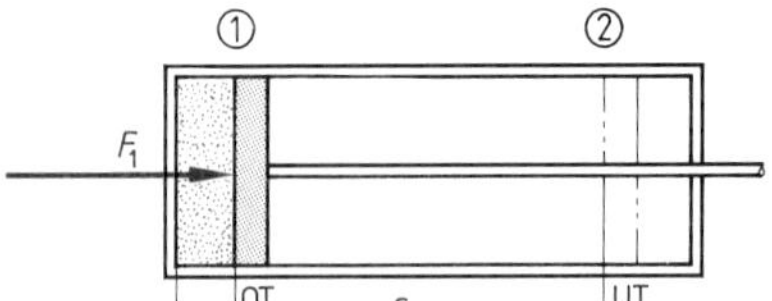

1

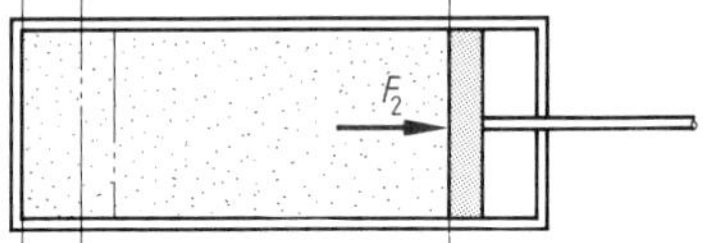

2

Entsprechend der jeweiligen Dampf- bzw. Gastemperatur und der Kolbenstellung, der ja ein bestimmtes Dampf- bzw. Gasvolumen entspricht, liegt nach dem **vereinigten Gasgesetz** in jeder Kolbenstellung ein bestimmter Druck und damit eine bestimmte Kolbenkraft *F* vor. Aus der Kraft F_1 im OT ist z. B. die Kraft F_2 im UT geworden.
Die Kurve, die die Abhängigkeit des Druckes *p* und damit der Kolbenkraft *F* von der Kolbenstellung zeigt, wird mit einem Meßgerät, dem **Indikator**, im sog. **Indikatordiagramm**, aufgeschrieben. Ein solches zeigt Bild 3.

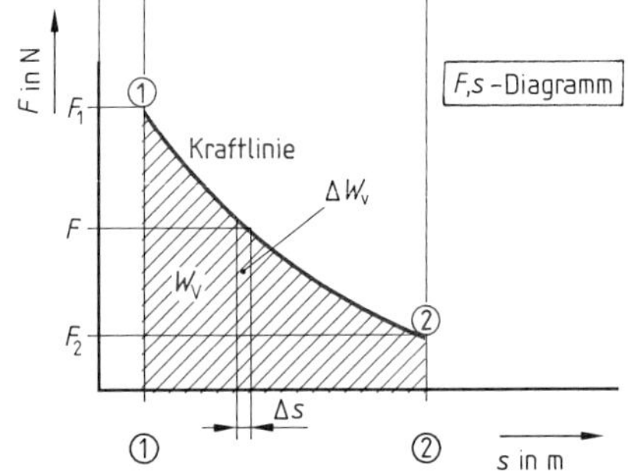

3

Entsprechend Lektion 4:

②→①:	Volumenverkleinerung	→	Kompressionskurve	→	Verdichtung
①→②:	Volumenvergrößerung	→	Expansionskurve	→	Ausdehnung

Da sich beim Verrichten der Kolbenarbeit das Gasvolumen *V* ändert, bezeichnet man die Kolbenarbeit als **Volumenänderungsarbeit W_v**. Ebenso wie bei konstanter Kraft gilt:

Im *F*, *s*-Diagramm entspricht die Fläche unterhalb der Kraftlinie der Volumenänderungsarbeit W_v.

Legt der Kolben den sehr kleinen Weg Δs zurück (siehe Bild 3), so hat er, da in dieser Zeit die annähernd konstante Kraft *F* wirkt, die kleine Arbeit

$$\Delta W_v = F \cdot \Delta s \qquad \boxed{120-1}$$ verrichtet.

Die Summe aller dieser kleinen Arbeiten ergibt die gesamte vom Gas bzw. Dampf auf den Kolben übertragene Arbeit. Dies ist aber die

Volumenänderungsarbeit $$W_v = \Sigma(F \cdot \Delta s) \qquad \boxed{120-2}$$ in Nm

Aus der **Mechanik der Flüssigkeiten und Gase** ist bekannt, daß der Druck aus dem Quotienten der Kolbenkraft *F* und der Kolbenfläche *A* errechnet wird. Somit folgt für die

Kolbenkraft $F = p \cdot A$ | 121–1 | ⟶ $[F] = [p] \cdot [A] = \frac{N}{m^2} \cdot m^2 = N$

Des weiteren ergibt sich aus der Geometrie des Zylinderraumes das

Hubvolumen $V = s \cdot A$ | 121–2 | ⟶ $[V] = [s] \cdot [A] = m \cdot m^2 = m^3$

s = Hub A = Kolbenfläche

Analog Gleichung 120–1 ergibt sich für die Kolbenverschiebung Δs eine kleine Volumendifferenz ΔV (siehe Bild 1). Es ist

$\Delta V = \Delta s \cdot A$. Daraus ergibt sich

$$\Delta s = \frac{\Delta V}{A}$$

Setzt man nun in Gleichung 120–1 für

$F = p \cdot A$ und

$\Delta s = \frac{\Delta V}{A}$ ein, dann ist

$W_v = \Sigma \left(p \cdot A \cdot \frac{\Delta V}{A}\right)$ und das heißt:

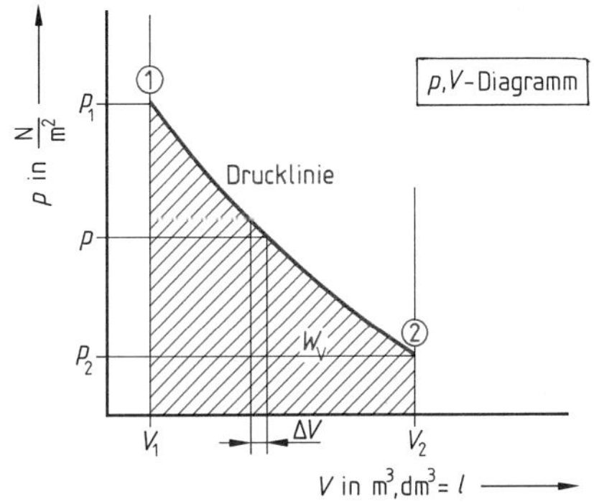

1

Volumenänderungsarbeit $W_v = \Sigma (p \cdot \Delta V)$ | 121–3 |

Diesen Sachverhalt kann man in einem Druck, Volumen-Diagramm (Bild 1), d. h. einem ***p, V*-Diagramm** abbilden.

> Im *p, V*-Diagramm entspricht die Fläche unterhalb der Drucklinie der Volumenänderungsarbeit W_v. Das *p, V*-Diagramm heißt deshalb auch **Arbeitsdiagramm.**

Betrachtet man einmal den speziellen Fall ***p* = konst.** (Bild 2), dann ergibt sich für die Volumenänderungsarbeit

$$W_v = p \cdot \Delta V = p \cdot (V_2 - V_1)$$

$$[W_v] = [p] \cdot [\Delta V] = \frac{N}{m^2} \cdot m^3 = \mathbf{Nm}$$

In der Einheitenrechnung wird eine Druckeinheit mit einer Volumeneinheit multipliziert. Das Ergebnis ist eine Energieeinheit. Aus der Mechanik der Flüssigkeiten und Gase ist bekannt:

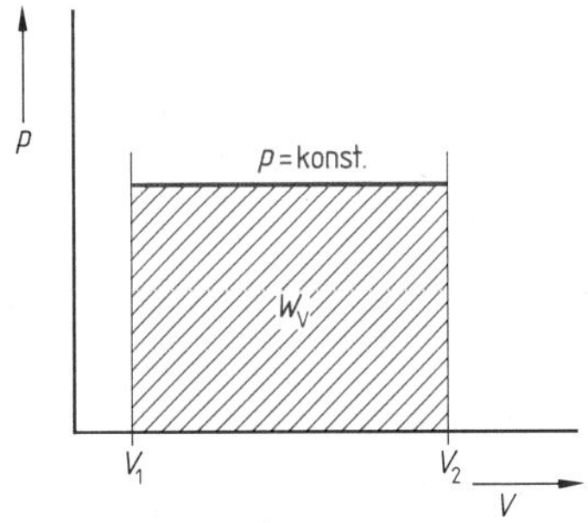

2

> Das Produkt aus Druck und Volumen ist eine **Druckenergie.**

M 62. Durch Temperaturerhöhung verändert ein Gas bei einem konstanten Druck $p = 5$ bar sein Volumen von $V_1 = 1{,}5\ m^3$ auf $V_2 = 2{,}7\ m^3$. Wie groß ist die vom Gas verrichtete Volumenänderungsarbeit?

Lösung: $W_v = p \cdot \Delta V = p \cdot (V_2 - V_1) = 5\ \text{bar} \cdot (2{,}7\ m^3 - 1{,}5\ m^3) = 500000 \frac{N}{m^2} \cdot 1{,}2\ m^3$

$\mathbf{W_v = 600000\ Nm}$

15.3 Innere Energie und Enthalpie

In Lektion 12 wurden bereits – im Zusammenhang mit der Verdampfung – die thermodynamischen Zustandsgrößen

Innere Energie U und Enthalpie H

besprochen. Um den Begriff **„Innere Energie"** zu verdeutlichen, wird nochmals auf den in Lektion 2 besprochenen **„Mechanismus der Wärmespeicherung"** hingewiesen. Dort wurde erkannt, daß die Wärmeenergie der Bewegungsenergie der Elementarbausteine eines Stoffes entspricht. Es gilt:

Bei Zuführung von Wärmeenergie erhöht sich die Bewegungsenergie der Atome bzw. Moleküle, bei Abgabe von Wärmeenergie verringert sich die Bewegungsenergie dieser Elementarbausteine des Stoffes.

Im Gegensatz zur mechanischen Energie (potentielle und kinetische Energie), die Gegenstand des Faches Dynamik ist und die man als **äußere Energie** des Körpers bezeichnet, hat also jeder Körper auch eine **innere Energie**.

Die Bewegungsenergie der Atome bzw. Moleküle eines Körpers bezeichnet man als die innere Energie des Körpers.

Die innere Energie entspricht somit der gesamten in einem **thermodynamischen System** enthaltenen Energie, und zwar nur auf den inneren Zustand dieses Systems bezogen. Ein solches thermodynamisches System wird z. B. von der Gasfüllung in einem Zylinder (Bilder 1 und 2, Seite 120) gebildet. Dieses wird als **geschlossenes System** bezeichnet, und im Gegensatz dazu kennt man noch die **offenen Systeme**, z. B. die Erdatmosphäre. Bei den weiteren Betrachtungen in diesem Buch werden zunächst geschlossene Systeme zugrunde gelegt. Ein solches wird auch in den Bildern 1 und 2 dargestellt.

Diese Bilder zeigen zwei verschiedene Phasen der Dampfbildung (siehe Abschnitt 12.6). Von außen wird dem System zunächst die Wärmeenergie Q_1 zugeführt. Dabei wird die innere Energie U des Systemes vergrößert. Dies hat die Veränderung des Aggregatzustandes zur Folge und man erkennt:

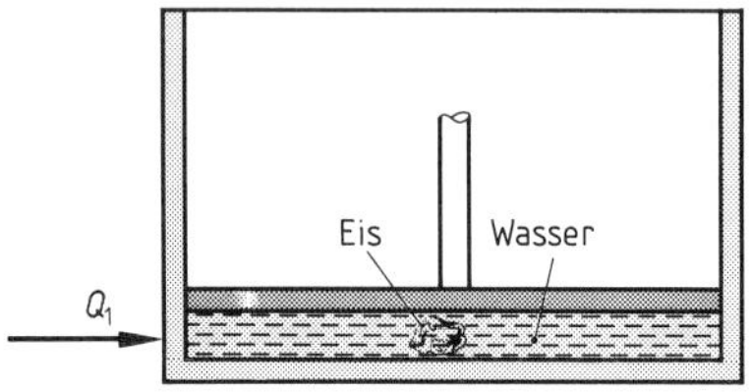

1

Zur inneren Energie gehören auch diejenigen Wärmemengen, die zur Änderung des Aggregatzustandes des Körpers notwendig sind.

Mit der Wärmemenge Q_1 wurde das im Wasser befindliche Eis völlig geschmolzen und ein Teil des Wassers wurde zu Dampf umgewandelt.

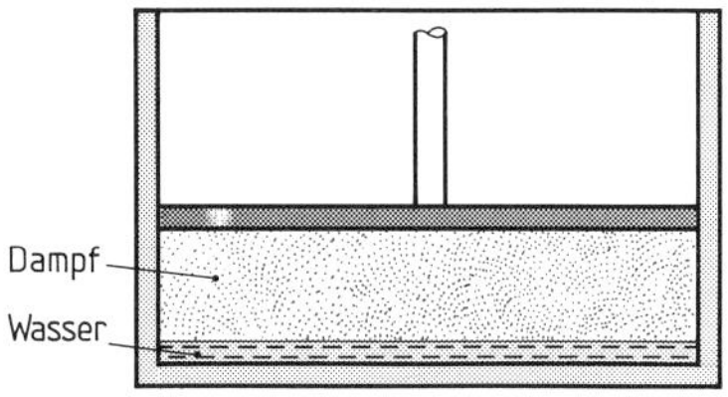

2

Führt man nun diesem System die Wärmemenge Q_2 zu (Bild 3), dann verdampft das restliche Wasser vollkommen. Da nun aber dem System die **latenten Umwandlungswärmen** (Schmelz- und Verdampfungswärme) zugeführt werden, führt – gemäß Lektion 12 – jede weitere Wärmeenergiezufuhr (**sensible Wärmeenergie**) zur Temperaturerhöhung des Systems

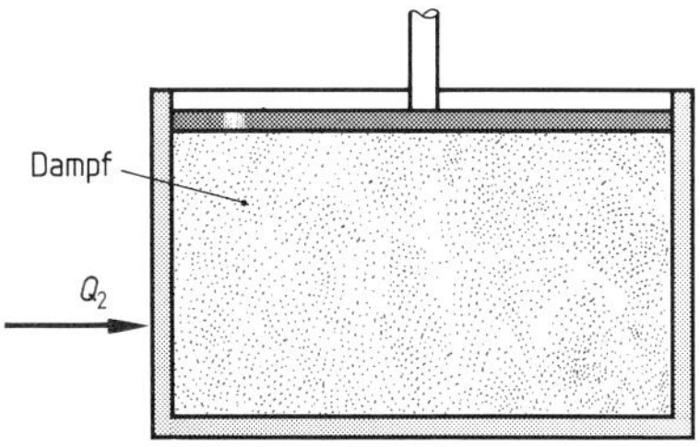

3

Das im System befindliche Medium ist nun gasförmig, und für die technische Praxis gilt:

Bei der Umwandlung von Wärmeenergie in mechanische Arbeit werden – wegen der großen Wärmedehnung – immer gasförmige Systemfüllungen verwendet.

Führt man solchen gasförmigen Systemfüllungen eine bestimmte Wärmemenge Q zu, so sind die folgenden **drei Fälle denkbar**, und die Fälle 1 und 2 sind dabei – bezogen auf die Umwandlung von Wärmeenergie in mechanische Arbeit – hypothetische Grenzfälle:

15.3.1 Fall 1: Völlige Umwandlung der Wärmeenergie in mechanische Arbeit

Setzt man voraus, daß die gesamte zugeführte Wärmeenergie in mechanische Arbeit umgewandelt wird, dann kann sich die innere Energie U nicht ändern und dies hat zur Folge, daß die Temperatur ϑ = konst. ist. Dieser Fall entspricht der **ersten Formulierung des ersten Hauptsatzes der Thermodynamik** auf Seite 119. Es ist somit

$$Q = W_v = F \cdot \Delta s = p \cdot \Delta V = \Delta H$$

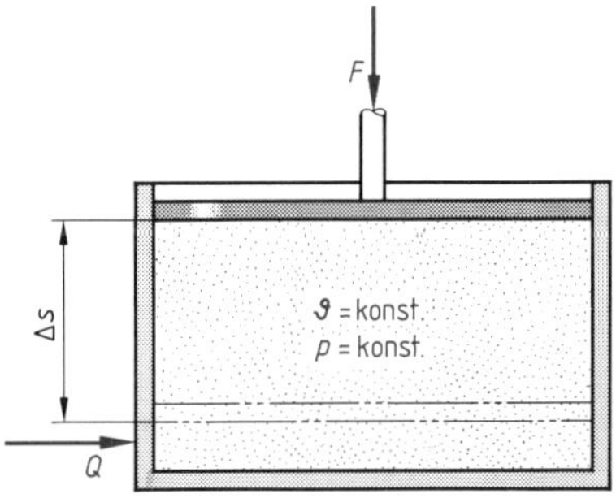

1

Durch die Zuführung von Wärmeenergie ändert sich in einem geschlossenen thermodynamischen System **immer** die Enthalpie H, d. h. der Wärmeinhalt um einen Betrag ΔH, der der zugeführten Wärmeenergie Q äquivalent ist.

Wird die einem geschlossenen thermodynamischen System zugeführte Wärmeenergie Q völlig in mechanische Arbeit umgewandelt, dann ist die Änderung der inneren Energie $\Delta U = 0$.

Somit **Fall 1**:

$$Q = \Delta H = W_v \rightarrow \Delta U = 0 \rightarrow \Delta\vartheta = 0 \longrightarrow Q, \Delta H, W_v, \Delta U \text{ in J, kJ}$$

15.3.2 Fall 2: Völlige Umwandlung der Wärmeenergie in innere Energie

Verhindert man die Volumenvergrößerung des im System eingeschlossenen Gases (Bild 2), dann kann keine Volumenänderungsarbeit W_v verrichtet werden. Daraus kann gefolgert werden, daß die zugeführte Wärmeenergie vollkommen der Änderung der inneren Energie und damit der Erhöhung der Temperatur dient.

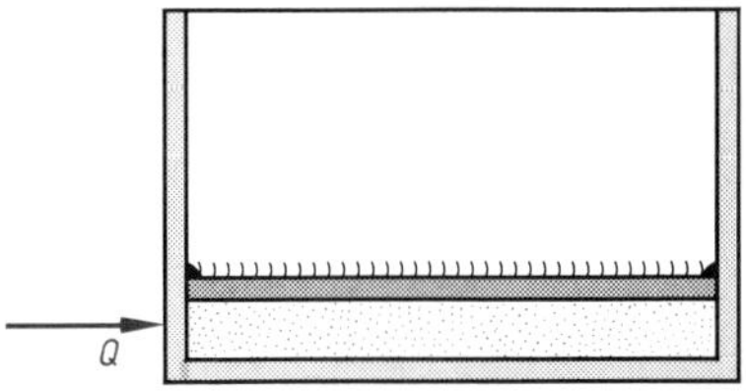

2

Somit **Fall 2**:

$$Q = \Delta H = \Delta U \rightarrow W_v = 0 \rightarrow \Delta\vartheta \neq 0 \longrightarrow Q, \Delta H, \Delta U, W_v \text{ in J, kJ}$$

15.3.3 Fall 3: Umwandlung der Wärmeenergie in mechanische Arbeit und innere Energie

Wie bereits angedeutet, stellen die Fälle 1 und 2 Grenzfälle dar. In der Regel geschieht bei der

Erwärmung eines Gases, unter der Voraussetzung, daß es sich infolge eines beweglichen Kolbens ausdehnen kann (Bild 1), zweierlei:

1. Ein sensibler Teilbetrag der zugeführten Wärmeenergie Q erhöht die innere Energie um den Betrag ΔU.

2. Ein weiterer Teilbetrag der zugeführten Wärmeenergie wird in Volumenänderungsarbeit W_v umgewandelt.

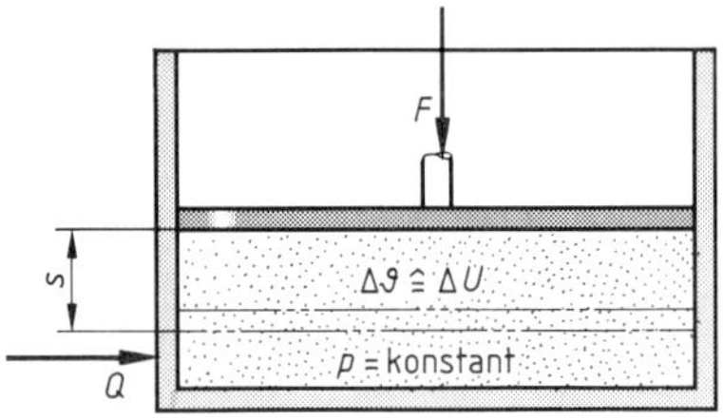

1

Für die Fälle 1, 2 und 3 wird der **Energieerhaltungssatz** zugrunde gelegt. Dieser lautet:

Die Energie am Ende eines technischen Vorganges ist genauso groß wie die Summe der Energie am Anfang und der während des technischen Vorganges zu- und abgeführten Energien.

In dieser allgemeingültigen Form wurde der Energiesatz erstmals im Jahre 1847 von dem deutschen Physiker Herrman von **Helmholtz (1821 bis 1894)** ausgesprochen. Bezieht man nun den Energiesatz auf das Verhältnis von Wärmeenergie Q zur Volumenänderungsarbeit W_v **und** zur inneren Energie U, dann ergibt sich daraus eine umfassende Formulierung für den 1. Hauptsatz der Thermodynamik.

Erster Hauptsatz der Thermodynamik in der **zweiten Formulierung**:

In jedem abgeschlossenen thermodynamischen System ist die Gesamtenergie konstant.

Da die Art der Energieanteile (Q, W_v und U) bekannt ist, ist es nun auch möglich, eine mathematische Formulierung des ersten Hauptsatzes vorzunehmen:

Erster Hauptsatz der Thermodynamik $$Q = W_v + \Delta U$$ 124–1 in J, kJ

In einem abgeschlossenen thermodynamischen System entspricht die zugeführte Wärmeenergie Q der Summe aus Volumenänderungsarbeit W_v und der Änderung der inneren Energie ΔU.

Somit **Fall 3**:

$$Q = \Delta H = W_v + \Delta U \rightarrow W_v \neq 0 \text{ und } \Delta\vartheta \neq 0 \longrightarrow Q, \Delta H, W_v, \Delta U \text{ in J, kJ}$$

15.4 Die spezifische Wärme von Gasen

In Lektion 8 wurde die **spezifische Wärmekapazität**, die kurz als **spezifische Wärme** bezeichnet wird, der festen und flüssigen Stoffe besprochen. Dabei wurde eine Temperaturabhängigkeit (siehe Bilder 1 und 2, Seite 62) festgestellt. Eine ebensolche macht sich auch bei der Erwärmung von Gasen und Dämpfen bemerkbar.

Im Gegensatz zu den festen und flüssigen Stoffen muß bei den gasförmigen Stoffen noch zusätzlich darauf geachtet werden, ob sich diese **bei Wärmezufuhr** ...

. . . **ausdehnen können** ⟶ Bild 1, Seite 124 oder

. . . **nicht ausdehnen können** ⟶ Bild 2, Seite 123.

Nimmt man dem gasförmigen Stoff die Möglichkeit einer Ausdehnung (Fall 2), d. h. aber **Wärmeenergieaufnahme bei konstantem Volumen V**, dann geht die gesamte zugeführte Energie – da $W_v = 0$ ist – in innere Energie U über, d. h. es erfolgt eine relativ schnelle Temperaturerhöhung.

Gibt man dem gasförmigen Stoff jedoch die Möglichkeit der Ausdehnung (Bild 1, Seite 124), d. h. aber **Wärmeenergieaufnahme bei konstantem Druck *p***, dann geht ein Teil der zugeführten Wärmeenergie in Volumenänderungsarbeit über, d. h. daß sich die innere Energie nicht in dem Maße vergrößert, wie in dem zuvor geschilderten Fall. Dadurch ist auch die Temperaturzunahme kleiner. Diesen Sachverhalt kann man auch folgendermaßen ausdrücken:

Erhöht man die Temperatur eines gasförmigen Stoffes mit der Masse m **bei konstantem Volumen** um einen Betrag $\Delta\vartheta$, dann ist hierfür eine kleinere Wärmeenergie erforderlich, als wenn dies **bei konstantem Druck** geschieht.

Bezieht man nun die Zufuhr von Wärmeenergie auf die Stoffmasse 1 kg und auf die Temperaturdifferenz 1 K ≙ 1 °C, dann entspricht die unter diesen Bedingungen zugeführte Wärmeenergie – gemäß der Definition in Lektion 8 – der **spezifischen Wärmekapazität *c*** oder kurz der **spezifischen Wärme *c***. Im Gegensatz zu den festen und flüssigen Stoffen muß man jedoch bei den gasförmigen Stoffen wie folgt unterscheiden:

Spezifische Wärme bei Erwärmung mit konstantem Druck ⟶ c_p

Spezifische Wärme bei Erwärmung mit konstantem Volumen ⟶ c_v

Analog den Betrachtungen bei der Berechnung von Wärmemengen bei flüssigen und festen Stoffen (Lektion 8) gilt für die Erwärmung von gasförmigen Stoffen:

zugeführte Wärme bei konstantem Druck
(siehe Bild 1, Seite 124)

$$Q = m \cdot c_p \cdot \Delta\vartheta \qquad (125\text{–}1) \qquad \text{in J, kJ}$$

$$Q = \Delta H = W_v + \Delta U = m \cdot c_p \cdot \Delta\vartheta$$

zugeführte Wärme bei konstantem Volumen
(siehe Bild 2, Seite 123)

$$Q = m \cdot c_v \cdot \Delta\vartheta \qquad (125\text{–}2) \qquad \text{in J, kJ}$$

innere Energie

$$Q = \Delta H = \Delta U = m \cdot c_v \cdot \Delta\vartheta$$

Mit Hilfe der **kinetischen Gastheorie** kann für **ideale Gase**, und mit Hilfe von Versuchen kann für **reale Gase** nachgewiesen werden, daß c_p und c_v in einem bestimmten Verhältnis zueinander stehen. Dieses Verhältnis bezeichnet man als

Isentropenexponent oder **Adiabatenexponent**

$$\varkappa = \frac{c_p}{c_v} \qquad (125\text{–}3)$$

$\varkappa$	c_p, c_v
>1	$\frac{\text{kJ}}{\text{kg} \cdot \text{K}}$

In der folgenden Tabelle sind die Isentropenexponenten einiger gasförmiger Stoffe angegeben und man sieht, daß die $\varkappa$-Werte von der Anzahl der Atome im Molekül abhängen:

Anzahl der Atome im Gasmolekül	Beispiele typischer Gase mit dieser Atomzahl im Gasmolekül	Isentropenexponent $\varkappa$ bei 273 K
1	He	5 : 3 ≈ 1,667
2	O_2, N_2, CO	7 : 5 ≈ 1,41
–	**Luft**	1,4
3	CO_2, H_2O-Dampf	8 : 6 ≈ 1,33

15.4.1 Spezifische Gaskonstante R_i im Verhältnis zu c_p und c_v

In Lektion 5 wurden Möglichkeiten zur Berechnung der spezifischen Gaskonstante R_i aufgezeigt, und es wurden auch Aussagen über deren Einheit gemacht.

Vergleicht man die Einheit der spezifischen Gaskonstante R_i mit der Einheit der spezifischen Wärmekapazität c, dann ist feststellbar:

$$[R_i] = [c_p] = [c_v] = \frac{J}{kg \cdot K} = \frac{Nm}{kg \cdot K}$$

Im Bild 1 ist nochmals ein geschlossenes thermodynamisches System abgebildet, welches bei p = konst. Volumenänderungsarbeit verrichtet. In Verbindung mit den Kolbenstellungen OT und UT ist dazu das ***p, v*-Diagramm** gezeichnet. Bezieht man nun den **1. Hauptsatz** der Thermodynamik (Gleichung 124–1) auf eine Gasfüllung von 1 kg und setzt man gleichzeitig eine Volumenänderung bei konstantem Druck, d. h. ***p* = konst.** voraus, dann ergibt sich mit den bisherigen Erkenntnissen:

$$q = w_v + \Delta u$$

$$q = p \cdot (v_2 - v_1) + (u_2 - u_1) \qquad \boxed{126-1}$$

$$q = (p \cdot v_2 + u_2) - (p \cdot v_1 + u_1) \qquad \boxed{126-2}$$

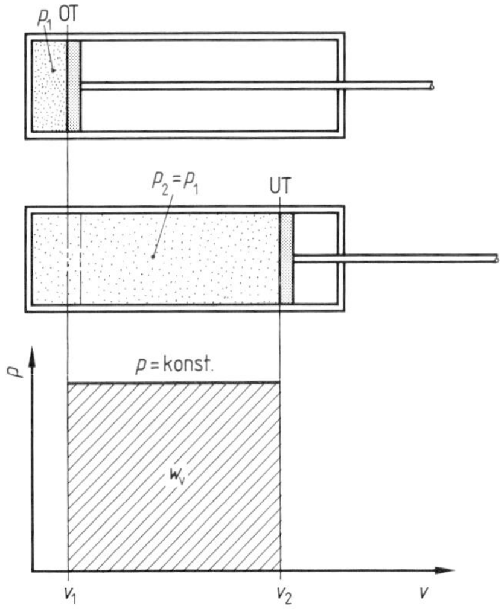

1

Wendet man nun die Erkenntnisse der Lektion 5 an, nämlich

$$p \cdot v_2 = R_i \cdot T_2 \text{ und } p \cdot v_1 = R_i \cdot T_1$$

ergibt sich durch Subtraktion:

$$p \cdot v_2 = R_i \cdot T_2$$

$$p \cdot v_1 = R_i \cdot T_1 \quad -$$

$$p \cdot (v_2 - v_1) = R_i \cdot (T_2 - T_1) \qquad \boxed{126-3}$$

Gemäß Bild 1 ist aber die linke Seite von Gleichung 126–3 der spezifischen Volumenänderungsarbeit w_v identisch, und somit entspricht auch die rechte Seite der Gleichung 126–3 der spezifischen Volumenänderungsarbeit w_v. Setzt man nun noch $T_2 - T_1$ = 1 K, dann ergibt sich als

Definition der spezifischen Gaskonstanten R_i:

Die spezifische Gaskonstante R_i entspricht der von 1 kg eines gasförmigen Stoffes verrichteten Volumenänderungsarbeit bei Temperaturerhöhung um 1 K ≙ 1 °C und bei konstantem Druck.

Setzt man nun noch den rechten Teil von Gleichung 126–2 für den ersten Summanden der rechten Seite der Gleichung 126-1 ein, dann erhält man:

$$q = R_i \cdot (T_2 - T_1) + (u_2 - u_1) \qquad \boxed{126-4}$$

Unter den Voraussetzungen m = 1 kg und $T_2 - T_1$ = 1 K gilt das Folgende:

$q \triangleq c_p$ (gemäß Definition von c_p)

$R_i \cdot (T_2 - T_1) \triangleq R_i$

$u_2 - u_1 \triangleq c_v$ (gemäß 1. Hauptsatz der Thermodynamik und gemäß der Definition für c_v)

Somit ergibt sich aus Gleichung 126–3: $c_p = R_i + c_v$. Daraus errechnet sich die

Spezifische Gaskonstante $$R_i = c_p - c_v$$ [127–1] in $\frac{J}{kg \cdot K}$ bzw. $\frac{Nm}{kg \cdot K}$

Die spezifische Gaskonstante R_i errechnet sich aus der Differenz der spezifischen Wärmekapazität bei konstantem Druck c_p und der spezifischen Wärmekapazität bei konstantem Volumen c_v.

Aus Gleichung 125–3: $\varkappa = \frac{c_p}{c_v}$ und Gleichung 127–1: $R_i = c_p - c_v$ folgt durch eine entsprechende mathematische Umformung für

spezifische Wärmekapazität bei konstantem Druck $$c_p = \frac{\varkappa}{\varkappa - 1} \cdot R_i$$ [127–2] in $\frac{J}{kg \cdot K}$; $\frac{kJ}{kg \cdot K}$

spezifische Wärmekapazität bei konstantem Volumen $$c_v = \frac{R_i}{\varkappa - 1}$$ [127–3] in $\frac{J}{kg \cdot K}$; $\frac{kJ}{kg \cdot K}$

M 63. Einem Gas wird die Wärmeenergie $Q = 17{,}5$ kJ zugeführt. Es verrichtet dabei eine Volumenänderungsarbeit $W_v = 9{,}25$ kJ. Wie groß ist die Zunahme der inneren Energie?

Lösung: Nach dem 1. Hauptsatz ist $Q = W_v + \Delta U \longrightarrow \Delta U = Q - W_v = 17{,}5\,\text{kJ} - 9{,}25\,\text{kJ}$

$$\boldsymbol{\Delta U = 8{,}25\,\text{kJ}}$$

M 64. 20 kg Luft werden von 15 °C auf 235 °C bei konstantem Druck erwärmt. Berechnen Sie die Änderung der Enthalpie ΔH.

Lösung: $Q = \Delta H = m \cdot c_p \cdot \Delta\vartheta$ $\qquad c_p = \frac{\varkappa}{\varkappa - 1} \cdot R_i$ $\qquad \varkappa = 1{,}4$ (Tabelle Seite 125)

$R_i = 287{,}1 \frac{Nm}{kg \cdot K}$ (Tabelle Seite 42)

$$c_p = \frac{1{,}4}{1{,}4 - 1} \cdot 287{,}1 \frac{Nm}{kg \cdot K} = \frac{1{,}4}{0{,}4} \cdot 287{,}1 \frac{Nm}{kg \cdot K}$$

$$\boldsymbol{c_p = 1004{,}85 \frac{J}{kg \cdot K}}$$

$$\Delta H = 20\,\text{kg} \cdot 1004{,}85 \frac{J}{kg \cdot K} \cdot 220\,\text{K}$$

$$\boldsymbol{\Delta H = 4\,421\,340\,\text{J} = 4421{,}34\,\text{kJ}}$$

Anmerkung: In der technischen Praxis wird i. d. R. mit dem gerundeten Wert $c_p = 1000 \frac{J}{kg \cdot K}$ gerechnet. $c_v = 720 \frac{J}{kg \cdot K}$

15.4.1.1 Die mittleren spezifischen Wärmekapazitäten von gasförmigen Stoffen

Wie bereits angedeutet, sind die spezifischen Wärmen von gasförmigen Stoffen stärker temperaturabhängig als die von festen und flüssigen Stoffen. Bei sehr starken Temperaturdifferenzen wird deshalb genauer mit den

mittleren spezifischen Wärmen c_{pm} und c_{vm} gerechnet.

Dies geschieht in Analogie zur Lektion 8 und es gilt auch hier das über die **wahre spezifische Wärmekapazität** und über die **mittlere spezifische Wärmekapazität** in Lektion 8 Gesagte.

Bild 1 zeigt die **wahre spezifische Wärmekapazität** bei konstantem Druck *p* von Sauerstoff, Wasserdampf und dem Kältemittel Ammoniak. Es ist zu erkennen (siehe auch Tabelle Seite 125):

> Die spezifische Wärmekapazität von Gasen ist von der Anzahl der Atome im Gasmolekül abhängig.

Die **mittlere spezifische Wärmekapazität** c_{pm} für einen Temperaturbereich, z. B. zwischen $\vartheta_1 = 750\ °C$ und $\vartheta_2 = 1750\ °C$ kann grafisch – gemäß Bild 1 für Ammoniak – ermittelt werden.

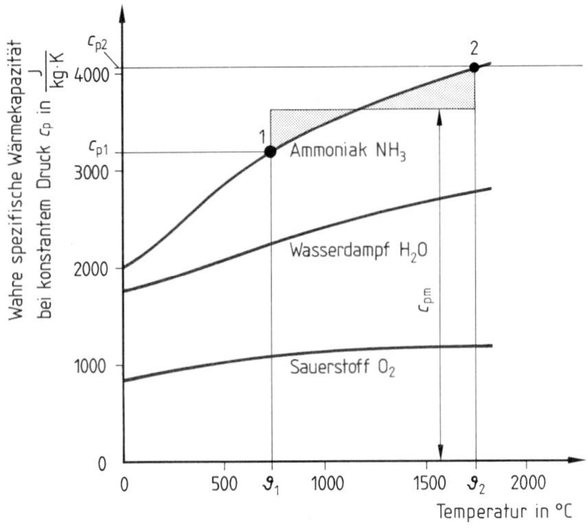

1

In technischen Handbüchern sind hierfür Näherungsgleichungen angegeben. Es ist wichtig zu wissen:

> Die in der technischen Literatur angegebenen c_p-Werte und c_v-Werte beziehen sich in der Regel auf die Temperatur $\vartheta = 0\ °C$.

Anmerkung: In den Beispielen dieses Buches wird für die c_p- und c_v-Werte die Temperatur $\vartheta = 0\ °C$ zugrunde gelegt.

Ü 131. Welche Aussage macht der 1. Hauptsatz der Thermodynamik, wenn er ausschließlich auf die Umwandlung von Wärmeenergie in mechanische Arbeit bezogen wird?

Ü 132. In welchen Diagrammen kann mechanische Arbeit grafisch dargestellt werden?

Ü 133. Wie groß ist $\Sigma \Delta V$?

Ü 134. Ein Stück Eis wird in überhitzten Wasserdampf verwandelt. Welche Wärmebeträge sind dabei an der Änderung der inneren Energie beteiligt?

Ü 135. Mit welcher Gleichung kann die Änderung der inneren Energie eines gasförmigen Stoffes berechnet werden?

Ü 136. Berechnen sie mit den Daten von Musteraufgabe M 64. die spezifische Wärmekapazität von Luft bei konstantem Volumen c_v (Wert bei 0 °C).

Ü 137. Berechnen Sie die Änderung der inneren Energie von 20 kg Luft, wenn diese bei konstantem Volumen von 15 °C auf 235 °C erwärmt wird.

Ü 138. In der Tabelle Seite 42 ist die spezifische Gaskonstante von Ammoniak mit $R_i = 488{,}2 \frac{J}{kg \cdot K}$ angegeben. Das Diagramm in Bild 1 zeigt für Ammoniak bei 0 °C einen Wert $c_p \approx 2000\ \frac{J}{kg \cdot K}$. Berechnen Sie c_v für die Temperatur 0 °C.

Ü 139. Ermitteln Sie mit Hilfe des Bildes 1 die mittlere spezifische Wärmekapazität c_{pm} von Sauerstoff im Temperaturbereich $\vartheta_1 = 500\ °C$ bis $\vartheta_2 = 1500\ °C$.

V 129. Bei einem gasförmigen Stoff ändert sich die Enthalpie bei p = konst. Welche thermodynamischen Zustandsgrößen werden des weiteren verändert?

V 130. Erklären Sie verbal die Beziehung $W_v = \Sigma\,(p \cdot \Delta V)$.

V 131. Zeigen Sie mit Hilfe der Beziehungen

$$1\ \text{kcal} \approx 4{,}19\ \text{kJ} \quad \text{(Lektion 2)}$$

$$1\ \text{kpm} \approx 9{,}81\ \text{Nm} \quad \text{(siehe Dynamik),}$$

daß 1 kcal ≈ 427 kpm entspricht.

V 132. Der erste Hauptsatz der Thermodynamik besagt, daß Wärmeenergie und mechanische Arbeit einander äquivalent sind. Da im allgemeinen bei Wärmezufuhr der gasförmige Stoff seine innere Energie ändert sowie Volumenänderungsarbeit verrichtet, gilt jedoch für den **ersten Hauptsatz** i. d. R.:

$$Q = W_v + \Delta U$$

Bekannt sind auch die Beziehungen $W_v = \Sigma\,(p \cdot \Delta V)$ und $\Delta U = m \cdot c_v \cdot \Delta\vartheta$

Wie kann damit in einer umfassenderen Form der erste Hauptsatz der Thermodynamik geschrieben werden?

V 133. Welche Volumenänderungsarbeit hätte die Luft in Übungsaufgabe Ü 137. bei konstantem Druck verrichten können, wenn die gleiche Enthalpieänderung zugrunde gelegt wird?

V 134. a) Zeichnen Sie mit Hilfe des Bildes 1, Seite 128, durch Übernahme der dortigen Werte in ein Diagramm der gleichen Größe die Kurve für c_v von Ammoniak in Abhängigkeit von der Temperatur. Zeichnen Sie außerdem die Kurve für R_i ein.

b) Welchen Schluß ziehen Sie aus dem gezeichneten Diagramm in Verbindung mit der Definition für den **Isentropenexponenten** (Adiabatenexponenten)

$$\varkappa = \frac{c_p}{c_v}$$

V 135. Luft besteht weitestgehend aus Gasanteilen, deren Moleküle zwei Atome besitzen (siehe Tabelle Seite 59).

Welchen Schluß ziehen Sie, wenn Sie diesen Sachverhalt bei der Interpretation des Bildes 1, Seite 128, einbeziehen?

Lektion 16 **Thermodynamische Zustandsänderungen**

16.1 Reversible und irreversible Zustandsänderungen

In Lektion 4 wurden die thermodynamischen Zustandsgrößen

Temperatur *T*
Volumen *V* und
Druck *p* besprochen.

Als weitere thermodynamische Zustandsgrößen sind mittlerweile noch

innere Energie *U* und
Enthalpie *H* hinzugekommen.

In der angewandten Thermodynamik werden diese Zustandsgrößen gezielt verändert, man spricht dann von einer **Zustandsänderung**. Dabei werden

Arbeiten *W* gewonnen oder aufgewendet bzw.
Wärmemengen *Q* zugeführt oder abgeführt.

Es ist bereits bekannt, daß sich die genannten Zustandsgrößen bei einer Zustandsänderung nicht alle ändern müssen, und die Änderungen können auch in einem zeitlichen Versatz erfolgen.

Zustandsänderungen können durch unterschiedliche Prozesse gleichzeitig oder mit einem zeitlichen Versatz erfolgen.

Dabei unterscheidet man **reversible Zustandsänderungen**, d. h. solche, die umkehrbar sind von den **irreversiblen Zustandsänderungen**. Diese sind nicht oder nur zum Teil umkehrbar, ein Umstand, auf den in Lektion 18 kurz eingegangen wird. Zunächst sollen nur die **reversiblen Einzelzustandsänderungen** betrachtet werden. Aus diesen werden in den Lektionen 17 und 18 die geläufigen **thermodynamischen Prozesse** zusammengesetzt. Die wichtigsten dieser reversiblen thermodynamischen Einzelzustandsänderungen sind:

Isobare	→ Zustandsänderung bei konstantem Druck
Isochore	→ Zustandsänderung bei konstantem Volumen
Isotherme	→ Zustandsänderung bei konstanter Temperatur
Isentrope (Adiabate)	→ Zustandsänderung ohne Wärmezufuhr oder Wärmeentzug
Polytrope	→ Es können sich gleichzeitig alle Zustandsgrößen (*p*, *V* und *T*) ändern und es kann dabei Wärmeenergie zu- bzw. abgeführt werden.

16.2 Die Isobare

Die Bezeichnung **Isobare** kommt aus dem Griechischen (iso: gleich, bar: schwer ≙ Druck). Sie kennzeichnet somit eine Zustandsänderung bei konstantem Druck *p* und ist bereits auf Seite 126 beschrieben. Es wird hiermit vereinbart, daß der Anfangspunkt und der Endpunkt der Zustandsänderung mit einer Zahl bezeichnet wird. Bild 1 zeigt somit die beiden Möglichkeiten:

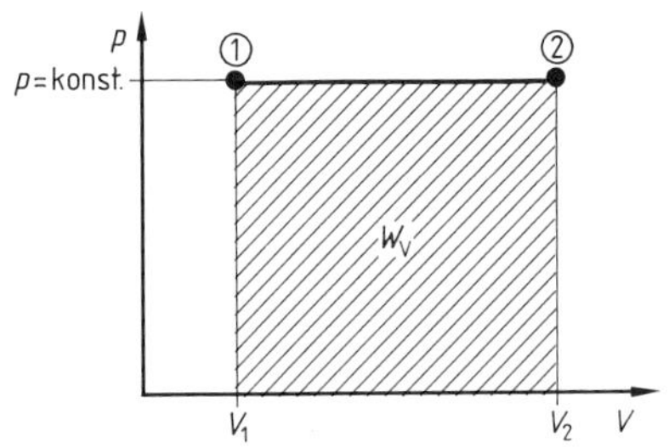

1

① → ②: **isobare Expansion** → Ausdehnung

② → ①: **isobare Kontraktion** → Zusammenziehung

Anmerkung zu ② → ①: In der Literatur wird manchmal auch von der **isobaren Kompression** gesprochen. Dies ist jedoch nicht aufrechtzuhalten, da eine Kompression gemäß ihrer Definition immer mit einer Drucksteigerung verbunden ist.

Aus dem **vereinigten Gasgesetz** (Gleichung 37–2) ergibt sich bei p = konst.: $\frac{V}{T}$ = konst., d.h. nach **Gay-Lussac** (Gleichung 35–2):

$$\frac{V_1}{T_1} = \frac{V_2}{T_2} \rightarrow \frac{V_1}{V_2} = \frac{T_1}{T_2} \rightarrow$$

Bei einer isobaren Expansion bzw. isobaren Kontraktion ändern sich die absoluten Temperaturen im gleichen Verhältnis, wie sich die Volumina ändern.

Aus dem p, V-Diagramm (Bild 1, Seite 130) ergibt sich unmittelbar die

Volumenänderungsarbeit bei ① → ②: abgegeben

$$W_v = p \cdot (V_2 - V_1) \qquad \boxed{131-1} \quad \text{in Nm}$$

Somit:

$W_v = p \cdot V_2 - p \cdot V_1$. Mit $p \cdot V = m \cdot R_i \cdot T$ wird
$W_v = m \cdot R_i \cdot T_2 - m \cdot R_i \cdot T_1$, d. h.:

Volumenänderungsarbeit bei ① → ②: abgegeben

$$W_v = m \cdot R_i \cdot (T_2 - T_1) \qquad \boxed{131-2} \quad \text{in Nm}$$

Da die Zustandsänderung bei p = konst. erfolgt, errechnet sich die

zugeführte Wärmeenergie

$$Q = m \cdot c_p \cdot (T_2 - T_1) \qquad \boxed{131-3} \quad \text{in J}$$

Anmerkung:

Verläuft die Zustandsänderung von ② → ①, dann muß W_v (Gleichung 131–1 und 131–2) zugeführt werden und es wird Q (Gleichung 131–3) abgegeben (reversible Zustandsänderung).

Wendet man nun den 1. Hauptsatz der Thermodynamik an, so erhält man:

$$Q = W_v + \Delta U$$
$$\Delta U = Q - W_v = m \cdot c_p \cdot (T_2 - T_1) - m \cdot R_i \cdot (T_2 - T_1).$$ Somit

Änderung der inneren Energie

$$\Delta U = m \cdot (T_2 - T_1) \cdot (c_p - R_i) \qquad \boxed{131-4} \quad \text{in J.}$$ Mit $c_v = c_p - R_i$:

$$\Delta U = m \cdot c_v \cdot (T_2 - T_1) \qquad \boxed{131\text{-}5} \quad \text{in J}$$

Anmerkung:

Bei ① → ②: Temperaturzunahme → Vergrößerung von U
Bei ② → ①: Temperaturabnahme → Verkleinerung von U

Interessant ist die Frage, wieviel Prozent der zugeführten Wärmeenergie in Volumenänderungsarbeit und wieviel Prozent in innere Energie umgewandelt werden. Dazu geht man wieder vom 1. Hauptsatz aus: $Q = W_v + \Delta U$. Die gestellte Frage kann dadurch beantwortet werden, daß die Größen des 1. Hauptsatzes ins Verhältnis zueinander gesetzt werden:

$$\frac{\mathbf{Q}}{\mathbf{W_v}} = \frac{m \cdot c_p \cdot (T_2 - T_1)}{m \cdot R_i \cdot (T_2 - T_1)} = \frac{\mathbf{c_p}}{\mathbf{R_i}}$$

$$\frac{\mathbf{Q}}{\mathbf{\Delta U}} = \frac{m \cdot c_p \cdot (T_2 - T_1)}{m \cdot (T_2 - T_1) \cdot (c_p - R_i)} = \frac{\mathbf{c_p}}{\mathbf{c_p - R_i}}$$

Bei einer isobaren Zustandsänderung kann das Verhältnis der Wärmemenge zur Volumenänderungsarbeit bzw. zur Änderung der inneren Energie unmittelbar auf Beziehungen zurückgeführt werden, die sich aus der spezifischen Wärme bei konstantem Druck und der speziellen Gaskonstante bilden lassen.

Die Beantwortung der Frage soll mit Hilfe der beiden folgenden Musteraufgaben erfolgen:

M 65. Wie bereits festgestellt, gilt **für Luft** im gesamten Temperaturbereich annähernd $c_p = 1000 \frac{J}{kg \cdot K}$. Berechnen Sie – unter dieser Voraussetzung – wieviel Prozent einer zugeführten Wärmemenge bei Luft in Volumenänderungsarbeit und wieviel Prozent in innere Energie umgewandelt wird.

Lösung:

$$\frac{Q}{W_v} = \frac{c_p}{R_i} = \frac{1000 \frac{J}{kg \cdot K}}{287{,}1 \frac{J}{kg \cdot K}} = 3{,}483 \longrightarrow \boldsymbol{W_v} = \frac{Q}{3{,}483} = \mathbf{0{,}287 \cdot Q \triangleq 28{,}7\%}$$

$$\frac{Q}{\Delta U} = \frac{c_p}{c_p - R_i} = \frac{1000 \frac{J}{kg \cdot K}}{(1000-287{,}1) \frac{J}{kg \cdot K}} = 1{,}403 \longrightarrow \Delta \boldsymbol{U} = \frac{Q}{1{,}403} = \mathbf{0{,}713 \cdot Q \triangleq 71{,}3\%}$$

Es werden somit **nur 28,7 % der zugeführten Wärmeenergie in Volumenänderungsarbeit** verwandelt, während der „Rest" der zugeführten Wärmeenergie zur Erhöhung der inneren Energie „verbraucht" wird.

M 66. Führen Sie – entsprechend Musteraufgabe M 65. – eine Untersuchung für das **Kältemittel Ammoniak** durch, und zwar

a) bei einer Temperatur $\vartheta_1 = 0\,°C$,

b) bei einer Temperatur $\vartheta_2 = 1600\,°C$.

Lösung: Mit den Werten des Bildes 1, Seite 128 ergibt sich für

a) $$\frac{Q}{W_v} = \frac{c_p}{R_i} = \frac{2000 \frac{J}{kg \cdot K}}{488{,}2 \frac{J}{kg \cdot K}} = 4{,}1 \longrightarrow \boldsymbol{W_v} = \frac{Q}{4{,}1} = \mathbf{0{,}244 \cdot Q \triangleq 24{,}4\%}$$

b) $$\frac{Q}{W_v} = \frac{c_p}{R_i} = \frac{4000 \frac{J}{kg \cdot K}}{488{,}2 \frac{J}{kg \cdot K}} = 8{,}2 \longrightarrow \boldsymbol{W_v} = \frac{Q}{8{,}2} = \mathbf{0{,}122 \cdot Q \triangleq 12{,}2\%}$$

Es ist zu erkennen:

> Mit der Erhöhung der Temperatur wird immer weniger der dem gasförmigen Stoff zugeführten Wärmeenergie in Volumenänderungsarbeit und immer mehr Wärmeenergie in innere Energie umgewandelt.

M 67. 3 m³ Luft von $\vartheta_1 = 16\,°C$ sollen bei konstantem Druck $p = 300\,000$ Pa auf $\vartheta_2 = 975\,°C$ erwärmt werden. Berechnen Sie

a) die erforderliche Wärmemenge Q,

b) die von der Luft verrichtete Volumenänderungsarbeit W_v,

c) die Erhöhung der inneren Energie ΔU der Luft,

d) das Luftvolumen V_2 nach der Erwärmung.

Lösung: a) $Q = m \cdot c_p \cdot (T_2 - T_1)$ Aus $p \cdot V = m \cdot R_i \cdot T$ errechnet sich

$$\boldsymbol{m} = \frac{p_1 \cdot V_1}{R_i \cdot T_1} = \frac{300\,000 \frac{N}{m^2} \cdot 3\,m^3}{287{,}1 \frac{Nm}{kg \cdot K} \cdot 289{,}15\,K} = \mathbf{10{,}84\,kg}$$

$$\boldsymbol{Q} = 10{,}84\,kg \cdot 1000 \frac{J}{kg \cdot K} \cdot 959\,K = \mathbf{10\,395\,560\,J}$$

b) $$\boldsymbol{W_v} = m \cdot R_i \cdot (T_2 - T_1) = 10{,}84\,kg \cdot 287{,}1 \frac{Nm}{kg \cdot K} \cdot 959\,K = \mathbf{2\,984\,565{,}3\,Nm}$$

c) $$\Delta \boldsymbol{U} = m \cdot \Delta T \cdot (c_p - R_i) = 10{,}84\,kg \cdot 959\,K \cdot (1000 - 287{,}1) \frac{J}{kg \cdot K} = \mathbf{7410994{,}7\,J}$$

Mit dem 1. Hauptsatz erfolgt eine Probe bezüglich der Rechnungen a), b), c):

$$Q = W_v + \Delta U$$

$$10\,395\,560\text{ J} = 2\,984\,565{,}3\text{ J} + 7\,410\,994{,}7\text{ J}$$

$$\mathbf{10\,395\,560\text{ J} = 10\,395\,560\text{ J}}$$

d) Nach Gay-Lussac ist $\frac{V_1}{T_1} = \frac{V_2}{T_2} \rightarrow V_2 = V_1 \cdot \frac{T_2}{T_1} = 3\text{ m}^3 \cdot \frac{1248{,}15\text{ K}}{289{,}15\text{ K}}$

$$\mathbf{V_2 = 12{,}95\text{ m}^3}$$

16.3 Die Isochore

Die Bezeichnung Isochore kommt ebenfalls aus dem Griechischen (iso: gleich, Chor: Platz bzw. Raum für Altäre). Sie bezeichnet somit eine Zustandsänderung bei konstantem Volumen, sowie dies im Bild 1 dargestellt ist. Es ist

①→②: **isochore Kompression**

②→①: **isochore Entspannung**

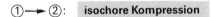

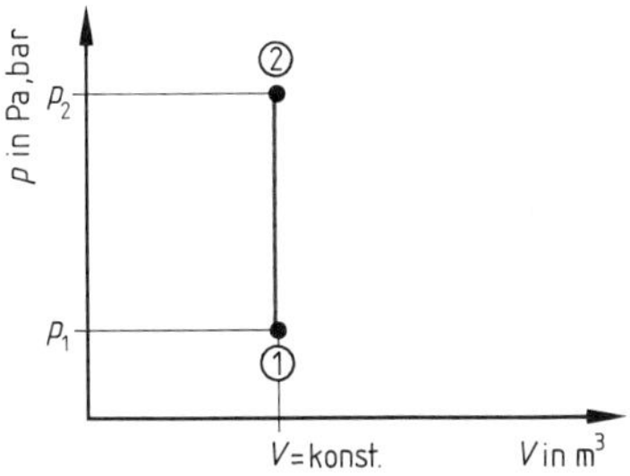

1

Aus dem **vereinigten Gasgesetz** (Gleichung 37–2) ergibt sich bei V = konst.: $\frac{p}{T}$ = konst., d. h. nach **Gay-Lussac** (Gleichung 36–1):

$\frac{p_1}{T_1} = \frac{p_2}{T_2}$ → $\frac{p_1}{p_2} = \frac{T_1}{T_2}$ → Bei einer isochoren Kompression bzw. bei einer isochoren Entspannung verändern sich die Drücke im gleichen Verhältnis wie die absoluten Temperaturen.

Aus dem p, V-Diagramm (Bild 1) ergibt sich unmittelbar **für die isochore Zustandsänderung** die

Volumenänderungsarbeit $W_v = 0$ 133–1

Da die Zustandsänderung bei V = konst. erfolgt, errechnet sich die

zugeführte Wärmeenergie bei ①→② $Q = m \cdot c_v \cdot (T_2 - T_1)$ 133–2 in J

Wendet man nun den 1. Hauptsatz an, so ergibt sich:

$Q = W_v + \Delta U$. Da aber $W_v = 0$ ist, erhält man die

Änderung der inneren Energie $\Delta U = Q = m \cdot c_v \cdot (T_2 - T_1)$ 133–3 in J

Bei einer isochoren Zustandsänderung wird die dem gasförmigen Stoff zugeführte Wärmeenergie vollkommen in innere Energie umgewandelt.

M 68. In einem Druckgefäß (mit konstantem Volumen) befinden sich m = 10,84 kg Luft von ϑ_1 = 16 °C und p_1 = 300 000 Pa. Durch Wärmezufuhr wird der Druck auf p_2 = 900 000 Pa erhöht.

a) Welche Temperatur ϑ_2 hat die Luft im erwärmten Zustand?

b) Wie groß muß die Wärmezufuhr Q bei $c_v = 720 \frac{\text{J}}{\text{kg} \cdot \text{K}}$ sein?

Lösung: a) $\frac{p_1}{p_2} = \frac{T_1}{T_2} \rightarrow T_2 = T_1 \cdot \frac{p_2}{p_1} = 289{,}15\,\text{K} \cdot \frac{900\,000\,\text{Pa}}{300\,000\,\text{Pa}} = 289{,}15\,\text{K} \cdot 3$

$T_2 = 867{,}45\,\text{K} \rightarrow \vartheta_2 = (T_2 - 273{,}15)\,°\text{C}$

$\boldsymbol{\vartheta_2 = 594{,}3\,°\text{C}}$

b) $Q = m \cdot c_v \cdot (T_2 - T_1) \qquad T_2 - T_1 = 867{,}45\,\text{K} - 289{,}15\,\text{K} = 578{,}3\,\text{K}$

$Q = 10{,}84\,\text{kg} \cdot 720 \frac{\text{J}}{\text{kg} \cdot \text{K}} \cdot 578{,}3\,\text{K}$

$\boldsymbol{Q = 4\,513\,515{,}8\,\text{J} = 4513{,}5\,\text{kJ}}$

16.4 Die Isotherme

Auch die Bezeichnung Isotherme hat in der altgriechischen Sprache ihren Ursprung, denn dort bedeutet „thermisch" soviel wie „Wärme bzw. Temperatur betreffend".

Die Isotherme kennzeichnet eine Zustandsänderung mit konstanter Temperatur.

Aus dem **vereinigten Gasgesetz** (Gleichung 37–2) ergibt sich bei T = konst. d. h. nach **Boyle-Mariotte** (Gleichung 33–1):

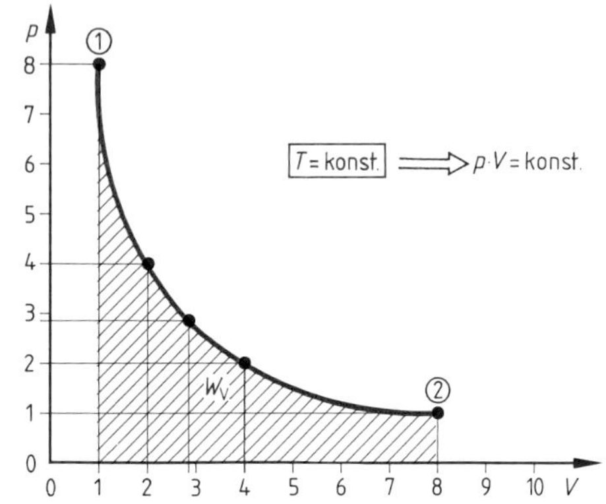

1

$p \cdot V = \text{konst.} \rightarrow p_1 \cdot V_1 = p_2 \cdot V_2 \rightarrow$ Bei einer **isothermen Kompression** ② → ① bzw. bei einer **isothermen Expansion** ① → ② ist das Produkt aus Druck und Volumen konstant.

Eine solche Zustandsänderung bildet sich im p, V-Diagramm als eine Hyperbel ab, und wenn Abszisse (V-Achse) und Ordinate (p-Achse) im gleichen Maßstab eingeteilt sind als eine gleichseitige Hyperbel (Bild 1).

Da bei der Isothermen die Temperatur konstant ist, ergibt sich für die

Änderung der inneren Energie $\quad \Delta U = 0 \quad$ 134–1

Mit der Anwendung des 1. Hauptsatzes $Q = W_v + \Delta U$ kommt man zu der Erkenntnis:

$$Q = W_v$$

Bei einer isothermen Zustandsänderung wird die dem geschlossenen System zugeführte Wärmeenergie völlig in Volumenänderungsarbeit und eine zugeführte mechanische Arbeit völlig in Wärmeenergie umgewandelt, d. h. es ist $\Delta U = 0$.

Die schraffierte Fläche unter der p, V-Linie des Bildes 1 stellt die Volumenänderungsarbeit W_v dar, und es stellt sich nun die Aufgabe, eine Gleichung zu entwickeln, mit deren Hilfe die Größe der Volumenänderungsarbeit berechnet werden kann. Dies ist nur durch die Inanspruchnahme der Integralrechnung – also nicht mit der elementaren Mathematik – möglich. Sollten Ihnen die Regeln der Integralrechnung nicht bekannt sein, dann überlesen Sie einfach die folgende Ableitung. Mit den erzielten Gleichungen 135–1 bis 135–9 läßt sich dann wieder relativ einfach rechnen.

Bei der Ableitung geht man von der bereits bekannten Definitionsgleichung für W_v aus. Es ist

$W_v = \Sigma(p \cdot \Delta V)$, und nach den Regeln der Integralrechnung wird daraus:

$W_v = \int_1^2 p \cdot \mathrm{d}V$. Für 1 kg des gasförmigen Stoffes ergibt sich

$W_v = \int_1^2 p \cdot \mathrm{d}v$. Da $p_1 \cdot v_1 = p \cdot v$, ist $p = \frac{p_1 \cdot V_1}{v}$. Dies eingesetzt ergibt:

$W_v = p_1 \cdot v_1 \cdot \int_1^2 \frac{\mathrm{d}v}{v}$. Nach Auflösung dieses Integrals erhält man schließlich

$W_v = p_1 \cdot v_1 \cdot \ln \frac{v_2}{v_1}$. Für eine beliebige Gasmenge m und bezogen auf Bild 1, Seite 134 wird somit die

Volumenänderungsarbeit
②→①: zugeführt

$$W_v = p_1 \cdot V_1 \cdot \ln \frac{v_1}{v_2} \quad \text{135–1} \quad \text{in Nm}$$

ln = natürlicher Logarithmus

Mit $p_1 \cdot V_1 = p_2 \cdot V_2$ ist

$$W_v = p_2 \cdot V_2 \cdot \ln \frac{v_1}{v_2} \quad \text{135–2} \quad \text{in Nm}$$

Aus $V = m \cdot v$ ergibt sich

$$W_v = p_1 \cdot V_1 \cdot \ln \frac{V_1}{V_2} \quad \text{135–3} \quad \text{in Nm bzw. auch}$$

$$W_v = p_2 \cdot V_2 \cdot \ln \frac{V_1}{V_2} \quad \text{135–4} \quad \text{in Nm}$$

Mit $p_1 \cdot V_1 = p_2 \cdot V_2$ ist auch $\frac{V_2}{V_1} = \frac{p_1}{p_2}$ bzw. $\frac{v_2}{v_1} = \frac{p_1}{p_2}$. Somit gilt auch

$$W_v = p_1 \cdot V_1 \cdot \ln \frac{p_2}{p_1} \quad \text{135–5} \quad \text{in Nm bzw. auch}$$

$$W_v = p_2 \cdot V_2 \cdot \ln \frac{p_2}{p_1} \quad \text{135–6} \quad \text{in Nm}$$

Bei einer isothermen Zustandsänderung errechnet sich die Volumenänderungsarbeit aus dem Produkt von Druck und Volumen an einer beliebigen Stelle der Zustandsänderung sowie dem natürlichen Logarithmus des Verhältnisses des Anfangs- und Endvolumens bzw. des Anfangs- und Enddruckes.

Anmerkung:

Legt man Bild 1, Seite 134, zugrunde, dann ist $V_2 > V_1$ bzw. $p_2 < p_1$. Unter dieser Voraussetzung führen die Gleichungen 135–1 bis 135–6 für $\boldsymbol{W_v}$ zu einem **negativen Wert**, d. h. dem System wird **Volumenänderungsarbeit zugeführt** und die äquivalente Wärmemenge wird abgeführt. Es handelt sich somit um eine **isotherme Kompression**.

Bei dem hierzu reversiblen Vorgang, d. h. bei der **isothermen Expansion** wird Wärmeenergie zugeführt und das Gas **verrichtet** die äquivalente **Volumenänderungsarbeit**, die dann das **positive Vorzeichen** erhält. Für diesen Fall ist die

Volumenänderungsarbeit
①→②: verrichtet (abgegeben)

$$W_v = p \cdot V \cdot \ln \frac{v_2}{v_1} \quad \text{135–7}$$

$$W_v = p \cdot V \cdot \ln \frac{V_2}{V_1} \quad \text{135–8}$$

$$W_v = p \cdot V \cdot \ln \frac{p_1}{p_2} \quad \text{135–9}$$

$p \cdot V = p_1 \cdot V_1 = p_2 \cdot V_2$

M 69. In einem Zylinder befindet sich bei $p_1 = 700\,000$ Pa und $\vartheta_1 = 20\,°C$ Luft mit dem Volumen $V_1 = 5\ m^3$. Diese wird isotherm auf $p_2 = 100\,000$ Pa entspannt. Berechnen Sie mit dem Taschenrechner den Wert des natürlichen Logarithmus und zwar

a) $\ln \frac{p_1}{p_2}$, b) $\ln \frac{p_2}{p_1}$.

Welche Feststellung machen Sie dabei?

Lösung: a) $\mathbf{\ln \frac{p_1}{p_2}} = \ln \frac{700\,000\ Pa}{100\,000\ Pa} = \ln 7 = \mathbf{1{,}9459}$

b) $\mathbf{\ln \frac{p_2}{p_1}} = \ln \frac{100\,000\ Pa}{700\,000\ Pa} = \ln \frac{1}{7} = \mathbf{-1{,}9459}$

Es errechnet sich jeweils der gleiche Zahlenwert, jedoch unterschieden durch das Vorzeichen. Gemäß den Ausführungen auf Seite 135 bedeutet: + ⟶ W_v wird abgegeben
− ⟶ W_v wird zugeführt.

M 70. Berechnen Sie für Musteraufgabe M 69.

a) das Endvolumen V_2,

b) die auf den Kolben übertragene Volumenänderungsarbeit W_v.

Zeichnen Sie zur Kontrolle das p, V-Diagramm in einem günstigen Maßstab und ermitteln Sie – die Verwendung von Millimeterpapier wird vorausgesetzt – durch das Auszählen der Kästchen die Größe von W_v.

Lösung: a) $\frac{p_1}{p_2} = \frac{V_2}{V_1} \longrightarrow \mathbf{V_2} = V_1 \cdot \frac{p_1}{p_2} = 5\,m^3 \cdot \frac{700\,000\ Pa}{100\,000\ Pa} = 5\,m^3 \cdot 7 = \mathbf{35\ m^3}$

b) $W_v = p_1 \cdot V_1 \cdot \ln\frac{V_2}{V_1} = 700\,000\frac{N}{m^2} \cdot 5\,m^3 \cdot \ln\frac{35\,m^3}{5\,m^3} = 700\,000 \cdot 5 \cdot 1{,}9459\ Nm$

$\mathbf{W_v = 6\,810\,650\ Nm}$

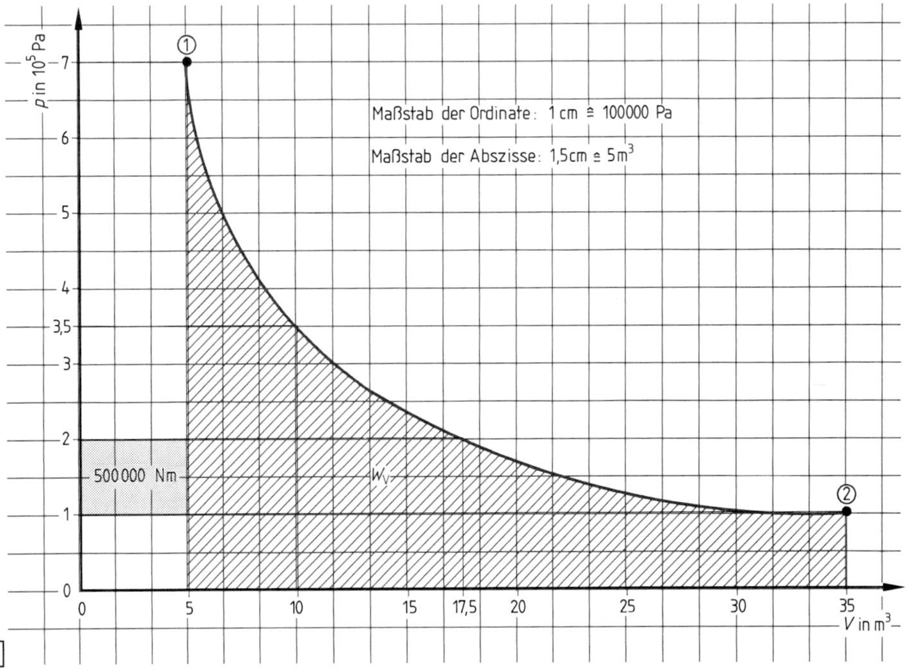

1

Im gewählten Maßstab entsprechen 1,5 cm^2 dem Wert $W_v = 500\,000$ Nm, d. h.:

$$\mathbf{1\ cm^2 \triangleq 333\,333\ Nm}$$

Durch das Auszählen der Kästchen (angeschnittene Kästchen zählt man zur Hälfte) ergibt sich eine Fläche von ca. 20,4 cm^2. Somit erhält man für

$$W_v = 20{,}4 \cdot 333\,333\ \text{Nm}$$

$$\mathbf{W_v = 6\,799\,993\ Nm}$$

Dieses Ergebnis entspricht ziemlich genau dem auf Seite 136 errechneten Wert.

Anmerkung:
Das Verfahren „Fläche auszählen" nennt man auch zeichnerische oder **„grafische Integration"**. Es gibt auch Geräte, mit denen durch das Umfahren der Fläche deren Größe ermittelt werden kann. Diese bezeichnet man als **Planimeter**.

16.5 Die Isentrope bzw. Adiabate

Im Punkt 16.1 wurde bereits festgestellt:

Bei einer **isentropen Zustandsänderung**, die man auch als **adiabate Zustandsänderung** bezeichnet, wird keine Wärmeenergie mit der Umgebung ausgetauscht.

Dies bedeutet, daß dem geschlossenen System weder Wärmeenergie zugeführt noch solche abgeführt wird, d. h.:

zu- bzw. abgeführte Wärmeenergie $\quad Q = 0 \quad$ [137–1]

Nach dem ersten Hauptsatz $\quad 0 = \Delta U + W_v$ ist die

Änderung der inneren Energie $\quad \Delta U = -W_v = +m \cdot c_v \cdot (T_2 - T_1) \quad$ [137–2]

Mit $c_v = \dfrac{R_i}{\varkappa - 1}$ wird $\quad W_v = -m \cdot \dfrac{R_i}{\varkappa - 1} \cdot (T_2 - T_1)$ bzw.

Volumenänderungsarbeit $\quad W_v = m \cdot \dfrac{R_i}{\varkappa - 1} \cdot (T_1 - T_2) \quad$ [137–3] $\quad$ in Nm

Analog der isothermen Zustandsänderung gilt:

Kompression ⟶ mechanische Arbeit wird zugeführt ⟶ $T_2 > T_1$ ⟶ **W_v ist negativ**

Expansion ⟶ mechanische Arbeit wird verrichtet ⟶ $T_2 < T_1$ ⟶ **W_v ist positiv**

Da $m \cdot R_i \cdot T_1 = p_1 \cdot V_1$ und $m \cdot R_i \cdot T_2 = p_2 \cdot V_2$ ist, gilt auch für die

Volumenänderungsarbeit $\quad W_v = \dfrac{1}{\varkappa - 1} \cdot (p_1 \cdot V_1 - p_2 \cdot V_2) \quad$ [137–4] $\quad$ in Nm

Mit Hilfe der Integralrechnung ergibt sich aus

$$W_v = m \cdot \frac{R_i}{\varkappa - 1} \cdot (T_1 - T_2) = \Sigma (p \cdot \Delta V) = \int_1^2 p \cdot \mathrm{d}V$$ die

Isentropenfunktion
(Adiabatenfunktion) $\quad p \cdot V^{\varkappa} = \text{konst.} \quad$ [137–5] ⟶ $\quad p_1 \cdot V_1^{\varkappa} = p_2 \cdot V_2^{\varkappa}$

Die isentrope (adiabate) Zustandsänderung ist dadurch gekennzeichnet, daß an jeder Stelle der Zustandsfunktion das Produkt aus Druck und „Volumen hoch Kappa" konstant ist.

Definitionsgemäß ist dabei $\varkappa = \frac{c_p}{c_v}$,
und **nun ist auch die Bezeichnung Isentropenexponent bzw. Adiabatenexponent erklärt.**
Ist also $\varkappa$ bekannt (z. B. $\varkappa_{Luft} = 1{,}4$), dann kann auch für die Isentrope die Funktion gezeichnet werden. Dies zeigt Bild 1; es ist das p, V-Diagramm der Isentropen. Dabei ist:

①⟶②: **isentrope Expansion**

②⟶①: **isentrope Kompression** 1

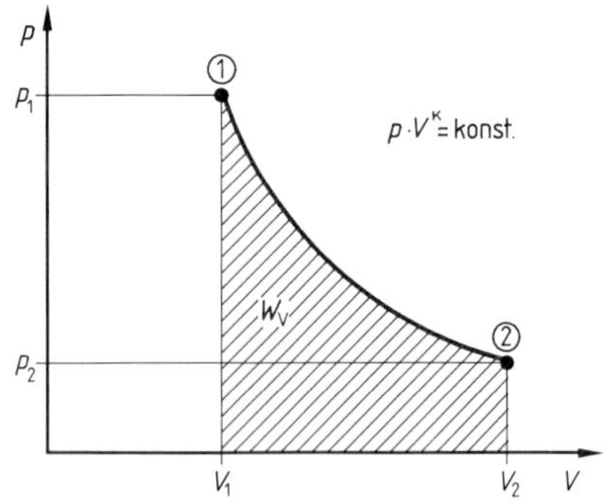

M 71. Es sollen $V_1 = 15\,m^3$ Luft von $\vartheta_1 = 20\,°C$ und $p_1 = 0{,}1$ MPa isentrop auf $p_2 = 1{,}0$ MPa verdichtet werden. Gemäß Bild 1 verläuft die Zustandsänderung also von ②⟶①. Bestimmen Sie bei $\varkappa_{Luft} = 1{,}4$ (Tabelle Seite 125)

a) das Endvolumen V_2,

b) die Endtemperatur ϑ_2,

c) die von der Luft aufgenommene Volumenänderungsarbeit W_v,

d) die Änderung der inneren Energie ΔU,

e) die Luftmasse m.

Lösung: a) $p_1 \cdot V_1^{\varkappa} = p_2 \cdot V_2^{\varkappa}$

$$\frac{p_2}{p_1} = \frac{1{,}0\,\text{MPa}}{0{,}1\,\text{MPa}} = 10 = \frac{V_1^{\varkappa}}{V_2^{\varkappa}} \longrightarrow V_2^{\varkappa} = \frac{V_1^{\varkappa}}{10}$$

$$V_2 = \sqrt[\varkappa]{\frac{V_1^{\varkappa}}{10}} = \frac{V_1}{\sqrt[\varkappa]{10}} = \frac{15\,m^3}{\sqrt[1{,}4]{10}}$$

$$\mathbf{V_2} = \frac{15\,m^3}{5{,}1795} = \mathbf{2{,}896\,m^3}$$

b) $$\frac{p_1 \cdot V_1}{T_1} = \frac{p_2 \cdot V_2}{T_2} \longrightarrow T_2 = T_1 \cdot \frac{p_2}{p_1} \cdot \frac{V_2}{V_1} = 293{,}15\,K \cdot \frac{1{,}0\,\text{MPa}}{0{,}1\,\text{MPa}} \cdot \frac{2{,}896\,m^3}{15\,m^3}$$

$$T_2 = 565{,}975\,K \longrightarrow \vartheta_2 = (565{,}975 - 273{,}15)\,°C$$

$$\boldsymbol{\vartheta_2} = \mathbf{292{,}825\,°C}$$

c) $$W_v = \frac{1}{\varkappa - 1} \cdot \left(p_1 \cdot V_1 - p_2 \cdot V_2\right)$$

$$W_v = \frac{1}{1{,}4-1} \cdot \left(100\,000\,\frac{N}{m^2} \cdot 15\,m^3 - 1\,000\,000\,\frac{N}{m^2} \cdot 2{,}896\,m^3\right)$$

$$W_v = \frac{1}{0{,}4} \cdot \left(1\,500\,000\,\text{Nm} - 2\,896\,000\,\text{Nm}\right) = \frac{1}{0{,}4} \cdot \left(-1\,396\,000\,\text{Nm}\right)$$

$$\mathbf{W_v = -3\,490\,000\,Nm}$$

Anmerkung: Das Minuszeichen besagt, daß die errechnete Volumenänderungsarbeit dem Gas zugeführt werden mußte, um es zu verdichten.

d) $\Delta U = -W_v = -(-3\,490\,000\,\text{Nm})$

$\mathbf{\Delta U = 3\,490\,000\,J}$

e) Mit $W_v = m \cdot \frac{R_i}{\varkappa - 1} \cdot (T_1 - T_2)$ wird

$$m = \frac{W_v \cdot (\varkappa - 1)}{R_i \cdot (T_1 - T_2)} = \frac{-3490000\,\text{Nm} \cdot 0{,}4}{287{,}1\,\frac{\text{Nm}}{\text{kg} \cdot \text{K}} \cdot (293{,}15\,\text{K} - 565{,}975\,\text{K})} = \frac{-3490000\,\text{Nm} \cdot 0{,}4}{287{,}1\,\frac{\text{Nm}}{\text{kg} \cdot \text{K}} \cdot (-272{,}825\,\text{K})}$$

$$\boldsymbol{m = 17{,}82\,\text{kg}}$$

16.6 Die Polytrope

Die bisher betrachteten Zustandsänderungen

Isobare : p = konst.
Isochore : V = konst.
Isotherme : T = konst.
Isentrope : $\Delta Q = 0$

waren alle sehr speziell und sie sind dadurch gekennzeichnet, daß sich jeweils eine Zustandsgröße nicht ändert. In der technischen Praxis sind aber solche Bedingungen i. d. R. nicht einzuhalten, d. h. p, V, T, Q, W_v ändern sich in kurzen zeitlichen Abständen ständig. Man denke hierbei nur einmal an eine **Brennkraftmaschine** oder an eine **Kälteanlage**.

Eine Zustandsänderung, bei der sich gleichzeitig alle thermodynamischen Zustandsgrößen ändern, heißt **allgemeine Polytrope**.

Die Bezeichnung **Polytrope** erklärt sich aus ihrer Definition. Sie kommt aus dem Griechischen und bedeutet soviel wie **vielgestaltig**.

Die thermodynamische Handhabung der Polytrope entspricht völlig der thermodynamischen Handhabung der Isentrope (Adiabate).

Der Unterschied liegt lediglich im Exponenten. Man unterscheidet:

Isentrope (Adiabate) ⟶ Isentropenexponent $\varkappa$
Polytrope ⟶ Polytropenexponent n

} $n \neq 1$, $n \neq \varkappa$

16.6.1 Zusammenhang zwischen Polytropenexponent und Zustandsänderung

Alle Zustandsänderungen, die dem Gesetz $p \cdot V^n$ = konst. folgen, heißen Polytropen.

Der Polytropenexponent kann jeden Wert zwischen $-\infty$ und $+\infty$ annehmen, und es ist leicht zu erkennen, daß den bisher behandelten Zustandsänderungen bestimmte Polytropenexponenten entsprechen.

Dieser Zusammenhang ist im p, V-Diagramm (Bild 1) dargestellt. Es ergeben sich die folgenden **speziellen Polytropen**:

$\boldsymbol{n = 1}$ ⟶ $p \cdot V$ = konst. ⟶ **Isotherme**
$\boldsymbol{n = \varkappa}$ ⟶ $p \cdot V^{\varkappa}$ = konst. ⟶ **Isentrope**
$\boldsymbol{n = 0}$ ⟶ p = konst. ⟶ **Isobare**
$\boldsymbol{n = \pm\infty}$ ⟶ V = konst. ⟶ **Isochore**

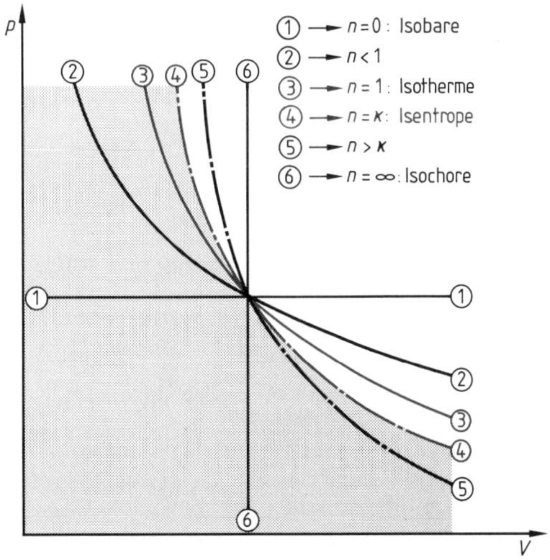

1

16.6.2 Die Berechnung der polytropen Zustandsgrößen

Unter dem Gesichtspunkt, daß die bisher besprochenen Zustandsänderungen spezielle Polytropen sind – und dies gilt somit auch für die Isentrope – bestätigt sich die Behauptung, daß die thermodynamische Handhabung der Polytrope der thermodynamischen Handhabung der Isentrope (Adiabate) entspricht. Für die

allgemeine Polytrope, d. h. $n \neq 1$ und $n \neq \varkappa$ gilt somit:

Polytropenfunktion $\quad p \cdot V^n = \text{konst.}$ $\quad$ [140–1]

Volumenänderungsarbeit

$$W_v = m \cdot \frac{R_i}{n-1} \cdot (T_1 - T_2) \quad \boxed{140-2} \quad \text{in Nm}$$

$$W_v = \frac{1}{n-1} \cdot (p_1 \cdot V_1 - p_2 \cdot V_2) \quad \boxed{140-3} \quad \text{in Nm}$$

Auch hier gilt für $\quad$ Kompression : W_v ist negativ (–)
$\quad$ Expansion : W_v ist positiv (+)

Da bei der polytropen Zustandsänderung eine Temperaturänderung erfolgt, ist die

Änderung der inneren Energie $\quad \Delta U \neq 0 \longrightarrow \Delta U = m \cdot c_v \cdot (T_2 - T_1)$ $\quad$ [140–4] $\quad$ in J

Mit der Anwendung des 1. Hauptsatzes $Q = W_v + \Delta U$ ergibt sich die

zugeführte Wärmeenergie

$$Q = m \cdot \frac{R_i}{n-1} \cdot (T_1 - T_2) + m \cdot c_v \cdot (T_2 - T_1) \quad \boxed{140-5} \quad \text{in J}$$

M 72. In Musteraufgabe M 71. wurde Luft isentrop verdichtet. Wie groß ist die aus dem geschlossenen System fließende Wärmeenergie, wenn die Verdichtung polytrop mit $n = 1{,}6$ – sonst aber gleichen Daten – erfolgt?

Lösung: $Q = m \cdot \frac{R_i}{n-1} \cdot (T_2 - T_1) + m \cdot c_v \cdot (T_2 - T_1)$

$$Q = 17{,}82\,\text{kg} \cdot \frac{287{,}1 \frac{\text{J}}{\text{kg} \cdot \text{K}}}{1{,}6-1} \cdot 272{,}825\,\text{K} + 17{,}82\,\text{kg} \cdot 720\,\frac{\text{J}}{\text{kg} \cdot \text{K}} \cdot (-272{,}825\,\text{K})$$

$$Q = 2\,326\,343{,}31\,\text{J} - 3\,500\,453{,}88\,\text{J}$$

$$\mathbf{Q = -1\,174\,110{,}57\,J}$$

Ü 140. 5 kg Luft haben eine Temperatur von $\vartheta_1 = 10\,°\text{C}$ und einen absoluten Druck $p_1 = 500\,000$ Pa. Bei konstantem Druck – also isobar – werden $Q_1 = 350$ kJ an Wärmeenergie zugeführt.
Berechnen Sie T_2 und V_2 bei $c_p = 1000\,\frac{\text{J}}{\text{kg} \cdot \text{K}}$.

Ü 141. Welche Wärmemenge Q_2 muß der Luft in Aufgabe Ü 140. entnommen werden, wenn bei konstantem Volumen – also isochor – die Temperatur ϑ_2 wieder auf die Temperatur ϑ_1 bei $c_v = 720\,\frac{\text{J}}{\text{kg} \cdot \text{K}}$ gesenkt wird?

Ü 142. Ein Kompressor saugt 1 m^3 Luft von 17 °C und 98 000 Pa aus der Atmosphäre an und verdichtet diese bei T = konst. – also isotherm – auf 0,7 MPa.
a) Zeichnen Sie das p, V-Diagramm.
b) Berechnen Sie die der Luft zugeführte Volumenänderungsarbeit W_v.
c) Wie groß ist die abgeführte Wärmeenergie?

Ü 143. Was versteht man a) im weiteren Sinn,
b) im engeren Sinn unter einer Polytrope?

Ü 144. Es werden 4 kg Stickstoff polytrop auf einen Enddruck p_2 = 150000 Pa entspannt. Die Temperatur des Stickstoffes sinkt dabei von ϑ_1 = 25 °C auf ϑ_2 = –35 °C. Berechnen sie die abgegebene Volumenänderungsarbeit W_v, wenn der Polytropenexponent n = 1,2 ist.

V 136. 3 m³ Sauerstoff von 30 °C und 3 bar werden bei konstantem Druck auf 530 °C erwärmt.
a) Ermitteln Sie mit Hilfe des Bildes 1, Seite 128, c_{pm} (Zirkawert).
b) Welche Wärmemenge Q muß zugeführt werden?
c) Welche Raumänderungsarbeit W_v wird dabei verrichtet?
d) Wie groß ist die Änderung der inneren Energie?

V 137. Ein geschlossener Behälter mit einem Innenvolumen von V = 3 m³ beinhaltet Sauerstoff von 30 °C und 3 bar (Daten von V 136.). Der Sauerstoff soll bei konstantem Volumen auf ϑ_2 = 530 °C erwärmt werden. Wie groß ist die hierfür erforderliche Wärmeenergie?

V 138. Bei konstanter Temperatur ϑ = 20 °C sollen V_1 = 50 m³ Luft von p_1 = 1 bar auf p_2 = 8 bar verdichtet werden. Berechnen Sie
a) das Endvolumen V_2,
b) die Volumenänderungsarbeit W_v,
c) die für die Wärmeabfuhr erforderliche Kühlwassermenge, wenn dieses eine Eintrittstemperatur ϑ_1 = 14 °C und eine Austrittstemperatur ϑ_2 = 28 °C hat.

V 139. Die Verdichtung der Luft in Vertiefungsaufgabe V 138. soll isentrop (adiabatisch) erfolgen. Berechnen Sie bei $\varkappa$ = 1,4
a) das Endvolumen V_2,
b) die Endtemperatur ϑ_2,
c) die Volumenänderungsarbeit W_v,
d) die Änderung der inneren Energie ΔU.

V 140. Die Verdichtung der Luft in Vertiefungsaufgabe V 138. erfolgt mit n = 1,25 in polytropischer Form. Berechnen Sie
a) das Endvolumen V_2,
b) die Endtemperatur ϑ_2,
c) die Volumenänderungsarbeit W_v,
d) die Änderung der inneren Energie ΔU,
e) die für die Wärmeabfuhr erforderliche Kühlwassermenge, wenn dieses – wie in Vertiefungsaufgabe V 138. – eine Eintrittstemperatur ϑ_1 = 14 °C und eine Austrittstemperatur ϑ_2 = 28 °C hat.

V 141. 2 m³ Luft haben einen absoluten Druck von 150000 Pa und eine Temperatur von 23 °C. Die Luft wird isobar auf 150 °C erwärmt. Wie verhalten sich dabei die Zustandsgrößen Q, W_v und ΔU?

Lektion 17

Die Kreisprozesse im *p, V*-Diagramm (Arbeitsdiagramm) und zweiter Hauptsatz der Thermodynamik

17.1 Begriff des Kreisprozesses

In Lektion 15 wurde Grundsätzliches über die Umwandlung von Wärmeenergie in mechanische Arbeit gesagt. Dort wurde durch die Ausdehnung eines gasförmigen Stoffes auf einen in einem Zylinder befindlichen Kolben eine mechanische Arbeit übertragen. Dieser Vorgang ist nochmals in Bild 1 in Verbindung mit dem entsprechenden *p, V*-Diagramm (Bild 2) dargestellt. Bekanntlich gilt:

1

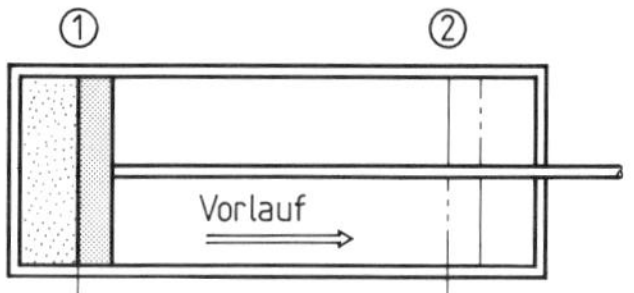

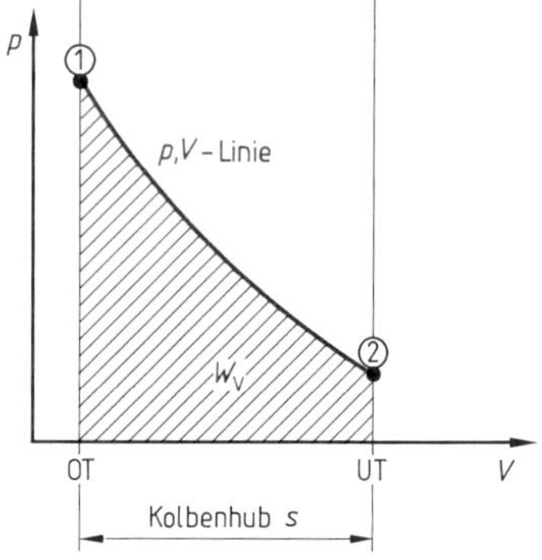

Die auf den Kolben übertragene Volumenänderungsarbeit W_v wird durch die Fläche unter der *p, V*-Linie dargestellt.

Dabei wurde der Kolben von der Stellung ① in die Stellung ② geschoben und so wurde eine

einmalige Kolbenarbeit

2

verrichtet. In Lektion 16 wurden dann die verschiedenen Möglichkeiten der Verrichtung einer solch einmaligen Volumenänderungsarbeit mit Hilfe der verschiedenen **Zustandsänderungen**, z. B. durch eine isotherme Zustandsänderung, erarbeitet.

Nach dem bisher Gelernten versteht es sich von selbst, daß eine solch einmalige Kolbenarbeit technisch sinnlos ist. Da eine Wärmekraftmaschine andauernd, d. h. periodisch, mechanische Arbeit „liefern" soll, muß der Kolben wieder von der Stellung ② in die Stellung ① gebracht werden. Erst dann kann wieder mechanische Arbeit auf den Kolben übertragen werden.

Soll in einer Wärmekraftmaschine periodisch Wärmeenergie in mechanische Arbeit umgewandelt werden, dann genügt hierzu eine einzelne Zustandsänderung nicht. Der Kolben muß vielmehr durch eine zweite Zustandsänderung in seine Ausgangslage zurückgebracht werden.

Im Gegensatz zur ersten Zustandsänderung wird – da der Kolben zurückgeschoben wird – mechanische Arbeit auf diesen übertragen. Dabei ändert sich die innere Energie und/oder es wird Wärmeenergie aus dem System herausfließen. Soll aber die Wärmekraftmaschine periodisch Arbeit liefern, dann muß die bei der ersten Zustandsänderung gelieferte mechanische Arbeit größer sein als die für die zweite Zustandsänderung erforderliche Arbeit. Andernfalls würde die beim Arbeitshub (**Vorlauf**) gewonnene Arbeit wieder vollständig zur Herstellung des Ausgangszustandes (**Rücklauf**) verbraucht.

Bei einer periodischen Arbeitsabgabe einer Wärmekraftmaschine muß die erste Zustandsänderung ① ⟶ ② einen anderen Verlauf haben als die zweite Zustandsänderung ② ⟶ ①. Dabei muß die Bedingung $\boldsymbol{W_{v12} > W_{v21}}$ erfüllt sein.

Anmerkung: Für die Aufrechterhaltung wärmetechnischer Prozesse zur Erzeugung mechanischer Arbeit sind immer mehr als zwei Zustandsänderungen erforderlich. Dies wird im Abschnitt 17.5 „Die Kreisprozesse der Wärmekraftmaschinen" deutlich.

Wird bei einem thermodynamischen Prozeß durch das Ablaufen mehrerer Zustandsänderungen wieder der Ausgangszustand erreicht, dann ist dies ein **geschlossener Prozeß** oder **Kreisprozeß**.

17.2 Der Betrag der Nutzarbeit

Um eine allgemeine Aussage über den Betrag der **Nutzarbeit W_n**, d. h. der beim Kreisprozeß gewonnenen Arbeit machen zu können, soll nun – entgegen der Realität – ein Kreisprozeß dargestellt werden, der aus zwei Zustandsänderungen besteht, die zunächst nicht näher definiert sein müssen. Auch bei diesem **Gedankenmodell** müssen die Bedingungen

$W_{v12} > W_{v21}$ und der erste Hauptsatz $Q = W_v + \Delta U$ Gültigkeit haben.

Bild 1 zeigt den **Vorlauf**: ① ⟶ ②. Dabei ist:

Q_{12} = zugeführte Wärmeenergie

W_{v12} = abgegebene Volumenänderungsarbeit

Bei diesem Vorgang ändert sich – außer bei einer isothermen Zustandsänderung – auch die innere Energie, und dies beschreibt der

1. Hauptsatz $Q_{12} = W_{v12} + (U_2 - U_1)$

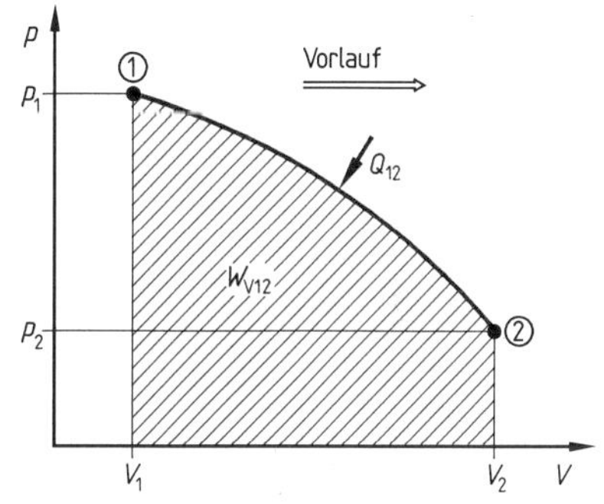

1

Bild 2 zeigt den **Rücklauf**: ② ⟶ ①.

Dabei ist

Q_{21} = abgegebene Wärmeenergie

W_{v21} = zugeführte Volumenänderungsarbeit

Im Gegensatz zum Vorlauf sind somit die „Richtungen" von Q und W_v umgekehrt. Demgemäß lautet der

1. Hauptsatz $-Q_{21} = -W_{v21} + (U_1 - U_2)$

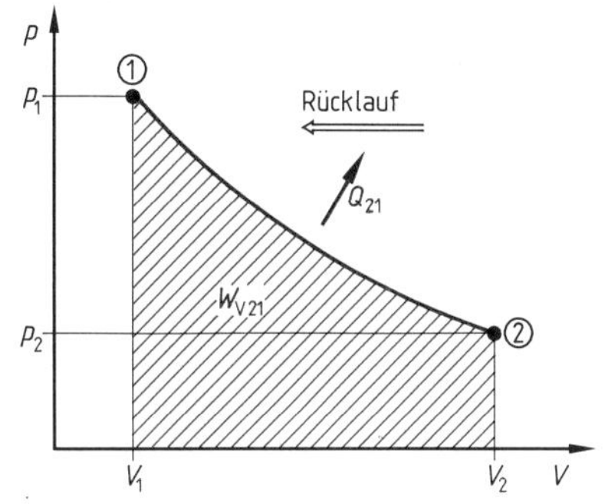

2

Bedingt durch das Gleichheitszeichen kann man den 1. Hauptsatz auch als **Energiebilanz** bezeichnen. Durch die Addition dieser Energiebilanzen für den Vorlauf und den Rücklauf ergibt sich der Betrag der Nutzarbeit wie folgt:

$$\begin{array}{lcl} \text{Vorlauf} & : & Q_{12} = W_{v12} + (U_2 - U_1) \\ \text{Rücklauf} & : & -Q_{21} = -W_{v21} + (U_1 - U_2) \end{array} \quad +$$

Nutzarbeit $W_n = Q_{12} - Q_{21} = W_{v12} - W_{v21}$ 143–1 in J = Nm

Bild 3 zeigt das Ergebnis der zeichnerischen Addition der beim Vorlauf abgegebenen Volumenänderungsarbeit W_{v12} (Bild 1) und der beim Rücklauf zugeführten Volumenänderungsarbeit W_{v21} (Bild 2). Es ist feststellbar, daß ein geschlossener Prozeß, d. h. ein **Kreisprozeß** vorliegt. Bild 3 zeigt somit einen

Kreisprozeß im p, V-Diagramm

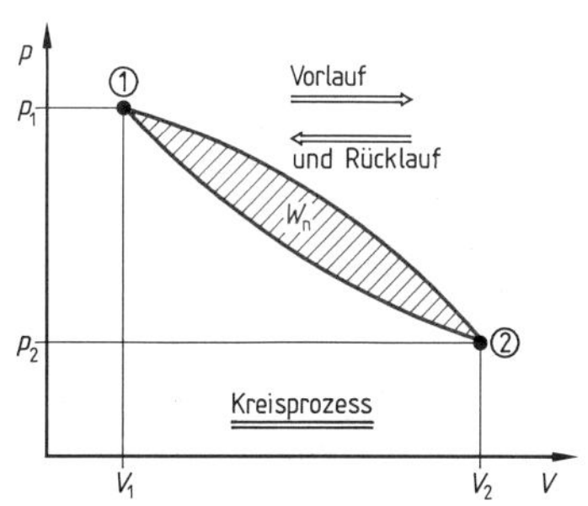

3

Gleichung 143–1 läßt erkennen:

Die bei einem Kreisprozeß gewonnene mechanische Arbeit errechnet sich entweder aus der Summe der am Kreisprozeß beteiligten Wärmeenergien oder aus der Summe der am Kreisprozeß beteiligten Volumenänderungsarbeiten.

17.3 Der zweite Hauptsatz der Thermodynamik

Gemäß Bild 1 soll nun nochmals der im Bild 3, Seite 143, dargestellte Kreisprozeß erörtert werden, und zwar bei beliebig angenommener, jedoch gleicher Kolbenstellung bei Vorlauf **und** Rücklauf. Somit

Vorlauf: Punkt ⓐ mit p_a und V_a
Rücklauf: Punkt ⓑ mit p_b und V_b.

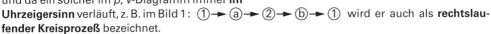

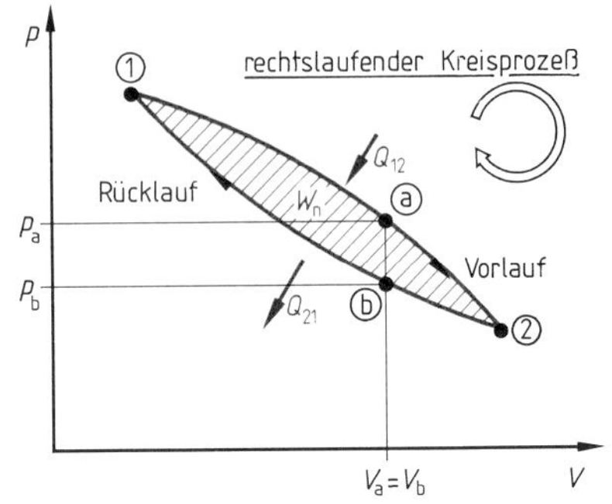

1

Da die mechanische Arbeit W_n von der Maschine abgegeben wird, bezeichnet man einen solchen Kreisprozeß auch als **Kraftmaschinenprozeß** oder **motorischen Kreisprozeß**, und da ein solcher im p, V-Diagramm immer **im Uhrzeigersinn** verläuft, z. B. im Bild 1: ①→ ⓐ→ ②→ ⓑ→ ① wird er auch als **rechtslaufender Kreisprozeß** bezeichnet.

Anmerkung: Der **linkslaufende Kreisprozeß** (**Wärmepumpenprozeß** bzw. **Kältemaschinenprozeß**) wird aus methodischen Gründen erst später – in Lektion 18 – besprochen.

Um nun eine Aussage über ein sehr wichtiges thermodynamisches Gesetz, welches als der **zweite Hauptsatz der Thermodynamik** bezeichnet wird, machen zu können, teilt man zweckmäßig die für die Punkte ⓐ und ⓑ des Bildes 1 geltenden allgemeinen Zustandsgleichungen durcheinander. Damit ergibt sich das Folgende:

Vorlauf: $p_a \cdot V_a = m \cdot R_i \cdot T_a$

Rücklauf: $p_b \cdot V_b = m \cdot R_i \cdot T_b$

$$: \longrightarrow \frac{p_a \cdot V_a}{p_b \cdot V_b} = \frac{m \cdot R_i \cdot T_a}{m \cdot R_i \cdot T_b}$$

Setzt man nun noch $V_a = V_b$, so erhält man durch Kürzen das Ergebnis

$$\frac{p_a}{p_b} = \frac{T_a}{T_b}$$

. Da $\boldsymbol{p_a} > \boldsymbol{p_b}$ ist, kann unmittelbar gefolgert werden:

$$T_a > T_b$$

Dies heißt aber, daß die Wärmeenergie Q_{12} bei höheren Temperaturen zugeführt als die Wärmeenergie Q_{21} abgeführt wird. Damit wird der erste Hauptsatz der Thermodynamik eingeschränkt und diese Aussage erhält die Bezeichnung

Zweiter Hauptsatz der Thermodynamik:

Wärmeenergie kann nur dann in mechanische Arbeit umgewandelt werden, wenn zwischen Vorlauf und Rücklauf des Kreisprozesses ein Temperaturgefälle vorhanden ist.

Im **Abschnitt 18.3** (Seiten 160 bis 162) wird der **zweite Hauptsatz der Thermodynamik** nochmals in Verbindung mit anderen physikalischen Zustandsänderungen und auch in seiner allgemeinsten Form erläutert. Dort werden Sie erkennen, daß dieses Naturgesetz (2. HS) auch eine außerordentlich große Bedeutung in vielen anderen technisch-physikalischen Bereichen, d. h. nicht nur in der Wärmelehre, hat.

Eine nochmalige Betrachtung des Bildes 3, Seite 143, liefert uns nun eine Rechengröße, die eine eindeutige Aussage über die Ausnutzbarkeit der dem Prozeß zugeführten Wärmeenergie macht.

Es ist der **thermische Wirkungsgrad**:

17.4 Der thermische Wirkungsgrad

Im Abschnitt 14.2.1.1.1 wurde gesagt, daß eine Kolbendampfmaschine einen kleinen **thermischen Wirkungsgrad** hat und daß deshalb solche Maschinen – wegen der schlechten Energieausnutzung – kaum noch gebaut werden. Es ist auch schon bekannt, daß der Wirkungsgrad angibt, wieviel Prozent der zugeführten Energie von der Kraftmaschine wieder als **Nutzarbeit W_n** abgegeben werden. Daraus ergibt sich die Forderung:

Der thermische Wirkungsgrad einer Brennkraftmaschine soll so groß wie möglich sein.

Im Abschnitt 17.2 wurde eine Methode entwickelt, mit welcher der Betrag der Nutzarbeit W_n ermittelt werden konnte. Es ist die

Nutzarbeit $W_n = Q_{12} - Q_{21}$

Bild 1:
Während also die Differenz von zu- und abgeführter Wärmeenergie $Q_{12} - Q_{21}$ von der Maschine genutzt wird, geht die Wärmemenge Q_{21} ungenutzt durch die Maschine. Es versteht sich von selbst, daß die Güte einer Wärmekraftmaschine dann als hoch angegeben werden kann, wenn wenig Wärmeenergie ungenutzt durch die Maschine geht. Auskunft hierüber gibt der **thermische Wirkungsgrad η_{th}**.

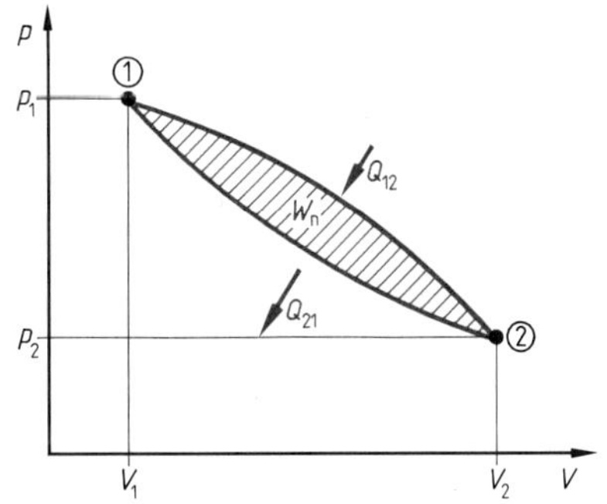

1

Zur Definition desselben wird die allgemeine Definition des Wirkungsgrades (siehe Dynamik) herangezogen. Diese lautet:

Unter dem Wirkungsgrad versteht man den Quotienten aus der von der Maschine abgegebenen Energie (Nutzarbeit W_n) und der aufgewendeten Energie W_a bzw. Q_a.

Bezieht man diese Definition auf die am Kreisprozeß beteiligten Wärmeenergien, dann ergibt sich für den

thermischen Wirkungsgrad $\eta_{th} = \dfrac{Q_n}{Q_a}$ 145–1 Q_n = Nutzwärme, Q_a = aufgewendete Wärme

Somit auch $\eta_{th} = \dfrac{Q_{12} - Q_{21}}{Q_{12}} = 1 - \dfrac{Q_{21}}{Q_{12}}$ 145–2 < 1

Wendet man nun die Gleichung 143–1: $\boldsymbol{W_n = Q_{12} - Q_{21} = W_{v12} - W_{v21}}$ an, dann erhält man für den

thermischen Wirkungsgrad $\eta_{th} = \dfrac{W_n}{Q_a} = \dfrac{W_{v12} - W_{v21}}{Q_{12}}$ 145–3

Der thermische Wirkungsgrad kann aus dem Quotienten von Nutzwärme und aufgewendeter Wärme oder aus dem Verhältnis von Nutzarbeit und aufgewendeter Wärme berechnet werden.

Anmerkung: Bei der Berechnung des thermischen Wirkungsgrades η_{th} wird die Nutzarbeit W_n aus der Differenz der Flächen im p, V-Diagramm ermittelt. →

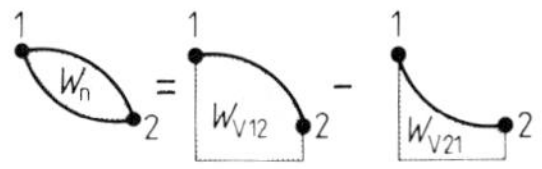

2

17.5 Die Kreisprozesse der Wärmekraftmaschinen

17.5.1 Idealprozesse und Realprozesse

Bei den Wärmekraftmaschinen müssen zwei verschiedene Systeme voneinander unterschieden werden. Man unterscheidet das **geschlossene System** vom **offenen System** (siehe auch 15.3).

Geschlossenes System: Die Wärmeenergie wird mittels Wärmeleitung durch geschlossene Wände von außen in das im System strömende Fluid (Flüssigkeit, Gas, Dampf) übertragen, z. B. von einem Feuerungsraum in einen Heizkessel. Somit stellt z. B. die Dampfkraftmaschine ein geschlossenes System dar.

Offenes System: Reaktionswärmen werden durch Reaktion der Brennstoffe mit Sauerstoff in der Maschine freigesetzt. Alle Brennkraftmaschinen stellen somit offene Systeme dar, da dem System Brennstoff und Luft (Sauerstoff) zugeführt und die Abgase abgeführt werden.

Alle Kreisprozesse werden in geschlossenen oder in offenen Systemen realisiert.

Beim Prozeßablauf wird durch Energieaustausch mit der Umgebung eine ständige Veränderung dieser Umgebung vorgenommen, sei es, daß durch Reibung die Fluide an den Gefäßwänden mechanische Energie in Wärmeenergie umgewandelt wird oder daß einfach nur Wärmeenergie vom Ort der hohen Temperatur zum Ort der niedrigen Temperatur (siehe Lektionen 21 bis 26) fließt. Es treten somit „Energieverluste" während des Prozeßablaufes ein und dies bedeutet, daß die theoretisch **reversiblen Prozesse** in der technischen Praxis zu praktisch **irreversiblen Prozessen** werden.

Man bezeichnet einen Kreisprozeß als **reversibel oder umkehrbar**, wenn der Anfangszustand ohne Änderung der Umgebung erreicht wird.

Der reversible Kreisprozeß stellt also einen praktisch nicht durchführbaren **Idealprozeß** dar, mit dem die praktisch realisierten Kreisprozesse verglichen werden. Man bezeichnet sie deshalb auch als **Vergleichsprozesse**.

Unter einem **Vergleichsprozeß** versteht man einen reversiblen, d. h. verlustlosen (idealen) Kreisprozeß.

Die praktisch realisierbaren Kreisprozesse werden auch als **praktische Kreisprozesse**, **Realprozesse** oder **wirkliche Kreisprozesse** bezeichnet. Sie sind stets irreversibel.

Man bezeichnet einen Kreisprozeß als **irreversibel oder nicht umkehrbar**, wenn der Anfangszustand nur mit Änderung der Umgebung erreicht wird.

Die folgende Übersicht stellt gegenüber:

Wirklicher Prozeß	Vergleichsprozeß
↓	↓
praktischer Prozeß, d. h. Energieverluste, d. h. Änderung der Umgebung, d. h. irreversibel.	theoretischer Prozeß, d. h. keine Energieverluste, d. h. keine Änderung der Umgebung, d. h. reversibel.
↓	↓
Verbesserungen sind durch spezielle Maßnahmen möglich. Die nicht erreichbare Grenze ist dabei der Idealprozeß, d. h. der Vergleichsprozeß.	Es sind keine Verbesserungen möglich. Mit ihm werden somit die wirklichen Prozesse hinsichtlich ihrer Güte verglichen.

17.5.1.1 Die Vergleichsprozesse der Verbrennungskraftmaschinen

Es wurde bereits angedeutet, daß die wirklichen Kreisprozesse durch spezielle Maßnahmen verbessert werden können. Diese Maßnahmen sind insbesondere im Bereich der Konstruktion zu suchen und sie verbessern die Energieausnutzung. In diesem Zusammenhang denke man einmal an die enormen Kraftstoffreduzierungen, die in den letzten Jahren – bezogen auf ganz bestimmte Laufleistungen der Kraftfahrzeuge – möglich gewesen sind. Auch wenn diese Entwicklung noch weitergeht, kann man bereits heute sagen:

Die wirklichen, d. h. praktisch realen Prozesse kommen den Vergleichsprozessen, d. h. den Idealprozessen, sehr nahe.

In den folgenden Ausführungen werden nun die **wichtigsten Vergleichsprozesse** vorgestellt und es gilt:

Die Vergleichsprozesse setzen sich aus reversiblen Zustandsänderungen (siehe Lektion 16) zusammen.

17.5.1.1.1 Der Diesel-Prozeß (Gleichdruckprozeß)

In dem nach dem deutschen Ingenieur Rudolf **Diesel (1858 bis 1913)** benannten **Dieselmotor** wird ein Kreisprozeß verwirklicht, der aus zwei Isentropen (Adiabaten), einer Isobaren und einer Isochoren besteht. Dieser Prozeß heißt **Dieselprozeß** und da die Wärmezufuhr isobar, d. h. bei konstantem Druck erfolgt (siehe Bild 1), wird er auch als **Gleichdruckprozeß** bezeichnet.

Anmerkung: Es würde den Rahmen dieses Buches sprengen, wenn die Abläufe aller im Folgenden beschriebenen Kreisprozesse erläutert würden. Die nun folgende Beschreibung des Dieselprozesses ist also exemplarisch zu sehen.

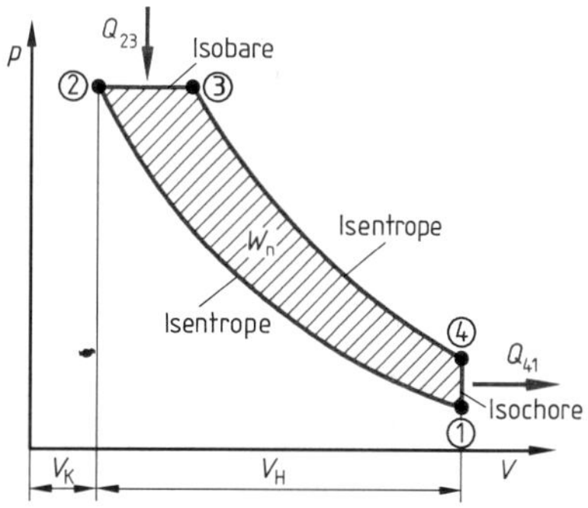

1

Ablauf des Dieselprozesses:

①→②: Die vorher aus der Umgebung angesaugte Luft wird isentrop – also ohne Wärmeaustausch – verdichtet. Dabei erhitzt sich die Luft auf ca. 700 °C.

②→③: Es wird Dieselkraftstoff eingespritzt, der infolge der hohen Lufttemperatur verbrennt (**Selbstzündung**, siehe Lektion 14). Dabei vergrößert sich das Gasvolumen und es wird somit die Volumenänderungsarbeit $W_v = \Sigma\,(p \cdot \Delta V)$ auf den Kolben übertragen.

③→④: Es wird nun kein Kraftstoff mehr eingespritzt. Das hochgespannte Gas expandiert isentrop, d. h. ohne Wärmeaustausch, und überträgt dabei weitere Volumenänderungsarbeit auf den Kolben.

④→①: Das Gas entspannt isochor, d. h. bei konstantem Volumen. Es entweicht durch das geöffnete Auslaßventil in den Auspuff. Dabei wird die Wärmemenge Q_{41} abgeführt und der Zustand ① ist wieder erreicht, d. h. der Kreisprozeß ist geschlossen.

Im Bild 1 bedeutet: $\boldsymbol{V_K}$ = **Kompressionsvolumen**, $\boldsymbol{V_H}$ = **Hubvolumen** (Hubraum).

M 73. Geben Sie eine Gleichung für die Berechnung der Nutzarbeit W_n sowie eine Gleichung für die Berechnung des thermischen Wirkungsgrades beim Dieselprozeß an und diskutieren Sie diese Gleichung.

Lösung: Gemäß der Anmerkung auf Seite 145 wird die Nutzarbeit W_n durch die Summe der am Kreisprozeß beteiligten Volumenänderungsarbeiten W_v gebildet.

Unter Berücksichtigung der Vorzeichen ergibt sich:

$$W_n = W_{v23} + W_{v34} - W_{v12}$$

W_{v12} ist negativ, da diese Arbeit dem Gas zugeführt wird.

W_{v41} ist Null (isochore Zustandsänderung)

Isentrope: $W_{v12} = m \cdot \frac{R_i}{\varkappa - 1} \cdot (T_2 - T_1)$

Isentrope: $W_{v34} = m \cdot \frac{R_i}{\varkappa - 1} \cdot (T_3 - T_4)$

Isobare: $W_{v23} = m \cdot R_i \cdot (T_3 - T_2)$

Führt man nun die Addition durch, dann erhält man:

$$W_n = m \cdot R_i \cdot (T_3 - T_2) + m \cdot \frac{R_i}{\varkappa - 1} \cdot (T_3 - T_4) - m \cdot \frac{R_i}{\varkappa - 1} \cdot (T_2 - T_1).$$ Somit

Nutzarbeit beim Dieselprozeß

$$W_n = m \cdot R_i \cdot (T_3 - T_2) + \frac{m \cdot R_i}{\varkappa - 1} \cdot (T_1 - T_2 + T_3 - T_4) \qquad \boxed{148-1} \quad \text{in Nm}$$

Es ist $\eta_{th} = \frac{W_n}{Q_{23}}$ und $Q_{23} = m \cdot c_{pm} \cdot (T_3 - T_2)$ → (isobare Wärmezufuhr)

Somit
$$\eta_{th} = \frac{m \cdot R_i \cdot (T_3 - T_2) + \frac{m \cdot R_i}{\varkappa - 1} \cdot (T_1 - T_2 + T_3 - T_4)}{m \cdot c_{pm} \cdot (T_3 - T_2)}$$

Kürzt man nun noch die rechte Seite durch m, dann erhält man den

thermischen Wirkungsgrad beim Dieselprozeß

$$\eta_{th} = \frac{R_i \cdot (T_3 - T_2) + \frac{R_i}{\varkappa - 1} \cdot (T_1 - T_2 + T_3 - T_4)}{c_{pm} \cdot (T_3 - T_2)} \qquad \boxed{148-2} \quad < 1$$

Mit $W_n = Q_{23} - Q_{41}$ (Gleichung 143–1) läßt sich der thermische Wirkungsgrad für den Dieselprozeß auch wie folgt berechnen:

$$\eta_{th} = \frac{W_n}{Q_a} = \frac{Q_{23} - Q_{41}}{Q_{23}} = 1 - \frac{Q_{41}}{Q_{23}} = 1 - \frac{m \cdot c_{vm} \cdot (T_4 - T_1)}{m \cdot c_{pm} \cdot (T_3 - T_2)}$$

$$\eta_{th} = 1 - \frac{c_{vm}}{c_{pm}} \cdot \frac{(T_4 - T_1)}{(T_3 - T_2)}$$ Mit $\frac{c_{vm}}{c_{pm}} = \frac{1}{\varkappa}$ erhält man den

thermischen Wirkungsgrad beim Dieselprozeß

$$\eta_{th} = 1 - \frac{T_4 - T_1}{\varkappa \cdot (T_3 - T_2)} \qquad \boxed{148-3} \quad < 1$$

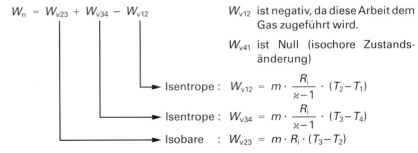

Diskussion der Gleichung 148–3:

Um einen möglichst großen thermischen Wirkungsgrad zu erhalten, muß die Temperaturdifferenz ($T_4 - T_1$) möglichst klein und die Temperaturdifferenz ($T_3 - T_2$) möglichst groß sein, d. h., daß der thermische Wirkungsgrad um so größer ist, je kleiner die Auslaßtemperatur T_4 und je größer die Abkühlung bei der isobaren Expansion ist.

Anmerkung:

Die in der obigen Diskussion herausgearbeiteten Forderungen erreicht man mit einem großen **Verdichtungsverhältnis** ε und bei kleinem **Einspritzverhältnis** φ. Diese beiden Größen sind wie folgt definiert (siehe Bild 1, Seite 147):

Verdichtungsverhältnis $$\varepsilon = \frac{V_1}{V_2} \qquad (149–1)$$

Einspritzverhältnis $$\varphi = \frac{V_3}{V_2} \qquad (149–2)$$

Das Einspritzverhältnis wird gelegentlich auch als **Volldruckverhältnis** bezeichnet.

Hinsichtlich der Person Rudolf Diesel, der 1913 während einer Überfahrt nach England ertrunken ist, wäre zu sagen, daß er ursprünglich in der **Kältetechnik** tätig war. So waren ihm die thermodynamischen Gesetze bestens bekannt. Da er bei der Konstruktion seines Motors hiervon ausgegangen und somit wissenschaftlich planvoll vorgegangen ist, d. h. Theorie in die Praxis umgesetzt hat, ist seine Motorkonstruktion unter den ganz großen Ingenieurtaten einzuordnen.

Als weitere wichtige Vergleichsprozesse sind zu nennen:

17.5.1.1.2 Der Otto-Prozeß (Gleichraumprozeß)

Ebenso wie der Diesel-Prozeß ist auch der Otto-Prozeß ein **offener Prozeß**. Die Verbrennung des angesaugten Kraftstoff-Luft-Gemisches wird durch **Fremdzündung** eingeleitet und erfolgt sozusagen schlagartig, d. h. bei konstantem Kompressionsvolumen V_K. Dies begründet die Bezeichnung **Gleichraumprozeß**. Er wurde im Motor des deutschen Ingenieurs Nikolaus August **Otto (1832 – 1891)** erstmals verwirklicht, was die Bezeichnung erklärt.

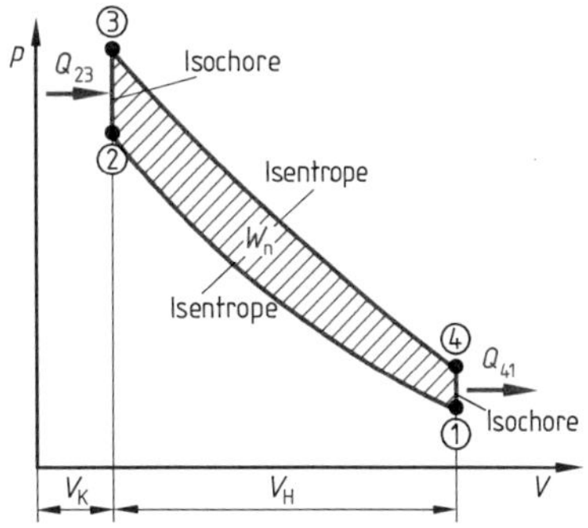

Ablauf des Ottoprozesses (siehe Bild 1): 1

①→②: isentrope Kompression
②→③: isochore Wärmezufuhr
③→④: isentrope Expansion
④→①: isochore Wärmeabfuhr (Auspuff)

17.5.1.1.3 Der Seiliger Prozeß

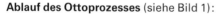

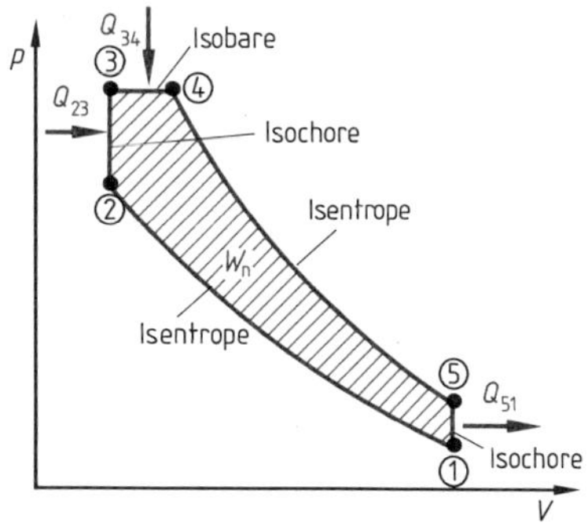

Ablauf des Seiligerprozesses (siehe Bild 2):

①→②: isentrope Kompression
②→③: isochore Wärmezufuhr
③→④: isobare Wärmezufuhr
④→⑤: isentrope Expansion
⑤→①: isochore Wärmeabfuhr (Auspuff) 2

Der Seiligerprozeß – benannt nach dem deutschen Ingenieur Moritz **Seiliger** wird wegen der teilweise isochoren und der teilweise isobaren Wärmezufuhr auch als **gemischter Raumdruckprozeß** bezeichnet. Es ist der Vergleichsprozeß des Dieselmotors in seiner heutigen technischen Ausführung, und es ist ein offener Prozeß.

17.5.1.1.4 Der Joule-Prozeß

Während **Diesel-, Otto-** und **Seiliger-Prozeß** als die **Vergleichsprozesse der Kolben-Brennkraftmaschinen** gelten, wird als **Vergleichsprozeß der Gasturbine** der **Joule-Prozeß** verwendet. Bild 1 zeigt diesen im *p*, *V*-Diagramm. Es ist ein offener Prozeß.

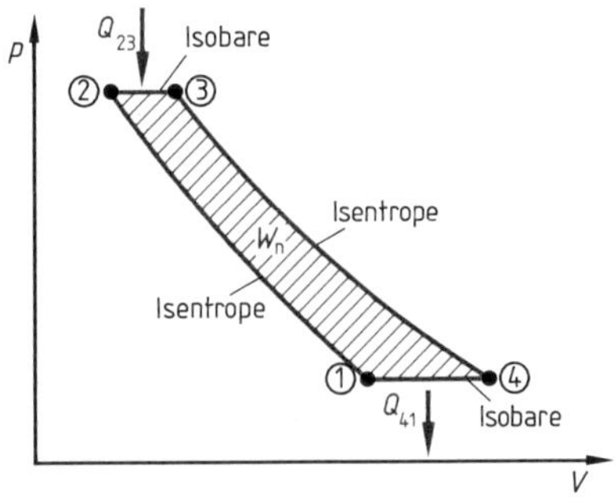

1

Ablauf des Joule-Prozesses:

①→②: isentrope Kompression
②→③: isobare Wärmezufuhr (Expansion)
③→④: isentrope Expansion
④→①: isobare Wärmeabfuhr (Kompression)

17.5.1.1.5 Der Ackeret-Keller-Prozeß (Ericsson-Prozeß)

Neben dem Joule-Prozeß wird auch der **Ackeret-Keller-Prozeß** als **Vergleichsprozeß für die Gasturbine** verwendet. Die Bezeichnung erfolgte nach den Schweizer Ingenieuren Jacob **Ackeret** und Curt **Keller**, die zusammen Gasturbinenanlagen entwickelten. Der Prozeß – im *p*, *V*-Diagramm des Bildes 2 abgebildet – wird auch nach dem schwedischen Ingenieur John **Ericsson (1803 bis 1899)** als **Ericsson-Prozeß** bezeichnet.

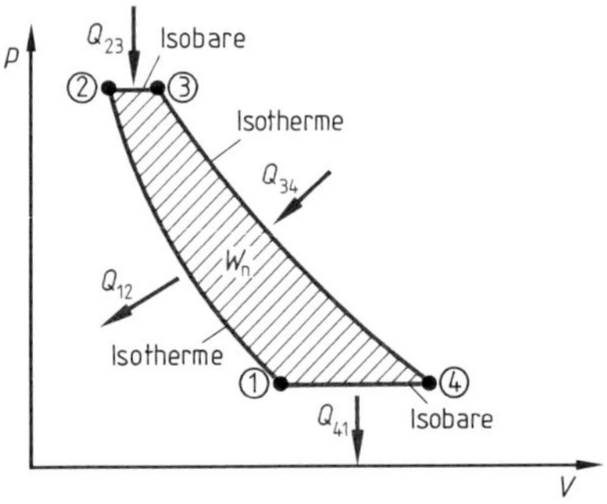

2

Ablauf des Ackeret-Keller-Prozesses:

①→②: isotherme Wärmeabfuhr (Kompression)
②→③: isobare Wärmezufuhr (Expansion)
③→④: isotherme Wärmezufuhr (Expansion)
④→①: isobare Wärmeabfuhr (Kompression)

17.5.1.1.6 Der Stirling-Prozeß

Der **Stirling-Prozeß** hat seinen Namen nach dem englischen Wissenschaftler Robert **Stirling (1790 bis 1878)** erhalten. Dieser Prozeß ist im *p*, *V*-Diagramm des Bildes 3 dargestellt und er wurde zuerst in einem von Stirling gebauten **Heißluftmotor**, dem **Stirling-Motor** verwirklicht. Dabei handelt es sich um eine Wärmekraftmaschine, die – nach der Dampfmaschine – als die am längsten bestehende Konstruktion gilt (1816). Es ist ein geschlossener Prozeß, und heute wird als Arbeitsgas meist

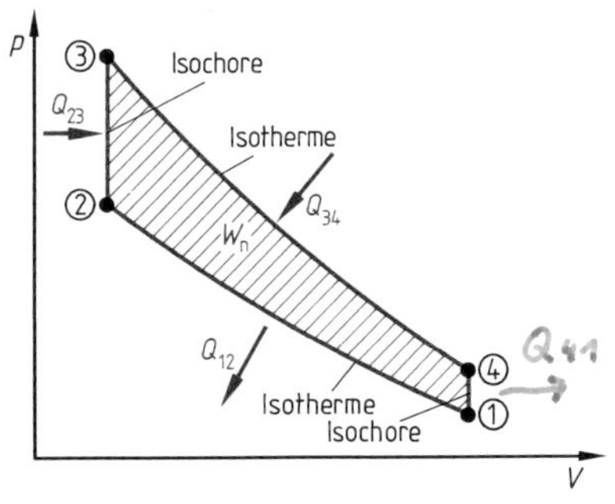

3

Helium verwendet. Dieses wird von außen durch die Verbrennung von festen, flüssigen oder gasförmigen Brennstoffen erwärmt. Wegen der heutigen Verwendung von anderen Gasen als Luft spricht man auch vom **Heißgasmotor**. Er gilt als äußerst umweltfreundlich und zwar sowohl durch schadstoffarme Abgase als auch durch einen hohen thermischen Wirkungsgrad. Die heute noch bestehenden Nachteile sind hohe Herstellungskosten, ungünstiges Leistungsgewicht und eine komplizierte Leistungsregelung.

Ablauf des Stirlingprozesses (siehe Bild 3, Seite 150):

①→ ②: isotherme Wärmeabfuhr (Kompression), Arbeitszufuhr
②→ ③: isochore Wärmezufuhr
③→ ④: isotherme Wärmezufuhr (Expansion), Arbeitsabfuhr
④→ ①: isochore Wärmeabfuhr.

17.5.1.1.7 Der Carnot-Prozeß

Der Carnot-Prozeß, bezeichnet nach dem französichen Physiker Sadi **Carnot (1796 bis 1832)**, besteht aus zwei Isentropen (Adiabaten) und zwei Isothermen (Bild 1).

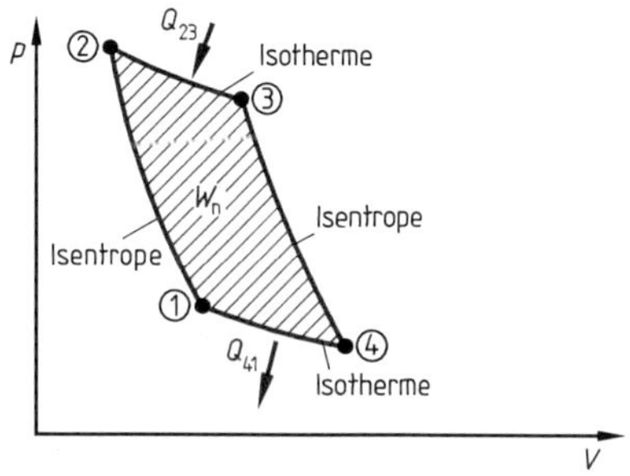

1

Ablauf des Carnot-Prozesses:

①→ ②: isentrope Kompression
②→ ③: isotherme Wärmezufuhr (Expansion)
③→ ④: isentrope Expansion
④→ ①: isotherme Wärmeabfuhr (Kompression)

Der Carnot-Prozeß konnte bisher in noch keiner Maschine verwirklicht werden, und so gesehen ist er eigentlich ein thermodynamisches Modell. Dieses liefert den größtmöglichen thermischen Wirkungsgrad, d. h., daß mit ihm – rein theoretisch – der größtmögliche Anteil der zugeführten Wärmeenergie in Nutzarbeit umgewandelt werden kann. Deswegen:

Der Carnot-Prozeß wird als Vergleichsprozeß zur Beurteilung anderer Kreisprozesse herangezogen.

Dies ist insbesondere bei den **linkslaufenden Kreisprozessen** (siehe Abschnitt 18.4), d. h. bei den **Wärmepumpen**- bzw. **Kältemaschinenprozessen** – der Fall.

17.5.1.1.8 Die thermischen Wirkungsgrade der Brennkraftmaschinen im Vergleich

Beim **Carnot-Prozeß** wurde erwähnt, daß dieser den größtmöglichen Wirkungsgrad liefert. Dies bedeutet, daß damit eine hohe Energieausnutzung erreichbar wäre, vorausgesetzt, daß er in einer brauchbaren Konstruktion praktisch verwirklicht werden könnte. Wegen des hohen Wirkungsgrades kommt heute auch z. B. dem Heißgasmotor (**Stirling-Prozeß**) eine größere Bedeutung zu.
Ein unmittelbarer Rückschluß auf den thermischen Wirkungsgrad ist mit Hilfe des **spezifischen Kraftstoffverbrauches** möglich.

Unter dem spezifischen Kraftstoffverbrauch versteht man den Kraftstoffverbrauch in Gramm pro Kilowattstunde (bzw. Verbrauch in g/h bezogen auf die Nutzleistung in kW).

Dieser hängt natürlich nicht nur vom thermischen Wirkungsgrad, sondern auch vom **mechanischen Wirkungsgrad**, der Bauform des Motors und der Motorgröße ab. So beträgt der **spezifische Kraftstoffverbrauch** für Ottomotoren 250 bis 300 g/kWh
Dieselmotoren 200 bis 250 g/kWh

In der folgenden Tabelle sind die Berechnungsgleichungen der thermischen Wirkungsgrade angegeben:

Prozeß	*p, V*-Diagramm	Berechnungsgleichungen für den thermischen Wirkungsgrad
Diesel	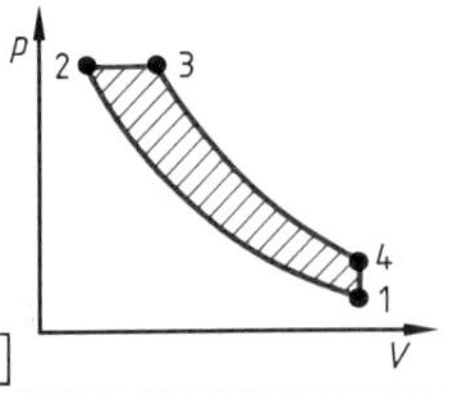 1	$\eta_{th} = 1 - \frac{T_4 - T_1}{\varkappa \cdot (T_3 - T_2)}$ 152–1 = 148–3 $\eta_{th} = 1 - \frac{1}{\varepsilon^{\varkappa-1}} \cdot \frac{\varphi^{\varkappa} - 1}{\varkappa \cdot (\varphi - 1)}$ 152–2
Otto	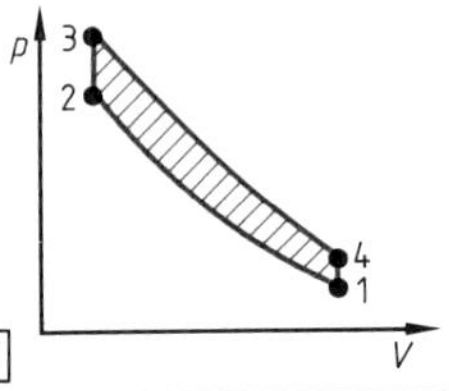 2	$\eta_{th} = 1 - \frac{T_1}{T_2}$ 152–3 $\eta_{th} = 1 - \frac{1}{\varepsilon^{\varkappa-1}}$ 152–4
Seiliger	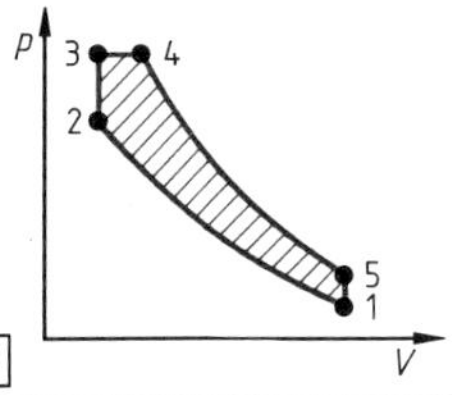 3	$\eta_{th} = 1 - \frac{T_5 - T_1}{T_3 - T_2 + \varkappa \cdot (T_4 - T_3)}$ 152–5
Joule	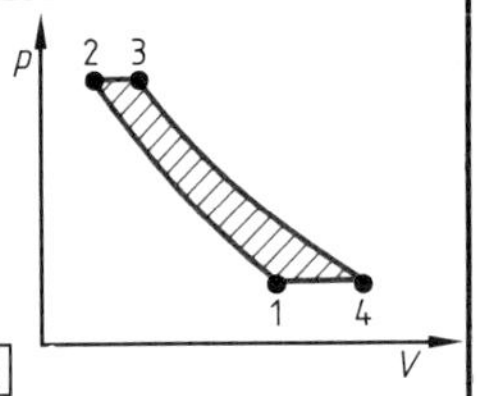 4	$\eta_{th} = 1 - \frac{T_1}{T_2}$ 152–6 $\eta_{th} = 1 - \left(\frac{p_1}{p_2}\right)^{\frac{\varkappa - 1}{\varkappa}}$ 152–7
Ackeret-Keller (Ericsson)	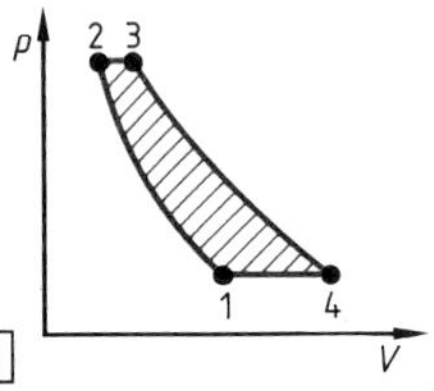 5	$\eta_{th} = 1 - \frac{T_1}{T_3}$ 152–8
Stirling	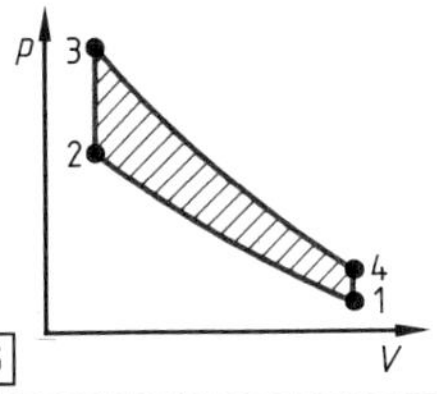 6	$\eta_{th} = 1 - \frac{T_1}{T_3}$ 152–9
Carnot	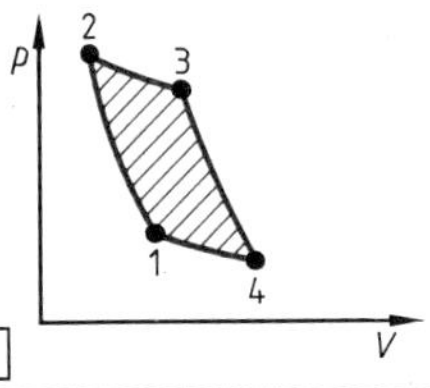 7	$\eta_{th} = 1 - \frac{T_4}{T_2}$ 152–10

17.5.1.2 Die Vergleichsprozesse der Dampfkraftprozesse

17.5.1.2.1 Der Clausius-Rankine-Prozeß

Beim **Clausius-Rankine-Prozeß** handelt es sich um den klassischen **Dampfkraftprozeß**. Seinen Namen hat er von dem deutschen Physiker Rudolf **Clausius (1822 bis 1888)** und dem schottischen Ingenieur William John **Rankine (1820 bis 1872)**. Er besteht, ebenso wie der Joule-Prozeß, aus zwei Isentropen und zwei Isobaren. Der Unterschied liegt aber darin, daß sich beim Joule-Prozeß das Prozeßmedium annähernd wie ein ideales Gas verhält, während beim **Clausius-Rankine-Prozeß** die **Aggregatzustandsänderung** flüssig-dampfförmig berücksichtigt wird.
Bild 1 zeigt deshalb den Prozeß in Verbindung mit dem ***p, V*-Diagramm für Wasserdampf** (siehe Lektion 12: Mollier-Diagramm).
Der Clausius-Rankine-Prozeß ist ein geschlossener Prozeß.

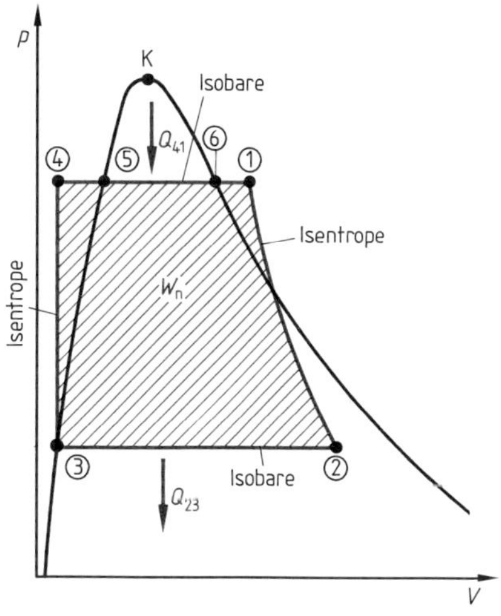

1

Ablauf des Clausius-Rankine-Prozesses (siehe Bild 1):

① → ② : isentrope Entspannung (Expansion) in der Wärmekraftmaschine (Dampfturbine oder Kolbendampfmaschine).

② → ③ : isobare Wärmeabfuhr bei gleichzeitiger Kondensation des Dampfes in einem Kondensator.

③ → ④ : isentrope Drucksteigerung des flüssigen Wassers mit einer Pumpe.

④ → ⑤ → ⑥ → ① : isobare Wärmezufuhr in einem Kessel zur Erwärmung des Wassers, anschließender Erzeugung von trocken gesättigtem Dampf und der Überhitzung zu Heißdampf.

17.5.1.2.2 Die ORC-Prozesse

In Verbindung mit vielen industriellen Verfahren und auch in der Natur stehen **Wärmequellen mit niedriger Temperatur** zur Verfügung. Infolge der fortwährenden Energieverknappung und auch aus ökologischen Gründen ist man heute mehr und mehr gezwungen, diese Wärmeenergien auszunutzen. Als solche Wärmequellen mit niedriger nutzbarer Temperatur (siehe auch Lektion 10) sind zu nennen: **Erdwärme**, **Solarwärme** sowie betriebs- und haustechnische **Abwärme**, und zwar in einem Temperaturbereich zwischen etwa 100 °C bis 300 °C. Diese Temperaturen sind natürlich zu niedrig, um damit einen Clausius-Rankine-Prozeß mit dem Medium Wasser zu betreiben. Es gibt aber Arbeitsmedien, die im genannten Temperaturbereich wirtschaftlich günstig den erforderlichen Wechsel des Aggregatzustandes durchlaufen. Dies sind vor allem einige **halogenierte Kohlenwasserstoffe** (organische **Kältemittel**) wie R 11, R 12, R 113, R 114, aber auch z. B. das **anorganische Kältemittel** NH_3 (Ammoniak). Da vorwiegend die organischen Kältemittel verwendet werden und da die Prozesse etwa dem Clausius-Rankine-Prozeß entsprechen, hat sich hierfür der Begriff **Organischer Rankine-Cyklus** herausgebildet und die Prozesse werden kurz als **ORC-Prozesse** bezeichnet.
In der technischen Anwendung sind die ORC-Verfahren noch in der Entwicklung begriffen. Aus den o. g. Gründen bleibt aber zu wünschen, daß die Verfahren in ihrer Wirtschaftlichkeit verbessert und damit in größerem Umfang eingesetzt werden können.

Anmerkung: Im Hinblick darauf, daß die oben angeführten organischen Kältemittel mit hohem Umweltrisiko (**Ozonloch**, **Treibhauseffekt**) verbunden sind, ist zu erwarten, daß demnächst umweltfreundliche Ersatzstoffe bereitstehen.

17.5.2 Die wirklichen Kraftmaschinenprozesse

Bild 1 zeigt das **Indikatordiagramm** eines Otto-Motors, im **Viertaktverfahren** arbeitend. Ein solches Diagramm kann man mit Hilfe eines **Indikators** bei laufendem Motor aufnehmen. Es zeigt die wirkliche Abhängigkeit des Druckes im Zylinder vom Kolbenweg. Vergleicht man dieses Diagramm mit dem eingezeichneten Vergleichsprozeß, dann ist feststellbar, daß Unterschiede zwischen dem Ideal- und dem Realprozeß bestehen. Im speziellen Fall des im Bild 1 dargestellten Otto-Verfahrens gilt:

ⓐ ⟶ ⓑ : ansaugen (1. Takt)
ⓑ ⟶ ⓒ : verdichten (2. Takt)
ⓒ ⟶ ⓓ : arbeiten (3. Takt)
ⓓ ⟶ ⓐ : ausstoßen (4. Takt)

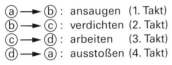

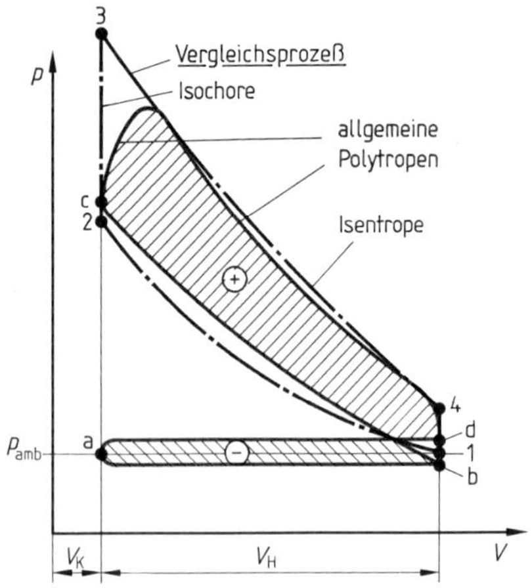

1

Für diesen speziellen Fall gibt es die folgenden **Gründe für den Unterschied zwischen Ideal- und Realprozeß**:

1. Durch die unvollständige Kraftstoffverbrennung ist die Wärmeenergiezufuhr kleiner als dem Heizwert des Kraftstoffes entspricht.
2. Wärmeenergie geht durch die Wände verloren (**Wandungsverluste**).
3. Durch die hohe Temperatur zerfallen einzelne Moleküle (**Dissoziation**). Dies verbraucht Wärmeenergie.
4. Die Verbrennung dauert eine bestimmte Zeit. Somit wird die Wärmeenergie nicht vollständig im oberen Totpunkt in den Prozeß eingebracht.
5. Es treten Druckverluste beim Ein- und Ausströmen des Mediums durch die Kanäle, Schlitze oder Ventile auf.
6. Es bleiben immer Verbrennungsreste im Kompressionsraum (V_K) aus der alten **Ladung** übrig. Damit ist die Füllung mit frischem Arbeitsmittel kleiner, als dies für den Vergleichsprozeß in Rechnung gestellt wird (**Ladungsverluste**).

All diese Umstände erzeugen also Verluste, und im Bild 1 ist zu erkennen:

Die Verluste führen dazu, daß aus den speziellen Polytropen des Vergleichsprozesses (z. B. Isentrope und Isochore) im wirklichen Kreisprozeß allgemeine Polytropen werden.

Von der Fläche ⊖ des Bildes 1 werden die **Ansaug-** und **Ausstoßverluste** dargestellt. Für den wirklichen Ottoprozeß gilt

Nutzarbeit W_n = Fläche ⊕ − Fläche ⊖

Die Flächengröße entspricht also auch im Indikatordiagramm der Nutzarbeit. Sie kann durch **grafische Integration** oder mit Hilfe eines **Planimeters** (siehe Lektion 16) ermittelt werden.

Ebenso wie für den Otto-Prozeß gilt **für alle** anderen **Brennkraftmaschinenprozesse und die Dampfkraftprozesse**:

Die Zustandsänderungen verlaufen wegen Reibung und Wärmeübertragung längs einer allgemeinen Polytropen, die aber in der Nähe der speziellen Polytropen liegt.

Ü 145. Warum wird das p, V-Diagramm auch als Arbeitsdiagramm bezeichnet?

Ü 146. Wann ist gewährleistet, daß eine Wärmekraftmaschine periodisch Arbeit liefert?

Ü 147. In welcher Weise wird der 1. Hauptsatz der Thermodynamik durch den 2. Hauptsatz der Thermodynamik in bezug auf die Umwandlung von Wärmeenergie in mechanische Arbeit eingeschränkt?

Ü 148. Wie ist der thermische Wirkungsgrad definiert?

Ü 149. Zur Erzeugung einer Nutzarbeit von 10000000 Nm wird in einem Otto-Motor eine Benzinmenge von 1 kg benötigt. Berechnen Sie den tatsächlichen Wirkungsgrad der Maschine, wenn das Benzin einen Heizwert von $H_u = 44000\ \frac{\text{kJ}}{\text{kg}}$ hat.

Ü 150. Unterscheiden Sie a) geschlossener und offener Prozeß,
b) reversibler und irreversibler Prozeß.

Ü 151. Ermitteln Sie unter Zugrundelegung der Angaben im Punkt 17.5.1.1.2 (Seite 149) für den Otto-Prozeß eine Gleichung zur Berechnung
a) der Nutzarbeit W_n,
b) des thermischen Wirkungsgrades η_{th} (vergleichen Sie mit Gleichung 152-3).

Ü 152. 2 kg Luft mit $\vartheta_1 = 20\ °\text{C}$, $p_1 = 100000$ Pa durchlaufen einen Otto-Prozeß. Desweiteren ist bekannt: $V_2 = 0{,}25\ \text{m}^3$ und $p_3 = 4$ MPa sowie $\varkappa = 1{,}4$ und $R_i = 287{,}1\ \frac{\text{Nm}}{\text{kg} \cdot \text{K}}$.
a) Zeichnen Sie zunächst schematisch den Prozeß entsprechend 17.5.1.1.2 in ein p, V-Diagramm.
b) Ermitteln Sie für die Punkte 1, 2, 3 und 4 die Zustandsgrößen p, V und T und machen Sie mit $\frac{p_1 \cdot V_1}{T_1} = \frac{p_4 \cdot V_4}{T_4}$ die Probe.
c) Wie groß ist die Nutzarbeit W_n?
d) Berechnen Sie den thermischen Wirkungsgrad η_{th}.
e) Wieviel Benzin mit $H_u = 44000\ \frac{\text{kJ}}{\text{kg}}$ ist für diesen Kreisprozeß erforderlich, wenn dieser einmal abläuft?
f) Wie groß ist der tatsächliche Arbeitsgewinn W_{ntats}, wenn mit dem Indikator ein um 20 % kleineres Arbeitsdiagramm aufgenommen wird, als es dem Otto-Vergleichsprozeß entspricht?

Ü 153. Mit welchem Diagramm ist das p, V-Diagramm des Clausius-Rankine-Prozesses grundsätzlich im Zusammenhang zu sehen?

Ü 154. Was versteht man unter einem ORC-Prozeß?

Ü 155. Welche Bedeutung hat der Carnot-Prozeß in bezug auf die Prozesse der Brennkraftmaschinen?

V 142. Es gibt zwei Möglichkeiten, die Nutzarbeit zu bestimmen. Nennen Sie diese.

V 143. Erklären Sie den Begriff Kreisprozeß.

V 144. Wie lautet die Regel zur Ermittlung der Nutzarbeit aus dem Arbeitsdiagramm, wenn der Kreisprozeß aus mehr als zwei Zustandsänderungen zusammengesetzt ist?

V 145. Was versteht man unter einem Vergleichsprozeß?

V 146. Ermitteln Sie unter Zugrundelegung der Angaben im Punkt 17.5.1.1.3 (Seite 149) für den Seiliger-Prozeß eine Gleichung zur Berechnung

a) der Nutzarbeit W_n,

b) des thermischen Wirkungsgrades η_{th} (vergleichen Sie mit Gleichung 152–5).

V 147. Begründen Sie die zukünftige Bedeutung der ORC-Prozesse.

V 148. Im Bild 1, Seite 153, ist der Clausius-Rankine-Prozeß (Dampfkraftprozeß) abgebildet. Beschreiben Sie den Zustand des Mediums Wasser während der Zustandsänderungen in den Bereichen ① → ②
② → ③
③ → ④
④ → ⑤
⑤ → ⑥
⑥ → ①

18.1 Die Entropie als weitere Zustandsgröße der Thermodynamik

18.1.1 Dissipation von Energie

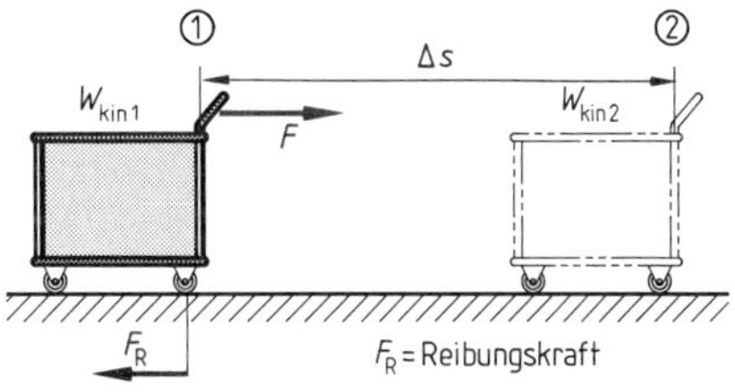

In Bild 1 ist dargestellt, wie an einem Körper eine Kraft *F* angreift und diesen von der Stelle ① zur Stelle ② befördert. Der Körper wurde um die Strecke Δs verschoben, und es wurde somit auf ihn eine Energie in Form von **Verschiebearbeit** übertragen. Da der Körper frei beweglich ist, wird er beschleunigt. Dadurch nimmt seine **Bewegungsenergie**, d. h. die **kinetische Energie** [1] (siehe Dynamik), zu. Würde der Vorgang ohne Reibungsverluste verlaufen, dann könnte man ihn als **Idealvorgang** bezeichnen und die zugeführte Verschiebearbeit würde völlig zur Erhöhung der kinetischen Energie verwendet. In Wirklichkeit ist es aber so, daß durch die Reibung zwischen dem Körper und der Fahrbahn ein Teil der dem Körper zugeführten Verschiebearbeit in **Reibungsarbeit** umgewandelt wird. Dies ist der **Realvorgang**, bei dem die Reibungsarbeit in innere Energie U verwandelt wird, was durch eine Temperaturerhöhung zum Ausdruck kommt. Man kann somit wie folgt unterscheiden:

Idealvorgang ⟶ Verschiebearbeit $\Delta W = F \cdot \Delta s = \Delta W_{kin}$ ⟶ **reversibel**

Realvorgang ⟶ Verschiebearbeit $\Delta W = F \cdot \Delta s = \Delta W_{kin} + \Delta U$ ⟶ **irreversibel**

Beim Realvorgang wird somit nur ein Teil der zugeführten Verschiebearbeit in Bewegungsenergie umgewandelt. Mit dem erhöhten Betrag der Bewegungsenergie läßt sich also nur ein kleinerer Betrag an Verschiebearbeit erzeugen, als dem System vorher zugeführt wurde. Somit ist der Vorgang irreversibel. Es ist zu erkennen:

Ein Maß für die Irreversibilität der Verschiebearbeit ist die Änderung der inneren Energie der sich berührenden Körper.

Durch die Bewegung der Körper wird auch ein kleiner Teil der zugeführten Verschiebearbeit in **Formänderungsarbeit** (siehe Dynamik) umgewandelt. Es kann auch möglich sein, daß z. B. **elektrostatische Energie** entsteht. Es findet also ein gewisses Maß an **Energiezerstreuung** statt. Diesen Vorgang bezeichnet man auch als **Dissipation der Energie**.

Alle irreversiblen Vorgänge sind auf Dissipation von Energiebeträgen zurückzuführen.

18.1.2 Definition der Entropie

Bei der Energieübertragung durch Verschiebearbeit war es relativ einfach möglich, das Maß der Dissipation, d. h. das Maß der Irreversibilität z. B. durch die Änderung der inneren Energie der beteiligten Körper oder durch die Änderung der Bewegungsenergie auszudrücken. Es liegt nun nahe, auch bei der Übertragung der thermischen Energie, d. h. der Wärmeenergie, ein Maß für die zahlenmäßige Bewertung der Dissipation – also der Irreversibilität – einzuführen. Dies hat zuerst Rudolf **Clausius** getan, und er hat die diesbezügliche thermodynamische Zustandsgröße als **Entropie** bezeichnet. Als Formelbuchstabe wurde *S* festgelegt. Leider kann man sich die Entropie nicht anschaulich vorstellen, was aber auch für den praktischen Gebrauch dieser Zustandsgröße nicht erforderlich ist. Im Sinne der Dissipation von Energiebeträgen gilt:

Bei reversiblen Zustandsänderungen erreicht die Entropie nach abgeschlossener Umkehrung der Zustandsänderung den gleichen Wert wie zu Beginn der Zustandsänderung. Bei irreversiblen Zustandsänderungen nimmt die Entropie zu.

Nach Clausius gilt für die

Änderung der Entropie $\Delta S = \frac{\Delta Q}{T}$ 158–1

ΔS	ΔQ	T
$\frac{J}{K}$	J	K

+: Wärmezufuhr

−: Wärmeentzug

Unter der Entropieänderung versteht man die auf die absolute Temperatur bezogene Änderung der Wärmeenergie.

Setzt man nun für $\Delta Q = p \cdot \Delta V + \Delta U$ (1. Hauptsatz), dann ergibt sich für die

Änderung der Entropie $\Delta S = \frac{p \cdot \Delta V + \Delta U}{T}$ 158–2

In den Gleichungen 158–1 und 158–2 bedeuten:

ΔQ = reversibel zu- oder abgeführte Wärmeenergie
T = absolute Temperatur
ΔU = Änderung der inneren Energie
$p \cdot \Delta V$ = Volumenänderungsarbeit
p = Druck

Aus Gleichung 158–1 geht hervor:

Die Entropieänderung ΔS wird mit abnehmender thermodynamischer Temperatur (bei gleicher Wärmezu- oder abfuhr) größer.

Die auf die Stoffmasse 1 kg bezogene Entropie heißt

spezifische Entropie *s* in $\frac{J}{kg \cdot K}$; $\frac{kJ}{kg \cdot K}$

Anmerkung: Die Werte der spezifischen Entropie *s* sind (ebenso wie für *h*, *v*, *r* ...) in entsprechenden Dampftafeln angegeben oder aus Diagrammen zu entnehmen.

18.2 Das *T*, *s*-Diagramm (Wärmediagramm)

Aus Gleichung 158–1 geht weiter hervor:

Wird einem System Wärmeenergie zugeführt, dann wird die Entropie vergrößert, wird hingegen Wärmeenergie abgeführt, dann verringert sich die Entropie.

Stellt man diese Gleichung um, dann erhält man für die

Änderung der Wärmeenergie $\Delta Q = T \cdot \Delta S$ 158–3

Die Gleichung entspricht in ihrem Aufbau der Gleichung 120–1: $\Delta W_v = F \cdot \Delta s$ bzw. auch $\Delta W_v = p \cdot \Delta V$. In Analogie zu den Betrachtungen beim *p*, *V*-Diagramm ergibt sich also, daß kleine Wärmemengen als Rechteckflächen $T \cdot \Delta S$ in einem **Temperatur, Entropie-Diagramm**, kurz: ***T*, *S*-Diagramm**, dargestellt werden können.

Im *T*, *S*-Diagramm bilden sich Wärmemengen als Flächen ab. Man bezeichnet deshalb ein solches Diagramm auch als **Wärmediagramm**.

Bild 1 zeigt ein Wärmediagramm, und in Analogie zum *p, V*-Diagramm ergibt sich aus dem *T, s*-Diagramm für die

zu- oder abgeführte Wärmeenergie $Q = \Sigma\,(T \cdot \Delta S)$ 159–1

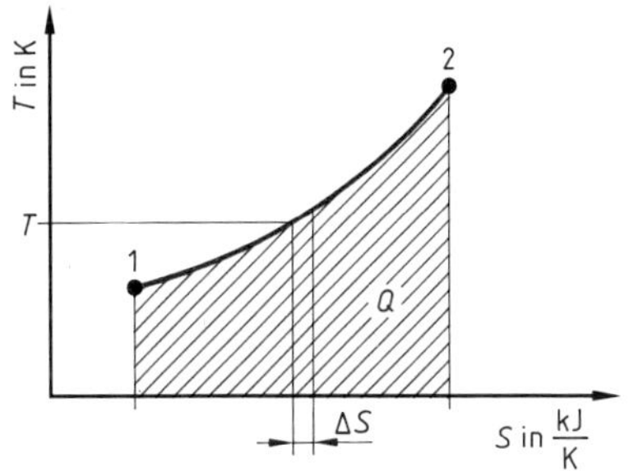

1

18.2.1 Die Zustandsänderungen im *T, s*-Diagramm

Die speziellen thermodynamischen Zustandsänderungen sind durch bestimmte, uns bekannte, Merkmale gekennzeichnet. Diese Merkmale gestatten es, die **zu- oder abgeführten Wärmeenergien** zu berechnen. Ebenso ist es möglich, die **Entropieänderungen** zu berechnen. Auf die Ableitungen dieser Formeln muß in diesem Buch verzichtet werden, da dies den beabsichtigten Rahmen sprengen würde. In der untenstehenden Tabelle sind die Gleichungen **für ideale Gase** zusammengefaßt:

Zustandsänderung	zu- oder abgeführte Wärmeenergie und Entropieänderung	*T, s*-Diagramm
Isobare	$Q = m \cdot c_{pm} \cdot (T_2 - T_1)$ 159–2 $\Delta S = S_2 - S_1 = m \cdot c_{pm} \cdot \ln \frac{T_2}{T_1}$ 159–3 (ln = natürlicher Logarithmus)	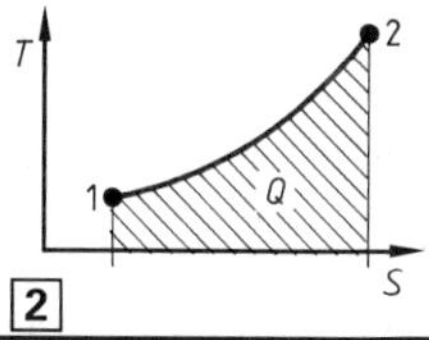 2
Isochore	$Q = m \cdot c_{vm} \cdot (T_2 - T_1)$ 159–4 $\Delta S = S_2 - S_1 = m \cdot c_{vm} \cdot \ln \frac{T_2}{T_1}$ 159–5	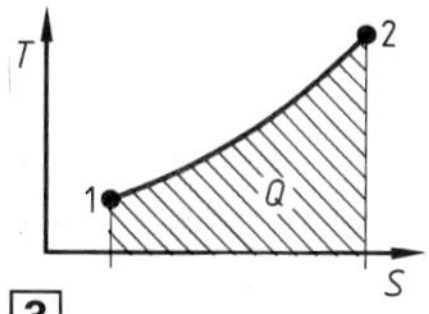 3
Isotherme	da $\Delta U = 0$ ist: $Q = W_v = p_1 \cdot V_1 \cdot \ln \frac{p_1}{p_2}$ 159–6 $\Delta S = S_2 - S_1 = m \cdot R_i \cdot \ln \frac{p_1}{p_2}$ 159–7	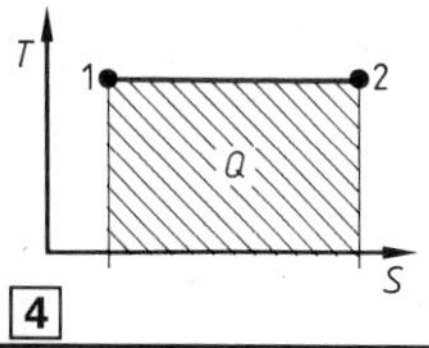 4
Isentrope (Adiabate)	da $\Delta U = W_v$ ist: $Q = 0$ 159–8 $\Delta S = 0$ 159–9	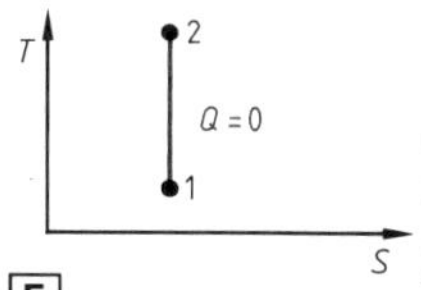 5
Polytrope	$Q = m \cdot \frac{R_i}{n-1} \cdot (T_2 - T_1) + m \cdot c_{vm} \cdot (T_2 - T_1)$ 159–10 $\Delta S = S_2 - S_1 = m \cdot c_{pm} \cdot \ln \frac{T_2}{T_1} - m \cdot R_i \cdot \ln \frac{p_2}{p_1}$ 159–11 $\Delta S = S_2 - S_1 = m \cdot c_{vm} \cdot \ln \frac{T_2}{T_1} + m \cdot R_i \cdot \ln \frac{V_2}{V_1}$ 159–12	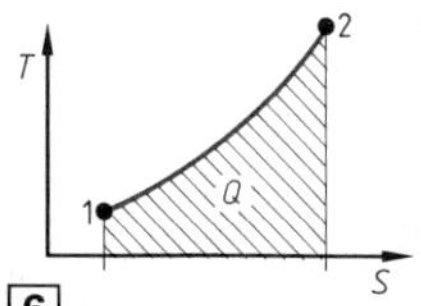 6

Anmerkung: Es wurde bereits darauf hingewiesen, daß die Gleichungen zur Berechnung der Entropieänderung ΔS nur für **ideale Gase** gelten. Bei **realen Gasen**, d. h. z. B. bei **Dämpfen** wird ΔS aus **Dampftafeln** oder entsprechenden Tabellen abgelesen.

18.3 Die Entropie und ihr Zusammenhang mit dem 2. Hauptsatz

Bei den bisherigen Betrachtungen wurde festgestellt, daß – bedingt durch den thermischen Wirkungsgrad – Wärmeenergie niemals vollständig in mechanische Arbeit umgewandelt werden kann (umgekehrt ist eine vollständige Umwandlung möglich: siehe Versuch von Joule und Mayer, Seite 118).
In bezug auf diese Umwandlung von Wärmeenergie in mechanische Arbeit macht der zweite Hauptsatz der Thermodynamik eine weitere Einschränkung: Die Umwandlung kann nur in Richtung eines Temperaturgefälles erfolgen. Diese von der Natur vorgegebene Richtung ist bei physikalischen Vorgängen grundsätzlich erfahrbar, und somit kann der **2. Hauptsatz in seiner weitestgehenden Form** auch folgendermaßen formuliert werden:

> Physikalische Vorgänge sind an eine bestimmte Richtung gebunden.

Diese physikalische Grundaussage kann mit den beiden folgenden – in diesem Buch bereits beschriebenen – physikalischen Vorgängen belegt werden:

1. Wird heißes Wasser mit kaltem Wasser zusammengegossen, ist das Ergebnis lauwarmes Wasser. Oder allgemein: Am Ende eines Wärmeaustausches haben alle Teile eines Stoffsystems die gleiche Endtemperatur.

2. Erhöht man in einem Raum örtlich begrenzt den Druck, dann stellt sich sofort im gesamten Raum ein Druckausgleich ein.

Auch das folgende Beispiel deckt sich mit unseren Erfahrungen: Schüttet man schwarze Tinte in weiße Milch, dann entsteht ein graues Flüssigkeitsgemisch, und je mehr man diese Mischung schüttelt, desto gleichmäßiger wird das Grau. Viele andere Beispiele, z. B. auch der elektrische **Ladungsaustausch**, lassen eine wiederum andere Formulierung des zweiten Hauptsatzes zu:

> Die Richtung der physikalischen Vorgänge verläuft von der Ordnung zur Unordnung.

Diese allgemeinste Formulierung des 2. Hauptsatzes wurde von Clausius in der bekannten Form – die er **Entropie** nannte – beschrieben. Dieser Ausdruck ist eine Kombination der Worte „Energie“ und „Tropos“, dem griechischen Wort für Umwandlung oder **Evolution**. Somit:

> Entropie mißt den Entwicklungsstand eines physikalischen Systems. Der zweite Hauptsatz besagt, daß die Entropie eines isolierten physikalischen Systems ständig größer wird.

Da diese Evolution mit einer wachsenden Unordnung verbunden ist, kann man auch sagen: **Entropie ist ein Maß für die Unordnung**.

Aus Gleichung 158–1 $\Delta S = \dfrac{\Delta Q}{T}$ geht hervor: bei $\Delta Q = 0$ ist $\Delta S = 0$

Da $\Delta Q = 0$ die Adiabate kennzeichnet, für die also $\Delta S = 0$ ist, ist hiermit auch die Bezeichnung **Isentrope** erklärt:

> Die Isentrope ist eine thermodynamische Zustandsänderung mit konstanter Entropie (siehe Bild 5, Seite 159).

18.3.1 Die Entropiezunahme bei der Wärmeleitung

Die Erfahrung lehrt, daß Wärmeenergie **von selbst** nur von einem Ort mit höherer Temperatur zu einem Ort mit niedrigerer Temperatur fließen kann. Dabei findet so lange ein Energieaustausch statt, bis sich ein **thermodynamisches Gleichgewicht** eingestellt hat. Nach dem bisher Gesagten muß dabei der Grad der Unordnung größer werden, d. h.: Die Entropie muß zunehmen und dies zeigt die folgende Darstellung (Bild 1):

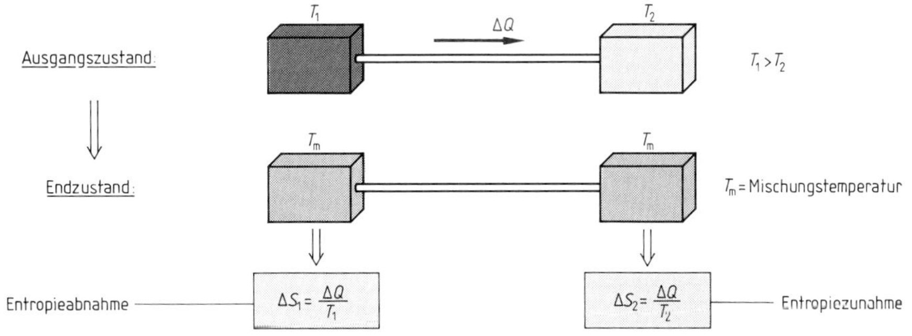

1

Die Entropieänderung des Systems errechnet sich aus $\Delta S = \Delta S_2 - \Delta S_1$

und mit $T_1 > T_2$ folgt die eindeutige Aussage $\qquad \Delta \boldsymbol{S} = \frac{\Delta Q}{T_2} - \frac{\Delta Q}{T_1} > \mathbf{0}$

Da also die Entropie zugenommen hat und da der zweite Hauptsatz besagt, daß die Entropie eines isolierten physikalischen Systems ständig größer wird, lautet der

zweite Hauptsatz in bezug auf die Wärmeübertragung:

Wärmeenergie geht von selbst nur von Stellen höherer Temperatur zu Stellen tieferer Temperatur über.

Dieses Erfahrungsgesetz ist die Grundlage aller Berechnungen des selbsttätig ablaufenden Wärmetransportes (siehe Lektionen 21 bis 26).

Anmerkung 1: Wegen des Zusammenhanges von Entropie und zweitem Hauptsatz wird dieser auch als **Entropiesatz** bezeichnet.

Anmerkung 2: Im Sinne des mathematischen Lehrsatzes „Sind zwei Größen einer dritten gleich, dann sind sie auch untereinander gleich" gilt:

Steht jedes von zwei Systemen mit einem dritten System im thermischen Gleichgewicht, dann stehen auch die beiden Systeme miteinander im thermischen Gleichgewicht.

Dieser Sachverhalt heißt **nullter Hauptsatz der Thermodynamik**.

M 74. Es werden m = 10 kg Eis mit einer Temperatur ϑ_1 = –20 °C durch Wärmezufuhr in Wasser von ϑ_2 = 10 °C umgewandelt. Spezifische Wärmen: $c_{Eis} = 2{,}0 \frac{kJ}{kg \cdot K}$, $c_{Wasser} = 4{,}19 \frac{kJ}{kg \cdot K}$. Schmelzwärme $q = 335 \frac{kJ}{kg}$. Gesucht ist bei einer Umgebungstemperatur ϑ_3 = 15 °C

a) die Entropieänderung des Eises,
b) die Entropieänderung der Umgebung,
c) die Entropieänderung des Systems.

Lösung: Die Entropieänderung erfolgt bei konstantem Druck, also isobar. Somit:

a) $\Delta S_{\text{Eis}} = \Delta S_1 + \Delta S_2 + \Delta S_3$

$$\Delta \boldsymbol{S}_1 = m \cdot c_{\text{Eis}} \cdot \ln \frac{T_2}{T_1} = 10\,\text{kg} \cdot 2{,}0 \frac{\text{kJ}}{\text{kg} \cdot \text{K}} \cdot \ln \frac{273{,}15\,\text{K}}{253{,}15\,\text{K}} = \mathbf{1{,}5208 \frac{kJ}{K}}$$

$$\Delta \boldsymbol{S}_2 = \frac{\Delta Q}{T} = \frac{m \cdot q}{T} = \frac{10\,\text{kg} \cdot 335 \frac{\text{kJ}}{\text{kg}}}{273{,}15\,\text{K}} = \mathbf{12{,}2643 \frac{kJ}{K}}$$

$$\Delta \boldsymbol{S}_3 = m \cdot c_{\text{Wasser}} \cdot \ln \frac{T_2}{T_1} = 10\,\text{kg} \cdot 4{,}19 \frac{\text{kJ}}{\text{kg} \cdot \text{K}} \cdot \ln \frac{283{,}15\,\text{K}}{273{,}15\,\text{K}} = \mathbf{1{,}5065 \frac{kJ}{K}}$$

$$\Delta S_{\text{Eis}} = 1{,}5208 \frac{\text{kJ}}{\text{K}} + 12{,}2643 \frac{\text{kJ}}{\text{K}} + 1{,}5065 \frac{\text{kJ}}{\text{K}}$$

$$\Delta \boldsymbol{S}_{\textbf{Eis}} = \mathbf{15{,}2916 \frac{kJ}{K}} \text{ (Entropiezunahme)}$$

b) Die zum Schmelzen erforderliche Wärmeenergie Q wird der Umgebung entzogen. Dabei kann vorausgesetzt werden, daß – bei genügend großer Umgebung – die Umgebungstemperatur annähernd konstant bleibt. Somit:

$$\Delta S_{\text{Umg.}} = -\frac{\Delta Q}{T} = -\frac{m \cdot c_{\text{Eis}} \cdot \Delta\vartheta_1 + m \cdot q + m \cdot c_{\text{Wasser}} \cdot \Delta\vartheta_2}{T}$$

$$\Delta S_{\text{Umg.}} = -\frac{10\,\text{kg} \cdot 2{,}0 \frac{\text{kJ}}{\text{kg} \cdot \text{K}} \cdot 20\,\text{K} + 10\,\text{kg} \cdot 335 \frac{\text{kJ}}{\text{kg}} + 10\,\text{kg} \cdot 4{,}19 \frac{\text{kJ}}{\text{kg} \cdot \text{K}} \cdot 10\,\text{K}}{288{,}15\,\text{K}}$$

$$\Delta S_{\text{Umg.}} = -\frac{400\,\text{kJ} + 3350\,\text{kJ} + 419\,\text{kJ}}{288{,}15\,\text{K}} = -\frac{4169\,\text{kJ}}{288{,}15\,\text{K}}$$

$$\Delta \boldsymbol{S}_{\textbf{Umg.}} = \mathbf{-\,14{,}4682 \frac{kJ}{K}} \text{ (Entropieabnahme)}$$

c) $\Delta S_{\text{System}} = \Delta S_{\text{Eis}} + \Delta S_{\text{Umg.}} = 15{,}2916 \frac{\text{kJ}}{\text{K}} + \left(-14{,}4682 \frac{\text{kJ}}{\text{K}}\right)$

$$\Delta \boldsymbol{S}_{\textbf{System}} = \mathbf{0{,}8234 \frac{kJ}{K}} \text{ (Entropiezunahme)}$$

Auch dieses Beispiel bestätigt die Behauptung von Seite 160:

Die Entropie eines isolierten physikalischen Systems nimmt ständig zu.

18.4 Linkslaufende Kreisprozesse mit Dämpfen

18.4.1 Wärmetransport entgegen dem Temperaturgefälle

Nach dem 2. Hauptsatz der Thermodynamik geht **Wärmeenergie von selbst** nur von Stellen höherer Temperatur zu Stellen tieferer Temperatur über, d. h. **nur in Richtung eines Temperaturgefälles**.

Dies besagt jedoch nicht, daß ein Transport von Wärmeenergie in umgekehrter Richtung nicht möglich ist, denn man kann den 2. Hauptsatz auch wie folgt ausdrücken:

Ein Transport von Wärmeenergie entgegen dem Temperaturgefälle ist nur mit einem zusätzlichen Aufwand an Energie möglich.

In der Praxis geschieht dies mit Hilfe einer **Kältemaschine** oder einer **Wärmepumpe**. Beide Geräte arbeiten nach dem gleichen Prinzip, d. h., daß beide Geräte Wärmeenergie entgegen dem Temperaturgefälle, also vom Ort mit niedriger Temperatur zum Ort mit höherer Temperatur, transportieren. Trotzdem besteht aber ein Unterschied. Dieser ergibt sich durch die Aufgabenstellung. Unterscheiden Sie wie folgt:

Kältemaschine (Schema im Bild 1)

Sie hat die Aufgabe, einem Raum mit niedriger Temperatur Wärmeenergie zu entziehen und diesen Raum dabei zu kühlen.
Die dem **Kühlraum** von der **Kältemaschine** entzogene Wärmeenergie Q_1 und die über die Kältemaschine zugeführte mechanische Energie W werden als Wärmeenergie Q_2 an die Umgebung abgegeben. Die Kältemaschine hat also die Aufgabe „**Kälte**" zu erzeugen, und man spricht in der Praxis auch von der „**Kälteerzeugung**". Somit kann man sagen:

Kälte ist entzogene Wärmeenergie.

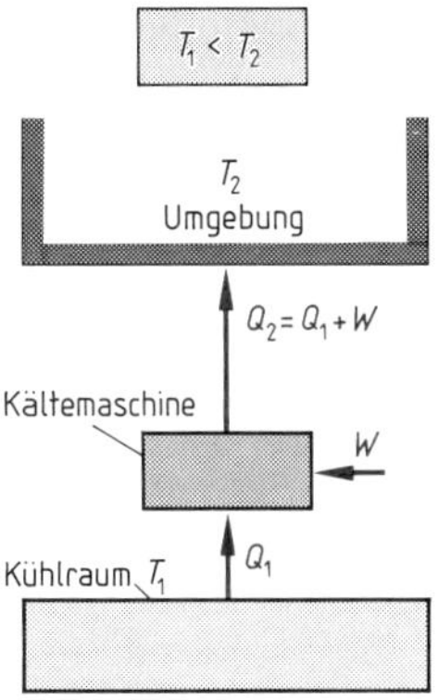

1

Wärmepumpe (Schema im Bild 2)

Sie hat die Aufgabe, einem Raum mit hoher Temperatur Wärmeenergie zuzuführen und diesen Raum dabei zu heizen.
Die dem Raum zugeführte Wärmeenergie Q_2 setzt sich aus der Summe von mechanischer Energie W – die dem System von der Wärmepumpe zugeführt wird – und der Wärmeenergie Q_1 – die die Wärmepumpe der Umgebung mit niedrigerer Temperatur entzieht – zusammen.
Die Wärmepumpe hat also die Aufgabe, Wärmeenergie mit niedriger Temperatur T_1 auf eine höhere Temperatur T_2 „hochzupumpen".

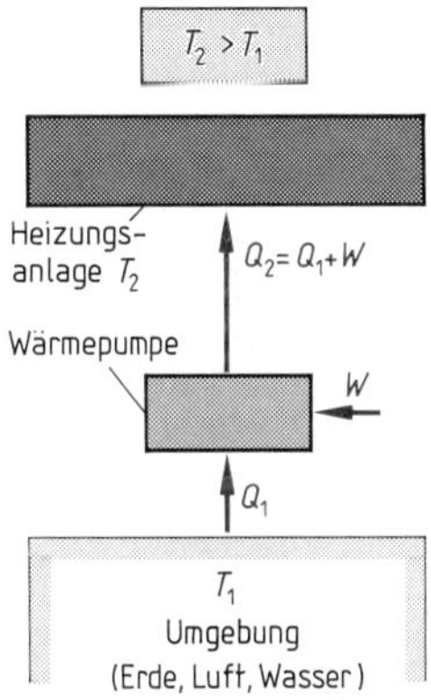

2

Kältemaschine und Wärmepumpe transportieren Wärmeenergie entgegen einem Temperaturgefälle.

18.4.2 Der linkslaufende Carnot-Prozeß

Ebenso wie bei der Umwandlung von Wärmeenergie in mechanische Arbeit durchläuft beim **Wärmetransport entgegen einem Temperaturgefälle** das Arbeitsmittel einen Kreisprozeß. Das benötigte Arbeitsmittel heißt **Kältemittel** und die thermodynamischen Kreisprozesse – wie bereits in Lektion 17 erwähnt – **Kältemaschinenprozeß** und **Wärmepumpenprozeß.**

Bild 3 zeigt den grundsätzlichen Aufbau eines solchen Kreisprozesses, und mit den Ausführungen im Abschnitt 17.3 kann gefolgert werden

$$T_a > T_b$$

Das heißt aber, daß dem Kreisprozeß die Wärmeenergie Q_{12} bei niedrigeren Temperaturen zugeführt als die Wärmeenergie Q_{21} abgeführt wird. Man erkennt:

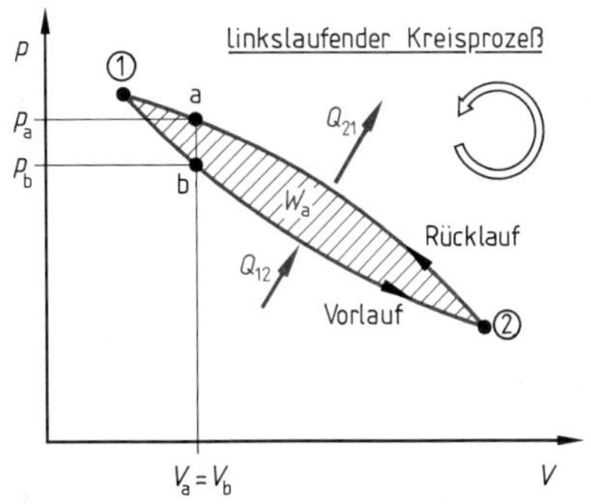

3

Beim linkslaufenden Kreisprozeß ist ein Aufwand an mechanischer Energie erforderlich.

Den Ausführungen des Abschnittes 17.1 entsprechend ist die

aufgewendete Arbeit $W_a = Q_{21} - Q_{12}$ 164–1

Beim **Kraftmaschinenprozeß** wurde bereits erwähnt, daß der **Carnot-Prozeß** den größtmöglichen Wirkungsgrad liefert, d. h., daß bei einem kleinsten Aufwand von Wärmeenergie eine größtmögliche Nutzarbeit geliefert wird. Die thermodynamischen Überlegungen beim **Kältemaschinenprozeß** und beim **Wärmepumpenprozeß** gehen ebenfalls in die Richtung, daß der **Aufwand** – nun aber mechanische Arbeit – klein und der **Nutzen** – nun aber transportierte Wärmeenergie – groß sein soll. Dies trifft für den Carnot-Prozeß auch hier zu. Die Linksläufigkeit wurde bereits begründet und Bild 1 zeigt den **linksläufigen Carnot-Prozeß im *p, V*-Diagramm**, d. h. im Arbeitsdiagramm.
Mit dem über die Darstellung der Zustandsänderungen im *T, s*-Diagramm Gesagten stellt sich der **linksläufige Carnot-Prozeß im *T, s*-Diagramm** gemäß Bild 2 dar. Dabei zeigen die schwarzen dünnen Vollinien das *T, s*-Diagramm des Dampfes.
Beim Kraftmaschinenprozeß macht der thermische Wirkungsgrad eine Aussage über das Verhältnis von Nutzen zu Aufwand. Beim Kältemaschinenprozeß und beim Wärmepumpenprozeß wird diese Verhältniszahl als **Leistungszahl** ε bezeichnet.

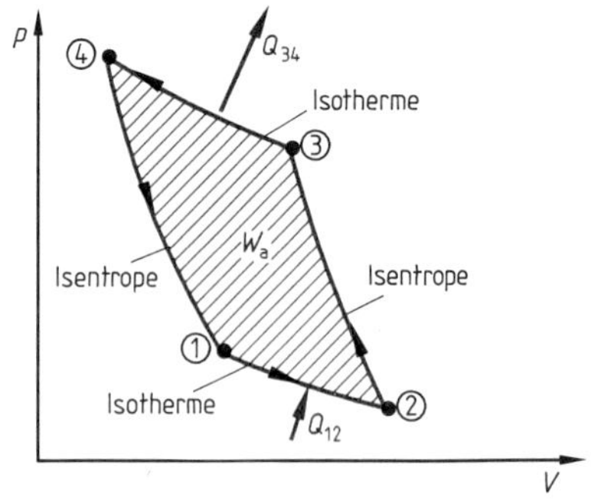

1

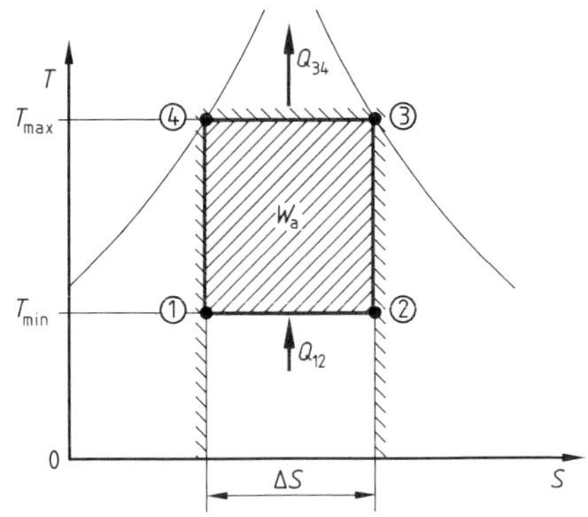

2

Unter der Leistungszahl eines linkslaufenden Kreisprozesses versteht man das Verhältnis von Nutzwärme zur aufgewendeten mechanischen Arbeit.

Entsprechend der unterschiedlichen Aufgabenstellung von Kältemaschine und Wärmepumpe wird auch deren Leistungszahl unterschiedlich ermittelt.

18.4.2.1 Die Leistungszahl des Kältemaschinenprozesses

Mit den Bezeichnungen der Bilder 1 und 2 ist

Nutzen des Kältemaschinenprozesses: die dem Kühlraum entzogene Wärmeenergie Q_{12}

Aufwand des Kältemaschinenprozesses: die zugeführte mechanische Arbeit W_a

Somit ergibt sich die

Leistungszahl der Kältemaschine $\varepsilon_K = \dfrac{Q_{12}}{W_a}$ 164–2 → In der Fachliteratur auch **Kältezahl.**

Q_{12} und W_a sind im Bild 2 als Rechteckflächen zu erkennen. Daraus ergibt sich $Q_{12} = T_{min} \cdot \Delta S$ und $W_a = T_{max} \cdot \Delta S - T_{min} \cdot \Delta S = \Delta S \cdot (T_{max} - T_{min})$. Somit:

Leistungszahl nach Carnot
(Kältemaschine)

$$\varepsilon_{KC} = \frac{T_{min} \cdot \Delta S}{\Delta S \cdot (T_{max} - T_{min})} = \frac{T_{min}}{T_{max} - T_{min}}$$ 164–3 > 1

18.4.2.2 Die Leistungszahl des Wärmepumpenprozesses

Mit den Bezeichnungen der Bilder 1 und 2, Seite 164, ist

Nutzen des Wärmepumpenprozesses: die der Heizungsanlage zugeführte Wärmeenergie Q_{34}

Aufwand des Wärmepumpenprozesses: die zugeführte mechanische Arbeit W_a

Somit ergibt sich die

Leistungszahl der Wärmepumpe $$\varepsilon_W = \frac{Q_{34}}{W_a}$$ 165–1

Setzt man nun (nach Bild 2, Seite 164) $Q_{34} = T_{max} \cdot \Delta S$ und $W_a = \Delta S \cdot (T_{max} - T_{min})$, dann ergibt sich die

Leistungszahl nach Carnot
(Wärmepumpe)

$$\varepsilon_{WC} = \frac{T_{max} \cdot \Delta S}{\Delta S \cdot (T_{max} - T_{min})} = \frac{T_{max}}{T_{max} - T_{min}}$$ 165–2 > 1

M 75. Mitunter wird in der Praxis gefordert, daß eine Wärmepumpe im Sommer als Aggregat zur Raumkühlung verwendet werden kann. In einem solchen Fall handelt es sich um eine Wärmepumpe für **Heiz- und Kühlbetrieb**. Berechnen Sie jeweils die Leistungszahl nach Carnot für

a) Kühlbetrieb mit $\vartheta_{max} = 35\,°C$, $\vartheta_{min} = -42\,°C$
b) Heizbetrieb mit $\vartheta_{max} = 22\,°C$, $\vartheta_{min} = -42\,°C$.

Lösung: a) $\varepsilon_{KC} = \frac{T_{min}}{T_{max} - T_{min}} = \frac{231{,}15\,K}{77\,K} = \mathbf{3{,}0}$

b) $\varepsilon_{WC} = \frac{T_{max}}{T_{max} - T_{min}} = \frac{295{,}15\,K}{64\,K} = \mathbf{4{,}61}$

Anmerkung: Aus den Gleichungen 164–3 und 165–2 sowie aus den Ergebnissen dieser Musteraufgabe ist zu erkennen:

Die Leistungszahl von Kältemaschine und Wärmepumpe ist immer größer als 1.

18.4.3 Der ideale Kältemaschinenprozeß bzw. Wärmepumpenprozeß

Ebenso wie bisher der rechtslaufende Carnot-Prozeß nicht in einer Kraftmaschine realisiert werden konnte, gilt dies auch für die Realisierung des linkslaufenden Carnot-Prozesses in einer Kältemaschine oder Wärmepumpe. Auch hier dient der Carnot-Prozeß lediglich als **Vergleichsprozeß**.

Der linkslaufende Carnot-Prozeß wird als Vergleichsprozeß zur Beurteilung des Kältemaschinenprozesses und des Wärmepumpenprozesses herangezogen.

Da in der **Kälte- und Wärmepumpentechnik** die Aufnahme der Wärmeenergie durch das Verdampfen einer Flüssigkeit und die Abgabe der Wärmeenergie durch das Kondensieren des Dampfes realisiert wird, ist ein Kreisprozeß erforderlich, der die **Änderung des Aggregatzustandes flüssig-dampfförmig** berücksichtigt.

Aufnahme der Wärmeenergie ⟶ Kältemittel verdampft

Abgabe der Wärmeenergie ⟶ Kältemittel kondensiert

Auch bei der Betrachtung des Dampfkraftprozesses mußte die Änderung des Aggregatzustandes berücksichtigt werden. Diese Möglichkeit bietet der rechtslaufende Clausius-Rankine-Prozeß. In Analogie zum rechts- und linkslaufenden Carnot-Prozeß gilt:

Idealer Kältemaschinenprozeß und idealer Wärmepumpenprozeß sind linkslaufende Clausius-Rankine-Prozesse.

Dieser Prozeß vollzieht sich zum größten Teil im Naßdampfgebiet bei tiefen Temperaturen, also mit **kaltem Dampf**. Deshalb werden Kältemaschinen und Wärmepumpen oft auch als **Kaltdampfmaschinen** bezeichnet.

18.4.3.1 Gegenüberstellung von rechts- und linkslaufendem Clausius-Rankine-Prozeß

rechtslaufender Dampfkraftprozeß (Heißdampfmaschine):

Im Gegensatz zu den Brennkraftmaschinen, deren Arbeitsmedium angenähert als ideales Gas bezeichnet werden kann und bei denen, infolge dieser Eigenschaft, die Energieumwandlung vollkommen im Zylinderraum des Motors vonstatten geht, sind bei den mit einer Aggregatzustandsänderung verbundenen Prozessen zu deren Realisierung eine Vielzahl von Einzelaggregaten erforderlich. Jedes dieser Einzelaggregate hat im Prozeßablauf eine ihm zugedachte Aufgabe zu übernehmen. Bild 1 zeigt dies in einem Schaltbild, und das danebengezeichnete *T, s*-Diagramm (Bild 2) gibt über die transportierten Energiebeträge Auskunft.

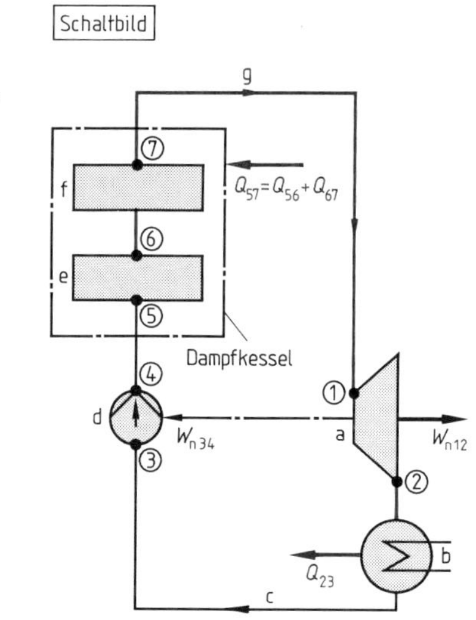

1

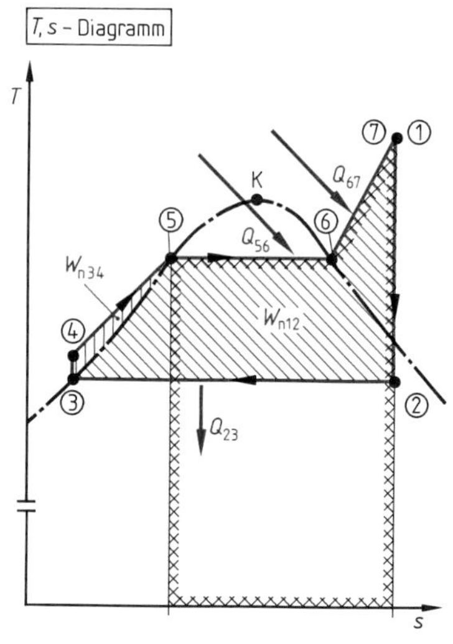

2

Im Bild 1 bedeuten:

a: **Turbine** ⟶ gibt die mechanischen Arbeiten W_{n12} und W_{n34} ab
b: **Kondensator** (Verflüssiger) ⟶ gibt die Kondensationswärme Q_{23} ab
c: **Flüssigkeitsleitung** (Wasserleitung)
d: **Speisepumpe**
e: **Verdampfer** ⟶ Verdampfungswärme Q_{56} wird zugeführt
f: **Überhitzer** ⟶ Überhitzungswärme Q_{67} wird zugeführt
(e und f) ⟶ **Dampfkessel:** $Q_{57} = Q_{56} + Q_{67}$
g: **Dampfleitung**

Die im Dampfkessel zugeführten Wärmeenergien sind Verbrennungswärmen (fossile Brennstoffe) oder werden durch die Umwandlung von elektrischer Energie oder Atomenergie erzeugt.

In Bild 2, Seite 166, sind die Nutzarbeit W_n und die zu- bzw. abgeführten Wärmeenergien als Flächen zu erkennen. Bild 1 stellt nochmals, in einem maßstäblichen Vergleich, die Fläche von Nutzarbeit und die Fläche von aufgewendeter Wärmeenergie gegenüber. Gemäß Definition für η_{th} ergibt sich daraus der

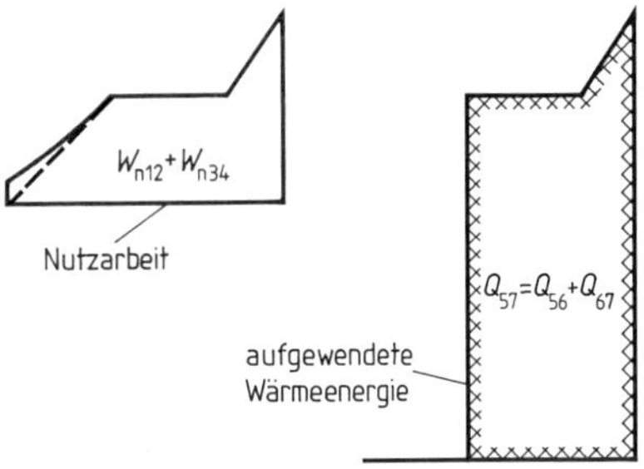

1

thermische Wirkungsgrad

$$\eta_{th} = \frac{W_n}{Q_a} = \frac{W_{n12} + W_{n34}}{Q_{56} + Q_{67}} \quad \text{167–1} \quad < 1$$

linkslaufender Kältemaschinen- bzw. Wärmepumpenprozeß (Kaltdampfmaschine):

Ebenso wie für den Betrieb einer Heißdampfmaschine sind auch für den Betrieb einer Kaltdampfmaschine mehrere Anlagenaggregate erforderlich. Diese zeigt Bild 2, und im Bild 3 ist das dazu passende *T, s*-Diagramm dargestellt.

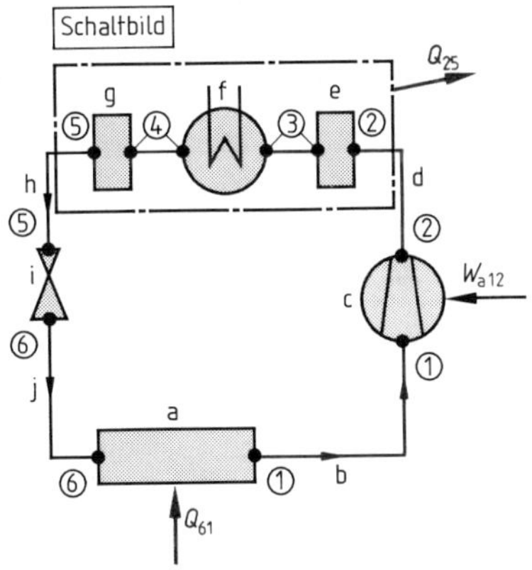

2

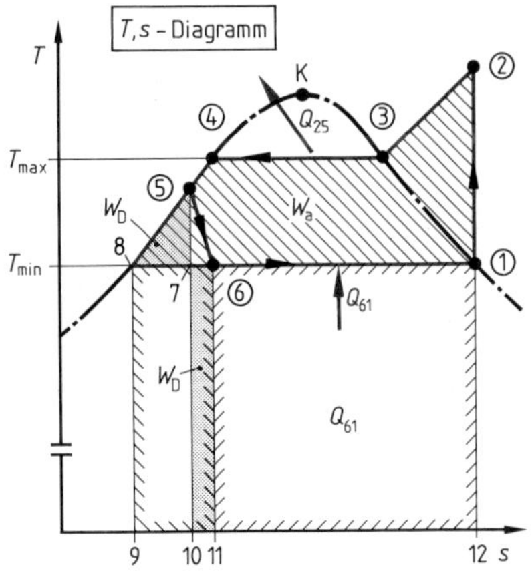

3

Im Bild 2 bedeuten:

a: **Verdampfer** ⟶ Wärmeenergie Q_{61} wird dem Raum mit T_{min} entzogen
b: **Kaltdampfleitung**
c: **Verdichter** (Kompressor) ⟶ mechanische Energie W_a wird zugeführt
d: **Heißdampfleitung**
e: **Enthitzer** ⟶ Wärmeenergie Q_{23} wird abgegeben
f: **Kondensator** (Verflüssiger) ⟶ Wärmeenergie Q_{34} wird abgegeben } ⟶ $Q_{25} = Q_{23} + Q_{34} + Q_{45}$
g: **Unterkühler** ⟶ Wärmeenergie Q_{45} wird abgegeben
h: **Flüssigkeitsleitung** des Hochdruckteiles
i: **Drosselorgan** ⟶ Verflüssigungsdruck wird auf Verdampfungsdruck gedrosselt (siehe Punkt 18.4.3.1.1)
j: **Flüssigkeitsleitung** des Niederdruckteiles

Anmerkung: Vergleicht man die Bilder 2, Seite 166 und 3, Seite 167, dann sind geringfügige Flächenabweichungen – bedingt durch Pumpe einerseits und Drosselorgan andererseits – erkennbar. Dessenungeachtet werden aber beide Prozesse als Clausius-Rankine-Prozeß bezeichnet.

Im Bild 3, Seite 167, bedeuten:

Fläche 1-6-11-12-1 ⟶ Die dem Kühlraum (beim Kältemaschinenprozeß) bzw. die der Umgebung (beim Wärmepumpenprozeß) entzogene Wärmeenergie Q_{61}.

Fläche 1-2-3-4-8-1 ⟶ Die vom Verdichter (Kompressor) aufgewendete Verdichtungsarbeit (mechanische Arbeit) W_a.

Fläche 12-2-3-4-5-10-12 ⟶ Die gesamte vom Arbeitsmittel (Kältemittel) aufgenommene Energie, die von Enthitzer, Kondensator und Unterkühler an die Umgebung abgegeben wird, d. h. $Q_{25} = Q_{61} + W_a$

Daraus folgt unmittelbar, daß die Flächen 5-8-7-5 und 6-7-10-11-6 gleich groß sind. Sie entsprechen dem **Drosselverlust W_D**. Dieser Energiebetrag wird dem Kältemittel beim Drosseln entzogen. Dabei verdampft ein Teil des flüssigen Kältemittels bereits vor dem Verdampfer und man bezeichnet dies als **Flashgasbildung**. Der hierfür erforderliche Wärmeenergiebetrag kann demzufolge nicht mehr dem zu kühlenden Raum entzogen werden. Es handelt sich also um einen Verlustenergiebetrag.

Gemäß der Definition für die Leistungszahl ε ergibt sich aus Bild 3, Seite 167:

Leistungszahl der idealen Kältemaschine $\varepsilon_K = \frac{Q_{61}}{W_a}$ [168–1] > 1

Leistungszahl der idealen Wärmepumpe $\varepsilon_W = \frac{Q_{25}}{W_a}$ [168–2] > 1

18.4.3.1.1 Die Drosselung

Aus der Strömungslehre (Fluidmechanik) ist bekannt, daß beim Strömen von Fluiden durch Rohrleitungen Druckverluste eintreten. Diese sollten i. d. R. so klein wie möglich gehalten werden und sie sind mit den strömungsmechanischen Gesetzen berechenbar. Bei der Realisierung des Kältemaschinenprozesses bzw. Wärmepumpenprozesses führt man eine solche Druckreduzierung bewußt herbei, um das Arbeitsmedium vom Kondensationsdruck auf den Verdampfungsdruck zu entspannen. Dies erreicht man durch den Einbau von **Drosselstellen** in Form von engen Röhren, sog. **Kapillaren** oder speziellen **Drosselventilen**, die man auch **Expansionsventile** nennt. Solche kann man so bemessen bzw. einstellen, daß eine definierte Druckreduzierung erfolgt.

1

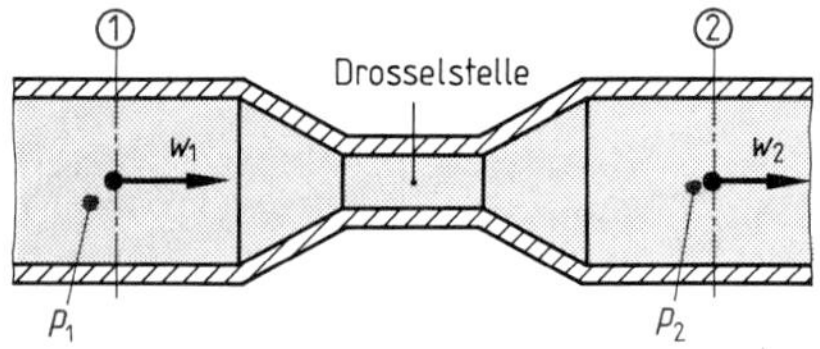

Durch Drosselung erfolgt eine (definierte) Druckreduzierung des strömenden Fluids.

Bild 1 zeigt die schematische Darstellung einer Drosselstelle, die eine Druckminderung von der Stelle ① zur Stelle ② bewirkt, d. h.:

$$p_2 < p_1$$

Da zwischen den Stellen ① und ② weder Energie zugeführt noch solche abgeführt wird, kann vorausgesetzt werden, daß an diesen beiden Stellen die Summe aller Energien gleich groß ist. Es gilt demzufolge (bei Vernachlässigung der Reibungsverluste):

Geschwindigkeitsenergie + Druckenergie + innere Energie + potentielle Energie = konst.

In Kenntnis der **Bernoullischen Energiegleichung** (siehe Fluidmechanik) kann man somit schreiben:

$$V_1 \cdot \frac{\rho}{2} \cdot w_1^2 + p_1 \cdot V_1 + U_1 + V_1 \cdot \rho \cdot g \cdot h_1 = V_2 \cdot \frac{\rho}{2} \cdot w_2^2 + p_2 \cdot V_2 + U_2 + V_2 \cdot \rho \cdot g \cdot h_2.$$

Bild 1, Seite 168, zeigt: $w_1 = w_2$, $V_1 = V_2$, $h_1 = h_2$. Daraus folgt:

$p_1 \cdot V_1 + U_1 = p_2 \cdot V_2 + U_2$. Mit $p \cdot V + U = H$ ist zu erkennen:

$$H_1 = H_2$$

Beim Drosseln eines strömenden Fluides ändert sich dessen Enthalpie nicht.

Eine thermodynamische Zustandsänderung, bei der die **Enthalpie konstant** bleibt, heißt **Isenthalpe**. Daraus folgt für die

Isenthalpendarstellung im *h*, *s*-Diagramm ⟶ horizontale Gerade
Isenthalpendarstellung im log *p*, *h*-Diagramm ⟶ vertikale Gerade

Anmerkung: Besser als das *T*, *s*-Diagramm eignet sich das ***h*, *s*-Diagramm** für die Darstellung des **wirklichen Dampfkraftprozesses** und das **log *p*, *h*-Diagramm** (siehe Seite 93) für die Darstellung des **wirklichen Kältemaschinenprozesses** bzw. des **wirklichen Wärmepumpenprozesses.**
Näheres hierüber ist in einschlägigen Fachbüchern über Dampfkraftmaschinen, z. B. Dampfturbinen oder der Kältetechnik bzw. der Wärmepumpentechnik beschrieben.
Grundlage für das Verstehen dieser Fachliteratur ist aber der Lehrstoff dieses Buches.

Die bei einer Drosselung vorgenommene Druckreduzierung ist irreversibel. Dies geht daraus hervor, daß beim Zurückströmen des Fluids derselbe Druckabfall in umgekehrter Richtung überwunden werden müßte, und dies kann nur durch Zufuhr mechanischer Energie von außen erfolgen. Da aber bei irreversiblen Prozessen die Entropie stets zunimmt, kann man sagen:

Beim Drosseln nimmt die Entropie *S* des strömenden Fluids zu.

Dies erklärt den Kurvenverlauf zwischen den Punkten ⑤ und ⑥ im *T*, *s*-Diagramm auf Seite 167.

M 76. Wie groß ist die Entropiezunahme ΔS von $m = 10$ kg Wasserdampf, der infolge Drosselung beim Strömen durch eine Drosselstelle vom Druck $p_1 = 10$ bar auf den Druck $p_2 = 1{,}2$ bar entspannt und gleichzeitig seine Temperatur $\vartheta_1 = 300$ °C auf $\vartheta_2 = 280$ °C verringert? Rechnen Sie mit $R_i = 461{,}5\ \frac{\text{Nm}}{\text{kg} \cdot \text{K}}$, $c_{pm} = 1860\ \frac{\text{J}}{\text{kg} \cdot \text{K}}$.

Lösung: Es handelt sich um eine polytrope Zustandsänderung. Nach Gleichung 159–11 ist

$$\Delta S = m \cdot c_{pm} \cdot \ln \frac{T_2}{T_1} - m \cdot R_i \cdot \ln \frac{p_2}{p_1}$$

$$\Delta S = 10\,\text{kg} \cdot 1860 \frac{\text{J}}{\text{kg} \cdot \text{K}} \cdot \ln \frac{553{,}15\,\text{K}}{573{,}15\,\text{K}} - 10\,\text{kg} \cdot 461{,}5 \frac{\text{Nm}}{\text{kg} \cdot \text{K}} \cdot \ln \frac{1{,}2\,\text{bar}}{10\,\text{bar}}$$

$$\Delta S = -660{,}64 \frac{\text{J}}{\text{K}} - \left(-9785{,}02 \frac{\text{J}}{\text{K}}\right) = -660{,}64 \frac{\text{J}}{\text{K}} + 9785{,}02 \frac{\text{J}}{\text{K}}$$

$$\boldsymbol{\Delta S = 9124{,}38\ \frac{\text{J}}{\text{K}}}$$

18.4.3.1.2 Möglichkeiten der Verbesserung des thermischen Wirkungsgrades bzw. der Leistungszahl

Aus den *T, s*-Diagrammen Bild 2, Seite 166, und Bild 3, Seite 167, ergibt sich unmittelbar eine

Verbesserung von η_{th} ⟶ Vergrößerung von W_n und Verkleinerung von Q_a
Verbesserung von ε ⟶ Vergrößerung von Q_n und Verkleinerung von W_a

Am Beispiel des **Kältemaschinenprozesses** ist im Bild 1 eine solche Verbesserung dargestellt. Im speziellen Fall ist es die Verbesserung der Leistungszahl ε_K der Kältemaschine.
Dies kann durch zwei Maßnahmen erreicht werden, und zwar

1. Weitere **Unterkühlung** des Kondensates zwischen den Punkten 5 und ⑤'. Dies kann in der Praxis durch die Vergrößerung des Unterkühlers erreicht werden.

2. **Überhitzung** des trocken gesättigten Dampfes in Heißdampf zwischen den Punkten 1 und ①'. Dies kann in der Praxis durch die Vergrößerung des Verdampfers erreicht werden. Praktischer Nebeneffekt der Überhitzung ist, daß der Verdichter keinen trocken gesättigten oder gar Naßdampf ansaugt. Dadurch werden **Flüssigkeitsschläge** im Verdichter und damit dessen Beschädigung verhindert.

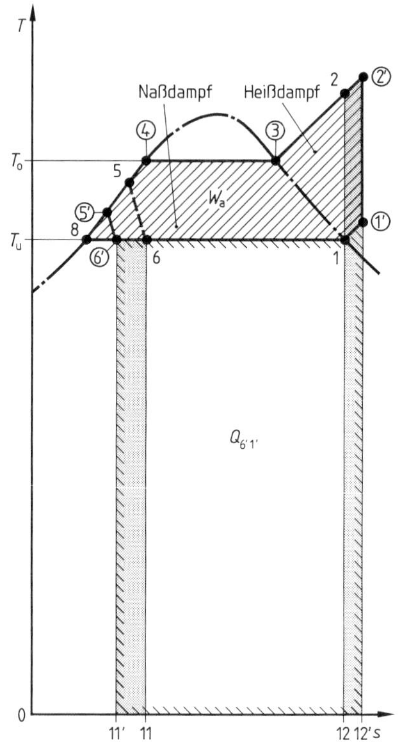

1

Bild 1 zeigt einen – gegenüber Bild 3, Seite 167 – optimierten Kältemaschinenprozeß, bei dem die *T*-Achse maßstäblich in etwa der Realität entspricht, d. h. T_u z. B. 250 K und T_0 z. B. 320 K. Es ist zu erkennen, daß sich die aufgewendete mechanische Arbeit W_a nur geringfügig (Fläche 1 - 1' - 2' - 2 - 1) vergrößert. Der **Kältegewinn** dagegen vergrößert sich überproportional, nämlich um die Summe der Flächenstücke 6' - 11' - 11 - 6 - 6' plus 1 - 12 - 12' - 1' - 1.

Daraus ergibt sich die

verbesserte Leistungszahl $$\varepsilon_K = \frac{Q_{6'1'}}{W_a}$$ 170–1

Die Frage, warum die Vergrößerung von Unterkühler zu einer Unterkühlung und die Vergrößerung des Verdampfers zu einer Überhitzung führt, wird in den Lektionen 21 bis 26, die sich mit dem Transport von Wärmeenergie befassen, erörtert.

18.4.3.1.3 Exergie und Anergie der Wärme

Bei der Umwandlung von Wärmeenergie in mechanische Arbeit wurde festgestellt, daß eine solche Umwandlung nur entsprechend dem thermischen Wirkungsgrad η_{th} vonstatten geht. Dies bedeutet, daß nur ein Teil der Wärmeenergie in mechanische Arbeit verwandelt werden kann, während der andere Teil ungenutzt die Maschine durchläuft. Dies bedeutet aber, daß die zur Verfügung stehende Wärmeenergie aus zwei Bestandteilen besteht. Demgemäß unterteilt man die Energie in

umwandelbare Energie ⟶ Energie 1. Qualität ⟶ **Exergie**

nicht umwandelbare Energie ⟶ Energie 2. Qualität ⟶ **Anergie**

Energie = Exergie + Anergie ⟶ $E = E_1 + E_2$ 171–1

Mit dem 2. Hauptsatz der Thermodynamik ist begründet, daß der Anteil der Exergie Null wird, wenn die Temperaturdifferenz zwischen den einzelnen Zustandsänderungen Null ist. Somit kann man sagen:

Die Grenze zwischen Exergie und Anergie ist durch den Zustand der Umgebung festgelegt.

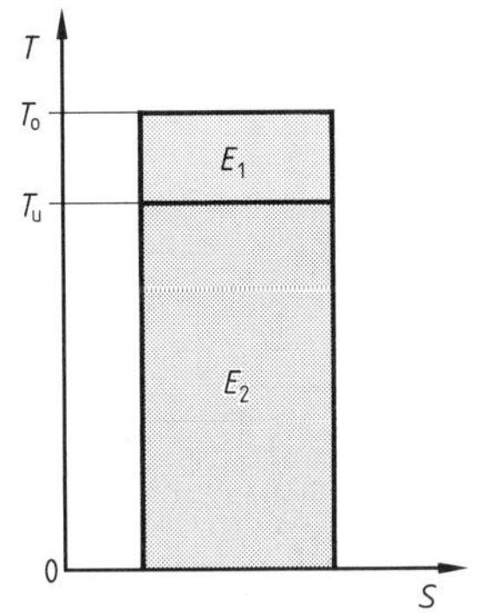

1

Dieses Problem wird beim Wärmetransport in Richtung eines Temperaturgefälles sehr deutlich. Es kann dabei nur die Energie des Körpers ausgenutzt werden, die sich auf die Temperaturdifferenz aus Körpertemperatur T_0 und Umgebungstemperatur T_u bezieht. Dies ist Exergie. Die Energie des Körpers, die sich auf die Temperaturdifferenz aus Umgebungstemperatur und absolutem Nullpunkt bezieht, kann nicht ausgenutzt werden, es ist Anergie (Bild 1).
Durch den Einsatz einer Wärmepumpe läßt sich jedoch ein Teil der Anergie in Exergie überführen, allerdings nur durch den Aufwand zusätzlicher mechanischer Arbeit.

Nach ihrer Ausnutzbarkeit kann man die verschiedenen Energiearten wie folgt einteilen:

1. **Energiearten, die nur aus Exergie bestehen.** Dies sind z. B. mechanische kinetische Energie und elektrische Energie.
2. **Energiearten, die teilweise aus Exergie und teilweise aus Anergie bestehen.** Dies sind z. B. die mechanische potentielle Energie und die Wärmeenergie.
3. **Energiearten, die nur aus Anergie bestehen.** Dies ist die Energie, die ein Körper beinhaltet, dessen Zustand der gleiche ist wie der Zustand der Umgebung. Hier sind z. B. zu nennen: Wärmeenergie, die sich auf die Temperaturdifferenz aus Umgebungstemperatur und absolutem Nullpunkt bezieht oder auch mechanische potentielle Energie (Energie der Lage), die sich auf die Höhendifferenz aus Lage des Körpers zum Erdmittelpunkt bezieht.

M 77. 10 kg Stahl haben eine Temperatur $\vartheta_1 = 80\,°C$. Die Umgebungstemperatur beträgt $\vartheta_2 = 20\,°C$. Wie groß ist bei $c_{Stahl} = 0{,}46 \frac{kJ}{kg \cdot K}$

a) die Exergie,
b) die Anergie,
c) die gesamte gespeicherte Energie?

Lösung: a) $\boldsymbol{E_1} = m \cdot c_{St} \cdot \Delta\vartheta_1 = 10\,kg \cdot 0{,}46 \frac{kJ}{kg \cdot K} \cdot 60\,K = \mathbf{276\,kJ}$

b) $\boldsymbol{E_2} = m \cdot c_{St} \cdot \Delta\vartheta_2 = 10\,kg \cdot 0{,}46 \frac{kJ}{kg \cdot K} \cdot 293{,}15\,K = \mathbf{1348{,}49\,kJ}$ (auf T = 0 K bezogen)

c) $\boldsymbol{E} = E_1 + E_2 = 276\,kJ + 1348{,}49\,kJ = \mathbf{1624{,}49\,kJ}$

Ü 156. Bringen Sie die Begriffe „Dissipation" und „irreversibler Vorgang" zueinander in Beziehung.

Ü 157. Wie verändert sich die Entropie bei irreversiblen Vorgängen?

Ü 158. Wie ist die Änderung der Entropie definiert?

Ü 159. Unterscheiden Sie die Begriffe Isentrope und Isenthalpe.

Ü 160. Verknüpfen Sie die Begriffe „Entropie" und „Zweiter Hauptsatz der Thermodynamik".

Ü 161. Wie groß ist die Entropiezunahme bei dem in Musteraufgabe M 39., Seite 68, beschriebenen Vorgang einer Abschreckung von $m_1 = 13$ kg Messing mit $\vartheta_1 = 600\,°C$ in $m_2 = 25$ kg Wasser mit $\vartheta_2 = 15\,°C$.

Anmerkung: Der Vorgang verläuft isobar.

Ü 162. Bei welcher Art von Kreisprozessen ist stets ein Temperaturgefälle vorhanden?

Ü 163. Die Leistungszahl einer Kältemaschine beträgt $\varepsilon_K = 2{,}4$. Wie groß ist die dem Kühlraum entnommene Wärmeenergie, wenn eine mechanische Arbeit $W_a = 200$ Nm durch den Verdichter zugeführt wurde?

Ü 164. Wie unterscheidet sich der Zustand des Arbeitsmittels bei den Kreisprozessen der Brennkraftmaschine gegenüber den rechts- und linkslaufenden Clausius-Rankine-Prozessen?

Ü 165. Wie unterscheiden sich die Dämpfe beim Einlauf in den Kondensator beim Dampfkraftprozeß und beim Kältemaschinenprozeß?

Ü 166. Wie verhält sich bei der Drosselung eines strömenden Fluids

a) der Druck,
b) die Enthalpie,
c) die Entropie?

Ü 167. 10 kg Luft werden in einer Rohrleitung isotherm von 12 bar auf 2 bar gedrosselt. Berechnen Sie die Entropiezunahme.

Ü 168. Unterscheiden Sie Exergie und Anergie.

V 149. Unterscheiden Sie die Größe der Verschiebearbeit beim Idealvorgang und beim Realvorgang.

V 150. Wie unterscheidet sich die Entropie von der spezifischen Entropie?

V 151. Beim idealen linkslaufenden Clausius-Rankine-Prozeß (Bild 1, Seite 170) findet zwischen den Punkten 1′ und 2′ eine isentrope Verdichtung statt. Vergleichen Sie hierzu auch Bild 5, Seite 159. Beim wirklichen Prozeß wird wegen der unvermeidbaren Energiedissipation aus einer isentropen Verdichtung eine polytrope Verdichtung (siehe Bild 6, Seite 159). Zeichnen Sie unter Berücksichtigung dieses Sachverhaltes den realen (wirklichen) Kältemaschinen- bzw. Wärmepumpenprozeß in einem *T, s*-Diagramm.

V 152. Welche Bedeutung hat der Carnot-Prozeß für die rechts- und linkslaufenden thermodynamischen Kreisprozesse?

V 153. Bei einem Bremsvorgang entsteht eine Wärmemenge $Q = 16000$ kJ. Diese Energie wird von der Umgebung, die eine Temperatur von $\vartheta = 20$ °C hat, aufgenommen. Wie groß ist die Entropiezunahme der Umgebung?

V 154. Wie ist der linkslaufende Kreisprozeß hinsichtlich der „Temperaturrichtung" gekennzeichnet?

V 155. Die Carnot'sche Leistungszahl eines Wärmepumpenvergleichsprozesses beträgt $\varepsilon_{WC} = 4{,}0$. Wie groß ist T_{max} des Kältemittels bei $T_{min} = -20$ °C des Kältemittels?

V 156. Unterscheiden Sie Heißdampfmaschine und Kaltdampfmaschine.

V 157. Im log *p*, *h*-Diagramm (Bild 1, Seite 93) verlaufen die Linien konstanter Temperatur und konstanter Entropie, wie dies im Bild 1 dargestellt ist.

Unternehmen Sie den Versuch, den realen Kältemaschinen- bzw. Wärmepumpenprozeß aus dem *T*, *s*-Diagramm der Vertiefungsaufgabe V 151. in ein log *p*, *h*-Diagramm zu übertragen. Bedenken Sie dabei, daß der Druck des Kältemittels beim Durchströmen des Kondensators und des Verdampfers geringfügig abnimmt.

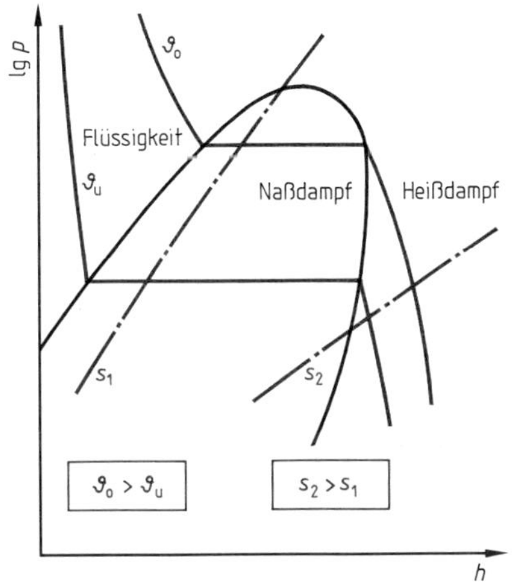

1

V 158. Wie wird technisch eine Drosselung realisiert?

V 159. Der Bodensee hat ein Wasservolumen von $V \approx 5 \cdot 10^{10}$ m³. Dies entspricht einer Wassermasse von $m \approx 5 \cdot 10^{13}$ kg.

a) Wie groß ist die Wärmeenergie dieser Wassermasse, wenn man die Wassertemperatur im Durchschnitt mit $\vartheta = 16$ °C annehmen kann und die durchschnittliche spezifische Wärmekapazität von Eis $2{,}1 \frac{\text{kJ}}{\text{kg} \cdot \text{K}}$ ist?

b) Machen Sie bezüglich der errechneten Wärmeenergie eine Aussage über die „Energiequalität".

Beziehungen der Wärmeenergie zur elektrischen Energie

Lektion 19 Umwandlung von Wärmeenergie in elektrische Energie

19.1 Der Seebeck-Effekt

Erscheinungen, bei denen thermische und elektrische Vorgänge miteinander verknüpft sind, bezeichnet man als **thermoelektrische Effekte**. Hierzu zählt z. B. die Tatsache, daß sich der elektrische Widerstand eines Leiters in Abhängigkeit von der Temperatur verändert. Dieser Effekt findet ja bekanntlich beim elektrischen Widerstandsthermometer (Abschnitt 1.4.2.3) seine Anwendung.

Im Zusammenhang mit dem Thema dieser Lektion ist ein thermoelektrischer Effekt von Interesse, bei dem Wärmeenergie in elektrische Energie umgewandelt wird. Dieser Effekt wurde bereits im Zusammenhang mit der **Temperaturmessung** als Meßmethode mit dem **Thermoelement** (Abschnitt 1.4.2.4) besprochen. Die entstehende **Thermospannung** ist sehr klein und deshalb für die Umwandlung großer Mengen an Energie ungeeignet. Nach seinem Entdecker, dem deutschen Physiker Thomas **Seebeck (1770 bis 1831)** wird dieser Effekt, daß bei der Erwärmung der Lötstelle zweier verschiedener elektrischer Leiter eine elektrische Spannung entsteht, als **Seebeck-Effekt** bezeichnet.

19.2 Die großtechnische Umwandlung von Wärmeenergie in elektrische Energie

Zur Erzeugung großer Mengen an elektrischer Energie aus Wärmeenergie geht man in der Technik den Umweg über einen **Energieträger**, wie z. B. **Wasserdampf** oder **Kraftstoff-Luft-Gemisch**. Das heißt, daß man die Wärmeenergie zunächst in mechanische Energie umwandelt. Diese Art der Energieumwandlung ist ausführlich besprochen, es sei aber nochmals an das Problem der **Anergie** erinnert.

In einer zweiten Umwandlungsstufe wird die von der Wärmekraftmaschine erzeugte mechanische Energie in **elektrische Energie** umgewandelt. Dies geschieht mit Hilfe eines **Generators**. Auf die Arbeitsweise eines solchen wird im Fachgebiet der Elektrotechnik ausführlich eingegangen.

Im folgenden Schema, das aber keinen Anspruch auf Vollständigkeit erhebt, sind Möglichkeiten der Umwandlung von Wärmeenergie in elektrische Energie aufgezeigt:

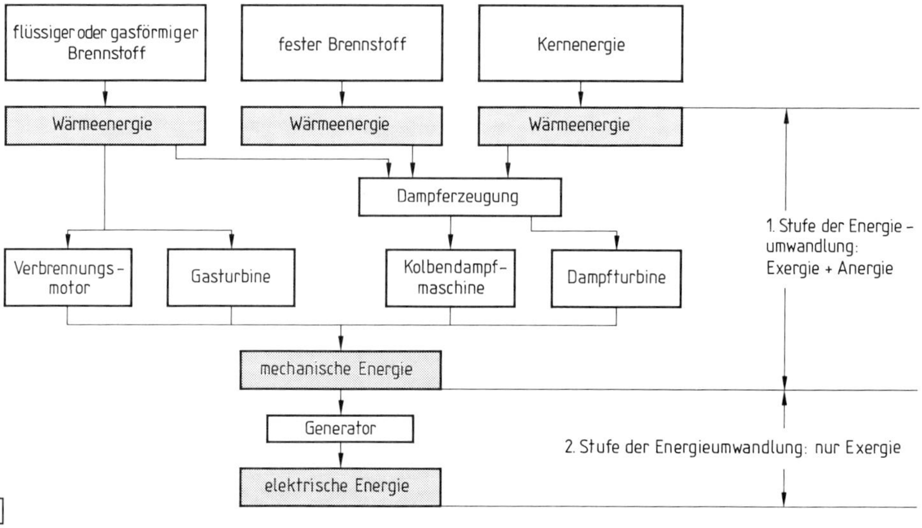

1

Lektion 20 **Umwandlung von elektrischer Energie in Wärmeenergie**

20.1 Natürliche und technisch erzeugte Wärmeenergien

Die von der Natur bereitgestellten elektrischen Energien sind durch große örtliche und zeitliche Unregelmäßigkeiten und eine stark unterschiedliche Größe gekennzeichnet. Sie sind deshalb technisch nicht nutzbar, und sie haben im Falle einer Umwandlung in **Wärmeenergie** und **Lichtenergie** als **Gewitter** eine zerstörerische Wirkung (wenn man von der **Ozonbildung** absieht). Eine gesteuerte Umwandlung von elektrischer Energie in Wärmeenergie kann nur dann erfolgen, wenn die elektrische Energie an definierten Orten und in definierten Mengen zur Verfügung steht. Die Bereitstellung solcher elektrischer Energien wird mit den in Lektion 19 beschriebenen Methoden realisiert.

Die Umwandlung von elektrischer Energie in Wärmeenergie setzt genau definierte elektrische Energien voraus.

20.2 Der Peltier-Effekt

Die Umkehrung des Seebeck-Effektes wird als **Peltier-Effekt**, nach seinem Entdecker, dem französichen Physiker Jacques **Peltier (1785 bis 1845)**, bezeichnet. Fließt in einem Leiterkreis aus zwei verschiedenen elektrischen Leitern ① und ② (Bild 1) ein elektrischer Gleichstrom, dann wird – je nach Stromrichtung – an der einen Kontaktstelle Wärmeenergie abgegeben und an der anderen aufgenommen. Diese Wärmeenergie wird als **Peltier-Wärme** bezeichnet und sie wird wie folgt berechnet:

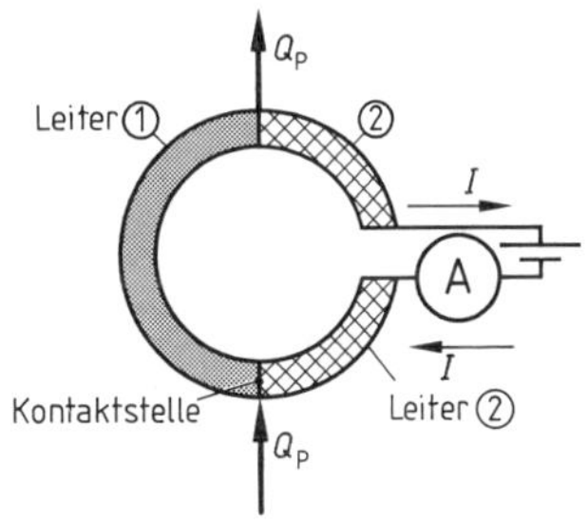

1

Peltier-Wärme $$Q_p = \pi_{12} \cdot I \cdot t$$ 175–1 in J

In Gleichung 175–1 bedeuten: π_{12} = ein von der Werkstoffkombination der Leiter, z. B. Kupfer/Konstantan, abhängiger Proportionalitätsfaktor. Er heißt **Peltier-Koeffizient** und beträgt für Metallkombinationen zwischen $4 \cdot 10^{-3}$ bis $4 \cdot 10^{-4}$ J/As.

I = Stromstärke in A

t = Zeit in s

Die thermoelektrische Erwärmung an der einen Kontaktstelle wird als **Peltier-Heizung**, die thermoelektrische Abkühlung an der anderen Kontaktstelle als **Peltier-Kühlung** bezeichnet. Diese Peltier-Kühlung wird für kleinste Bereiche, z. B. in der Medizin, verwendet. Eine solche **Peltier-Zelle** ist absolut umweltneutral. Die Peltier-Kühlung ist auch unter der Bezeichnung **elektrothermische Kühlung** oder **elektrothermische Kälteerzeugung** bekannt.

M 78. Eine Peltier-Zelle besteht aus zehn Peltier-Elementen. Wie groß ist die transportierte Wärmeenergie, wenn ein Strom $I = 3$ A über eine Zeit $t = 1$ h fließt und wenn der Peltier-Koeffizient $\pi_{12} = 1{,}5 \cdot 10^{-4} \frac{\text{J}}{\text{As}}$ beträgt?

Lösung: $Q_p = 10 \cdot \pi_{12} \cdot I \cdot t = 10 \cdot 1{,}5 \cdot 10^{-4} \frac{\text{J}}{\text{As}} \cdot 3\,\text{A} \cdot 3600\,\text{s}$

$\mathbf{Q_p = 16{,}2\,J}$

20.3 Der elektrische Heizleiter

Bei der Umwandlung großer elektrischer Energiebeträge in Wärmeenergie wird der Effekt ausgenutzt, daß sich stromführende **elektrische Leiter** erwärmen. Für diesen Zweck wurden spezielle **Heizleiter** entwickelt. Entsprechend ihrem Verwendungszwecke haben solche eine bestimmte Form. Jedermann bekannt ist der **Tauchsieder**. Heizleiter werden in **Heizplatten, Warmwasserboiler**, elektrischen **Durchlauferhitzer**, Waschmaschinen etc. eingebaut. Bild 1 zeigt den Heizleiter einer Waschmaschine. Der die Wärmeenergie abgebende elektrische Leiter ist elektrisch mit einer Keramikmasse isoliert und in ein Metallrohr – meist Kupfer – eingebettet. Dabei ist es erforderlich, daß die Keramikmasse eine gute **Wärmeleitfähigkeit** (siehe Lektion 22) besitzt.

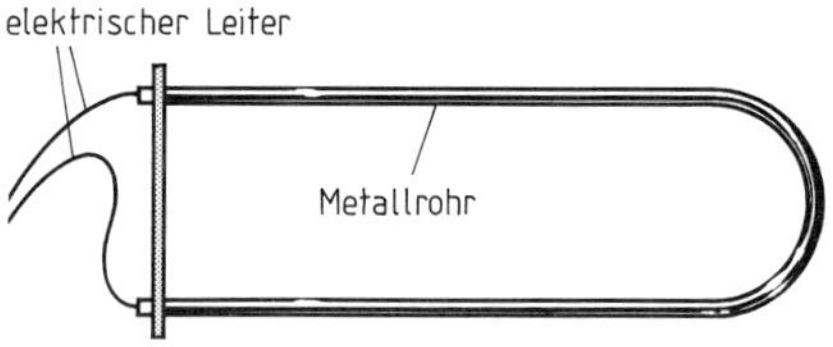

1

20.3.1 Elektrische Arbeit und elektrische Leistung

Aus der Dynamik ist bekannt, daß zwischen der Leistung P und der Arbeit W der Zusammenhang

$$\text{Leistung} = \frac{\text{Arbeit}}{\text{Zeit}}$$ besteht.

Dieser Zusammenhang ist grundsätzlicher Natur und zeigt somit auch die Koppelung zwischen **elektrischer Leistung** und **elektrischer Arbeit**. Somit

elektrische Leistung $P = \frac{W}{t}$ 176–1 in W = Watt bzw. kW

Auf Elektrogeräten ist stets die elektrische Leistung angegeben. Somit ergibt sich für die

elektrische Arbeit $W = P \cdot t$ 176–2

W	P	t
kWh	kW	h

kWh ≙ **Kilowattstunde**

Die von einem Elektrogerät abgegebene elektrische Arbeit errechnet sich aus der Geräteleistung multipliziert mit der Wirkzeit.

20.3.2 Das elektrische Wärmeäquivalent

Ebenso wie die Äquivalenz (Gleichwertigkeit) von mechanischer Energie und Wärmeenergie nachweisbar ist, kann im Versuch die Äquivalenz von elektrischer Energie, d. h. elektrischer Arbeit, und Wärmeenergie nachgewiesen werden. Läßt man einen elektrischen Heizleiter einen Stoff – z. B. Wasser – erwärmen und schließt man dabei Verluste aus, dann ergibt sich die folgende Energiebilanz.

$$[P] \cdot [t] = [m] \cdot [c] \cdot [\Delta\vartheta]$$

$$\mathrm{W \cdot s} = \mathrm{kg} \cdot \frac{\mathrm{J}}{\mathrm{kg \cdot K}} \cdot \mathrm{K}$$

$$\mathrm{Ws} = \mathrm{J}$$ Ws ≙ **Wattsekunde**

Als weitere Energieeinheit ergibt sich also die Wattsekunde. Da außerdem 1 J = 1 Nm ist, ergibt sich die folgende Äquivalenz

$$1\ \mathrm{J} = 1\ \mathrm{Nm} = 1\ \mathrm{Ws}$$

Die Beziehung 1 Ws = 1 J wird auch **elektrisches Wärmeäquivalent** genannt. Rechnet man um, dann ergibt sich

$$1\ \mathrm{kWh} = 3\,600\,000\ \mathrm{Ws}$$

20.3.3 Der Wirkungsgrad der elektrischen Heizung

Bei der Herleitung des elektrischen Wärmeäquivalents wurden Verluste ausgeschlossen. Ein solcher Sachverhalt ist mit einem Versuchsgerät weitestgehend realisierbar, indem z. B. für eine hervorragende Wärmeisolation und einen optimalen Wärmeübergang gesorgt wird. Bei den in der Praxis eingesetzten Geräten muß, je nach Qualität, mit mehr oder weniger großen Verlusten – z. B. durch Dissipation – gerechnet werden. Dies wird mit dem **Wirkungsgrad** der elektrischen Heizung berücksichtigt. Es ist

Wirkungsgrad der elektrischen Heizung $$\eta = \frac{Q_n}{W_a} \qquad \boxed{177-1}$$

Q_n = Nutzwärme z. B. $m \cdot c \cdot \Delta\vartheta$
W_a = aufgewendete elektrische Arbeit = $P \cdot t$

Daraus ergibt sich

$$Q_n = \eta \cdot W_a$$

$m \cdot c \cdot \Delta\vartheta = \eta \cdot P \cdot t$. Somit:

erforderliche elektrische Leistung $$P = \frac{\Sigma(m \cdot c \cdot \Delta\vartheta)}{\eta \cdot t} \qquad \boxed{177-2}$$ in W, kW

Anmerkung: $\Sigma(m \cdot c \cdot \Delta\vartheta)$ bei Stoffsystemen!

M 79. In einem Warmwasserbereiter sollen durch Umwandlung elektrischer Energie in Wärmeenergie in t = 1,5 h eine Wassermasse m = 180 kg von ϑ_1 = 20 °C auf ϑ_2 = 90 °C erwärmt werden. Durch eine gute Wärmeisolation kann mit einem Wirkungsgrad von η = 0,92 ≙ 92 % gerechnet werden. Berechnen Sie die Nennleistung des Warmwasserbereiters.

Lösung: $$P = \frac{m \cdot c \cdot \Delta\vartheta}{\eta \cdot t} = \frac{180\,\text{kg} \cdot 4{,}19\,\frac{\text{kJ}}{\text{kg} \cdot \text{K}} \cdot 70\,\text{K}}{0{,}92 \cdot 1{,}5 \cdot 3600\,\text{s}} = 10{,}63\,\frac{\text{kJ}}{\text{s}}$$

$$P = 10630\,\frac{\text{J}}{\text{s}} = 10630\,\frac{\text{Ws}}{\text{s}} = 10630\,\text{W}$$

$$\boldsymbol{P = 10{,}63\,\text{kW}}$$

Ü 169. Es befinden sich m_1 = 150 kg Öl $\left(c_1 = 1{,}8\,\frac{\text{kJ}}{\text{kg} \cdot \text{K}}\right)$ in einem Messingbehälter mit der Masse m_2 = 76 kg $\left(c_2 = 0{,}39\,\frac{\text{kJ}}{\text{kg} \cdot \text{K}}\right)$. Dieses System wird auf einer Heizplatte in t = 12 min von ϑ_1 = 20 °C auf ϑ_2 = 36 °C erwärmt. Der Wirkungsgrad der elektrischen Heizung beträgt η = 0,82. Berechnen sie

a) die zugeführte Wärmeenergie,
b) die elektrische Leistung der Heizplatte.

Ü 170. Welche einheitenmäßigen Zusammenhänge zwischen Wärmeenergie, mechanischer Energie und elektrischer Energie sind Ihnen bekannt?

Ü 171. Ein elektrisches Heizgerät hat eine Nennleistung von 5 kW und einen Wirkungsgrad von η = 0,6. Wieviel Liter Wasser lassen sich damit in 30 Minuten von 10 °C auf 85 °C erwärmen?

Ü 172. Welche Eismasse von 0 °C kann maximal mit einer Kilowattstunde geschmolzen werden?

Ü 173. Wieviel Liter Wasser von 100 °C $\left(\rho = 957{,}1\,\frac{\text{kg}}{\text{m}^3}\right)$ können maximal mit einer Kilowattstunde verdampft werden?

Ü 174. Für welche physikalische Größe ist $\frac{\text{kJ}}{\text{h}}$ die Einheit?

Ü 175. Mit einem Tauchsieder (η = 0,85) werden 5 min lang P = 1,2 kW an kochendes Wasser übertragen. Wieviel kg Wasser sind dabei verdampft?

V 160. Welche Zeit benötigt ein Tauchsieder mit einer Leistung von P = 0,9 kW, um bei einem Wirkungsgrad η = 0,87 eine Wassermenge m = 1,2 kg von ϑ_1 = 12 °C auf ϑ_2 = 65 °C zu erwärmen?

V 161. In Lektion 2 wurde Ihnen die Beziehung 1 kcal $\approx$ 4,19 kJ erläutert. Wieviele kWh sind dies?

V 162. Es werden m = 1,5 kg Eis von 0 °C mit einem elektrischen Heizgerät geschmolzen und anschließend auf 80 °C erwärmt. Berechnen Sie

a) die Anzahl der Kilowattstunden,
b) die elektrische Nennleistung, wenn der Vorgang in t = 2,5 min bei einem Wirkungsgrad von η = 0,65 erfolgen soll.

V 163. Wie viele $\frac{\text{kJ}}{\text{h}}$ sind 1 kW?

V 164. 3 kg kochendem Wasser wird eine elektrische Leistung von P = 2 kW übertragen. Das Wasser ist nach 82,5 min restlos verdampft. Wie groß ist der Wirkungsgrad dieser elektrischen Heizung?

Wärmeübertragung

Lektion 21 Möglichkeiten einer Wärmeübertragung

Wird Wärmeenergie von einer Stelle zu einer anderen Stelle übertragen, dann nennt man diesen Vorgang eine **Wärmeübertragung** oder einen **Wärmetransport**. Diese Übertragung von Wärmeenergie spielt in weiten Gebieten der Technik eine außerordentlich große Rolle. In diesem Zusammenhang sind insbesondere die Technikbereiche Heizungstechnik, Klimatechnik, Kältetechnik, Verfahrenstechnik, aber auch die allgemeine Bau- und Maschinenbautechnik zu nennen. Man denke z. B. an die Wärmeübertragung aus den Innenräumen eines Bauwerkes in die Gebäudeumgebung oder etwa an die Wärmeübertragung aus einem Feuerungsraum durch die Wandungen eines Warmwasserkessels in das zu erwärmende Wasser.
In der Praxis unterscheidet man die Fälle, bei denen ein guter Wärmetransport, d. h. eine gute Wärmeübertragung, erwünscht ist von den Fällen, bei denen man den Wärmetransport verhindern oder zumindest möglichst klein halten möchte. Man fordert also von Fall zu Fall eine

gute Wärmeübertragung → z. B. bei allen Heiz- und Kühlprozessen oder eine

schlechte Wärmeübertragung → erreichbar durch eine **Wärmedämmung**, d. h. Schutz gegen Wärmeverluste durch eine **Wärmeisolation** mittels **Dämmstoffen**. Beispiele: Isolation von Rohrleitungen mit kleinen oder großen Oberflächentemperaturen, Isolation von geheizten oder gekühlten Räumen, Dewargefäße.

Anmerkung: Durch **Wärmedämmung**, dies kann **Wärmeschutz** oder **Kälteschutz** sein, werden Energiedissipationen eingeschränkt. Mit der Technik von Wärme- und Kälteschutz befaßt sich eine spezielle Literatur. An dieser Stelle sei aber erwähnt, daß energiepolitische Gründe zu entsprechenden staatlichen Verordnungen, z. B. im Hochbau zur **Wärmeschutzverordnung**, geführt haben.

Die Wärmeübertragung entgegen einem Temperaturgefälle ist bekanntlich nur mit einem zusätzlichen Energieaufwand (Kältemaschinen- und Wärmepumpenprozeß) realisierbar und bereits ausführlich erörtert. In den folgenden Ausführungen soll nun die Wärmeübertragung ohne zusätzlichen Energieaufwand betrachtet werden. Grundlage hierfür ist gemäß Lektion 18 der

zweite Hauptsatz der Thermodynamik:

Wärmeenergie kann ohne einen zusätzlichen Aufwand an Energie nur von einem Körper mit höherer Temperatur auf einen Körper mit niedrigerer Temperatur, d. h. nur in Richtung eines Temperaturgefälles, übertragen werden.

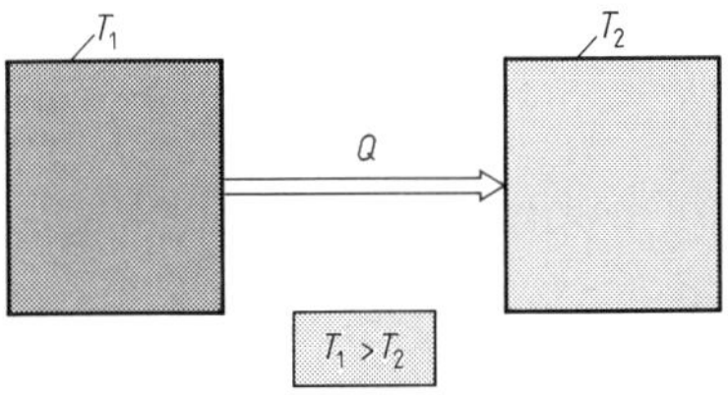

1

Diese Übertragung der Wärmeenergie – schematisch im Bild 1 dargestellt – kann von einem Körper (Stoff) auf einen anderen auf dreierlei verschiedene Arten erfolgen. Man unterscheidet:

I. Wärmeleitung

Hierbei wird Wärmeenergie zwischen direkt benachbarten Teilchen – z. B. Moleküle – fester Körper oder **unbewegter** Flüssigkeiten, Gasen oder Dämpfen übertragen. Eine solche Beobachtung kann man z. B. machen, wenn man einen Metalldraht, z. B. aus Kupfer, in heißes Wasser hält. Nach einer gewissen Zeit spürt man die vom Draht aus dem Wasser an die Finger geleitete Wärme, was sich durch Temperaturerhöhung äußert. Als weiteres Beispiel sei die Wärmeleitung durch eine Hauswand angeführt.

II. Wärmestrahlung

Bei der Wärmestrahlung wird die Energie in nicht mehr teilbaren Mengen, den **Energiequanten**, zwischen einem Körper mit höherer Temperatur und einem Körper mit niedrigerer Temperatur ausgetauscht. Diese Energiequanten sind die **Elementarteilchen** der **elektromagnetischen Strahlung** und heißen auch **Photonen**. Ein Übertragungsmedium ist bei der Wärmestrahlung nicht erforderlich, was durch die Sonnenstrahlung bewiesen wird. Obwohl im luftleeren Weltall so gut wie keine Materie vorhanden ist, verspüren wir beim Auftreffen der Sonnenstrahlen die übertragene Wärmeenergie. Dies äußert sich durch eine Temperaturerhöhung.

III. Wärmemitführung

Die Wärmemitführung ist dadurch gekennzeichnet, daß Wärmeenergie an strömende Flüssigkeiten, Gase oder Dämpfe durch Leitung oder Strahlung übertragen, durch die Strömung mitgeführt und an einem anderen Ort an die Umgebung abgegeben wird. Nach einem zweiten Hauptsatz muß das strömende Medium – der **Wärmeträger** – bei der Energieaufnahme eine kleinere Temperatur als die Umgebung haben. Dies muß bei der Abgabe der Wärmeenergie genau umgekehrt sein. Wärmemitführung wird auch als **Konvektion** bezeichnet. Da bei der Aufnahme der Wärmeenergie der Wärmeträger seine Dichte verkleinert und demzufolge einen **Auftrieb** (siehe Fluidmechanik) erfährt, verursacht die Wärmeübertragung selbst eine **Wärmeströmung**, die man als freie Wärmeströmung oder **freie Konvektion** bezeichnet. Wird die Wärmeströmung durch Pumpen – z. B. bei einer Heizungsanlage - oder durch Gebläse bzw. Ventilatoren erzeugt, dann bezeichnet man diesen Vorgang als **erzwungene Konvektion**.

Zusammenfassend kann man also sagen:

Wärmeenergie kann durch Kontakt und durch Strahlung übertragen werden.

Es bleibt noch zu erwähnen, daß Wärmeleitung, Wärmestrahlung und Wärmemitführung meist gleichzeitig auftreten. Dieser Sachverhalt spielt beim Wärmeübergang (Lektion 23) eine bedeutende Rolle.

Lektion 22 Wärmeleitung

22.1 Technische Regeln für die Berechnung der Wärmeübertragung

Für die Berechnung der Wärmeübertragung wurden zahlreiche technische Regeln und DIN-Normen erstellt. Einen besonderen Stellenwert nehmen dabei ein:

DIN 1341	Wärmeübertragung
DIN 4108	Wärmeschutz im Hochbau
DIN 4701	Regeln für die Berechnung des Wärmebedarfs von Gebäuden
VDI 2055	Wärme- und Kälteschutz für betriebs- und haustechnische Anlagen

22.2 Der stationäre Wärmestrom

Für die Wahl der **Formelzeichen** bezüglich der Berechnung der Wärmeübertragung wurde in diesem Buch insbesondere die **DIN 4701** herangezogen. Des weiteren wird vereinbart, daß die Wärmeübertragung bei zeitlich konstanter Temperaturdifferenz erfolgt. **Die Phasen der Abkühlung bzw. der Aufheizung werden also nicht behandelt**. Ist aber die Temperaturdifferenz konstant, dann muß nach dem zweiten Hauptsatz auch die pro Zeiteinheit transportierte Wärmeenergie konstant sein.

Die in der Zeiteinheit transportierte Wärmeenergie heißt **Wärmestrom $\dot{Q}$**.

Wärmestrom $\dot{Q} = \frac{Q}{t}$ 181–1 $[\dot{Q}] = \frac{[Q]}{[t]} = \frac{J}{s} = \frac{Ws}{s} = W$

Wärme Leistung

Da es sich beim Wärmestrom um eine auf die Zeiteinheit bezogene Energie handelt, gilt

Der Wärmestrom ist eine Leistung mit der Einheit Watt bzw. Kilowatt.

Bild 1 zeigt nochmals die Bedingung für einen konstanten Wärmestrom:
es muß $\Delta\vartheta$ = **konst.** sein.

Ein zeitlich konstanter Wärmestrom wird als **stationärer Wärmestrom** bezeichnet.

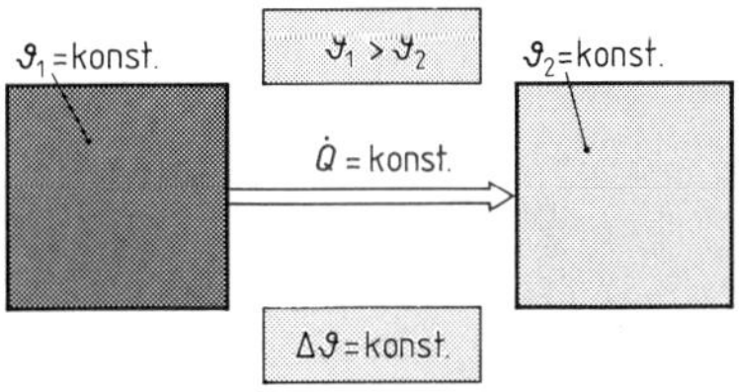

1

22.2.1 Wärmeleitung durch eine ebene Wand

Bild 2 zeigt den Querschnitt durch eine Wand mit der Dicke δ. Diese Wand wird von einem stationären Wärmestrom $\dot{Q}$ durchströmt. Die Richtung dieses Wärmestromes ist durch die Bedingung

$$\vartheta_1 > \vartheta_2$$

vorgegeben. Das durchströmte System ist eine **ebene Wand**. An einer solchen stellte erstmals der französische Physiker J. B. **Fourier (1768 bis 1830)** die folgenden Proportionalitäten fest:

$Q \sim$ Temperaturdifferenz $\Delta\vartheta = \vartheta_1 - \vartheta_2$
$Q \sim$ Wandfläche A
$Q \sim$ Wirkzeit t

$$Q \sim \frac{1}{\text{Wanddicke}} = \frac{1}{\delta}$$

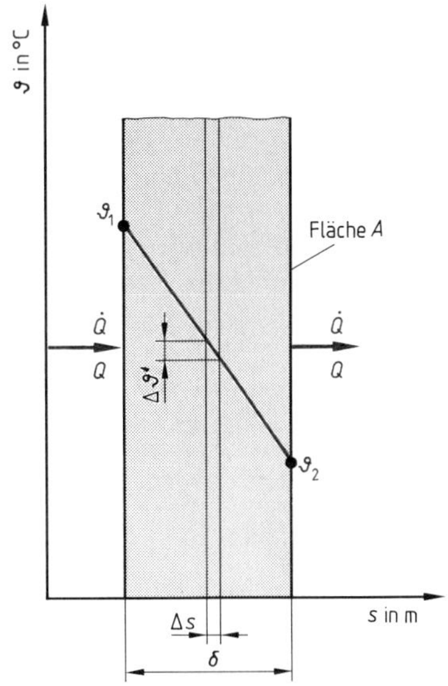

2

Somit gilt für die

Wärmemenge $Q \sim A \cdot \Delta\vartheta \cdot t \cdot \frac{1}{\delta}$ 181–2 in J, kJ

Dieser Zusammenhang erklärt, daß beim Strömen der gleichen Wärmemenge durch eine dünnere

Wandschicht – z. B. Δs in Bild 2, Seite 181 – eine entsprechend kleine Temperaturdifferenz – $\Delta\vartheta'$ – erforderlich ist. Damit ist auch der **lineare Temperaturabfall** in der Wand zu begründen.

Mit Gleichung 181–2 ergibt sich z. B. für

doppelte Temperaturdifferenz $\Delta\vartheta$ → doppelte Wärmemenge Q
doppelte Wandflächengröße A → doppelte Wärmemenge Q
doppelte Zeit t → doppelte Wärmemenge Q
doppelte Wanddicke δ → halbe Wärmemenge Q

Die von Fourier festgestellten Proportionalitäten sind sicher sofort verständlich. Da außerdem bekannt ist, daß die Stoffe unterschiedlich gut die Wärme leiten, ist es klar, daß dieser **Stoffeinfluß** ebenfalls berücksichtigt werden muß. Dies geschieht mit einem Proportionalitätsfaktor, der sogenannten

Wärmeleitfähigkeit λ

Dieser Stoffkennwert wird häufig auch als **Wärmeleitzahl** λ oder als **Wärmeleitkoeffizient** λ bezeichnet. Damit ergibt sich das vollständige

Gesetz von Fourier $$Q = \frac{\lambda}{\delta} \cdot A \cdot (\vartheta_1 - \vartheta_2) \cdot t$$ 182–1 in J, kJ

Mit $\dot{Q} = \frac{Q}{t}$ ergibt sich schließlich für den

Wärmestrom $$\dot{Q} = \frac{\lambda}{\delta} \cdot A \cdot (\vartheta_1 - \vartheta_2)$$ 182–2 in W, kW

$$[\lambda] = \frac{[\dot{Q}] \cdot [\delta]}{[A] \cdot [\Delta\vartheta]} = \frac{\mathrm{W \cdot m}}{\mathrm{m^2 \cdot K}} = \frac{\mathbf{W}}{\mathbf{m \cdot K}}$$

Die Einheit der Wärmeleitzahl ist das Watt pro Meter und pro Kelvin.

Die Bilder 1 und 2 zeigen die Wärmeleitfähigkeit λ in Abhängigkeit von der Temperatur und zwar – als Beispiel – für reines Kupfer:

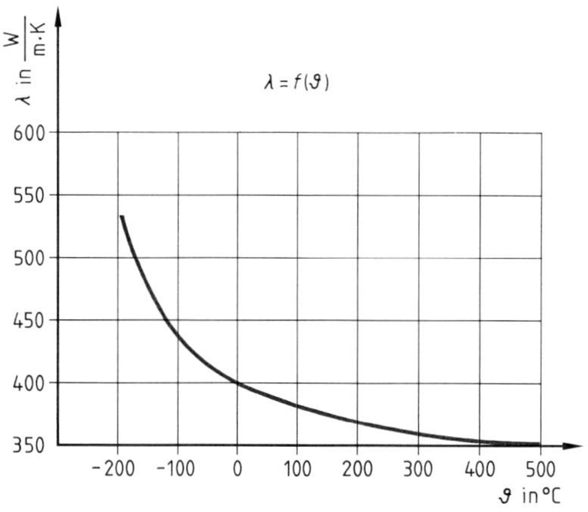

1

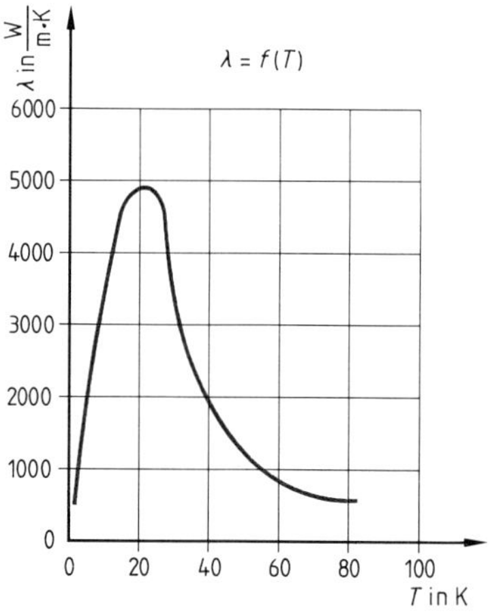

2

Es ist zu erkennen:

Die Wärmeleitfähigkeit λ der Stoffe ist von der Stofftemperatur abhängig.

Daraus leitet sich die Regel ab, daß grundsätzlich der für die Betriebstemperatur geltende λ-Wert in die Berechnungen einzusetzen ist. Häufig wird dabei der λ-Wert auf eine **Mitteltemperatur** bezogen. Mit den Bezeichnungen des Bildes 2, Seite 181, ist die

Mitteltemperatur $$\vartheta_m = \frac{\vartheta_1 + \vartheta_2}{2} \quad \boxed{183-1}$$

Die nebenstehende Tabelle zeigt einige λ-Werte auf Raumtemperatur bezogen. Weitere Werte sind entsprechenden technischen Handbüchern oder aus den Angaben der Werkstoffhersteller zu entnehmen.

Stoff	Wärmeleitfähigkeit λ in $\frac{W}{m \cdot K}$ bei 20 °C
Aluminium	210
Blei	35
Kupfer	394
Stahl unlegiert	58
Zink	112
Beton	0,75...0,95
Glas	0,58...1,05
Korkplatten	0,037
Dämmstoffe	0,03...0,11
Ziegelmauerwerk	0,35...0,88
Maschinenöl	0,116...0,174
Wasser	0,62
Wasser bei 100 °C	0,68
Luft	0,0257
Wasserdampf (100 °C)	0,0242

Früher war es üblich, die Wärmeleitzahl λ in $\frac{\text{kcal}}{\text{m} \cdot \text{h} \cdot °\text{C}}$ bzw. in $\frac{\text{kJ}}{\text{m} \cdot \text{h} \cdot \text{K}}$ anzugeben. Da der Techniker in seiner Arbeit immer wieder mit den entsprechenden Werten in Berührung kommt, soll hier der Zusammenhang dieser Einheiten mit der SI-Einheit erörtert werden:

$$\mathbf{1\,\frac{kcal}{m \cdot h \cdot °C}} = \mathbf{4{,}19\,\frac{kJ}{m \cdot h \cdot K}} = 4190\,\frac{\text{J}}{\text{m} \cdot \text{h} \cdot \text{K}} = 4190\,\frac{\text{Ws}}{\text{m} \cdot \text{h} \cdot \text{K}} = \frac{4190}{3600}\,\frac{\text{Ws}}{\text{m} \cdot \text{s} \cdot \text{K}} = \mathbf{1{,}164\,\frac{W}{m \cdot K}}$$

Somit $$1\,\frac{\text{kcal}}{\text{m} \cdot \text{h} \cdot °\text{C}} = 1{,}164\,\frac{\text{W}}{\text{m} \cdot \text{K}}$$ und $$1\,\frac{\text{kJ}}{\text{m} \cdot \text{h} \cdot \text{K}} = 0{,}278\,\frac{\text{W}}{\text{m} \cdot \text{K}}$$

M80. Durch eine ebene Stahlplatte mit der Fläche $A = 5\,\text{m}^2$ und der Dicke $\delta = 12\,\text{mm}$ fließt eine Wärmemenge $Q = 80\,\text{kJ}$. Die Wandtemperaturen der Stahlplatte betragen $\vartheta_1 = 80\,°\text{C}$ und $\vartheta_2 = 35\,°\text{C}$.

Berechnen Sie bei einer Wärmeleitfähigkeit $\lambda = 58\,\frac{\text{W}}{\text{m} \cdot \text{K}}$

a) die Wärmeleitzahl λ in der Einheit $\frac{\text{kJ}}{\text{m} \cdot \text{h} \cdot \text{K}}$

b) die Zeit t für die Wärmeübertragung,

c) den Wärmestrom $\dot{Q}$.

Lösung: a) $$\mathbf{58\,\frac{W}{m \cdot K}} = \frac{58}{0{,}278}\,\frac{\text{kJ}}{\text{m} \cdot \text{h} \cdot \text{K}} = \mathbf{208{,}63\,\frac{kJ}{m \cdot h \cdot K}}$$

b) $$Q = \frac{\lambda}{\delta} \cdot A \cdot (\vartheta_1 - \vartheta_2) \cdot t \longrightarrow t = \frac{Q \cdot \delta}{\lambda \cdot A \cdot (\vartheta_1 - \vartheta_2)}$$

$$t = \frac{80\,000\,\text{Ws} \cdot 0{,}012\,\text{m}}{58\,\frac{\text{W}}{\text{m} \cdot \text{K}} \cdot 5\,\text{m}^2 \cdot 45\,\text{K}}$$

$$\boldsymbol{t} = \mathbf{0{,}074\,s}$$

c) $$\dot{Q} = \frac{Q}{t} = \frac{80\,000\,\text{Ws}}{0{,}074\,\text{s}} = 1\,081\,081\,\text{W}$$

$$\boldsymbol{\dot{Q}} = \mathbf{1\,081{,}081\,kW}$$

22.2.2 Das Ohmsche Gesetz der Wärmeleitung

Gleichung 182–2 läßt erkennen, daß der Wärmestrom $\dot{Q}$ – außer von der Temperaturdifferenz $\Delta\vartheta$ – von der Wanddicke δ, der Wandfläche A und der Wärmeleitfähigkeit λ abhängt. Der Widerstand gegen die Wärmeleitung wird ...

... größer bei Vergrößerung der Wanddicke δ
... kleiner bei Vergrößerung der Wandfläche A
... kleiner bei Vergrößerung der Wärmeleitfähigkeit λ.

Aus diesen Überlegungen ergibt sich der

Wärmeleitwiderstand $R_\lambda = \dfrac{\delta}{\lambda \cdot A}$ (184–1) $\quad [\boldsymbol{R_\lambda}] = \dfrac{[\delta]}{[\lambda]\cdot[A]} = \dfrac{\text{m}}{\dfrac{\text{W}}{\text{m}\cdot\text{K}}\cdot\text{m}^2} = \dfrac{\text{m}\cdot\text{m}\cdot\text{K}}{\text{W}\cdot\text{m}^2} = \dfrac{\textbf{K}}{\textbf{W}}$

Die Einheit des Wärmeleitwiderstandes ist das Kelvin pro Watt.

Setzt man die Gleichung 184–1 in Gleichung 182–2 ein, dann erhält man für den

Wärmestrom $\dot{Q} = \dfrac{\Delta\vartheta}{R_\lambda}$ (184–2) und für die

Temperaturdifferenz $\Delta\vartheta = R_\lambda \cdot \dot{Q}$ (184–3)

$\Delta\vartheta$	R_λ	$\dot{Q}$
K	$\frac{\text{K}}{\text{W}}$	W

In Analogie zum Ohmschen Gesetz der Elektrotechnik: $U = R \cdot I$ bezeichnet man den Sachverhalt der Gleichung 184–3 als das **Ohmsche Gesetz der Wärmeleitung**.

M 81. Bei einem Wärmestrom $\dot{Q} = 1000$ W, einer Wanddicke $\delta = 12$ mm und einer Wandfläche $A = 5\ \text{m}^2$ ist jeweils zu berechnen

der Wärmeleitwiderstand R_λ,
die Temperaturdifferenz $\Delta\vartheta$

a) für eine Stahlplatte mit $\lambda = 58\ \dfrac{\text{W}}{\text{m}\cdot\text{K}}$

b) für eine Platte aus Dämmstoff mit $\lambda = 0{,}03\ \dfrac{\text{W}}{\text{m}\cdot\text{K}}$

Welche Erkenntnis gewinnen Sie aus dieser Musteraufgabe?

Lösung: a) $\boldsymbol{R_\lambda} = \dfrac{\delta}{\lambda\cdot A} = \dfrac{0{,}012\ \text{m}}{58\ \dfrac{\text{W}}{\text{m}\cdot\text{K}}\cdot 5\ \text{m}^2} = \mathbf{0{,}00004\ \dfrac{K}{W}}$

$\boldsymbol{\Delta\vartheta} = R_\lambda \cdot \dot{Q} = 0{,}00004\ \dfrac{\text{K}}{\text{W}} \cdot 1\,000\ \text{W} = \mathbf{0{,}04\ K}$

b) $\boldsymbol{R_\lambda} = \dfrac{\delta}{\lambda\cdot A} = \dfrac{0{,}012\ \text{m}}{0{,}03\ \dfrac{\text{W}}{\text{m}\cdot\text{K}}\cdot 5\ \text{m}^2} = \mathbf{0{,}08\ \dfrac{K}{W}}$

$\boldsymbol{\Delta\vartheta} = R_\lambda \cdot \dot{Q} = 0{,}08\ \dfrac{\text{K}}{\text{W}} \cdot 1\,000\ \text{W} = \mathbf{80\ K}$

Erkenntnis:

Bei kleiner Wärmeleitfähigkeit λ ist der Wärmeleitwiderstand R_λ und damit die Temperaturdifferenz $\Delta\vartheta$ in der Wand groß.

22.2.3 Die Wärmestromdichte

In der Heizungstechnik wird oftmals der Wärmestrom $\dot{Q}$ auf die durchströmte Fläche A bezogen. Dieses Verhältnis bezeichnet man als die **Wärmestromdichte $\dot{q}$** oder als die **Heizflächenbelastung $\dot{q}$**.

Wärmestromdichte (Heizflächenbelastung) $$\dot{q} = \frac{\dot{Q}}{A} \quad \boxed{185-1}$$

$\dot{q}$	$\dot{Q}$	A
$\frac{W}{m^2}$	W	m^2

M 82. Berechnen Sie die Wärmestromdichte für die Werte der Musteraufgabe M 81.

Lösung: $$\dot{q} = \frac{\dot{Q}}{A} = \frac{1\,000\,W}{5\,m^2} = \mathbf{200\,\frac{W}{m^2}}$$

22.2.4 Wärmeleitung durch eine mehrschichtige ebene Wand

In der Technik kommt es häufig vor, daß eine Wärmeleitung durch Wände erfolgt, die aus mehreren Schichten bestehen. Dies ist z. B. bei einer Hauswand der Fall. Eine solche besteht ja mindestens aus drei Schichten, nämlich dem Innenputz, dem Mauerwerk und dem Außenputz. Es können hinzukommen: Dämmschichten, Sperrschichten gegen Feuchtigkeit, Farbanstriche, Fliesen, Holzverblendungen etc. Solche Wandkonstruktionen werden als mehrfach geschichtete Wände oder als **mehrschichtige Wände** bezeichnet, und sie können eben oder gekrümmt sein. Bild 1 zeigt eine dreifach geschichtete ebene Wand. In Analogie zum Abschnitt 22.2.1 erkennt man:

> In mehrfach geschichteten ebenen Wänden fällt die Temperatur linear von Schicht zu Schicht in Richtung des Wärmestromes.

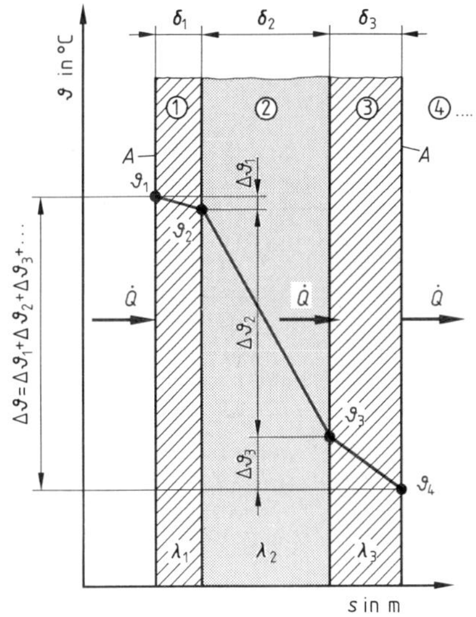

1

Das Temperaturgefälle in den einzelnen Schichten ist – dies wurde bereits erklärt – der Wärmeleitfähigkeit umgekehrt proportional.
Setzt man einen stationären Wärmestrom – d. h. $\dot{Q}$ = konst. – voraus, dann ergibt sich mit

$$\Delta\vartheta_1 = \vartheta_1 - \vartheta_2$$
$$\Delta\vartheta_2 = \vartheta_2 - \vartheta_3$$
$$\Delta\vartheta_3 = \vartheta_3 - \vartheta_4$$

für den

Wärmestrom $$\dot{Q} = \frac{\lambda_1}{\delta_1} \cdot A \cdot \Delta\vartheta_1 = \frac{\lambda_2}{\delta_2} \cdot A \cdot \Delta\vartheta_2 = \frac{\lambda_3}{\delta_3} \cdot A \cdot \Delta\vartheta_3 = \ldots = \frac{\lambda_n}{\delta_n} \cdot A \cdot \Delta\vartheta_n \quad \boxed{185-2}$$

Mit $R_\lambda = \frac{\delta}{\lambda \cdot A}$ erhält man schließlich noch die folgende Gleichung für den

Wärmestrom $\dot{Q} = \frac{\Delta\vartheta_1}{R_{\lambda 1}} = \frac{\Delta\vartheta_2}{R_{\lambda 2}} = \frac{\Delta\vartheta_3}{R_{\lambda 3}} = \ldots = \frac{\Delta\vartheta_n}{R_{\lambda n}}$ 186–1 in W, kW

Daraus ergibt sich

$$\left.\begin{aligned} \Delta\vartheta_1 &= R_{\lambda 1} \cdot \dot{Q} \\ \Delta\vartheta_2 &= R_{\lambda 2} \cdot \dot{Q} \\ + \quad \Delta\vartheta_3 &= R_{\lambda 3} \cdot \dot{Q} \end{aligned}\right\}$$

Die Temperaturdifferenz in jeder Schicht einer ebenen Wand ist dem entsprechenden Wärmeleitwiderstand proportional.

$$\Delta\vartheta = \Delta\vartheta_1 + \Delta\vartheta_2 + \Delta\vartheta_3 = \underbrace{(R_{\lambda 1} + R_{\lambda 2} + R_{\lambda 3} + \ldots +)}_{\text{Gesamtwärmeleitwiderstand } R_{\lambda\text{ges}}} \cdot \dot{Q}$$

Der Gesamtwärmeleitwiderstand $R_{\lambda\text{ges}}$ ist bei einer mehrschichtigen ebenen Wand gleich der Summe der einzelnen Wärmeleitwiderstände.

Erwähnenswert scheint hier die Analogie zur Elektrotechnik, konkret zur **Reihenschaltung**, d. h. **Hintereinanderschaltung** von elektrischen Widerständen. Somit:

Gesamtwärmeleitwiderstand $R_{\lambda\text{ges}} = R_{\lambda 1} + R_{\lambda 2} + R_{\lambda 3} + \ldots + R_{\lambda n}$ 186–2 in $\frac{\text{K}}{\text{W}}$

Damit ergibt sich eine weitere Möglichkeit zur Berechnung für den

Wärmestrom $\dot{Q} = \frac{\Delta\vartheta}{R_{\lambda\text{ges}}}$ 186–3 in W, kW

Aus $\dot{Q} = \frac{\Delta\vartheta_1}{R_{\lambda 1}} = \frac{\Delta\vartheta_2}{R_{\lambda 2}} = \frac{\Delta\vartheta_3}{R_{\lambda 3}} = \ldots = \frac{\Delta\vartheta}{R_{\lambda\text{ges}}}$ ergeben sich die

Temperaturdifferenzen

$$\Delta\vartheta_1 = \Delta\vartheta \cdot \frac{R_{\lambda 1}}{R_{\lambda\text{ges}}} = \dot{Q} \cdot R_{\lambda 1}$$

$$\Delta\vartheta_2 = \Delta\vartheta \cdot \frac{R_{\lambda 2}}{R_{\lambda\text{ges}}} = \dot{Q} \cdot R_{\lambda 2}$$

$$\Delta\vartheta_3 = \Delta\vartheta \cdot \frac{R_{\lambda 3}}{R_{\lambda\text{ges}}} = \dot{Q} \cdot R_{\lambda 3}$$

$$\Delta\vartheta_n = \Delta\vartheta \cdot \frac{R_{\lambda n}}{R_{\lambda\text{ges}}} = \dot{Q} \cdot R_{\lambda n}$$

M 83. Eine Hauswand besteht – wie schematisch in Bild 1, Seite 185 dargestellt – aus drei Schichten

① **Innenputz**	② **Ziegelmauerwerk**	③ **Außenputz**
$\delta_1 = 20\,\text{mm}$	$\delta_2 = 400\,\text{mm}$	$\delta_3 = 30\,\text{mm}$
$\lambda_1 = 0{,}58\frac{\text{W}}{\text{m}\cdot\text{K}}$	$\lambda_2 = 0{,}8\frac{\text{W}}{\text{m}\cdot\text{K}}$	$\lambda_3 = 0{,}33\frac{\text{W}}{\text{m}\cdot\text{K}}$

Die Wandfläche beträgt $A = 16{,}5\ \text{m}^2$, Innentemperatur $\vartheta_1 = 22\ °\text{C}$, Außentemperatur $\vartheta_4 = -10\ °\text{C}$. Berechnen Sie

a) den Gesamtwärmeleitwiderstand $R_{\lambda\text{ges}}$,
b) den Wärmestrom $\dot{Q}$ sowie die in einer Stunde fließende Wärmeenergie,
c) die Wandzwischentemperaturen ϑ_2 und ϑ_3.

Lösung: a) $R_{\lambda ges} = R_{\lambda 1} + R_{\lambda 2} + R_{\lambda 3} = \frac{\delta_1}{\lambda_1 \cdot A} + \frac{\delta_2}{\lambda_2 \cdot A} + \frac{\delta_3}{\lambda_3 \cdot A}$

$$R_{\lambda ges} = \frac{0{,}02\,\text{m}}{0{,}58\,\frac{\text{W}}{\text{m}\cdot\text{K}} \cdot 16{,}5\,\text{m}^2} + \frac{0{,}4\,\text{m}}{0{,}8\,\frac{\text{W}}{\text{m}\cdot\text{K}} \cdot 16{,}5\,\text{m}^2} + \frac{0{,}03\,\text{m}}{0{,}33\,\frac{\text{W}}{\text{m}\cdot\text{K}} \cdot 16{,}5\,\text{m}^2}$$

$$\boldsymbol{R_{\lambda ges}} = 0{,}00209\,\frac{\text{K}}{\text{W}} + 0{,}0303\,\frac{\text{K}}{\text{W}} + 0{,}00551\,\frac{\text{K}}{\text{W}} = \mathbf{0{,}0379\,\frac{K}{W}}$$

b) $\Delta\vartheta = R_{\lambda ges} \cdot \dot{Q} \longrightarrow \boldsymbol{\dot{Q}} = \frac{\Delta\vartheta}{R_{\lambda ges}} = \frac{\vartheta_1 - \vartheta_4}{R_{\lambda ges}} = \frac{32\,\text{K}}{0{,}0379\,\frac{\text{K}}{\text{W}}} = \mathbf{844{,}33\,W}$

$$\dot{Q} = \frac{Q}{t} \longrightarrow \boldsymbol{Q} = \dot{Q} \cdot t = 844{,}33\,\text{W} \cdot 1\,\text{h} = \mathbf{0{,}84433\,kWh}$$

bzw. $\boldsymbol{Q} = 844{,}33\,\text{W} \cdot 3600\,\text{s} = 3039588\,\text{J} = \mathbf{3039{,}6\,kJ}$

c) $\Delta\vartheta_1 = \vartheta_1 - \vartheta_2 = \Delta\vartheta \cdot \frac{R_{\lambda 1}}{R_{\lambda ges}} = 32\,°\text{C} \cdot \frac{0{,}00209\,\frac{\text{K}}{\text{W}}}{0{,}0379\,\frac{\text{K}}{\text{W}}} = 1{,}7646\,°\text{C}$

$\boldsymbol{\vartheta_2} = \vartheta_1 - \Delta\vartheta_1 = 22\,°\text{C} - 1{,}7646\,°\text{C} = \mathbf{20{,}2354\,°C}$

$\Delta\vartheta_2 = \vartheta_2 - \vartheta_3 = \Delta\vartheta \cdot \frac{R_{\lambda 2}}{R_{\lambda ges}} = 32\,°\text{C} \cdot \frac{0{,}0303\,\frac{\text{K}}{\text{W}}}{0{,}0379\,\frac{\text{K}}{\text{W}}} = 25{,}5831\,°\text{C}$

$\boldsymbol{\vartheta_3} = \vartheta_2 - \Delta\vartheta_2 = 20{,}2354\,°\text{C} - 25{,}5831\,°\text{C} = \mathbf{-5{,}3477\,°C}$

Die Aufgabe ist eigentlich fertig gerechnet. **Der Verfasser empfiehlt jedoch eine Proberechnung**. Es muß nämlich sein:

$\Delta\vartheta_3 = \vartheta_3 - \vartheta_4 = \Delta\vartheta \cdot \frac{R_{\lambda 3}}{R_{\lambda ges}} = 32\,°\text{C} \cdot \frac{0{,}00551\,\frac{\text{K}}{\text{W}}}{0{,}0379\,\frac{\text{K}}{\text{W}}} = 4{,}6522\,°\text{C}$

$\boldsymbol{\vartheta_4} = \vartheta_3 - \Delta\vartheta_3 = -5{,}3477\,°\text{C} - 4{,}6522\,°\text{C} = -9{,}9999\,°\text{C} \approx \mathbf{-10\,°C}$

Das Ergebnis beweist die Richtigkeit der gesamten Rechnung, da ja $\vartheta_4 = -10$ °C in der Aufgabenstellung gegeben war.

22.2.5 Wärmeleitung durch gekrümmte Wände

22.2.5.1 Der Temperaturverlauf

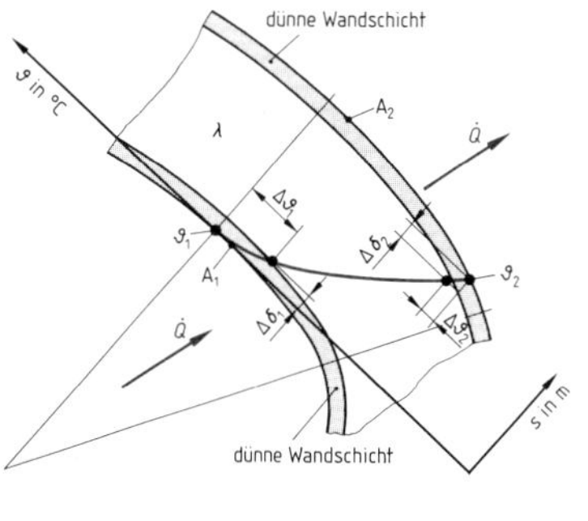

Bild 1 zeigt den Ausschnitt einer gekrümmten Wand, und es wird ein stationärer Wärmestrom, d. h. $\dot{Q}$ = konst. vorausgesetzt. Mit

$\dot{Q} = \frac{\lambda}{\delta} \cdot A \cdot \Delta\vartheta$ ist $\Delta\vartheta = \frac{\dot{Q} \cdot \delta}{\lambda \cdot A}$.

Im Bild 1 ist unschwer zu erkennen, daß $A_1 < A_2$ ist. Setzt man nun einmal $\delta_1 = \delta_2$ und weiterhin für den homogenen Werkstoff λ = konst., dann ergibt sich gemäß obiger Beziehung

$$\Delta\vartheta_1 > \Delta\vartheta_2$$

Der entsprechend eingezeichnete Temperaturverlauf zeigt: 1

In einer gekrümmten Wand ist das Temperaturgefälle nicht linear.

Der exakte Nachweis des Temperaturverlaufs läßt sich mit Hilfe der Integralrechnung oder aber mit Temperaturmeßsonden, die in Bohrungen unterschiedlicher Tiefe in die Wand eingebracht werden, erbringen.

22.2.5.2 Wärmeleitung durch zylindrische Wände

Der in der Technik weitaus häufigste Fall gekrümmter Wände ist die **zylindrische Wand**, die ebenfalls ein- oder mehrschichtig sein kann. Man denke in diesem Zusammenhang an Behälter oder Rohrleitungen.

22.2.5.2.1 Einschichtige zylindrische Wand

Bei der Berechnung einschichtiger zylindrischer Wände wird zwischen solchen mit großem Durchmesserunterschied (dickwandig) und solchen mit kleinem Durchmesserunterschied (dünnwandig) unterschieden.

Bei dünnwandigen Rohren wird der Wärmestrom in Analogie zur ebenen Wand berechnet.

Das Ergebnis ist dabei ein Näherungswert, der in der Genauigkeit meist ausreichend ist. Legt man Wert auf ein exaktes Ergebnis oder ist der Durchmesserunterschied sehr groß, dann wird der Wärmestrom nach Gleichung 188–1 berechnet, die mit Hilfe der Integralrechnung hergeleitet wurde:

Wärmestrom $$\dot{Q} = \frac{2 \cdot \pi \cdot l \cdot \lambda}{\ln \frac{d_a}{d_i}} \cdot (\vartheta_1 - \vartheta_2) \qquad \boxed{188-1}$$

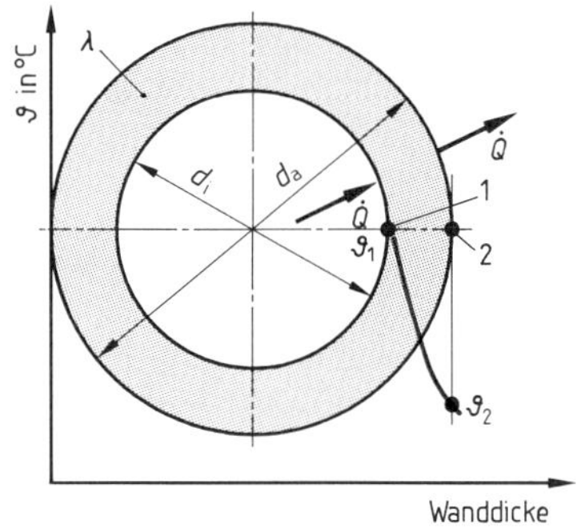

1

In dieser Gleichung bedeuten:

l = Behälter- oder Rohrlänge in m
ln = natürlicher Logarithmus
d_a = Außendurchmesser, d_i = Innendurchmesser

Der Temperaturabfall in zylindrischen Wänden erfolgt nach einer logarithmischen Funktion.

22.2.5.2.2 Mehrschichtige zylindrische Wand

Bild 2 zeigt eine **mehrschichtige zylindrische Wand**. Dies könnte z. B. eine Rohrleitung mit einer Zweischicht-Isolierung sein. Gleichung 188–2 ermöglicht die Berechnung für den

Wärmestrom

$$\dot{Q} = \frac{2 \cdot \pi \cdot l \cdot (\vartheta_1 - \vartheta_4)}{\frac{1}{\lambda_1} \cdot \ln \frac{d_2}{d_1} + \frac{1}{\lambda_2} \cdot \ln \frac{d_3}{d_2} + \frac{1}{\lambda_3} \cdot \ln \frac{d_4}{d_3} + \ldots}$$

188–2 in W, kW

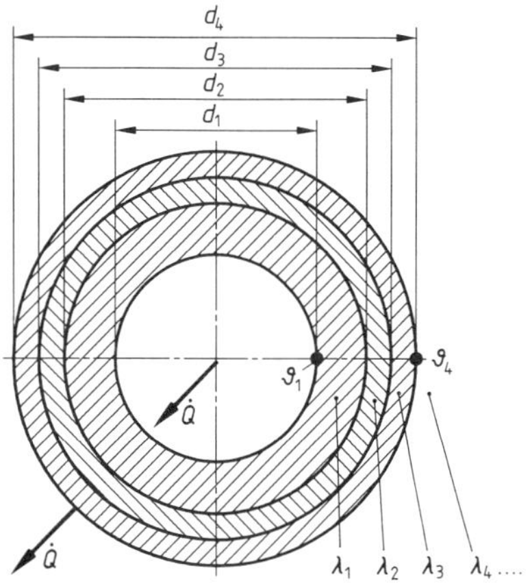

2

M 84. Ein Stahlrohr hat einen Außendurchmesser von 200 mm und eine Oberflächentemperatur von 400 °C. Es ist eine Isolierschicht mit einer Dicke $\delta = 50$ mm aufgebracht und es ist $\lambda = 0{,}03 \ \frac{W}{m \cdot K}$. Berechnen Sie den Wärmestrom $\dot{Q}$ der 10 m langen Rohrleitung, wenn die Oberflächentemperatur der Isolierschicht 20 °C beträgt und zwar

a) nach Gleichung 188–1,

b) näherungsweise.

Lösung: a) $\dot{Q} = \frac{2 \cdot \pi \cdot l \cdot \lambda}{\ln \frac{d_a}{d_i}} \cdot (\vartheta_1 - \vartheta_2)$ $\qquad d_i = 200 \text{ mm}$

$d_a = d_i + 2 \cdot \delta = 300 \text{ mm}$

$$\dot{Q} = \frac{2 \cdot \pi \cdot 10 \text{ m} \cdot 0{,}03 \frac{W}{m \cdot K}}{\ln \frac{300 \text{ mm}}{200 \text{ mm}}} \cdot (400-20) \text{ K} = \frac{2 \cdot \pi \cdot 10 \cdot 0{,}03}{0{,}405465} \cdot 380 \text{ W}$$

$\dot{Q} = \mathbf{1766{,}57\ W}$

b) Näherung als ebene Wand mit $l = 10$ m und $b = d_m \cdot \pi$

$b = d_m \cdot \pi = 250 \text{ mm} \cdot \pi$

$b = 785{,}398 \text{ mm} = 0{,}785398 \text{ m}$

(d_m = mittlerer Durchmesser)

$$\dot{Q} = \frac{\lambda}{\delta} \cdot A \cdot \Delta\vartheta$$

$$\dot{Q} = \frac{\lambda}{\delta} \cdot l \cdot b \cdot \Delta\vartheta = \frac{0{,}03 \frac{W}{m \cdot K}}{0{,}05 \text{ m}} \cdot 10 \text{ m} \cdot 0{,}785398 \text{ m} \cdot 380 \text{ K}$$

$\dot{Q} = \mathbf{1790{,}71\ W}$

Beim Vergleich der Ergebnisse von a) und b) ist feststellbar, daß die Näherungsmethode recht gut brauchbar ist. Obwohl ein relativ großer Durchmesserunterschied vorliegt, wurden Ergebnisse berechnet, die dicht beeinander liegen!

Anmerkung: Übungs- und Vertiefungsaufgaben zur Lektion 22 werden im Zusammenhang mit den Lektionen 23 und 24 bearbeitet.

Lektion 23 **Wärmeübergang**

23.1 Das Newtonsche Gesetz des Wärmeüberganges

Wärmeübertragung kann auch zwischen Fluiden (Flüssigkeiten, Gase, Dämpfe) direkt erfolgen. Dies ist z. B. zwischen einer Wasseroberfläche und der sich darüber befindlichen Luft der Fall. Weit häufiger kommt es aber in der Technik vor, daß sich zwischen den Fluiden eine Wand befindet, z. B. eine Behälterwand zwischen heißem Wasser (Fluid a in Bild 1) und der Umgebungsluft (Fluid b in Bild 1). Um einen Wärmestrom $\dot{Q}$ vom Fluid a zum Fluid b zu erhalten, ist ein **Wärmeübergang** vom Fluid a zur Wand und ein zweiter Wärmeübergang von der Wand zum Fluid b erforderlich.

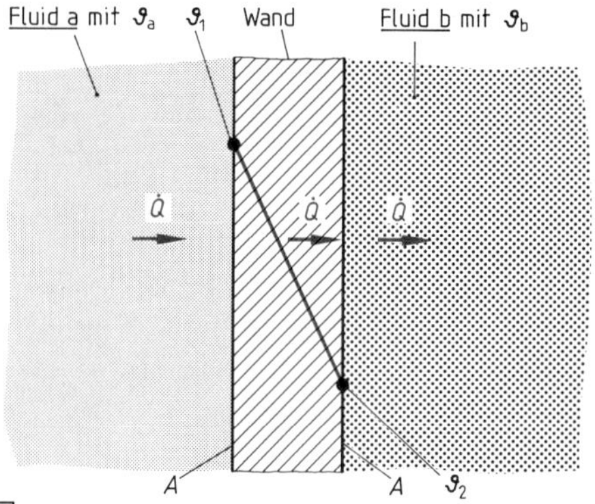

1

Unter einem Wärmeübergang versteht man die Wärmeübertragung zwischen einem Fluid und einer festen Wand oder aber umgekehrt.

Da ein Wärmestrom nach dem **2. Hauptsatz der Thermodynamik** zwingend eine **Temperaturdifferenz** voraussetzt, muß – bezogen auf Bild 1 – gelten:

$$\vartheta_a > \vartheta_1 \quad \text{und} \quad \vartheta_2 > \vartheta_b$$

Das die Wärmeenergie abgebende Fluid hat eine höhere Temperatur als die Wand und das die Wärmeenergie aufnehmende Fluid hat eine tiefere Temperatur als die Wand.

Dies kann man mit einem Thermometer nachweisen, u. U. aber auch direkt fühlen. Denken Sie nur einmal daran, wie die Temperatur fällt, wenn man z. B. mit dem Rücken ganz in der Nähe einer Wand oder einer Fensterscheibe steht.

In unmittelbarer Nähe einer von Wärmeenergie durchströmten Wand treten zum Teil starke Temperaturdifferenzen auf.

Dieser Sachverhalt wurde erstmals von dem englischen Physiker Isaak **Newton (1643 bis 1727)** systematisch erforscht, und der Temperaturverlauf ergibt sich etwa so, wie dies in Bild 2 dargestellt ist.

In diesem Bild bedeuten:

ϑ_1 = Temperatur des Fluids ①

ϑ_{W1} = Wandtemperatur an der Seite des Fluids ①

ϑ_{W2} = Wandtemperatur an der Seite des Fluids ②

ϑ_2 = Temperatur des Fluids ②

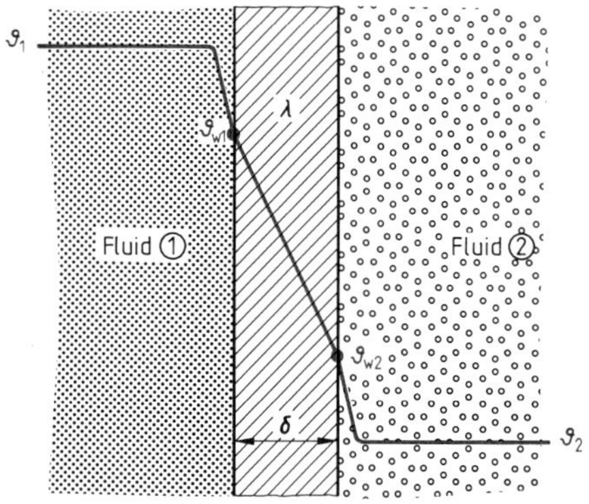

2

Newton formulierte auch, von welchen physikalischen Größen der Wärmestrom bei einem Wärmeübergang abhängt. Diesen Zusammenhang nennt man deshalb

Newtonsches Gesetz des Wärmeübergangs:

Beim Wärmeübergang ist der Wärmestrom $\dot{Q}$ proportional der Wandfläche A und der Temperaturdifferenz $\Delta\vartheta$ an der Wand.

Wärmestrom beim Wärmeübergang $\dot{Q} = \alpha \cdot A \cdot \Delta\vartheta$ 191–1 in W, kW

$$[\alpha] = \frac{[\dot{Q}]}{[A] \cdot [\Delta\vartheta]} = \mathbf{\frac{W}{m^2 \cdot K}}$$

Der Proportionalitätsfaktor α wird als **Wärmeübergangszahl** oder **Wärmeübergangskoeffizient** bezeichnet, und er hat die Einheit $\frac{W}{m^2 \cdot K}$.

23.1.1 Der Wärmeübergangswiderstand

Aus Gleichung 191–1 ergibt sich $\Delta\vartheta = \frac{1}{\alpha \cdot A} \cdot \dot{Q}$. In Analogie zum Ohmschen Gesetz der Wärmeleitung (Gleichung 184–3) wird diese Gleichung als das **Ohmsche Gesetz des Wärmeüberganges** bezeichnet. Der Proportionalitätsfaktor $\frac{1}{\alpha \cdot A}$ heißt **Wärmeübergangswiderstand.**

Somit
Wärmeübergangswiderstand $R_\alpha = \frac{1}{\alpha \cdot A}$ 191–2 $[\boldsymbol{R_\alpha}] = \frac{1}{[\alpha] \cdot [A]} = \frac{1}{\frac{W}{m^2 \cdot K} \cdot m^2} = \mathbf{\frac{K}{W}}$

Die Einheit des Wärmeübergangswiderstandes ist das Kelvin pro Watt.

Somit ergibt sich an der Stelle des Wärmeüberganges, d. h. zwischen Fluid und Wandoberfläche die
Temperaturdifferenz $\Delta\vartheta = R_\alpha \cdot \dot{Q}$ 191–3

$\Delta\vartheta$	R_α	$\dot{Q}$
K	$\frac{K}{W}$	W

M 85. Durch eine ebene Wand fließt ein Wärmestrom $\dot{Q} = 1790{,}71$ Watt. Die Wandfläche beträgt $A = 7{,}85\ m^2$ und die Oberflächentemperatur der Wand wird mit $\vartheta = 20\ °C$ gemessen (Daten von M 84.). Die Wärmeübergangszahl beträgt $\alpha = 27\ \frac{W}{m^2 \cdot K}$. Zu berechnen sind

a) der Wärmeübergangswiderstand R_α,
b) die Temperaturdifferenz an der Stelle des Wärmeüberganges, d. h. zwischen Fluidtemperatur und Wandtemperatur.

Lösung: a) $\boldsymbol{R_\alpha} = \frac{1}{\alpha \cdot A} = \frac{1}{27\ \frac{W}{m^2 \cdot K} \cdot 7{,}85\ m^2} = \mathbf{0{,}004718\ \frac{K}{W}}$

b) $\boldsymbol{\Delta\vartheta} = R_\alpha \cdot \dot{Q} = 0{,}004718\ \frac{K}{W} \cdot 1790{,}71\ W = \mathbf{8{,}45\ K}$

23.2 Die Wärmeübergangszahl

23.2.1 Einflußgrößen des Wärmeüberganges

Die von Newton formulierte Gesetzmäßigkeit des Wärmeüberganges ist als ein einfacher Sachverhalt zu bezeichnen. Bei der rechnerischen Handhabung in der Praxis des Technikers ergibt sich jedoch das Problem, die für den betrachteten Fall „richtige Wärmeübergangszahl" einzusetzen. Dieses Problem wird durch die folgende Information sehr deutlich:

Die Wärmeübergangszahl α (Wärmeübergangskoeffizient) bewegt sich zwischen 2 und 20000 $\frac{W}{m^2 \cdot K}$.

Es entspricht einer täglichen Erfahrung, daß der Wärmeübergang ganz wesentlich von der Strömungsgeschwindigkeit des Fluids abhängt. Wie ließe es sich sonst erklären, daß die sich im Löffel befindliche heiße Suppe durch das zwar nicht vornehme aber doch praktische Anblasen schneller abgekühlt werden kann? Oder folgender Versuch: Halten Sie zunächst Ihre Hand ausgestreckt vor sich und führen anschließend eine rasche Bewegung durch die Luft aus. Obwohl die Lufttemperatur die gleiche geblieben ist, kühlt sich bei der raschen Bewegung durch die Luft Ihre Hand ab. Dies kann aber nur bedeuten, daß sich der Wärmeübergang verbessert hat. Bei technischen Wärmeübergängen ist feststellbar:

Die Wärmeübergangszahl α hängt von der Art des strömenden Fluids, von der Strömungsgeschwindigkeit, von der Beschaffenheit der Wand und anderen (noch zu erläuternden) Einflußgrößen ab.

Unter der Art des strömenden Fluids versteht man dabei die Zustandsformen wie flüssig, gasförmig, dampfförmig (naß, trocken, überhitzt) oder kondensierend. So werden z. B. die geringsten Wärmeübergangszahlen bei langsam strömenden Gasen und die höchsten Wärmeübergangszahlen bei kondensierenden Dämpfen festgestellt. Bei der Beschaffenheit der Wand ist insbesondere zwischen glatt und rauh zu unterscheiden.

Eine Erklärung für den Einfluß der Strömungsgeschwindigkeit des Fluids:

Bei großer Strömungsgeschwindigkeit berühren pro Zeiteinheit mehr Fluidteilchen mit kleiner Temperatur bzw. großer Temperatur die Wand.

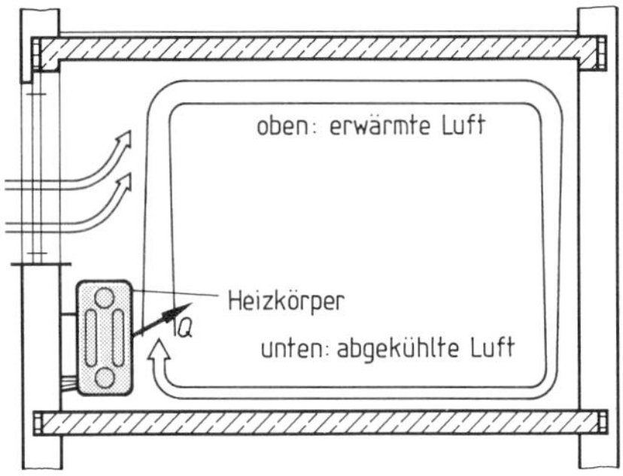

1

Dies ist auch die Erklärung dafür, daß der Wärmeübergang durch **Konvektion** beeinflußt wird. Bild 1 zeigt die Wärmeströmung in einem geheizten Raum. Dies ist normalerweise eine **freie Konvektion**, aber es gibt auch Heizkörper mit eingebautem Ventilator. Bei einer derart **erzwungenen Konvektion** wird durch eine größere Strömungsgeschwindigkeit der Luft ein wesentlich besserer Wärmeübergang realisiert.
Erkenntnis:

Konvektion trägt wesentlich zur Verbesserung der Wärmeübergangszahl bei.

In diesem Zusammenhang spricht man auch von einem **konvektiven Wärmeübergang**. Am Beispiel des Bildes 1 soll nochmals der Vorgang der Konvektion erläutert werden: Die aufgeheizte Luft dehnt sich aus, und dadurch wird ihre Dichte kleiner. Dies bewirkt einen **Auftrieb** (siehe Mechanik der Flüssigkeiten und Gase), wodurch die Luft nach oben getragen wird und die dort befindliche Luft verdrängt. Die entstandene Strömung führt so die Wärmeenergie an eine andere Stelle. Man erkennt:

Konvektion tritt in Fluiden stets dann auf, wenn innerhalb derselben Temperaturunterschiede und damit Dichteunterschiede vorhanden sind.

23.2.2 Bestimmung der Wärmeübergangszahl

Wegen der großen Schwankungsbreite der α-Werte ist es erforderlich, vor der Berechnung des Wärmestromes einen α-Wert festzulegen, der der Realität möglichst nahe kommt. Hierzu stehen dem Techniker drei Wege offen, die allerdings einen erheblich unterschiedlichen Aufwand erfordern. Es sind dies

Verwendung von angenäherten Erfahrungswerten von α,
Ermittlung des α-Wertes im Versuch,
Berechnung des α-Wertes mit empirischen Formeln

23.2.2.1 Verwendung von angenäherten Erfahrungswerten von α

Es ist ein wichtiges Arbeitsprinzip des Technikers, möglichst viele gesicherte Erfahrungswerte zu gebrauchen. Eine solche Arbeitsweise erspart Zeit und erhöht die Wirtschaftlichkeit der Arbeit. Die folgenden Erfahrungswerte können als gesicherte **Durchschnittswerte** angesehen werden:

Fluid	**Zustandsform bzw. Bewegungszustand des Fluids**	**Wärmeübergangszahl α in $\frac{W}{m^2 \cdot K}$**
Wasser	ruhend	250 bis 700
Wasser	strömend	$580 + 2100 \cdot \sqrt{w}$
Wasser	siedend	1 000 bis 15 000
Gase, Luft überhitzte Dämpfe	ruhend	2 bis 10
Gase, Luft überhitzte Dämpfe	strömend	$2 + 12 \cdot \sqrt{w}$
Wasserdampf	kondensierend	5 000 bis 12 000

In der obigen Tabelle bedeutet w = Strömungsgeschwindigkeit des Fluids in $\frac{m}{s}$

Weitere α-Werte sind in den einschlägigen technischen Handbüchern, in Firmenunterlagen oder auch in DIN-Normen zu finden. So z. B. in der **DIN 4108** „Wärmeschutz im Hochbau": **Rechenwerte der Wärmeübergangswiderstände**.

Anmerkung: In der DIN 4108 und der DIN 4701 ist $\frac{1}{\alpha}$ als **Wärmeübergangswiderstand** bezeichnet. Richtiger ist

$$\frac{1}{\alpha} = \textbf{spezifischer Wärmeübergangswiderstand} \text{ in } \frac{m^2 \cdot K}{W}$$

denn dieser Wert bezieht sich auf die Fläche 1 m^2. Sinngemäß wird auch zwischen dem Wärmeleitwiderstand und dem **spezifischen Wärmeleitwiderstand** unterschieden.

M 86. Die nach dem englischen Admiral Francis **Beaufort (1774 bis 1852)** benannte **Windstärkenskala** enthält Windstärken von 0 bis 17. Diesen sind untere und obere Windgeschwindigkeiten in m/s zugeordnet. So beträgt z.B. die mittlere Windgeschwindigkeit bei Windstärke 4 (mäßige Brise) 6,7 $\frac{m}{s}$. Berechnen Sie für diesen Wert die durchschnittliche Wärmeübergangszahl für Luft entsprechend der Tabelle auf Seite 193.

Lösung: $\alpha = 2 + 12 \cdot \sqrt{w} = 2 + 12 \cdot \sqrt{6{,}7} = 2 + 12 \cdot 2{,}588 = 2 + 31{,}06$

$$\boldsymbol{\alpha = 33{,}06 \frac{W}{m^2 \cdot K}}$$

23.2.2.2 Ermittlung des α-Wertes im Versuch

Das bisher über die Wärmeübergangszahl Gesagte läßt erahnen, daß eine genaue Bestimmung des α-Wertes für den konkreten Fall schwierig ist, und es gilt deswegen:

In fast allen Fällen müssen die Wärmeübergangszahlen – wegen der Zustandsform des Fluids und wegen des Bewegungszustandes des Fluids – experimentell ermittelt werden.

Dabei wird so vorgegangen, daß der Wärmestrom kalorimetrisch ermittelt und die Wärmeübergangszahl daraus errechnet wird.

Die im Punkt 23.2.2.1 angegebenen Tabellenwerte können also nur als Durchschnittswerte gelten. Dies geht auch aus dem Beispiel siedendes Wasser mit α = 1000 bis 15000 $\frac{W}{m^2 \cdot K}$ hervor. In diesem Fall kommt es z. B. sehr auf die Intensität der Dampfblasenbildung und der damit verbundenen Durchwirbelung des siedenden Wassers an.
Bei strömenden Fluiden muß außerdem zwischen der **laminaren Strömung** und der **turbulenten Strömung** (siehe Mechanik der Flüssigkeiten und Gase) unterschieden werden.

Die Wärmeübergangskoeffizienten sind bei der turbulenten Strömung im allgemeinen wesentlich größer als bei der laminaren Strömung.

Oftmals ist auch die **Richtung des Wärmestromes**, d. h. ob das Fluid die Wärmeenergie aufnimmt oder abgibt, von Bedeutung.

23.2.2.3 Berechnung des α-Wertes

Bild 1 zeigt die Fluidschicht, innerhalb der die für den Wärmeübergang erforderliche Temperaturdifferenz $\vartheta_F - \vartheta_W$ auftritt. Dabei wird eine **laminare Strömung** (siehe Mechanik der Flüssigkeiten und Gase) vorausgesetzt. Es bedeutet:

ϑ_F = Fluidtemperatur
ϑ_W = Wandtemperatur
δ = Fluidschichtdicke
λ_F = Wärmeleitfähigkeit des Fluids

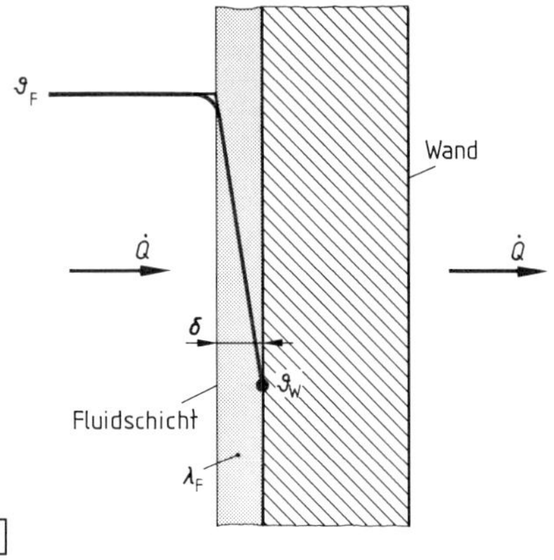

1

Nach Gleichung 182–2 wäre dann der Wärmestrom

$$\dot{Q} = \frac{\lambda_F}{\delta} \cdot A \cdot (\vartheta_F - \vartheta_W).$$

Vergleicht man nun mit Gleichung 191–1, so erkennt man $\alpha = \frac{\lambda_F}{\delta}$, und es ist somit gelungen, den Wärmeübergang auf eine Wärmeleitung zurückzuführen. Da der Wärmeübergang außerdem von den Strömungszuständen des Fluids abhängt, kann man sagen:

Die Wärmeübergangszahl α hängt von den Strömungszuständen und der Wärmeleitfähigkeit λ_F des Fluids ab.

Über die sehr komplizierten Abläufe beim Wärmeübergang können zwar Differentialgleichungen aufgestellt werden, die aber nur zu einem kleinen Teil lösbar sind. Aus diesen Differentialgleichungen entwickelte jedoch der deutsche Physiker Ernst **Nußelt (1882 bis 1957)** eine **Ähnlichkeitstheorie des Wärmeüberganges**. Hierin führt er den Wärmeübergang auf dimensionslose **Strömungskenngrößen** zurück. Die **Ähnlichkeitstheorie des Wärmeüberganges** besagt:

Bei physikalisch und technisch ähnlichen Einrichtungen des Wärmeüberganges sind die Strömungskenngrößen gleich, sowie mathematisch auf gleiche Art miteinander verbunden.

Mit diesen Kenngrößen ergibt sich die nach Nußelt benannte

Nußelt-Zahl $$Nu = \frac{\alpha \cdot l}{\lambda_F}$$ 195–1

Nu	α	l	λ_F
1	$\frac{W}{m^2 \cdot K}$	m	$\frac{W}{m \cdot K}$

Aus dieser dimensionslosen Zahl errechnet sich die

Wärmeübergangszahl $$\alpha = Nu \cdot \frac{\lambda_F}{l}$$ 195–2 in $\frac{W}{m^2 \cdot K}$

In dieser Gleichung bedeuten:

Nu = dimensionslose Nußelt-Zahl

λ_F = Wärmeleitzahl des Fluids in $\frac{W}{m \cdot K}$

l = eine für die Konstruktion des Wärmetauschers charakteristische Längenabmessung, z. B.:
Außendurchmesser einer quer umströmten Rohrleitung,
Innendurchmesser einer durchströmten Rohrleitung,
Breite einer quer angeströmten Platte,
Länge einer längs angeströmten Platte.

l ist die kennzeichnende Abmessung des Fluid-Strömungsfeldes.

Weitere Angaben hierüber finden Sie in speziellen Fachbüchern zur Berechnung von Wärmetauschern. Im folgenden nun die wichtigsten

Strömungsgrößen zur Berechnung der Nußelt-Zahl:

Reynoldssche Zahl
(Reynolds-Zahl) $$Re = \frac{w \cdot l}{\nu}$$ 195–3

Pécletsche Zahl
(Péclet-Zahl) $$Pe = \frac{w \cdot l}{a}$$ 195–4

Prandtlsche Zahl
(Prandtl-Zahl) $$Pr = \frac{\nu}{a}$$ 195–5

Grashofsche Zahl
(Grashof-Zahl) $$Gr = \frac{l^3 \cdot g \cdot (\vartheta_F - \vartheta_W) \cdot \gamma}{\nu^2}$$ 195–6

Die Reynoldssche Zahl sowie einige weitere Formelgrößen sind ausführlich im Fachgebiet **Mechanik der Flüssigkeiten und Gase** (Fluidmechanik) erklärt.

Weitere Erklärungen und Definitionen finden Sie auf der nächsten Seite.

Die Gleichungen 195–3 bis 195–6 erhielten ihre Bezeichnung nach

Osborn **Reynolds (1842 bis 1912)** : englischer Physiker
Jean **Péclet (1793 bis 1857)** : französischer Physiker
Ludwig **Prandtl (1875 bis 1953)** : deutscher Ingenieur
Franz **Grashof (1826 bis 1893)** : deutscher Ingenieur

Es bedeuten: w = Strömungsgeschwindigkeit in m/s
l = Kennzeichnende Abmessung des Strömungsfeldes in m
ν = Kinematische Viskosität in m^2/s des Fluids
a = Temperaturleitzahl in m^2/s (siehe Gleichung 196–1)
g = Erdbeschleunigung in m/s^2
ϑ_F = Fluidtemperatur in °C
ϑ_W = Wandtemperatur in °C
γ = räumliche Wärmedehnzahl in $\frac{m^3}{m^3 \cdot K}$ (siehe Gleichung 23–1).

In den Gleichungen 195–4 und 195–5 erscheint die

Temperaturleitzahl $a = \frac{\lambda_F}{\rho \cdot c_p}$ 196–1 in $\frac{m^2}{s}$.

Es bedeuten: λ_F = Wärmeleitfähigkeit des Fluids in $\frac{W}{m \cdot K}$
ρ = Fluiddichte in kg/m^3
c_p = spezifische Wärmekapazität des Fluids bei konstantem Druck in $\frac{J}{kg \cdot K}$

Es wird nun bei der Berechnung so vorgegangen, daß bei bestimmten Wärmeaustauscherkonstruktionen die Strömungskennzahlen *Re, Pe, Pr, Gr* in speziellen Gleichungen zur Berechnung der Nußelt-Zahl zusammengefaßt werden. In diesen Gleichungen ist auch berücksichtigt, ob der **Wärmeübergang ohne Änderung des Aggregatzustandes** oder ob der **Wärmeübergang mit Änderung des Aggregatzustandes**, d. h. beim **Verdampfen** oder **Kondensieren**, erfolgt.

Beachten Sie:

Die Gleichungen zur Berechnung der Nußelt-Zahl findet man in technischen Handbüchern oder in weiterführender thermodynamischer Literatur. Ein diesbezügliches Nachschlagewerk ist auch der **VDI-Wärmeatlas.**

M87. Bild 1 zeigt ein von einem Fluid quer umströmtes Rohr mit dem Außendurchmesser d_a. Für einen solchen Fall findet man in der Fachliteratur bei **turbulenter Strömung** (siehe Mechanik der Flüssigkeiten und Gase):

$$Nu = \frac{\alpha \cdot d_a}{\lambda_F} = 0{,}113 \cdot \sqrt[3]{Gr \cdot Pr} \quad \boxed{196-2}$$

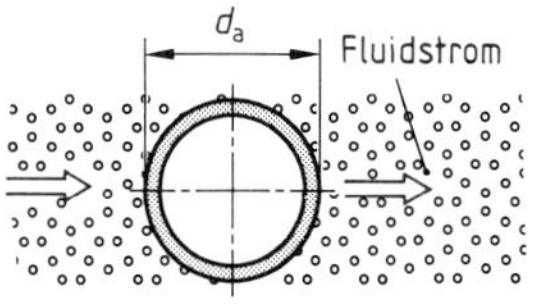

1

Anmerkung: Für diesen speziellen Fall wird also die Reynoldssche Zahl und die Pécletsche Zahl nicht benötigt. **Die Formel gilt nur bei freier Konvektion.**

Berechnen Sie die Wärmeübergangszahl α, wenn es sich beim strömenden Fluid um ein Wärmeträgeröl handelt und Ihnen die folgenden Daten bekannt sind:

$\boldsymbol{\nu} = 20 \cdot 10^{-6}\,\mathrm{m^2/s}$; $\boldsymbol{\lambda_F} = 0{,}15 \dfrac{\mathrm{W}}{\mathrm{m \cdot K}}$; $\boldsymbol{\rho} = 0{,}87 \dfrac{\mathrm{kg}}{\mathrm{dm^3}}$; $\boldsymbol{c_p} = 2{,}1 \dfrac{\mathrm{kJ}}{\mathrm{kg \cdot K}}$

$\boldsymbol{l} = \boldsymbol{d_a} = 200\,\mathrm{mm} = 0{,}2\,\mathrm{m}$; $\boldsymbol{g} = 9{,}81 \dfrac{\mathrm{m}}{\mathrm{s^2}}$; $\boldsymbol{\vartheta_F} = 100\,°\mathrm{C}$; $\boldsymbol{\vartheta_W} = 18\,°\mathrm{C}$

$\gamma = 0{,}0003 \dfrac{\mathrm{m^3}}{\mathrm{m^3 \cdot K}}$

Lösung:

$$Nu = \frac{\alpha \cdot d_a}{\lambda_F} = 0{,}113 \cdot \sqrt[3]{Gr \cdot Pr}$$

$$\alpha = 0{,}113 \cdot \frac{\lambda_F}{d_a} \cdot \sqrt[3]{Gr \cdot Pr}$$

$$Gr = \frac{d_a^{\,3} \cdot g \cdot (\vartheta_F - \vartheta_W) \cdot \gamma}{\nu^2}$$

$$Gr = \frac{(0{,}2\,\mathrm{m})^3 \cdot 9{,}81\,\mathrm{m/s^2} \cdot 82\,\mathrm{K} \cdot 0{,}0003 \dfrac{\mathrm{m^3}}{\mathrm{m^3 \cdot K}}}{(20 \cdot 10^{-6}\,\mathrm{m^2/s})^2}$$

$$\boldsymbol{Gr = 4\,827\,000}$$

$$Pr = \frac{\nu}{a} = \frac{\nu}{\dfrac{\lambda_F}{\rho \cdot c_p}} = \frac{\nu \cdot \rho \cdot c_p}{\lambda_F}$$

$$Pr = \frac{20 \cdot 10^{-6}\,\mathrm{m^2/s} \cdot 870\,\mathrm{kg/m^3} \cdot 2\,100 \dfrac{\mathrm{J}}{\mathrm{kg \cdot K}}}{0{,}15 \dfrac{\mathrm{W}}{\mathrm{m \cdot K}}}$$

$$\boldsymbol{Pr = 243{,}6}$$

$$\alpha = 0{,}113 \cdot \frac{0{,}15 \dfrac{\mathrm{W}}{\mathrm{m \cdot K}}}{0{,}2\,\mathrm{m}} \cdot \sqrt[3]{4\,827\,000 \cdot 243{,}6} = 0{,}113 \cdot \frac{0{,}15}{0{,}2} \; \frac{\mathrm{W}}{\mathrm{m^2 \cdot K}} \cdot 1055{,}48$$

$$\boldsymbol{\alpha = 89{,}45 \dfrac{W}{m^2 \cdot K}}$$

Anmerkung: Übungs- und Vertiefungsaufgaben zur Lektion 23 werden im Zusammenhang mit Lektion 24 bearbeitet.

Wärmedurchgang

24.1 Wärmedurchgang durch ebene Wände

24.1.1 Definition des Wärmedurchganges

In Lektion 22 wurde die **Wärmeleitung** und in Lektion 23 der **Wärmeübergang** besprochen. Das dort Gesagte ist in Bild 1 für eine ebene Wand zusammengefaßt. Man erkennt:

Der Wärmedurchgang setzt sich aus mindestens zwei Wärmeübergängen und mindestens einer Wärmeleitung zusammen.

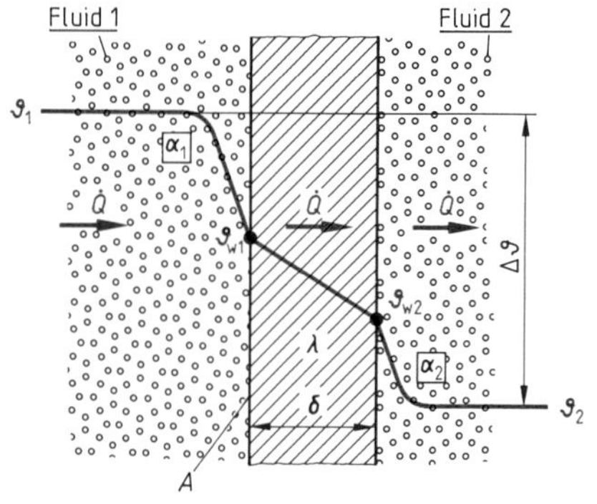

1

24.1.2 Die Wärmedurchgangszahl und der Wärmedurchgangswiderstand

Setzt man wieder einen stationären Wärmestrom $\dot{Q}$ voraus, dann ergibt sich in den Teilbereichen der Wärmeübertragung des Bildes 1

Erster Wärmeübergang:

$$\dot{Q} = \alpha_1 \cdot A \cdot (\vartheta_1 - \vartheta_{W1}) \longrightarrow \vartheta_1 - \vartheta_{W1} = \frac{\dot{Q}}{\alpha_1 \cdot A}$$

Wärmeleitung:

$$\dot{Q} = \frac{\lambda}{\delta} \cdot A \cdot (\vartheta_{W1} - \vartheta_{W2}) \longrightarrow \vartheta_{W1} - \vartheta_{W2} = \frac{\dot{Q}}{\frac{\lambda}{\delta} \cdot A}$$

Zweiter Wärmeübergang:

$$\dot{Q} = \alpha_2 \cdot A \cdot (\vartheta_{W2} - \vartheta_2) \longrightarrow \vartheta_{W2} - \vartheta_2 = \frac{\dot{Q}}{\alpha_2 \cdot A}$$

Die rechten und die linken Seiten der drei Gleichungen werden addiert. Man erhält bei dieser Addition die folgende Beziehung:

+

$$\vartheta_1 - \vartheta_{W1} + \vartheta_{W1} - \vartheta_{W2} + \vartheta_{W2} - \vartheta_2 = \frac{\dot{Q}}{\alpha_1 \cdot A} + \frac{\dot{Q}}{\frac{\lambda}{\delta} \cdot A} + \frac{\dot{Q}}{\alpha_2 \cdot A}$$

Auf der linken Seite neutralisieren sich die Summanden ϑ_{W1} und ϑ_{W2} und auf der rechten Seite wird $\frac{\dot{Q}}{A}$ ausgeklammert. Dies ergibt:

$$\Delta\vartheta = \frac{\dot{Q}}{A} \cdot \left(\frac{1}{\alpha_1} + \frac{1}{\frac{\lambda}{\delta}} + \frac{1}{\alpha_2}\right).$$

Mit $\frac{1}{\frac{\lambda}{\delta}} = \frac{\frac{1}{1}}{\frac{\lambda}{\delta}} = \frac{1}{1} \cdot \frac{\delta}{\lambda} = \frac{\delta}{\lambda}$ wird

$$\Delta\vartheta = \frac{\dot{Q}}{A} \cdot \left(\frac{1}{\alpha_1} + \frac{\delta}{\lambda} + \frac{1}{\alpha_2}\right)$$

Bei einer mehrschichtigen Wand wird

$$\boldsymbol{\Delta\vartheta} = \frac{\dot{Q}}{A} \cdot \left(\frac{1}{\alpha_1} + \sum \frac{\delta}{\lambda} + \frac{1}{\alpha_2}\right).$$

Den Reziprokwert des Klammerausdruckes bezeichnet man als die

Wärmedurchgangszahl (*k*-Wert)

$$k = \frac{1}{\frac{1}{\alpha_1} + \sum \frac{\delta}{\lambda} + \frac{1}{\alpha_2}} \qquad \boxed{198-1} \qquad \text{in } \frac{\text{W}}{\text{m}^2 \cdot \text{K}}$$

dabei ist $\sum \frac{\delta}{\lambda} = \frac{\delta_1}{\lambda_1} + \frac{\delta_2}{\lambda_2} + \ldots + \frac{\delta_n}{\lambda_n}$ $\quad$ δ in m

Somit erhält man für die

Temperaturdifferenz $$\Delta\vartheta = \frac{\dot{Q}}{A \cdot k}$$ 199–1 in °C ≙ K und für den

Wärmestrom $$\dot{Q} = k \cdot A \cdot \Delta\vartheta$$ 199–2 in W, kW

24.1.2.1 Der Wärmedurchgangswiderstand

Analog dem **Wärmeleitwiderstand** $R_\lambda = \frac{\delta}{\lambda \cdot A}$

und dem **Wärmeübergangswiderstand** $R_\alpha = \frac{1}{\alpha \cdot A}$ ergibt sich für den Wärmeduchgang der

Wärmedurchgangswiderstand $$R_k = \frac{1}{k \cdot A}$$ 199–3

R_k	$k.$	A
$\frac{K}{W}$	$\frac{W}{m^2 \cdot K}$	m^2

Mit Gleichung 199–1 erhält man das **Ohmsche Gesetz des Wärmedurchganges** bzw. die

Temperaturdifferenz $$\Delta\vartheta = R_k \cdot \dot{Q}$$ 199–4 in °C ≙ K

M 88. Ein Gießereischachtofen (Kupolofen) hat einen Außendurchmesser von 2,3 m und einen Innendurchmesser von 2,0 m. Da der Durchmesserunterschied als klein bezeichnet werden kann, gilt sinngemäß das bei der Wärmeleitung durch gekrümmte Wände Gesagte. Dies bedeutet, daß die Berechnung so erfolgen kann, als ob es sich um eine ebene Wand handeln würde. Die Kupolofenwand besteht von innen nach außen aus einer Schicht Schamotte und dem Stahlmantel.

Schamotte: $\delta_1 = 130\,\text{mm}, \lambda_1 = 0{,}45 \frac{W}{m \cdot K}$

Stahlmantel: $\delta_2 = 20\,\text{mm}, \lambda_2 = 46{,}7 \frac{W}{m \cdot K}$

Innentemperatur: $\vartheta_i = 1200\,°C$, Außentemperatur: $\vartheta_a = 20\,°C$

Des weiteren ist $\alpha_i = 556 \frac{W}{m^2 \cdot K}$ und $\alpha_a = 11{,}7 \frac{W}{m^2 \cdot K}$

Berechnen Sie: a) den Wärmestrom $\dot{Q}$ für eine Ofenfläche $A = 22{,}5\,m^2$
Skizzieren Sie: b) den Temperaturverlauf (mit den Bezeichnungen für die Rechnung)
Berechnen Sie: c) die Temperaturen an und in der Wand.

Lösung:

a) $\dot{Q} = k \cdot A \cdot (\vartheta_i - \vartheta_a)$

$$k = \frac{1}{\frac{1}{\alpha_a} + \frac{\delta_1}{\lambda_1} + \frac{\delta_2}{\lambda_2} + \frac{1}{\alpha_i}} \quad \text{in } \frac{W}{m^2 \cdot K}$$

$$k = \frac{1}{\frac{1}{11{,}7} + \frac{0{,}13}{0{,}45} + \frac{0{,}02}{46{,}7} + \frac{1}{556}} = \frac{1}{0{,}08547 + 0{,}28889 + 0{,}00043 + 0{,}0018} = \frac{1}{0{,}37659}$$

$$\mathbf{k = 2{,}6554 \frac{W}{m^2 \cdot K}}$$

$$\dot{Q} = 2{,}6554 \frac{W}{m^2 \cdot K} \cdot 22{,}5\,m^2 \cdot (1200\,°C - 20\,°C) = 2{,}6554 \frac{W}{m^2 \cdot K} \cdot 22{,}5\,m^2 \cdot 1180\,K$$

$$\mathbf{\dot{Q} = 70500{,}87\,W}$$

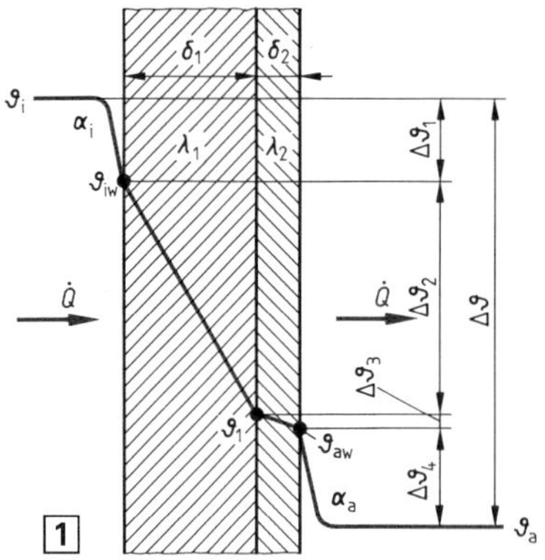

1

Für die erste Wärmeleitung ergibt sich:

c) Es kann sowohl in Richtung als auch in Gegenrichtung zum Wärmestrom gerechnet werden. Bei der Rechnung in Richtung von $\dot{Q}$ ergibt sich für den ersten Wärmeübergang:

$$\dot{Q} = \alpha_i \cdot A \cdot (\vartheta_i - \vartheta_{iW})$$

$$\vartheta_{iW} = \vartheta_i - \frac{\dot{Q}}{\alpha_i \cdot A} = 1200\,°C - \frac{70500{,}87\,W}{556\,\frac{W}{m^2 \cdot K} \cdot 22{,}5\,m^2}$$

$$\vartheta_{iW} = 1200\,°C - 5{,}636\,°C$$

$$\boldsymbol{\vartheta_{iW}} = \mathbf{1194{,}364}\,°C$$

$$\dot{Q} = \frac{\lambda_1 \cdot A}{\delta_1} \cdot (\vartheta_{iW} - \vartheta_1)$$

$$\vartheta_1 = \vartheta_{iW} - \frac{\dot{Q} \cdot \delta_1}{\lambda_1 \cdot A} = 1194{,}364\,°C - \frac{70500{,}87\,W \cdot 0{,}13\,m}{0{,}45\frac{W}{m \cdot K} \cdot 22{,}5\,m^2} = 1194{,}364\,°C - 905{,}196\,°C$$

$$\boldsymbol{\vartheta_1} = \mathbf{289{,}168\,°C}$$

Für die zweite Wärmeleitung ergibt sich:

$$\dot{Q} = \frac{\lambda_2 \cdot A}{\delta_2} \cdot (\vartheta_1 - \vartheta_{aW})$$

$$\vartheta_{aw} = \vartheta_1 - \frac{\dot{Q} \cdot \delta_2}{\lambda_2 \cdot A} = 289{,}168\,°C - \frac{70500{,}87\,W \cdot 0{,}02\,m}{46{,}7\frac{W}{m \cdot K} \cdot 22{,}5\,m^2} = 289{,}168\,°C - 1{,}342\,°C$$

$$\boldsymbol{\vartheta_{aw}} = \mathbf{287{,}826\,°C}$$

Bei bisher richtiger Rechnung muß der nächste Rechengang (zweiter Wärmeübergang) die Außentemperatur $\vartheta_a = 20\,°C$ ergeben:

$$\dot{Q} = \alpha_a \cdot A \cdot (\vartheta_{aW} - \vartheta_a)$$

$$\vartheta_a = \vartheta_{aW} - \frac{\dot{Q}}{\alpha_a \cdot A} = 287{,}826\,°C - \frac{70500{,}87\,W}{11{,}7\frac{W}{m^2 \cdot K} \cdot 22{,}5\,m^2} = 287{,}826\,°C - 267{,}81\,°C$$

$$\boldsymbol{\vartheta_a} = \mathbf{20{,}016\,°C} \approx 20\,°C$$

Anmerkung: Die kleine Ungenauigkeit ist auf Rundungen in den Zwischenergebnissen zurückzuführen.

24.1.2.2 Verfahren zur Berechnung des Temperaturverlaufes in Wänden

Der Temperaturverlauf in Musteraufgabe M 88. hätte auch mit Hilfe der **Ohmschen Gesetze für Wärmeleitung, Wärmeübergang und Wärmedurchgang** ermittelt werden können. Danach ist gemäß Bild 1:

$$\left.\begin{array}{l} \Delta\vartheta_1 = R_{\alpha i} \cdot \dot{Q} \\ \Delta\vartheta_2 = R_{\lambda 1} \cdot \dot{Q} \\ \Delta\vartheta_3 = R_{\lambda 2} \cdot \dot{Q} \\ \Delta\vartheta_4 = R_{\alpha a} \cdot \dot{Q} \end{array}\right\} \longrightarrow \boldsymbol{\Delta\vartheta} = \Delta\vartheta_1 + \Delta\vartheta_2 + \Delta\vartheta_3 + \Delta\vartheta_4 = \boldsymbol{\dot{Q}} \cdot (\boldsymbol{R_{\alpha i}} + \boldsymbol{R_{\lambda 1}} + \boldsymbol{R_{\lambda 2}} + \boldsymbol{R_{\alpha a}})$$

Nach Gleichung 199–4 ist außerdem $\boldsymbol{\Delta\vartheta = R_k \cdot \dot{Q}}$. Somit ergibt sich:

$R_k \cdot \dot{Q} = \dot{Q} \cdot (R_{\alpha i} + R_{\lambda 1} + R_{\lambda 2} + R_{\alpha a})$. Teilt man diese Gleichung durch $\dot{Q}$, dann erhält man für den

Wärmedurchgangswiderstand $$R_k = R_{\alpha i} + R_{\lambda 1} + R_{\lambda 2} + \ldots + R_{\alpha a} \qquad \boxed{201-1}$$

Der Wärmedurchgangswiderstand errechnet sich aus der Summe der anteiligen Wärmeübergangswiderstände und Wärmeleitwiderstände.

Aus den **Ohmschen Gesetzen für Wärmeleitung, Wärmeübergang und Wärmedurchgang** ergibt sich weiter:

$$\dot{Q} = \frac{\Delta\vartheta}{R_k} = \frac{\Delta\vartheta_1}{R_{\alpha i}} = \frac{\Delta\vartheta_2}{R_{\lambda 1}} = \frac{\Delta\vartheta_3}{R_{\lambda 2}} = \ldots = \frac{\Delta\vartheta_n}{R_{\alpha a}}$$

$$\dot{Q} = \frac{\Delta\vartheta}{\dfrac{1}{k \cdot A}} = \frac{\Delta\vartheta_1}{\dfrac{1}{\alpha_i \cdot A}} = \frac{\Delta\vartheta_2}{\dfrac{\delta_1}{\lambda_1 \cdot A}} = \frac{\Delta\vartheta_3}{\dfrac{\delta_2}{\lambda_2 \cdot A}} = \ldots = \frac{\Delta\vartheta_n}{\dfrac{1}{\alpha_a \cdot A}}$$ Somit:

$$\frac{\Delta\vartheta}{\dfrac{1}{k}} = \frac{\Delta\vartheta_1}{\dfrac{1}{\alpha_i}} = \frac{\Delta\vartheta_2}{\dfrac{\delta_1}{\lambda_1}} = \frac{\Delta\vartheta_3}{\dfrac{\delta_2}{\lambda_2}} = \ldots = \frac{\Delta\vartheta_n}{\dfrac{1}{\alpha_a}}$$ Man erkennt:

Die Temperaturdifferenzen verhalten sich wie die anteiligen Wärmeübergangswiderstände und Wärmeleitwiderstände.

Aus dieser Gesetzmäßigkeit ergibt sich für die

Temperaturdifferenzen

$$\begin{aligned} \Delta\vartheta_1 &= k \cdot \Delta\vartheta \cdot \frac{1}{\alpha_i} \\ \Delta\vartheta_2 &= k \cdot \Delta\vartheta \cdot \frac{\delta_1}{\lambda_1} \\ \Delta\vartheta_3 &= k \cdot \Delta\vartheta \cdot \frac{\delta_2}{\lambda_2} \\ &\ldots\ldots\ldots\ldots\ldots\ldots \\ \Delta\vartheta_n &= k \cdot \Delta\vartheta \cdot \frac{1}{\alpha_a} \end{aligned} \qquad \boxed{201-2}$$

M 89. Berechnen Sie mit Hilfe der Gleichungen 201–2 die Temperaturdifferenzen in der Musteraufgabe M 88. (siehe Bild 1, Seite 200).

Lösung: $k = 2{,}6554 \dfrac{\mathrm{W}}{\mathrm{m^2 \cdot K}}$ $\qquad \Delta\vartheta = 1180\,°\mathrm{C} \triangleq 1180\,\mathrm{K}$

$$\boldsymbol{\Delta\vartheta_1} = k \cdot \Delta\vartheta \cdot \frac{1}{\alpha_i} = 2{,}6554 \frac{\mathrm{W}}{\mathrm{m^2 \cdot K}} \cdot 1180\,\mathrm{K} \cdot \frac{1}{556 \dfrac{\mathrm{W}}{\mathrm{m^2 \cdot K}}} = \mathbf{5{,}636\,K}$$

$$\boldsymbol{\Delta\vartheta_2} = k \cdot \Delta\vartheta \cdot \frac{\delta_1}{\lambda_1} = 2{,}6554 \frac{\mathrm{W}}{\mathrm{m^2 \cdot K}} \cdot 1180\,\mathrm{K} \cdot \frac{0{,}13\,\mathrm{m}}{0{,}45 \dfrac{\mathrm{W}}{\mathrm{m \cdot K}}} = \mathbf{905{,}196\,K}$$

$$\boldsymbol{\Delta\vartheta_3} = k \cdot \Delta\vartheta \cdot \frac{\delta_2}{\lambda_2} = 2{,}6554 \frac{\mathrm{W}}{\mathrm{m^2 \cdot K}} \cdot 1180\,\mathrm{K} \cdot \frac{0{,}02\,\mathrm{m}}{46{,}7 \dfrac{\mathrm{W}}{\mathrm{m \cdot K}}} = \mathbf{1{,}342\,K}$$

$$\boldsymbol{\Delta\vartheta_4} = k \cdot \Delta\vartheta \cdot \frac{1}{\alpha_a} = 2{,}6554 \frac{\mathrm{W}}{\mathrm{m^2 \cdot K}} \cdot 1180\,\mathrm{K} \cdot \frac{1}{11{,}7 \dfrac{\mathrm{W}}{\mathrm{m^2 \cdot K}}} = \mathbf{267{,}81\,K}$$

Probe: $\Delta\vartheta = \Delta\vartheta_1 + \Delta\vartheta_2 + \Delta\vartheta_3 + \Delta\vartheta_4 = 5{,}636\,°\mathrm{C} + 905{,}196\,°\mathrm{C} + 1{,}342\,°\mathrm{C} + 267{,}81\,°\mathrm{C}$
$\boldsymbol{\Delta\vartheta = 1179{,}984\,°C \approx 1180\,°C}$

24.2 Wärmedurchgang durch gekrümmte Wände

Aus Musteraufgabe M 88. (Gießereischachtofen) geht hervor, daß – analog der Wärmeleitung – bei einem kleinen Durchmesserunterschied auch beim Wärmedurchgang durch gekrümmte Wände mit guter Annäherung so gerechnet werden kann, als würde es sich um ebene Wände handeln. Genaue Gleichungen für die Berechnung des Wärmedurchganges durch gekrümmte Wände sind technischen Handbüchern zu entnehmen, so z.B. für den

Wärmestrom durch eine einschichtige Zylinderwand

$$\dot{Q} = \frac{2 \cdot \pi \cdot l \cdot (\vartheta_{F1} - \vartheta_{F2})}{\frac{2}{\alpha_i \cdot d_i} + \frac{1}{\lambda} \cdot \ln \frac{d_a}{d_i} + \frac{2}{\alpha_a \cdot d_a}} \qquad \boxed{202-1}$$

In dieser Gleichung bedeuten:

l = Rohrlänge in m
$\vartheta_{F1}, \vartheta_{F2}$ = Fluidtemperatur in °C
α_a, α_i = Wärmeübergangszahlen (außen und innen)
d_a, d_i = Rohrdurchmesser (außen und innen)
λ = Wärmeleitzahl des Rohrwerkstoffes

Ü 176. Wodurch wird die Wärmeleitfähigkeit wesentlich beeinflußt?

Ü 177. Welche Wärmeübertragungsmöglichkeiten sind Ihnen bekannt?

Ü 178. Durch eine ebene Kupferplatte mit der Fläche $A = 0{,}6\ \text{m}^2$ fließt bei einer Differenz der Wandtemperaturen $\Delta\vartheta = 300\ °\text{C}$ in $t = 25$ Sekunden eine Wärmemenge $Q = 73000\ \text{kJ}$.

Bei einer Mitteltemperatur von 150 °C kann mit $\lambda = 350 \frac{\text{W}}{\text{m} \cdot \text{K}}$ gerechnet werden. Berechnen Sie

a) den Wärmestrom $\dot{Q}$ in Watt,
b) die Dicke δ der Kupferplatte in mm.

Ü 179. Von welchen Größen hängt der Wärmeleitwiderstand R_λ ab?

Ü 180. Berechnen Sie den Wärmestrom einer zweifach geschichteten ebenen Wand bei reiner Wärmeleitung. Skizzieren Sie die Wand vor der Rechnung mit allen für die Berechnung erforderlichen Bezeichnungen. Die Wand hat eine Fläche $A = 2{,}5\ \text{m}^2$, und es ist $\vartheta_1 = 200\ °\text{C}$ und $\vartheta_2 = 20\ °\text{C}$.

Wand 1: Stahl mit $\delta_1 = 20\ \text{mm}$; $\lambda_1 = 46{,}7\ \frac{\text{W}}{\text{m} \cdot \text{K}}$

Wand 2: Asbest mit $\delta_2 = 20\ \text{mm}$; $\lambda_2 = 0{,}08 \frac{\text{W}}{\text{m} \cdot \text{K}}$

Ü 181. Für eine senkrecht angeströmte Wand (Bild 1) ist bei laminarer Strömung und freier Konvektion in der Literatur die folgende Gleichung zur Berechnung der Nußelt-Zahl zu finden

$$Nu = \frac{\alpha \cdot h}{\lambda_F} = 1{,}8 \cdot \frac{Pr^{0,5}}{2{,}3 + Pr^{0,5}} \cdot Gr^{0,25}$$

Berechnen Sie die Wärmeübergangszahl α bei den folgenden Werten:

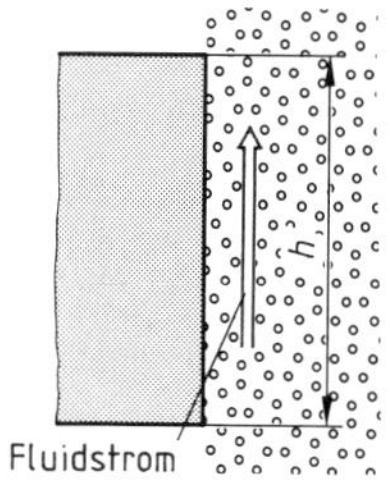

1

$h = 3\ \text{m}$; $\lambda_F = 24 \frac{\text{W}}{\text{m} \cdot \text{K}}$ (Luft von 20 °); $Pr = 290$; $Gr = 2810000$

Ü 182. Warum ist die Wärmeübergangszahl einer rauhen Wand i.d.R. größer als bei einer glatten Wand?

Ü 183. Welche Größen beinhaltet der *k*-Wert?

Ü 184. Eine zweifach geschichtete ebene Wand soll auf Wärmedurchgang berechnet werden. Die Wand hat eine Fläche $A = 5\ m^2$. Innentemperatur $\vartheta_i = 100\ °C$, Außentemperatur $\vartheta_a = 20\ °C$. Wärmeübergangszahlen: $\alpha_a = 41{,}7\ \frac{W}{m^2 \cdot K}$, $\alpha_i = 2{,}8\ \frac{W}{m^2 \cdot K}$

Innenwand: $\delta_1 = 50\ cm$; $\lambda_1 = 1{,}4\ \frac{W}{m \cdot K}$

Außenwand: $\delta_2 = 10\ mm$; $\lambda_2 = 0{,}14\ \frac{W}{m \cdot K}$

Berechnen Sie a) den Wärmeverlust Q in der Zeit $t = 6\ h$,
b) die Temperatur an der Berührungsstelle der beiden Wandschichten.

Ü 185. Ein Raum ist normalerweise durch vier Wände, die Decke, den Fußboden sowie durch eine Tür und die Fenster abgegrenzt. Wie wird in einem solchen Fall der Gesamtwärmestrom ermittelt?

Ü 186. Ein Kühlraum hat eine Innentemperatur von $\vartheta_i = -20\ °C$, und die Umgebungstemperatur beträgt $\vartheta_a = 22\ °C$. Weiter kann mit $\alpha_i = 8\ \frac{W}{m^2 \cdot K}$ und mit $\alpha_a = 23\ \frac{W}{m^2 \cdot K}$ gerechnet werden. Die Kühlraumwand ist von innen nach außen wie folgt aufgebaut:

$\delta_1 = 2\ cm$ Innenputz, $\lambda_1 = 0{,}9\ W/m \cdot K$
$\delta_2 = 20\ cm$ Wärmedämmung, $\lambda_2 = 0{,}03\ W/m \cdot K$
$\delta_3 = 0{,}5\ cm$ Dampfsperre, $\lambda_3 = 0{,}2\ W/m \cdot K$
$\delta_4 = 24\ cm$ Ziegelmauer, $\lambda_4 = 0{,}5\ W/m \cdot K$
$\delta_5 = 3\ cm$ Außenputz, $\lambda_5 = 0{,}7\ W/m \cdot K$

Ermitteln Sie die Wärmedurchgangszahl sowie alle Temperaturdifferenzen an und in der Wand.

V 165. Wie bringen Sie den Begriff „Mitteltemperatur" mit der Wärmeleitfähigkeit λ in Verbindung?

V 166. Welche Bedingung muß bei einer Wärmeübertragung (ohne zusätzlichen Energieaufwand) immer erfüllt sein?

V 167. Wie lautet das Ohmsche Gesetz der Wärmeleitung, und warum wird dieses Gesetz so bezeichnet?

V 168. In Kühlräumen wird der Verdampfer stets oben, d. h. in Deckennähe angeordnet. Wie erklären Sie sich dies?

V 169. Bei erzwungener Strömung in einer Rohrleitung ist für die Berechnung der Nußelt-Zahl für das Rohrinnere in der Literatur die folgende Beziehung zu finden:

$$Nu = \frac{\alpha_i \cdot d_i}{\lambda_F} = 0{,}0214 \cdot (Re^{0,8} - 100) \cdot Pr^{0,4} \cdot \left[1 + \left(\frac{d_i}{l}\right)^{0,67}\right]$$

Berechnen Sie die Wärmeübergangszahl α_i bei den folgenden Werten:

$d_i = 200\ mm$; $\lambda_F = 0{,}68\ \frac{W}{m \cdot K}$ (Wasser bei 80 °C) ; $l = 5\ m$; $Re = 110\,000$; $Pr = 1{,}5$

V 170. Eine dickwandige Stahlrohrleitung mit dem Außendurchmesser $d_a = 200\ mm$ und dem Innendurchmesser $d_i = 160\ mm$ hat eine Länge $l = 3\ m$. Weiter ist bekannt:

$\vartheta_{F1} = 250\,°C$; $\vartheta_{F2} = 40\,°C$; $\lambda = 46 \dfrac{W}{m \cdot K}$; $\alpha_a = 87 \dfrac{W}{m^2 \cdot K}$; $\alpha_i = 312 \dfrac{W}{m^2 \cdot K}$

Berechnen Sie a) den Wärmestrom $\dot{Q}$ (Gleichung 202–1)
b) den Wärmedurchgang in $t = 2{,}5$ h.

V 171. Berechnen Sie den Wärmestrom $\dot{Q}$ und alle Wandgrenztemperaturen einer dreifach geschichteten Kühlraumwand mit $A = 17{,}8\ m^2$ bei folgendem Wandaufbau:

Außenwand: $\delta_1 = 40\ cm$; $\lambda_1 = 0{,}85 \dfrac{W}{m \cdot K}$

Kältedämmung: $\delta_2 = 20\ cm$; $\lambda_2 = 0{,}032 \dfrac{W}{m \cdot K}$

Innenwand: $\delta_3 = 5\ cm$; $\lambda_3 = 0{,}9 \dfrac{W}{m \cdot K}$

Weiter ist gegeben: $\vartheta_a = 20\,°C$; $\vartheta_i = -10\,°C$; $\alpha_a = 29 \dfrac{W}{m^2 \cdot K}$; $\alpha_i = 8{,}9 \dfrac{W}{m^2 \cdot K}$

Skizzieren Sie vor der Berechnung den Wandquerschnitt mit allen für die Berechnung erforderlichen Angaben.

Lektion 25

Wärmestrahlung

25.1 Mechanismus der Wärmeübertragung durch Strahlung

In Lektion 21 wurde bereits gesagt, daß bei der Wärmestrahlung die Energie in nicht mehr teilbaren Mengen, den **Energiequanten**, von einem Körper mit höherer Temperatur auf einen Körper mit niedrigerer Temperatur übertragen wird.

Die Energieübertragung durch Strahlung ist vom Ort höherer Temperatur zum Ort mit niedrigerer Temperatur gerichtet.

Die transportierten Energiequanten sind die Elementarteilchen der **elektromagnetischen Strahlung** und heißen auch **Photonen**. Die Gesamtheit der Photonenbewegung wird auch mit dem Begriff **„elektromagnetische Wellen"** belegt. Diese haben – entsprechend unterschiedlicher Wellenlänge – unterschiedliche Namen erhalten. Bild 1 zeigt diese unterschiedlichen Bereiche der **elektromagnetischen Wellen**:

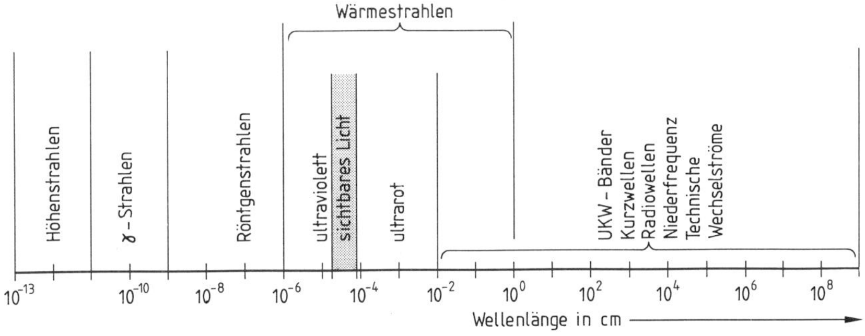

1

Im physikalischen Fachgebiet **Optik und Wellenlehre** wird eine genauere Unterteilung des Gesamtspektrums der elektromagnetischen Wellen vorgenommen. Bild 1 zeigt nur die Größenordnung.

Es ist aber zu erkennen:

Wärmestrahlen sind elektromagnetische Wellen mit kurzer Wellenlänge im Bereich von ultrarot bis ultraviolett. Ein kleiner Ausschnitt des Wärmestrahlenbereiches ist sichtbar (sichtbares Licht).

Wie im Versuch nachweisbar und aus der Erfahrung mit der eingestrahlten Sonnenenergie bekannt, gilt:

Die Energieübertragung durch Strahlung ist nicht an ein Übertragungsmedium gebunden.

Der **Mechanismus der Energieübertragung** besteht **aus zwei Teilvorgängen**, und zwar

1. Teilvorgang: An der Oberfläche des Körpers mit hoher Temperatur wird Wärmeenergie in Strahlungsenergie umgewandelt. Dieser Vorgang heißt

Emission

2. Teilvorgang: An der Oberfläche des Körpers mit niedrigerer Temperatur wird die ankommende Strahlungsenergie in Wärmeenergie umgewandelt.
Dieser Vorgang heißt

Absorption

25.2 Emissions- und Absorptionsvermögen

Bild 1 zeigt einen Temperatur-Meßversuch an einem würfelförmigen Körper, z. B. aus dem Werkstoff Kupfer oder Stahl. Es liegt eine hohe Eigentemperatur, z. B. ϑ_K = 500 °C vor. Die Flächen des ursprünglich blanken Metallwürfels sind mit unterschiedlichen Farben, z. B. schwarz, weiß und rot versehen, eine Seite bleibt blank. Mißt man mit einem Thermometer in jeweils genau dem gleichen Abstand zu den Flächen die Temperatur, dann stellt man fest, daß das Thermometer vor der blanken Fläche die niedrigste Temperatur, vor der weißen Fläche eine höhere Temperatur, vor der roten Fläche eine noch höhere Temperatur und vor der schwarzen Fläche die höchste Temperatur anzeigt. Der Versuch zeigt also:

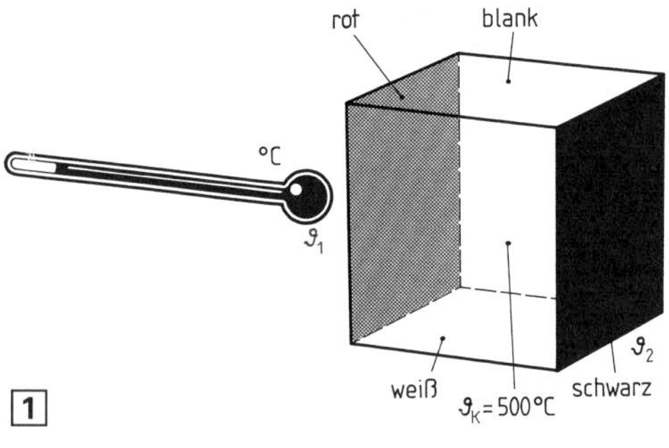

1

Dunkle Körper emittieren mehr Strahlungsenergie als helle Körper.

Aus Erfahrung ist auch jedermann bekannt, daß man in einem Auto mit dunkler, z. B. schwarzer Außenlackierung, bei Sonneneinstrahlung eine höhere Temperatur empfindet als in einem Auto mit heller, z. B. weißer Außenlackierung. Gleiches wird auch beim Tragen dunkler bzw. heller Kleidung festgestellt. Man kann also auch sagen:

Dunkle Körper absorbieren mehr Wärmeenergie als helle Körper.

Ein Maß für das **Emissionsvermögen** ist der **Emissionskoeffizient ε**

Ein Maß für das **Absorptionsvermögen** ist der **Absorptionskoeffizient a**

25.2.1 Das Kirchhoffsche Gesetz der Wärmestrahlung

Mit dem Emissions- und Absorptionsvermögen hat sich der deutsche Physiker Gustav **Kirchhoff (1824 bis 1887)** beschäftigt. Er stellte in Versuchen fest:

Das Emissionsvermögen eines Körpers mit einer bestimmten Farbe ist genauso groß wie sein Absorptionsvermögen.

Demzufolge gilt die Beziehung ⟶ $\varepsilon = a$

Die nebenstehende Tabelle zeigt die Emissions- bzw. Absorptionskoeffizienten einiger Körperoberflächen. Die größten Werte sind bei schwarzem Mattlack feststellbar.

Oberfläche (senkrechte Strahlung)	$\varepsilon = a$
Dachpappe schwarz	0,91
Schamottesteine	0,75
Ziegelsteine	0,92
Wasseroberfläche	0,95
Eisoberfläche	0,96
Buchenholz	0,93
Aluminium poliert	0,04
Kupfer poliert	0,03
Stahl poliert	0,26
Stahl stark verrostet	0,85
Heizkörperlack	0,93
schwarzer Mattlack	0,97
Weitere Werte in techn. Handbüchern!	

Den größten ε- bzw. a-Wert hat der **absolut schwarze Körper**.

Hierfür ist $\varepsilon_s = a_s = 1{,}0$

Aus dieser Beziehung leitet sich das **Kirchhoffsche Gesetz der Wärmestrahlung** ab. Dieses lautet:

Das Verhältnis von Emissionskoeffizient ε zu Absorptionskoeffizient a ist bei allen Körpern gleich dem Emissionskoeffizienten bzw. dem Absorptionskoeffizienten des absolut schwarzen Körpers.

Es ist somit $\frac{\varepsilon}{a} = \frac{a}{\varepsilon} = \varepsilon_s = a_s = 1$

25.2.2 Das Prevostsche Gesetz der Wärmestrahlung

Den in Bild 1, Seite 206, beschriebenen Versuch kann man in verschiedenen Umgebungstemperaturen, z. B. in Luft von 0 °C oder in Luft von 20 °C durchführen. Bei einer solchen Variation der Umgebungstemperatur stellt man fest, daß der Betrag der emittierten Energie hiervon unabhängig ist. Zu diesem Ergebnis kam zuerst der Schweizer Physiker P. **Prevost (1751 bis 1839)**, und er formulierte das nach ihm benannte Gesetz der Wärmestrahlung:

Die von der Oberfläche eines Körpers ausgestrahlte Energie ist nur von der Flächengröße A, der Oberflächenbeschaffenheit ε und der Temperatur ϑ abhängig. Die abgestrahlte Energie ist von der Umgebungstemperatur des Körpers völlig unabhängig.

25.3 Das Stefan-Boltzmannsche Gesetz der Wärmestrahlung

Bereits 1809 wurden von Prevost die physikalischen Größen erkannt, von denen die von einem Körper abgestrahlte Energie abhängt. Außer der Größe und der Beschaffenheit der Oberfläche ist dies vor allem die Temperatur des strahlenden Körpers. Der österreichische Physiker Joseph **Stefan (1835 bis 1893)** und der deutsche Physiker Ludwig **Boltzmann (1844 bis 1906)** erkannten unabhängig voneinander die Temperaturabhängigkeit bei der Wärmestrahlung. Das nach ihnen benannte **Stefan-Boltzmannsche Gesetz** lautet:

Die Emission eines strahlenden Körpers ist proportional der vierten Potenz der absoluten Temperatur der strahlenden Körperoberfläche.

Mit der folgenden Gleichung errechnet sich demnach der

Energiestrom $\dot{E} = C \cdot A \cdot \left(\frac{T}{100}\right)^4$ [207–1] in Watt

Dabei ist
A = Fläche in m^2
T = absolute Temperatur in K
C = Strahlungskonstante in $\frac{W}{m^2 \cdot K^4}$

Mit der **Strahlungskonstanten *C*** wird die Oberflächenbeschaffenheit – vor allem die Farbe der Oberfläche – berücksichtigt. Nach dem bisher Gesagten muß die Strahlungskonstante des absolut schwarzen Körpers C_s ein Größtwert sein. Sie beträgt

$$C_s \approx 5{,}67 \; \frac{W}{m^2 \cdot K^4}$$

Wird die Strahlungszahl des absolut schwarzen Körpers C_s mit dem Emissionskoeffizienten ε multipliziert, dann erhält man die

Strahlungszahl $C = \varepsilon \cdot C_s$ [207–2] in $\frac{W}{m^2 \cdot K^4}$

Dieser Zusammenhang rechtfertigt auch die manchmal verwendete Bezeichnung **Schwärzegrad ε anstelle Emissionskoeffizient ε.**

Somit ergibt sich für den

Energiestrom $\dot{E} = \varepsilon \cdot C_s \cdot A \cdot \left(\frac{T}{100}\right)^4$ 208–1 in Watt

Physikalisch gesehen ist der Energiestrom eine Leistung. Multipliziert man diese mit der Zeit t, dann erhält man die

Emittierte Energie $E = \varepsilon \cdot C_s \cdot A \cdot \left(\frac{T}{100}\right)^4 \cdot t$ 208–2 in Ws; kWh

---

M 90. Eine Kugel aus Kupfer hat eine Temperatur $\vartheta = 1\,000\ °C$. Infolge Oxidbildung beträgt $\varepsilon = 0{,}92$. Berechnen Sie bei einem Kugeldurchmesser $d = 500$ mm

a) den Energiestrom $\dot{E}$,

b) die in 6 Stunden emittierte Energie in kWh.

Lösung: a) $\dot{E} = \varepsilon \cdot C_s \cdot A \cdot \left(\frac{T}{100}\right)^4$ $\quad$ $\boldsymbol{A} = d^2 \cdot \pi = (0{,}5\ \text{m})^2 \cdot \pi = \mathbf{0{,}7854\ m^2}$

$$\dot{E} = 0{,}92 \cdot 5{,}67 \frac{\text{W}}{\text{m}^2 \cdot \text{K}^4} \cdot 0{,}7854\ \text{m}^2 \cdot \left(\frac{1\,273{,}15\ \text{K}}{100}\right)^4$$

$$\boldsymbol{\dot{E}} = \mathbf{107\,641{,}6\ W}$$

b) $E = \dot{E} \cdot t = 107\,641{,}6\ \text{W} \cdot 6\ \text{h} = 645\,849{,}6\ \text{Wh}$

$$\boldsymbol{E} = \mathbf{645{,}85\ kWh}$$

25.4 Wärmeübertragung durch Strahlung

Beim Übergang von Wärmeenergie durch Strahlung stehen mindestens zwei Körper miteinander in Wechselbeziehung. Dabei gibt der Körper mit höherer Temperatur mehr Energie an den Körper mit niedrigerer Temperatur ab, als dies umgekehrt der Fall ist. In der Summe geht somit Wärmeenergie vom Ort mit höherer Temperatur zum Ort mit niedrigerer Temperatur über. Der **zweite Hauptsatz der Thermodynamik** ist also erfüllt, so daß gemäß Punkt 25.1 gilt:

Die Energieübertragung durch Strahlung ist vom Ort höherer Temperatur zum Ort mit niedrigerer Temperatur gerichtet.

Die Berechnung des Wärmestromes $\dot{Q}$ in technischen Aufgaben ist insofern schwierig, als **meist mehr als zwei Körper** miteinander in Wechselbeziehung stehen. Außerdem wird $\dot{Q}$ stark vom **Verhältnis der Größen beider Oberflächen** und von der Richtung der Flächen zueinander, d. h. vom **Anstrahlungswinkel** beeinflußt. Es ist wichtig zu wissen:

In spezieller Fachliteratur sind Berechnungsformeln für die speziellen Fälle der Wärmeübertragung durch Strahlung angegeben.

Auch **Firmenunterlagen** (Kessel- und Wärmetauscherhersteller) können hierbei sehr dienlich sein! An dieser Stelle soll die Berechnung eines speziellen Falles vorgenommen werden, und zwar ein

Körper in einem völlig geschlossenen Raum

Unabhängig vom speziellen Fall errechnet sich der

Wärmestrom $\dot{Q} = C_{12} \cdot A_1 \cdot \left[\left(\frac{T_1}{100}\right)^4 - \left(\frac{T_2}{100}\right)^4\right]$ 208–3 in Watt

In den Gleichungen 208–3 und 209–1 bedeuten:

T_1 ⟶ absolute Temperatur des Körpers mit höherer Temperatur in K

T_2 ⟶ absolute Temperatur des Körpers mit niedrigerer Temperatur in K

A_1 ⟶ Oberfläche des Körpers mit der Temperatur T_1 in m^2

A_2 ⟶ Oberfläche des Körpers mit der Temperatur T_2 in m^2

C_{12} ⟶ Strahlungskonstante, die von der gegenseitigen Lage der beiden Körper sowie den Emissionskoeffizienten der **beiden** strahlenden Flächen abhängig ist.

Für den betrachteten Fall (Körper in einem völlig geschlossenen Raum) ist die

Strahlungszahl

$$C_{12} = \frac{1}{\frac{1}{C_1} + \left(\frac{1}{C_2} - \frac{1}{C_S}\right) \cdot \frac{A_1}{A_2}} \quad \boxed{209-1} \text{ in } \frac{W}{m^2 \cdot K^4}$$

$$\boldsymbol{C_1 = \varepsilon_1 \cdot C_s \,;\; C_2 = \varepsilon_2 \cdot C_s}$$

M 91. Ein zylindrischer Wärmetauscher ist mit Heizkörperlack angestrichen. Es kann mit $\varepsilon_1 = 0{,}92$ gerechnet werden, und die Abmessungen sind

$d = 0{,}6$ m Durchmesser
$h = 1{,}5$ m Höhe.

Der Wärmetauscher steht auf Füßen, und zwar 0,3 m über dem Fußboden. Er hat eine Außentemperatur $\vartheta_1 = 250$ °C. Der Raum, in dem sich der Wärmetauscher befindet, hat die Abmessungen $L = 12$ m, $B = 8$ m und $H = 4$ m.
Die Temperatur aller Raumwände sowie des Fußbodens und der Decke beträgt im Durchschnitt $\vartheta_2 = 15$ °C. Für diese Flächen kann mit $\varepsilon_2 = 0{,}8$ gerechnet werden.
Berechnen Sie den Wärmestrom $\dot{Q}$ vom Wärmetauscher auf die Raumwände.

Lösung: Es handelt sich um einen Körper in einem völlig geschlossenen Raum, so daß Gleichung 208–3 angewendet werden kann:

$$\dot{Q} = C_{12} \cdot A_1 \cdot \left[\left(\frac{T_1}{100}\right)^4 - \left(\frac{T_2}{100}\right)^4\right]$$

$$\boldsymbol{C_s = 5{,}67 \frac{W}{m^2 \cdot K^4}}$$

$$C_1 = \varepsilon_1 \cdot C_s = 0{,}92 \cdot 5{,}67 \frac{W}{m^2 \cdot K^4} = \boldsymbol{5{,}2164 \frac{W}{m^2 \cdot K^4}}$$

$$C_{12} = \frac{1}{\frac{1}{C_1} + \left(\frac{1}{C_2} - \frac{1}{C_s}\right) \cdot \frac{A_1}{A_2}}$$

$$C_2 = \varepsilon_2 \cdot C_s = 0{,}8 \cdot 5{,}67 \frac{W}{m^2 \cdot K^4} = \boldsymbol{4{,}536 \frac{W}{m^2 \cdot K^4}}$$

$$A_1 = \text{Wärmetauscheroberfläche} = 2 \cdot \frac{\pi}{4} \cdot d^2 + d \cdot \pi \cdot h$$

$$\boldsymbol{A_1} = 2 \cdot \frac{\pi}{4} \cdot (0{,}6\,m)^2 + 0{,}6\,m \cdot \pi \cdot 1{,}5\,m = 0{,}5655\,m^2 + 2{,}8274\,m^2 = \boldsymbol{3{,}3929\,m^2}$$

$$A_2 = \text{Rauminnenfläche} = 2 \cdot L \cdot B + 2 \cdot B \cdot H + 2 \cdot L \cdot H = 2 \cdot (L \cdot B + B \cdot H + L \cdot H)$$

$$A_2 = 2 \cdot (12\,m \cdot 8\,m + 8m \cdot 4\,m + 12\,m \cdot 4\,m) = 2 \cdot (96\,m^2 + 32\,m^2 + 48\,m^2) = 2 \cdot 176\,m^2$$

$$\boldsymbol{A_2 = 352\,m^2}$$

$$C_{12} = \frac{1}{\frac{1}{5{,}2164} + \left(\frac{1}{4{,}536} - \frac{1}{5{,}67}\right) \cdot \frac{3{,}3929}{352}} \quad \frac{W}{m^2 \cdot K^4}$$

$$C_{12} = \frac{1}{0{,}1917 + (0{,}2205 - 0{,}1764) \cdot 0{,}00964} \quad \frac{W}{m^2 \cdot K^4}$$

$$C_{12} = \frac{1}{0{,}1917 + (0{,}2205 - 0{,}1764) \cdot 0{,}00964} \frac{\text{W}}{\text{m}^2 \cdot \text{K}^4} = \frac{1}{0{,}1917 + 0{,}0441 \cdot 0{,}00964} \frac{\text{W}}{\text{m}^2 \cdot \text{K}^4}$$

$$C_{12} = \frac{1}{0{,}1917 + 0{,}00043} \frac{\text{W}}{\text{m}^2 \cdot \text{K}^4} = \frac{1}{0{,}19213} \frac{\text{W}}{\text{m}^2 \cdot \text{K}^4}$$

$$\boldsymbol{C_{12} = 5{,}203 \frac{\textbf{W}}{\textbf{m}^2 \cdot \textbf{K}^4}} \qquad T_1 = (\vartheta_1 + 273{,}15)\,\text{K} = \mathbf{523{,}15\,K}$$

$$T_2 = (\vartheta_2 + 273{,}15)\,\text{K} = \mathbf{288{,}15\,K}$$

$$\dot{Q} = 5{,}203 \frac{\text{W}}{\text{m}^2 \cdot \text{K}^4} \cdot 3{,}3929\,\text{m}^2 \cdot \left[\left(\frac{523{,}15\,\text{K}}{100} \right)^4 - \left(\frac{288{,}15\,\text{K}}{100} \right)^4 \right]$$

$$\dot{Q} = 5{,}203 \frac{\text{W}}{\text{m}^2 \cdot \text{K}^4} \cdot 3{,}3929\,\text{m}^2 \cdot (749{,}04\,\text{K}^4 - 68{,}94\,\text{K}^4) = 5{,}203 \frac{\text{W}}{\text{m}^2 \cdot \text{K}^4} \cdot 3{,}3929\,\text{m}^2 \cdot 680{,}1\,\text{K}^4$$

$$\dot{Q} = 12005{,}98\,\text{W}$$

$$\boldsymbol{\dot{Q} \approx 12\,\textbf{kW}}$$

25.4.1 Wärmeübergang durch Strahlung und Konvektion

Meist setzt sich der Wärmestrom beim Wärmeübergang aus einem

Wärmeübergang durch Konvektion (Lektion 23)

und einem

Wärmeübergang durch Strahlung (Lektion 25)

zusammen. Nach Bild 1 ist somit der

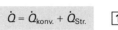

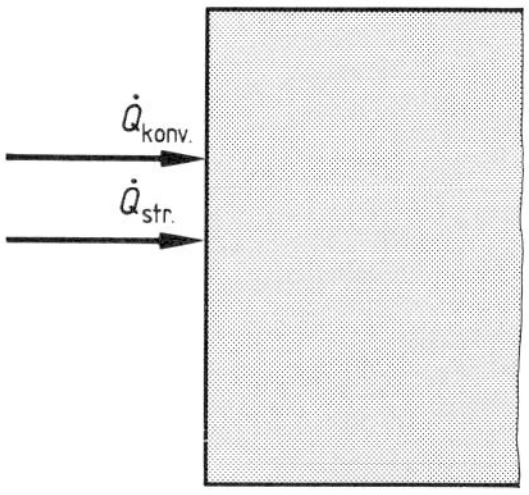

Wärmestrom beim Wärmeübergang (Konvektion plus Strahlung) $\dot{Q} = \dot{Q}_{\text{konv.}} + \dot{Q}_{\text{Str.}}$ 1

210–1

In der technischen Praxis geht man meist den Weg, daß $\dot{Q}_{\text{Str.}}$ auf eine **Wärmeübergangszahl der Strahlung** $\alpha_{\text{Str.}}$ zurückgeführt wird, und zwar über das **Newtonsche Gesetz des Wärmeüberganges** (Gleichung 191–1). Es ist somit der

Wärmestrom durch Strahlung $\dot{Q}_{\text{str.}} = \alpha_{\text{Str.}} \cdot A_1 \cdot (T_1 - T_2)$ 210–2 in Watt

In Verbindung mit Gleichung 208–3 ergibt sich

$$\alpha_{\text{Str.}} \cdot A_1 \cdot (T_1 - T_2) = C_{12} \cdot A_1 \cdot \left[\left(\frac{T_1}{100} \right)^4 - \left(\frac{T_2}{100} \right)^4 \right]$$ und somit die

Wärmeübergangszahl der Strahlung $\alpha_{\text{Str.}} = \dfrac{C_{12} \cdot \left[\left(\frac{T_1}{100} \right)^4 - \left(\frac{T_2}{100} \right)^4 \right]}{T_1 - T_2}$ 210–3 in $\dfrac{\text{W}}{\text{m}^2 \cdot \text{K}}$

In der weiteren Rechnung wird $\alpha_{\text{konv.}}$ (Lektion 23) und $\alpha_{\text{Str.}}$ (Gleichung 210–3) zusammengefaßt zu der

Gesamtwärmeübergangszahl $\alpha_{\text{ges.}} = \alpha_{\text{kon.}} + \alpha_{\text{Str.}}$ 210–4 in $\dfrac{\text{W}}{\text{m}^2 \cdot \text{K}}$

Schließlich errechnet sich der

Wärmestrom beim Wärmeübergang (Konvektion plus Strahlung) $\dot{Q} = \alpha_{ges} \cdot A_1 \cdot (T_1 - T_2)$ 211–1 in Watt

25.4.2 Gasstrahlung

Flüssige und feste Körper emittieren und absorbieren, entsprechend ε und a, Energie. Dieses Verhalten ist bei vielen Gasen – z. B. Stickstoff, Sauerstoff, Wasserstoff und trockener Luft – kaum feststellbar. Sie zeigen eine beinahe völlige **Wärmedurchlässigkeit** und man spricht dann von einem **diathermen Verhalten**.
Die Emission und Absorption von Energie ist z.B. bei den Kohlenwasserstoffen, den halogenierten Kohlenwasserstoffen (Kältemitteldampf), bei Wasserdampf und bei Kohlenstoffdioxid (CO_2) feststellbar.

Emission und Absorption der Gase wird als **Gasstrahlung** bezeichnet.

Wie gesagt, ist dieses Verhalten auf wenige Gase beschränkt, und es zeigt sich auch, daß es nur in engen – und für die Gase speziellen – Bereichen im Gesamtspektrum der elektromagnetischen Wellen auftritt. In diesem Zusammenhang spricht man von der **selektiven Emission** bzw. von der **selektiven Absorption**.

Ü 187. Was versteht man unter Wärmestrahlung?

Ü 188. Bringen Sie den Quotienten ε durch a mit ε_s in Zusammenhang.

Ü 189. Wie wird die Strahlungszahl eines Körpers berechnet?

Ü 190. Ein mit Messingblech überzogener Heizkörper ($\varepsilon = 0{,}8$) hat eine Oberfläche $A = 0{,}95$ m^2. Die Außentemperatur des Heizkörpers ist $\vartheta_H = 500$ °C. Berechnen Sie
a) den Energiestrom $\dot{E}$,
b) die in zwei Stunden emittierte Energie in kWh und in kJ.

Ü 191. Wie wird der konvektive Anteil und der Strahlungsanteil beim Wärmeübergang zusammengefaßt?

V 172. Was versteht man unter Emissions- und Absorptionsvermögen eines Körpers, und wie verhalten sich beide Eigenschaften zueinander?

V 173. Wie verändert sich der Energiestrom eines Körpers, wenn sich seine absolute Temperatur verdoppelt, d. h. z. B. eine Temperatursteigerung von 0 °C auf 273,15 °C?

V 174. Eine Stahlkugel ($\varepsilon = 0{,}7$) hat einen Durchmesser von 10 cm und eine Temperatur von 780 °C (Kirschrotglut). Mit welcher elektrischen Anschlußleistung kann dieser Vorgang bei einem Wirkungsgrad $\eta = 0{,}91$ aufrechterhalten werden?

V 175. Wie verändert sich die Emission bzw. die Absorption eines Körpers bei Veränderung der Umgebungstemperatur?

V 176. Welchen Größtwert kann die Strahlungskonstante haben?

V 177. In einem Raum befinden sich mehrere Gegenstände. Wie groß ist der Energieaustausch durch Strahlung, wenn davon ausgegangen werden kann, daß alle Körper die gleiche Oberflächentemperatur haben?

V 178. Für zwei parallele und gleich große Platten errechnet sich die zusammengesetzte Strahlungskonstante zu

$$C_{12} = \frac{C_s}{\frac{1}{\varepsilon_1} + \frac{1}{\varepsilon_2} - 1}$$

Berechnen Sie den Wärmestrom $\dot{Q}$ bei $A = 1{,}5\ m^2$; $\varepsilon_1 = 0{,}93$; $\varepsilon_2 = 0{,}81$; $\vartheta_1 = 50\ °C$; $\vartheta_2 = 22\ °C$.

V 179. Erläutern Sie die folgenden Begriffe:
a) Gasstrahlung
b) diathermes Verhalten
c) selektive Emission

Lektion 26 **Wärmeaustauscher**

26.1 Bauformen der Wärmeaustauscher

Unter einem **Wärmeaustauscher** versteht man einen Apparat, mit Hilfe dessen Wärmeenergie von einem Fluid auf ein anderes zum Zwecke der Erhitzung, der Kühlung, der Verdampfung oder der Kondensation eines Fluids übertragen wird.

Diese Wärmeübertragung kann in drei verschiedenen Arten erfolgen, und entsprechend der Übergangsart im Wärmeaustauscher unterscheidet man die Wärmeaustauscherbauarten

Rekuperatur, Regenerator und **Mischwärmeaustauscher**

Wärmeaustauscher werden häufig auch als **Wärmetauscher** oder **Wärmeüberträger** bezeichnet.

26.1.1 Rekuperatoren

Rekuperatoren sind Wärmetauscher, die aus zwei parallelen Systemen von möglichst dünnwandigen Rohren oder Kanälen bestehen. In einem dieser Systeme strömt das Fluid mit höherer Temperatur und im anderen System das Fluid mit niedrigerer Temperatur. Nach den Gesetzen der Wärmeübertragung fließt dabei Wärmeenergie vom Ort der höheren Temperatur zum Ort mit niedriger Temperatur (Bild 1).

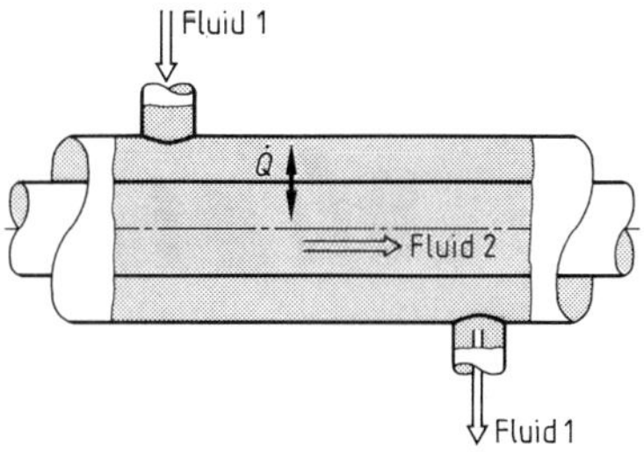

1

Beispiele: Dampfkessel, Ölkühler. Eines der beiden Strömungssysteme kann dabei auch die Umgebung des Wärmetauschers sein. Beispiele: Heizkörper, Verdampfer, Kondensatoren.

26.1.2 Regeneratoren

In Übungsaufgabe Ü 48, Seite 38, wurde die Lufterwärmung in einem Winderhitzer (Cowper) berechnet. Dabei wird so verfahren, daß Kaltwind in ein vorher erwärmtes Kanalsystem eintritt, dort Wärmeenergie aufnimmt und als Heißwind wieder austritt. Dabei kühlt das Kanalsystem ab, und wenn dies bis zu einem gewissen Maße geschehen ist, wird nach Absperrung des Kaltwindes heißes Hochofengas in den Cowper eingeleitet, welches seine Wärmeenergie an diesen abgibt und ihn dabei erhitzt.

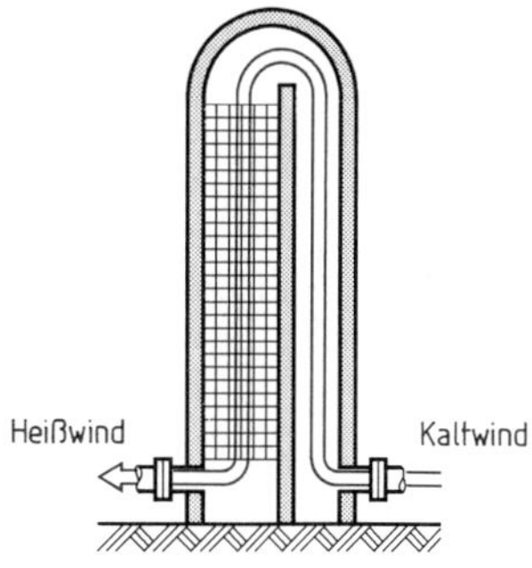

2

Benutzt man parallel mindestens zwei solcher Winderhitzer, dann ist es möglich, kontinuierlich die Abwärme des Hochofengichtgases zu nutzen. Diese Art der Wärmeübertragung, bei der das System im Wechselbetrieb erwärmt und anschließend die aufgenommene Wärmeenergie an das kältere durchströmende Fluid abgibt, heißt **regenerative Wärmeübertragung**, die Wärmetauscher heißen **Regeneratoren**. In diesen findet also eine Wärmespeicherung statt, und nach dem Grundgesetz der Thermodynamik ist die

gespeicherte Wärmeenergie $Q = m \cdot c \cdot \Delta\vartheta$ 213–1 in J, kJ

Auch **Speicherheizkörper**, z. B. bei der **Nachtspeicherung**, sind Regeneratoren. Dabei ist es möglich, den billigen **Nachtstrom** in Wärmeenergie umzuwandeln und diese dann am Tage zu nutzen.

26.1.3 Mischwärmeaustauscher

Bild 1 zeigt einen **Kühlturm**. Er dient i. d. R. zur Abkühlung von Wasser, z. B. des Kühlwassers aus dem Kondensator eines Dampferzeugers oder einer Kälteanlage. Dabei rieselt das zu kühlende Wasser einem aufsteigenden Kaltluftstrom entgegen und wird durch **Verdunstung** eines geringen Teils abgekühlt. Ein kleiner Wasseranteil tritt demzufolge oben am Kühlturm aus, während der Hauptanteil des Wassers am Kühlturmboden gekühlt zur Verfügung steht. Beim Kühlturm handelt es sich um einen **Mischwärmetauscher**.

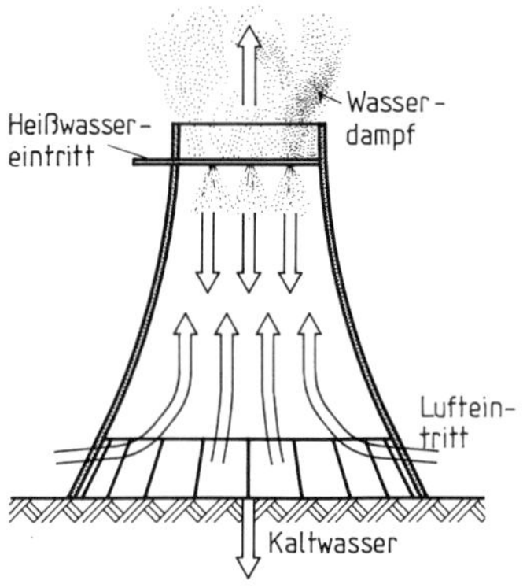

1

In einem Mischwärmetauscher berühren sich das Fluid mit höherer Temperatur und das Fluid mit niederigerer Temperatur unmittelbar.

Grundlage für die Berechnung des Wärmeaustausches in einem Mischwärmetauscher ist die Mischungsregel (Lektion 9) sowie die Regeln zur Berechnung des Wärmeflusses bei der Verdunstung (Lektion 12). Es ist immer

$$Q_{ab} = Q_{auf}$$

26.2 Berechnung der Wärmeübertragung in Rekuperatoren

26.2.1 Gleichstrom und Gegenstrom

Im Bild 1, Seite 213, ist das Prinzip eines Rekuperators dargestellt. Im einfachsten Fall kann dies ein Rohr sein, welches von einem Rohr mit einem größeren Durchmesser umgeben ist. Dies ist in der Seitenansicht (Bild 2) dargestellt. In dem in dieser Anordnung bestehenden kreisförmigen Raum zwischen Rohr 1 und Rohr 2 strömt Fluid 1 und im Rohr 2 strömt Fluid 2.

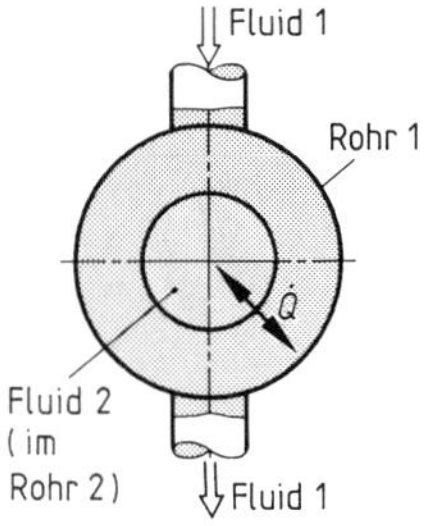

2

Im Bild 1, Seite 213, strömen beide Fluide in die gleiche Richtung, und man bezeichnet dies deshalb als einen **Gleichstrom**. Natürlich ist es auch möglich, die Fluide in entgegengesetzter Richtung strömen zu lassen. Dies bezeichnet man als Gegenstrom. Die Bilder 3 und 4 stellen Gleichstrom und Gegenstrom gegenüber.

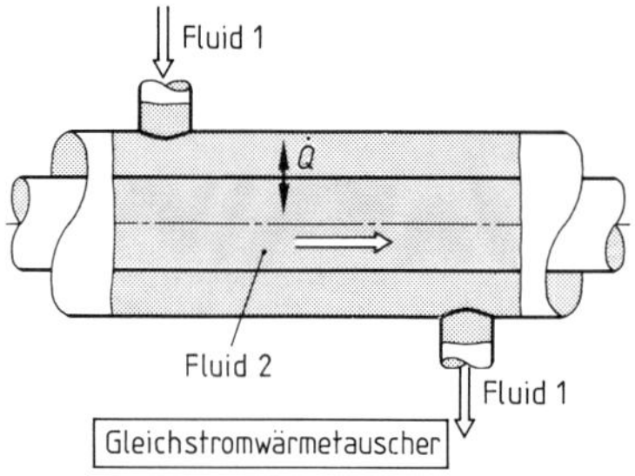

3 Gleichstromwärmetauscher

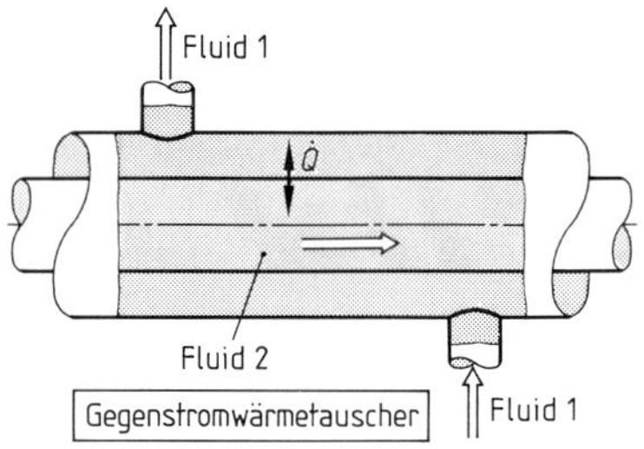

4 Gegenstromwärmetauscher

Entsprechend der Temperaturdifferenz zwischen Fluid 1 und Fluid 2 ergibt sich ein Wärmestrom $\dot{Q}$ von innen nach außen oder aber von außen nach innen.

26.2.1.1 Die mittlere Temperaturdifferenz bei Gleichstrom und Gegenstrom

Allgemein gilt beim Wärmedurchgang für den

Wärmestrom $\dot{Q} = k \cdot A \cdot \Delta\vartheta$ | 215–1 | = | 199–2 | in W, kW

Es ist also klar, daß der Wärmestrom eine **Temperaturdifferenz** – nach dem zweiten Hauptsatz der Thermodynamik – voraussetzt. Diese Temperaturdifferenz kann in Sonderfällen im gesamten Bereich des Wärmetauschers konstant sein, so z. B. beim **Verdampfen** oder beim **Kondensieren** der Fluide.

Verdampfen oder kondensieren die Fluide in einem Rekuperator, dann kann die Temperaturdifferenz $\Delta\vartheta$ im gesamten Wärmetauscher konstant sein.

Dies ist der Fall, wenn Verdampfung bzw. Kondensation in beiden Systemteilen erfolgt. Die Berechnung des Wärmestromes erfolgt dann nach Gleichung 215–1.

Im allgemeinen ist es jedoch so, daß sich mindestens eine der beiden Temperaturen – meistens jedoch beide – verändert. Dies bedeutet aber, daß sich die Temperaturdifferenz $\Delta\vartheta$ entlang dem Wärmetauscher verändert. Daraus folgt:

Verändert sich die Temperaturdifferenz in einem Wärmetauscher, dann muß der Wärmestrom mit Hilfe einer „**mittleren Temperaturdifferenz**" berechnet werden.

Aus dem Verfahren des Gleichstromes ergibt sich zwangsweise, daß am Anfang des Wärmetauschers die größte Temperaturdifferenz $\Delta\vartheta_{max}$ bestehen muß. Sie nimmt in Richtung des Fluidstromes ständig ab und erreicht am Wärmeaustauscheraustritt ihren kleinsten Wert $\Delta\vartheta_{min}$. Diese **Charakteristik der Temperaturdifferenz eines Gleichstromwärmetauschers** ist in Bild 1 dargestellt, und zwar in Abhängigkeit der Wärmetauscherlänge.

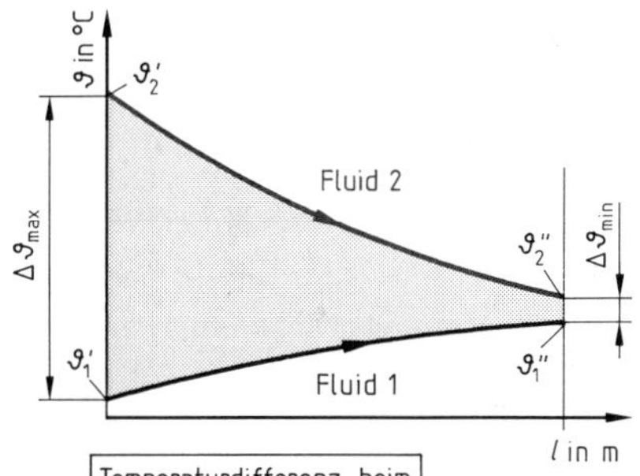

Temperaturdifferenz beim Gleichstromwärmetauscher

1

Naturgemäß ergibt sich beim Gegenstromwärmetauscher eine andere Charakteristik der Temperaturdifferenz. In Abhängigkeit von den spezifischen Wärmen der Fluide und des Massenstromes $\dot{m}$ der Fluide ergeben sich folgende Charakteristika der Temperaturdifferenz eines Gegenstromwärmeaustauschers (Bild 2):

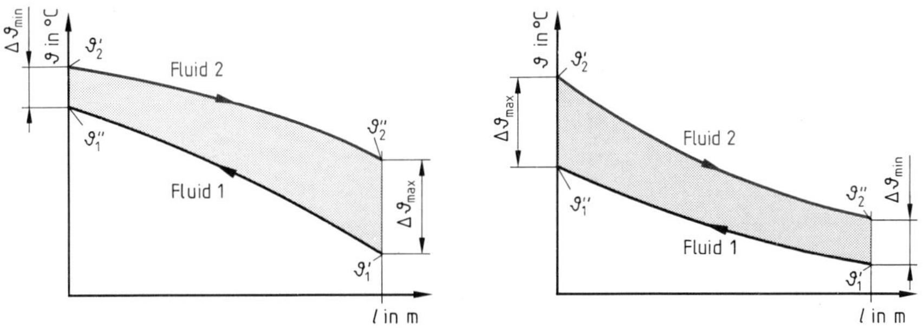

Charakteristika der Temperaturdifferenz beim Gegenstromwärmetauscher

2

Aus Bild 2, Seite 215, geht hervor:

Mit einem Gegenstromwärmetauscher kann man das wärmere Fluid unter die Austrittstemperatur des kälteren Fluids abkühlen bzw. das kältere Fluid über die Austrittstemperatur des wärmeren Fluids erwärmen.

In den Bildern 1 und 2, Seite 215, bedeuten:

$\Delta\vartheta_{max}$ = maximale (größte) Temperaturdifferenz
$\Delta\vartheta_{min}$ = minimale (kleinste) Temperaturdifferenz
ϑ' = Eintrittstemperaturen
ϑ'' = Austrittstemperaturen

Für den Wärmestrom kann der folgende Ansatz gemacht werden:

$$\dot{Q} = \underbrace{\frac{m_1 \cdot c_1 \cdot (\vartheta_1'' - \vartheta_1')}{t}}_{\text{aufgenommener Wärmestrom}} = \underbrace{\frac{m_2 \cdot c_2 \cdot (\vartheta_2' - \vartheta_2'')}{t}}_{\text{abgegebener Wärmestrom}} = \underbrace{k \cdot A \cdot \Delta\vartheta_m}_{\text{durch die Wandung geflossener Wärmestrom}}$$

Mit Hilfe der Differentialrechnung ergibt sich aus diesem Ansatz die

mittlere Temperaturdifferenz $$\Delta\vartheta_m = \frac{\Delta\vartheta_{max} - \Delta\vartheta_{min}}{\ln \frac{\Delta\vartheta_{max}}{\Delta\vartheta_{min}}}$$ 216–1 in °C ≙ K

In Gleichung 216–1 erscheint im Nenner der natürliche Logarithmus. Deshalb spricht man auch von der **mittleren logarithmischen Temperaturdifferenz**.

M 92. In einem Rekuperator, der als Gegenstromwärmetauscher gebaut ist, werden in der Stunde $m_2 = 1000$ kg Motorenöl mit der spezifischen Wärme $c_2 = 1{,}7 \frac{\text{kJ}}{\text{kg} \cdot \text{K}}$ von der Temperatur $\vartheta_2' = 150$ °C auf $\vartheta_2'' = 20$ °C abgekühlt. Die Kühlung erfolgt mit einer Salzsole, und zwar mit einer Masse $m_1 = 2000$ kg je Stunde, einer Eintrittstemperatur $\vartheta_1' = -10$ °C und einer spezifischen Wärme $c_1 = 4{,}1 \frac{\text{kJ}}{\text{kg} \cdot \text{K}}$.

Berechnen Sie die erforderliche Wärmetauscheroberfläche A, wenn mit einer Wärmedurchgangszahl $k = 150 \frac{\text{W}}{\text{m}^2 \cdot \text{K}}$ gerechnet werden kann.

Lösung:

$$\dot{Q} = k \cdot A \cdot \Delta\vartheta_m \qquad \dot{Q} = \frac{Q}{t} = \frac{m_2 \cdot c_2 \cdot \Delta\vartheta_2}{t} = \frac{1000\,\text{kg} \cdot 1{,}7 \frac{\text{kJ}}{\text{kg} \cdot \text{K}} \cdot 130\,\text{K}}{1\,\text{h}}$$

$$A = \frac{\dot{Q}}{k \cdot \Delta\vartheta_m} \qquad \dot{Q} = 221\,000 \frac{\text{kJ}}{\text{h}} = \frac{221\,000}{3{,}6}\,\text{Watt}$$

$$\mathbf{\dot{Q} = 61\,389\,W}$$

$$\dot{m}_2 \cdot c_2 \cdot \Delta\vartheta_2 = \dot{m}_1 \cdot c_1 \cdot \Delta\vartheta_1$$

$$\Delta\vartheta_1 = \Delta\vartheta_2 \cdot \frac{\dot{m}_2 \cdot c_2}{\dot{m}_1 \cdot c_1} = 130\,\text{K} \cdot \frac{1000 \frac{\text{kg}}{\text{h}} \cdot 1{,}7 \frac{\text{kJ}}{\text{kg} \cdot \text{K}}}{2000 \frac{\text{kg}}{\text{h}} \cdot 4{,}1 \frac{\text{kJ}}{\text{kg} \cdot \text{K}}}$$

$$\mathbf{\Delta\vartheta_1 = 26{,}95\,°C}$$

Die Sole erwärmt sich somit auf

$\boldsymbol{\vartheta_1''} = \vartheta_1' + \Delta\vartheta_1 = -10\,°\text{C} + 26{,}95\,°\text{C} = \mathbf{16{,}95\,°C}$

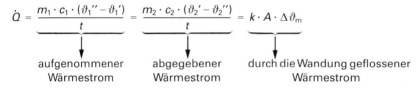

$$\Delta\vartheta_m = \frac{\Delta\vartheta_{max} - \Delta\vartheta_{min}}{\ln \frac{\Delta\vartheta_{max}}{\Delta\vartheta_{min}}}$$

$$\boldsymbol{\Delta\vartheta_{max}} = \vartheta_2' - \vartheta_1'' = 150\,°C - 16{,}95\,°C = \mathbf{133{,}05\,°C}$$

$$\boldsymbol{\Delta\vartheta_{min}} = \vartheta_2'' - \vartheta_1' = 20\,°C - (-10\,°C) = \mathbf{30\,°C}$$

$$\boldsymbol{\Delta\vartheta_m} = \frac{133{,}05\,°C - 30\,°C}{\ln \frac{133{,}05\,°C}{30\,°C}} = \frac{103{,}05\,°C}{1{,}4895} = \mathbf{69{,}184\,°C}$$

$$A = \frac{61389\,W}{150\,\frac{W}{m^2 \cdot K} \cdot 69{,}184\,K}$$

$$\boldsymbol{A} = \mathbf{5{,}916\,m^2}$$

Ü 192. Unterscheiden Sie Rekuperator und Regenerator.

Ü 193. In welcher Beziehung stehen die beiden Endtemperaturen eines Rekuperators, der nach dem Gleichstromprinzip arbeitet?

Ü 194. In einem als Verdampfer gebauten Wärmetauscher hat das verdampfende Fluid eine Temperatur von −40 °C. Das zu kühlende Fluid tritt mit einer Temperatur von +300 °C in den Wärmetauscher ein und verläßt diesen mit +15 °C. Der Wärmetauscher arbeitet nach dem Gegenstromprinzip.

a) Zeichnen Sie die Charakteristik der Temperaturdifferenz.
b) Berechnen Sie die mittlere logarithmische Temperaturdifferenz $\Delta\vartheta_m$.

V 180. Welche Aussage können Sie über die räumliche Anordnung der wärmeaustauschenden Fluide bei einem Mischwärmeaustauscher machen?

V 181. Berechnen Sie die Größe der Wärmetauscherfläche, wenn der Wärmetauscher in Musteraufgabe M 92. im Gleichstromprinzip gebaut würde. Interpretieren Sie die Ergebnisse von M 92. und V 181.

Lösungsgänge zu den Übungsaufgaben

Ü 1. Das Temperaturempfinden ermöglicht es dem Menschen, verschiedene Temperaturen wahrzunehmen und nach den Kriterien kalt und warm zu ordnen. Der Mensch nimmt also Temperaturdifferenzen wahr, ist aber nicht imstande, eine genaue Temperatur anzugeben bzw. zu fühlen.

Ü 2. Unter einer Zustandsänderung versteht man die Änderung einer physikalischen Zustandsgröße, z. B. Temperatur, Druck, Volumen.

Ü 3.

Basisgröße	Länge	Masse	Zeit	Stromstärke	Temperatur	Lichtstärke	Stoffmenge
Basiseinheit	m	kg	s	A	K	cd	mol

Ü 4. $1019{,}3\ \text{hPa} = 101\,930\ \text{Pa} = 101\,930\ \frac{\text{N}}{\text{m}^2} = 1{,}0193\ \text{bar}$

Ü 5. $F = m \cdot a \rightarrow [F] = [m] \cdot [a] = \text{kg} \cdot \frac{\text{m}}{\text{s}^2} = \frac{\text{kgm}}{\text{s}^2}$; $1\,\text{N} = 1\,\frac{\text{kgm}}{\text{s}^2}$

Ü 6. 1 °C ist der hunderste Teil der Temperaturdifferenz zwischen dem Schmelzpunkt des Eises und dem Siedepunkt des Wassers bei Normalluftdruck $p_n = 1{,}01325$ bar.

Ü 7. SI-Einheiten der Temperatur: °C und K

Ü 8. a) $\boldsymbol{T_K} = (\vartheta_c + 273{,}15)\ \text{K} = (-29{,}5 + 273{,}15)\ \text{K} = \mathbf{243{,}65\ K}$

b) $\boldsymbol{T_K} = (\vartheta_c + 273{,}15)\ \text{K} = (337 + 273{,}15)\ \text{K} = \mathbf{610{,}15\ K}$

Ü 9. Thermodynamische Fundamentalpunkte: Eispunkt, Siedepunkt und Tripelpunkt von Wasser.

Ü 10. Der thermodynamische Lebensraum des Menschen liegt beinahe an der untersten Grenze des gesamten Temperaturbereiches $\vartheta_{min} = -273{,}15$ °C bis $\vartheta_{max} = 5 \cdot 10^{12}$ °C.

Ü 11. Tripelpunkt = Dreiphasenpunkt = Punkt im p, ϑ-Diagramm, in dem Wasser im festen, flüssigen und gasförmigen Aggregatzustand gleichzeitig nebeneinander besteht und in dem alle drei Phasen in stabilem Gleichgewicht sind.

Ü 12. Eine Temperaturmessung ist auf direktem Weg nicht möglich. Immer werden andere Zustandsgrößen oder deren Änderungen gemessen. Daraus wird auf die Temperatur bzw. die Temperaturänderung geschlossen.

Ü 13.

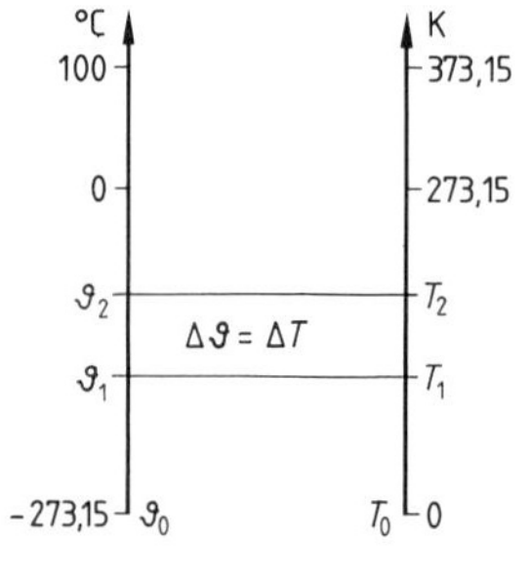

1

Beim Vergleich von Celsius-Skala und Kelvin-Skala ist festzustellen:

a) Die Kelvin-Skala (absolute Temperaturskala) enthält nur positive Temperaturen, die Celsius-Skala enthält positive und negative Temperaturen.

b) 0 K = −273,15 °C; 0 °C = 273,15 K

c) $\Delta\vartheta = 1\ °\text{C} \triangleq \Delta T = 1\,\text{K}$

↓

$\Delta\vartheta = \Delta T$

Ü 14. a) $\boldsymbol{\Delta\vartheta} = \vartheta_2 - \vartheta_1 = 1500\,°C - 20\,°C = \mathbf{1480\,°C}$
$\Delta T = \boldsymbol{\Delta\vartheta} = \mathbf{1480\,K}$

Temperaturdifferenzen in °C und in K sind gleichwertig und können jederzeit gegeneinander ersetzt werden.

Ü 15. a) Der Stahl wird von 20 °C um 50 °C auf 70 °C erwärmt.
b) Der Stahl wird von 20 °C um 70 K bzw. 70 °C auf 90 °C erwärmt.

Ü 16.

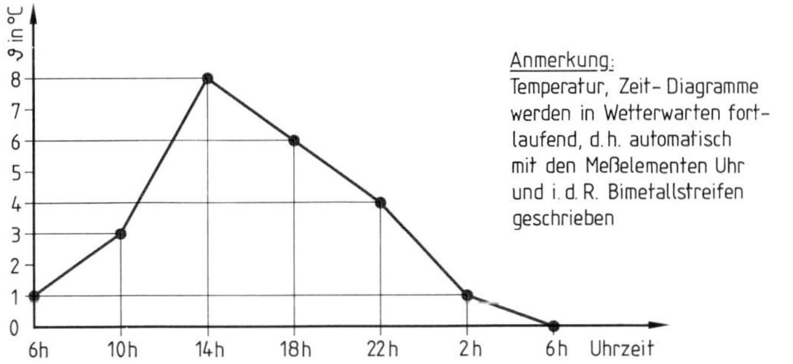

1

Ü 17. **kristalline Aufbauform**: gesetzmäßige, d. h. regelmäßige Anordnung der Elementarbausteine.
amorphe Aufbauform: unregelmäßiges Vorhandensein der Elementarbausteine

Ü 18. **fest** : große Kohäsionskraft zwischen den Elementarbausteinen
flüssig : kleine Kohäsionskraft zwischen den Elementarbausteinen
gasförmig : sehr kleine Kohäsionskraft zwischen den Elementarbausteinen

Ü 19. Atomenergie, elektrische Energie, mechanische Energie, Wärmeenergie, Druckenergie u. a.

Energie kann nicht vermehrt werden, sie kann umgewandelt werden (mit Einschränkungen), sie kann nicht verlorengehen, sie ist transportabel (mit Einschränkungen).

Ü 20. Unter der Brownschen Molekularbewegung versteht man die ruckartige Bewegung von kleinsten Teilchen, z. B. Pflanzensporen, die sich in Flüssigkeiten befinden. Diese Bewegungen sind auf die temperaturabhängigen Bewegungen der Flüssigkeitsmoleküle zurückzuführen. Die Flüssigkeitsmoleküle stoßen die Teilchen an, und so sind Rückschlüsse auf die Bewegungsenergie der Moleküle möglich. Die Bewegungsenergie der Moleküle entspricht aber der zugeführten Wärmeenergie.

Ü 21. $\mathbf{1\,J} = 1\,\text{Nm} = 1\,\frac{\text{kgm}}{\text{s}^2} \cdot \text{m} = \mathbf{1\frac{kgm^2}{s^2}}$

Ü 22. Die aus der Flüssigkeit infolge der großen Bewegungsenergie herausgeschleuderten Moleküle stoßen gegen die Hand. Nach dem **Impulssatz** (siehe Dynamik) erzeugen sie infolge der Impulsänderung eine Kraftwirkung.

Ü 23. Der absolute Nullpunkt ist die kleinstmögliche Temperatur. Die Bewegungsenergie der Elementarbausteine hat bis auf die Nullpunktsenergie abgenommen.
Der absolute Nullpunkt kann theoretisch nicht erreicht werden, im Versuch hat man sich ihm bis auf 10^{-6} °C genähert.

Ü 24. Beim Stahlbeton.

Ü 25. Die Volumenänderung ist auf die vergrößerte Schwingungsweite – infolge der vergrößerten Schwingungsenergie – zurückzuführen. Im Falle einer Erwärmung vergrößert sich das Volumen. Da sich die Masse nicht verändert, wird die Dichte kleiner.

Ü 26. $\frac{m}{m \cdot K}$: Längenänderung in Meter pro Meter Ausgangslänge und pro Kelvin Temperaturänderung.

Ü 27. Infolge der Wärmedehnung von Werkstück und Meßgerät wird bei jeder Temperatur ein anderes Maß gemessen. Deshalb wurde international die **Bezugsmeßtemperatur 20 °C** vereinbart.

Ü 28. Grundwerkstoff und Emailleschicht haben einen sehr unterschiedlichen thermischen Ausdehnungskoeffizienten. Außerdem nehmen beide Materialien die Wärmeenergie unterschiedlich schnell auf, d. h., daß sich die Temperatur beider Materialien unterschiedlich schnell verändert. Dies führt, da auch Emaille sehr hart und spröde ist, zu den genannten Schäden. Hierauf kann aber, z. B. durch eine Wasserfüllung, Einfluß genommen werden. Eine eingehende Erklärung hierfür liefert Lektion 8.

Ü 29. $l_2 = l_1 - 0{,}01 \cdot l_1 = 0{,}99 \cdot l_1 \longrightarrow l_1 = \frac{l_2}{0{,}99} = \frac{548\,\text{mm}}{0{,}99}$

$$\boldsymbol{l_1 \approx 553{,}5\,\text{mm}}$$

Ü 30. Da die Temperaturdifferenz 1 K gleich der Temperaturdifferenz 1 °C ist.

Ü 31.
$$\left.\begin{aligned} l_{2Cu} &= l_{1Cu} + l_{1Cu} \cdot \alpha_{Cu} \cdot \Delta\vartheta \\ l_{2St} &= l_{1St} + l_{1St} \cdot \alpha_{St} \cdot \Delta\vartheta \end{aligned}\right\} \longrightarrow \text{mit } l_{1Cu} = l_{1St} = l_1 \text{ wird:}$$

$$\Delta l = l_1 \cdot \alpha_{Cu} \cdot \Delta\vartheta - l_1 \cdot \alpha_{St} \cdot \Delta\vartheta$$

$$\Delta l = l_1 \cdot \Delta\vartheta \cdot (\alpha_{Cu} - \alpha_{St}) = 50\,\text{cm} \cdot 80\,\text{K} \cdot (0{,}000017 - 0{,}000012)\frac{\text{m}}{\text{m} \cdot \text{K}}$$

$$\Delta \boldsymbol{l} = \mathbf{0{,}02\,cm}$$

Ü 32. Lösung analog Ü 31.: $\Delta l = l_1 \cdot \Delta\vartheta \cdot (\alpha_{Hg} - \alpha_{Ms})$

$$\Delta l = 735\,\text{mm} \cdot 18\,\text{K} \cdot (0{,}0000606 - 0{,}000018)\frac{\text{m}}{\text{m} \cdot \text{K}}$$

$$\Delta \boldsymbol{l} = \mathbf{0{,}564\,mm}$$

Ü 33. $l_2 = l_1 - l_1 \cdot \alpha \cdot \Delta\vartheta$

$$\left.\begin{aligned} l_2 &= d_2 \cdot \pi \\ l_1 &= d_1 \cdot \pi \end{aligned}\right\} \text{Umfang der Kolbenbolzen. Somit:}$$

$d_2 \cdot \pi = d_1 \cdot \pi - d_1 \cdot \pi \cdot \alpha \cdot \Delta\vartheta$ Beide Seiten werden durch π dividiert:

$$d_2 = d_1 - d_1 \cdot \alpha \cdot \Delta\vartheta \qquad \boxed{220-1}$$

Durchmesseränderungen werden analog der Längenänderungen berechnet.

$$d_2 = 100{,}008\,\text{mm} - 100{,}008\,\text{mm} \cdot 0{,}000012\frac{\text{m}}{\text{m} \cdot \text{K}} \cdot [20\,\text{K} - (-30\,\text{K})] = 100{,}008\,\text{mm} - 0{,}06\,\text{mm}$$

$\boldsymbol{d_2} = \mathbf{99{,}948\,mm}$ Das Fügen ist ohne besonderen Kraftaufwand möglich.

Ü 34. a) $\Delta l = l_1 \cdot \alpha \cdot \Delta\vartheta \longrightarrow \Delta\vartheta = \dfrac{\Delta l}{l_1 \cdot \alpha}$

$$\Delta\vartheta = \frac{0{,}3\,\text{mm}}{250\,\text{mm} \cdot 0{,}000012 \dfrac{\text{m}}{\text{m} \cdot \text{K}}} = 100\,\text{K} \triangleq 100\,°\text{C}$$

$$\boldsymbol{\Delta\vartheta = 100\,°\text{C}}$$

$$\vartheta_2 = \vartheta_1 + \Delta\vartheta = 20\,°\text{C} + 100\,°\text{C}$$

$$\boldsymbol{\vartheta_2 = 120\,°\text{C}}$$

b) $F = E \cdot \alpha \cdot \Delta\vartheta \cdot A$ $\qquad$ $\boldsymbol{A} = a \cdot a = 25\,\text{mm} \cdot 25\,\text{mm} = \boldsymbol{625\,\text{mm}^2}$

$$F = 210000 \frac{\text{N}}{\text{mm}^2} \cdot 0{,}000012 \frac{\text{m}}{\text{m} \cdot \text{K}} \cdot 100\,\text{K} \cdot 625\,\text{mm}^2$$

$$\boldsymbol{F = 157500\,\text{N}}$$

Ü 35. Im Gegensatz zu allen anderen Stoffen dehnt sich Wasser ab einer bestimmten Temperatur (4 °C) sowohl bei Abkühlung als auch bei Erwärmung aus. Dieses außergewöhnliche Verhalten heißt bekanntlich

Anomalie des Wassers.

Wasser hat also bei 4 °C seine größte Dichte. Der Funktionsverlauf der Wasserdichte (Bild 1) läßt sich ungefähr durch Abmessen der Werte des Bildes 1, Seite 24, und Anwendung der Gleichung $\rho = \dfrac{m}{V}$ ermitteln. Die Werte des Bildes 1 ergeben sich aus dem **VDI-Wärmeatlas**. Dies gilt auch für die folgende Tabelle im Bereich 20 °C bis 100 °C:

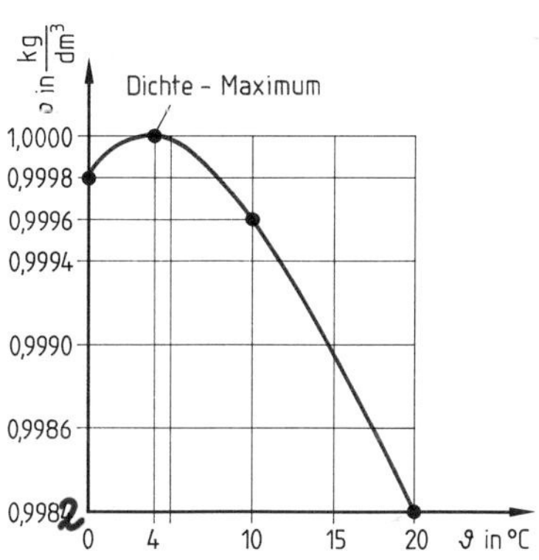

1

Temperatur in °C	20	40	60	80	100
Dichte in $\dfrac{\text{kg}}{\text{dm}^3}$	0,9982	0,9923	0,9832	0,9716	0,9583

Ü 36. $V_2 = V_1 + V_1 \cdot \gamma \cdot \Delta\vartheta = 20\,\text{cm}^3 + 20\,\text{cm}^3 \cdot 0{,}0005 \dfrac{\text{m}^3}{\text{m}^3 \cdot \text{K}} \cdot 55\,\text{K} = 20\,\text{cm}^3 + 0{,}55\,\text{cm}^3$

$$\boldsymbol{V_2 = 20{,}55\,\text{cm}^3}$$

Ü 37. $V_{2\text{St}} = V_{1\text{St}} + V_{1\text{St}} \cdot \gamma_{\text{St}} \cdot \Delta\vartheta$

$V_{2\text{SS}} = V_{1\text{SS}} + V_{1\text{SS}} \cdot \gamma_{\text{SS}} \cdot \Delta\vartheta$

$\longrightarrow$ Die Schwefelsäure läuft über, wenn die Bedingung $V_{2\text{St}} = V_{2\text{SS}}$ erfüllt ist. Setzt man die beiden rechten Seiten der Gleichungen gleich, dann erhält man:

$$V_{1\text{St}} + V_{1\text{St}} \cdot \gamma_{\text{St}} \cdot \Delta\vartheta = V_{1\text{SS}} + V_{1\text{SS}} \cdot \gamma_{\text{SS}} \cdot \Delta\vartheta$$

$$V_{\text{St}} - V_{1\text{SS}} = V_{1\text{SS}} \cdot \gamma_{\text{SS}} \cdot \Delta\vartheta - V_{1\text{St}} \cdot \gamma_{\text{St}} \cdot \Delta\vartheta$$

$$V_{1\text{St}} - V_{1\text{SS}} = \Delta\vartheta \cdot (V_{1\text{SS}} \cdot \gamma_{\text{SS}} - V_{1\text{St}} \cdot \gamma_{\text{St}})$$

$$\Delta\vartheta = \frac{V_{1\text{St}} - V_{1\text{SS}}}{V_{1\text{SS}} \cdot \gamma_{\text{SS}} - V_{1\text{St}} \cdot \gamma_{\text{St}}} = \frac{40\,\text{dm}^3 - 39\,\text{dm}^3}{39\,\text{dm}^3 \cdot 0{,}00056 \dfrac{\text{m}^3}{\text{m}^3 \cdot \text{K}} - 40\,\text{dm}^3 \cdot 3 \cdot 0{,}000012 \dfrac{\text{m}^3}{\text{m}^3 \cdot \text{K}}}$$

$$\Delta\vartheta = \frac{1}{0{,}02184\,\frac{1}{K} - 0{,}00144\,\frac{1}{K}} = \frac{1}{0{,}0204\,\frac{1}{K}} = 49{,}02\,K$$

$$\boldsymbol{\Delta\vartheta} = \mathbf{49{,}02\,°C}$$

$$\vartheta_2 = \vartheta_1 + \Delta\vartheta = 15\,°C + 49{,}02\,°C$$

$$\boldsymbol{\vartheta_2} = \mathbf{64{,}02\,°C}$$

Ü 38. Das sich bei Erwärmung ausdehnende Wasser würde die Heizungsanlage an der schwächsten Stelle bersten lassen.

Ü 39. a) $\Delta l = l_1 \cdot \alpha \cdot \Delta\vartheta = 1{,}5\,m \cdot 0{,}000012\,\frac{m}{m \cdot K} \cdot 35\,K = 0{,}00063\,m$

$\boldsymbol{\Delta l} = \mathbf{0{,}63\,mm}$

b) $\varepsilon = \frac{\Delta l}{l_1} = \frac{0{,}63\,mm}{1500\,mm}$

$\boldsymbol{\varepsilon} = \mathbf{0{,}00042 \triangleq 0{,}042\,\%}$

c) $F = E \cdot \alpha \cdot \Delta\vartheta \cdot A = 215\,000\,\frac{N}{mm^2} \cdot 0{,}000012\,\frac{m}{m \cdot K} \cdot 35\,K \cdot 150\,mm^2$

$\boldsymbol{F} = \mathbf{13\,545\,N}$

Ü 40. Lyrabogen, spezielle Dehnungsausgleicher (Kompensatoren), wie z. B. Gummi- und Gewebekompensatoren oder Wellrohrkompensatoren, Kammlager, Stopfbuchsen, „Sprünge" in Rohrleitungen, Dehnungsfugen, elastische Dichtungen (z. B. Silikon) etc.

Ü 41. Druck p, Volumen V, Temperatur T.

Ü 42. Im Gegensatz zu den absoluten Drücken, die auf den Druck Null (Vakuum) bezogen werden, nennt man die Drücke, die auf den Atmosphärendruck bezogen werden, Überdrücke.

Ü 43. a) $p_{abs} = p_e + p_{amb} = 18\,bar + 1{,}01\,bar$

$\boldsymbol{p_{abs}} = \mathbf{19{,}01\,bar}$

b) Es ist unbedingt darauf zu achten, daß mit den absoluten Zustandsgrößen zu rechnen ist. Mit T = konst. ergibt sich:

$$p_1 \cdot V_1 = p_2 \cdot V_2 \longrightarrow V_2 = V_1 \cdot \frac{p_1}{p_2} = 40\,l \cdot \frac{19{,}01\,bar}{1{,}01\,bar}$$

$$\boldsymbol{V_2} = \mathbf{752{,}87\,l}$$

Ü 44. $\frac{\rho_1}{\rho_2} = \frac{p_1}{p_2} \longrightarrow \rho_2 = \rho_1 \cdot \frac{p_2}{p_1} = \rho_1 \cdot \frac{3 \cdot p_1}{p_1}$

$\boldsymbol{\rho_2 = 3 \cdot \rho_1}$ Die Dichte verdreifacht sich.

Ü 45. $\gamma = \frac{1}{273{,}15}\,\frac{m^3}{m^3 \cdot K}$

Nach den bisherigen Aussagen bedeutet dies, daß das Volumen – wenn man von $\vartheta_1 = 0\,°C \triangleq T_1 = 273{,}15\,K$ ausgeht – bei $T_2 = 0\,K$ auf $V_2 = 0$ abnehmen muß. Dies würde aber bedeuten, daß die Gasmasse m ebenfalls Null werden müßte.

Dies ist aber nicht möglich. In Wirklichkeit ist es so, daß jedes Gas bei einer tiefen Temperatur und einem ganz bestimmten Druck flüssig wird. Dann gelten aber nicht mehr die Gasgesetze. Auf diese Sachverhalte wird noch ausführlich in Lektion 12 eingegangen.

Ü 46. $\frac{p_1 \cdot V_1}{T_1} = \frac{p_2 \cdot V_2}{T_2}$ $\quad T_1 = 293{,}15\,\text{K} \quad V_1 = 10\,\text{dm}^3 \quad T_2 = 333{,}15\,\text{K} \quad V_2 = 1{,}02 \cdot 10\,\text{dm}^3 = 10{,}2\,\text{dm}^3$

$$p_2 = p_1 \cdot \frac{V_1}{V_2} \cdot \frac{T_2}{T_1}$$

$$p_2 = 2{,}15\,\text{bar} \cdot \frac{10\,\text{dm}^3}{10{,}2\,\text{dm}^3} \cdot \frac{333{,}15\,\text{K}}{293{,}15\,\text{K}}$$

$$\boldsymbol{p_2 = 2{,}395\,\text{bar}}$$

Ü 47. Das Vereinigte Gasgesetz beeinhaltet die Fälle, die durch das Boyle-Mariottesche Gesetz und durch die Gesetze von Gay-Lussac beschrieben werden. Es vereinigt sozusagen die Gesetze von Boyle-Mariotte und Gay-Lussac.

Ü 48. $\frac{V_1}{T_1} = \frac{V_2}{T_2}$ $\quad T_1 = 273{,}15\,\text{K} + 30\,\text{K} = 303{,}15\,\text{K} \quad T_2 = 273{,}15\,\text{K} + 850\,\text{K} = 1\,123{,}15\,\text{K}$

$$V_2 = V_1 \cdot \frac{T_2}{T_1}$$

$$\boldsymbol{V_2} = 180\,\frac{\text{m}^3}{\text{min}} \cdot \frac{1\,123{,}15\,\text{K}}{303{,}15\,\text{K}} = \boldsymbol{666{,}89\,\frac{\text{m}^3}{\text{min}}}$$

Anmerkung: Aus der Mechanik der Flüssigkeiten und Gase (Fluidmechanik) ist bekannt, daß das auf die Zeit bezogene Volumen als **Volumenstrom $\dot{V}$** oder auch als **Durchsatz $\dot{V}$** bezeichnet wird. Demzufolge gilt:

In den Gasgesetzen können Volumina V durch die Volumenströme $\dot{V}$ ersetzt werden. ⟶ $\frac{p_1 \cdot \dot{V}_1}{T_1} = \frac{p_2 \cdot \dot{V}_2}{T_2}$

Ü 49. $\frac{p_1 \cdot V_1}{T_1} = \frac{p_2 \cdot V_2}{T_2}$ $\quad \vartheta_1 = 20\,°\text{C} \triangleq T_1 = 293{,}15\,\text{K} \quad \vartheta_2 = 30\,°\text{C} \triangleq T_2 = 303{,}15\,\text{K}$

$$V_2 = V_1 \cdot \frac{p_1}{p_2} \cdot \frac{T_2}{T_1} = 40\,\text{l} \cdot \frac{150\,\text{bar}}{1{,}01\,\text{bar}} \cdot \frac{303{,}15\,\text{K}}{293{,}15\,\text{K}}$$

$$\boldsymbol{V_2 = 6143{,}24\,\text{l}}$$

Anmerkung: Da im Endzustand der Druck in der Flasche dem Atmosphärendruck entspricht, verbleiben 40 l Sauerstoff mit p = 1,01 bar in der Flasche. Dies stimmt jedoch nicht genau, da auch das Flaschenvolumen bei 30 °C etwas größer ist.

Ü 50. $v_n = \frac{1}{\rho_n} = \frac{1}{0{,}09\,\frac{\text{kg}}{\text{m}^3}}$

$$\boldsymbol{v_n = 11{,}11\,\frac{\text{m}^3}{\text{kg}}}$$

Ü 51. $\rho_i = \rho_n \cdot \frac{p_i}{p_n} \cdot \frac{T_n}{T_i} = 1{,}293\,\frac{kg}{m^3} \cdot \frac{1{,}35\,bar}{1{,}01325\,bar} \cdot \frac{273{,}15\,K}{313{,}15\,K}$

$\boldsymbol{\rho_i = 1{,}503\,\frac{kg}{m^3}}$

Ü 52. $[p] \cdot [V] = [m] \cdot [R_i] \cdot [T]$

$\frac{N}{m^2} \cdot m^3 = kg \cdot \frac{Nm}{kg \cdot K} \cdot K$

$\mathbf{Nm = Nm}$

Anmerkung: Die Einheit des Produktes $p \cdot V$ ist eine Energieeinheit. In Lektion 14 wird abgeleitet: Das Produkt $p \cdot V$ kennzeichnet die **Druckenergie**.

Ü 53. $p \cdot V = m \cdot R_i \cdot T$

$V = \frac{m \cdot R_i \cdot T}{p} = \frac{10\,kg \cdot 296{,}8\frac{Nm}{kg \cdot K} \cdot 323{,}15\,K}{50\,000\,\frac{N}{m^2}}$

$R_i = 296{,}8\frac{Nm}{kg \cdot K}$ (Tabelle Seite 42)

$\boldsymbol{V = 19{,}182\,m^3}$

Ü 54. a) $\boldsymbol{v_n} = \frac{1}{\rho_n} = \frac{1}{1{,}977\,\frac{kg}{m^3}} = \mathbf{0{,}506\,\frac{m^3}{kg}}$

b) $\frac{p_n \cdot v_n}{T_n} = \frac{p_1 \cdot v_1}{T_1} \longrightarrow v_1 = v_n \cdot \frac{p_n}{p_1} \cdot \frac{T_1}{T_n}$

$v_1 = 0{,}506\,\frac{m^3}{kg} \cdot \frac{1{,}01325\,bar}{0{,}981\,bar} \cdot \frac{298{,}15\,K}{273{,}15\,K}$

$\boldsymbol{v_1 = 0{,}57\,\frac{m^3}{kg}}$

c) $\boldsymbol{\rho_1} = \frac{1}{v_1} = \frac{1}{0{,}57\frac{m^3}{kg}} = \mathbf{1{,}754\,\frac{kg}{m^3}}$

d) $R_i = \frac{p_n \cdot v_n}{T_n} = \frac{101\,325\,\frac{N}{m^2} \cdot 0{,}506\,\frac{m^3}{kg}}{273{,}15\,K}$

$\boldsymbol{R_i = 187{,}7\frac{Nm}{kg \cdot K}}$

Vergleichswert aus einem technischen Handbuch bzw. Tabelle Seite 42: $R_i = 188{,}9\,\frac{J}{kg \cdot K}$

Die Differenz ist auf Rundungen zurückzuführen.

e) $V_1 = m \cdot v_1 = 15\,kg \cdot 0{,}57\,\frac{m^3}{kg}$

$\boldsymbol{V_1 = 8{,}55\,m^3}$

f) $p_1 \cdot V_1 = m \cdot R_i \cdot T_1$

$98\,100\,\frac{N}{m^2} \cdot 8{,}55\,m^3 = 15\,kg \cdot 187{,}7\frac{Nm}{kg \cdot K} \cdot 298{,}15\,K$

$\mathbf{838755\,Nm \approx 839441\,Nm}$

Die Differenz ist ebenfalls auf Rundungen zurückzuführen.

Ü 55. Die atomare Masseneinheit ist der zwölfte Teil der Masse des Kohlenstoffatoms ^{12}C. Sie beträgt genau $u = 1{,}6605655 \cdot 10^{-27}$ kg.

Ü 56. $m_M = M_r \cdot u$ in kg ; $\{M\} \triangleq \{M_r\}$ in $\frac{kg}{kmol}$; $m = M \cdot n$ in kg

Ü 57. $n = \frac{m}{M} = \frac{100\,kg}{29\,\frac{kg}{kmol}}$ $M_{Luft} = 29\,\frac{kg}{kmol}$

$\boldsymbol{n = 3{,}4483\,kmol}$

$N = n \cdot N_A = 3{,}4483\,kmol \cdot 6{,}022 \cdot 10^{26}\,kmol^{-1}$

$\boldsymbol{N = 2{,}07657 \cdot 10^{27}}$

oder auch $N = N_m \cdot n = \frac{M}{M_r \cdot u} = \frac{29\frac{kg}{kmol}}{29 \cdot 1{,}6605655 \cdot 10^{-27} kg} \cdot 3{,}4483\,kmol$

$\boldsymbol{N = 2{,}07658 \cdot 10^{27}}$

Ü 58. Das molare Normvolumen beträgt für ein ideales Gas $V_{mn} = 22{,}41383\,\frac{m^3}{kmol}$.
Aus Ü 57. geht hervor: 100 kg Luft ≙ 3,4483 kmol Luft. Somit:

$V_n = n \cdot V_{mn} = 3{,}4483\,kmol \cdot 22{,}41383\frac{m^3}{kmol}$

$\boldsymbol{V_n = 77{,}2896\,m^3}$

Probe: $\rho_n = \frac{m}{V_n} = \frac{100\,kg}{77{,}2896\,m^3}$

$\boldsymbol{\rho_n = 1{,}2938\,\frac{kg}{m^3}}$ ≙ Tabellenwert Seite 40

Ü 59. a) $M_r = \sum A_r$ relative Atommasse für C = 12,011 (Kohlenstoff)
H = 1,0079 (Wasserstoff)
F = 18,998 (Fluor)

$M_r = 12{,}011 + 1{,}0079 + 3 \cdot 18{,}998$

$\boldsymbol{M_r = 70{,}0129}$

b) $m_M = M_r \cdot u = 70{,}0129 \cdot 1{,}6605655 \cdot 10^{-27}$ kg

$\boldsymbol{m_M = 1{,}1626 \cdot 10^{-25}\,kg}$

c) $\boldsymbol{M = 70{,}0129\frac{kg}{kmol} \mathrel{\hat{=}} M_r}$ d) $\boldsymbol{V_{mn} = 22{,}41383\frac{m^3}{kmol}}$ e) $\boldsymbol{N_A = 6{,}022 \cdot 10^{26}\,kmol^{-1}}$

f) $R_i = \frac{R}{M} = \frac{8314{,}41\,\frac{Nm}{kmol \cdot K}}{70{,}0129\frac{kg}{kmol}}$

$\boldsymbol{R_i = 118{,}755\frac{Nm}{kg \cdot K}}$

g) $R_i = \frac{p \cdot v}{T}$

$$\text{Somit } v = \frac{R_i \cdot T}{p} = \frac{118{,}753 \frac{\text{Nm}}{\text{kg} \cdot \text{K}} \cdot 193{,}15\,\text{K}}{31\,000 \frac{\text{N}}{\text{m}^2}} \qquad T = (273{,}15 - 80)\,\text{K} = 193{,}15\,\text{K}$$

$$\boldsymbol{v = 0{,}7399 \frac{m^3}{kg} = 739{,}9 \frac{l}{kg}}$$

Die Zustandsdaten liegen sehr nahe am Verflüssigungspunkt. Dennoch beträgt die Abweichung nur ca. $20 \frac{\text{l}}{\text{kg}} \mathrel{\hat{=}}$ ca. 2,88 %.

Das Ergebnis zeigt, daß der reale Wert für R_i etwas kleiner ist als der ideale Wert von R_i.

Ü 60. Massenprozent = prozentualer Massenanteil = Massenanteil · 100
Volumenprozent = prozentualer Volumenanteil = Volumenanteil · 100

Ü 61. a) $R_i = \frac{m_1}{m} \cdot R_{i1} + \frac{m_2}{m} \cdot R_{i2} + \frac{m_3}{m} \cdot R_{i3} + \frac{m_4}{m} \cdot R_{i4} + \frac{m_5}{m} \cdot R_{i5}$

$$R_i = 0{,}7551 \cdot 296{,}8 \frac{\text{Nm}}{\text{kg} \cdot \text{K}} + 0{,}2315 \cdot 259{,}8 \frac{\text{Nm}}{\text{kg} \cdot \text{K}} + 0{,}01289 \cdot 208{,}2 \frac{\text{Nm}}{\text{kg} \cdot \text{K}} + 0{,}0005 \cdot 188{,}95 \frac{\text{Nm}}{\text{kg} \cdot \text{K}} + 0{,}00001 \cdot 4124 \frac{\text{Nm}}{\text{kg} \cdot \text{K}}$$

$$R_i = 224{,}114 \frac{\text{Nm}}{\text{kg} \cdot \text{K}} + 60{,}144 \frac{\text{Nm}}{\text{kg} \cdot \text{K}} + 2{,}684 \frac{\text{Nm}}{\text{kg} \cdot \text{K}} + 0{,}095 \frac{\text{Nm}}{\text{kg} \cdot \text{K}} + 0{,}041 \frac{\text{Nm}}{\text{kg} \cdot \text{K}}$$

$$\boldsymbol{R_i = 287{,}08 \frac{Nm}{kg \cdot K}} \approx 287{,}1 \frac{\text{Nm}}{\text{kg} \cdot \text{K}}$$

b) $\rho_n = \frac{p_n}{R_i \cdot T_n} = \frac{101\,325 \frac{\text{N}}{\text{m}^2}}{287{,}08 \frac{\text{Nm}}{\text{kg} \cdot \text{K}} \cdot 273{,}15\,\text{K}}$

$$\boldsymbol{\rho_n = 1{,}292 \frac{kg}{m^3}} \approx 1{,}293 \frac{\text{kg}}{\text{m}^3}$$

Ü 62. Die Partialdrücke können mit dem Massenanteil oder mit dem Raumanteil berechnet werden:

Gas	$[p_z] = [p] \cdot \frac{[m_z]}{[m]} \cdot \frac{[R_{iz}]}{[R_i]} = \text{bar} \cdot \frac{\text{kg}}{\text{kg}} \cdot \frac{\frac{\text{Nm}}{\text{kg} \cdot \text{K}}}{\frac{\text{Nm}}{\text{kg} \cdot \text{K}}} = \text{bar}$	$[p_z] = [p] \cdot \frac{[V_z]}{[V_i]} = \text{bar} \cdot \frac{\text{m}^3}{\text{m}^3} = \text{bar}$
N_2	$p_1 = 10 \cdot 0{,}7551 \cdot \frac{296{,}8}{287{,}1} = \mathbf{7{,}806\ bar}$	$p_1 = 10 \cdot 0{,}7809 = \mathbf{7{,}809\ bar}$
O_2	$p_2 = 10 \cdot 0{,}2315 \cdot \frac{259{,}8}{287{,}1} = \mathbf{2{,}095\ bar}$	$p_2 = 10 \cdot 0{,}2095 = \mathbf{2{,}095\ bar}$
A	$p_3 = 10 \cdot 0{,}0129 \cdot \frac{208{,}2}{287{,}1} = \mathbf{0{,}094\ bar}$	$p_3 = 10 \cdot 0{,}0093 = \mathbf{0{,}093\ bar}$
CO_2	$p_4 = 10 \cdot 0{,}0005 \cdot \frac{188{,}95}{287{,}1} = \mathbf{0{,}003\ bar}$	$p_4 = 10 \cdot 0{,}0003 = \mathbf{0{,}003\ bar}$
H_2	$p_5 = 10 \cdot 0{,}00001 \cdot \frac{4124}{287{,}1} = \mathbf{0{,}002\ bar}$	$p_5 = 10 \cdot 0{,}00001 = \mathbf{0{,}0001\ bar}$
	Probe: $p = p_1 + p_2 + p_3 + p_4 + p_5 = 10$ bar	**Probe:** $p = p_1 + \ldots + p_5 = 10$ bar

Ü 63. $\rho = \frac{p}{R_i \cdot T} = \frac{1\,000\,000 \frac{\text{N}}{\text{m}^2}}{287{,}1 \frac{\text{Nm}}{\text{kg} \cdot \text{K}} \cdot 373{,}15\,\text{K}}$ bzw. $\rho = \rho_n \cdot \frac{p}{p_n} \cdot \frac{T_n}{T}$

$$\rho = 1{,}293 \frac{\text{kg}}{\text{m}^3} \cdot \frac{10\,\text{bar}}{1{,}01325\,\text{bar}} \cdot \frac{273{,}15\,\text{K}}{373{,}15\,\text{K}}$$

$$\boldsymbol{\rho = 9{,}334 \frac{kg}{m^3}} \qquad \boldsymbol{\rho = 9{,}34 \frac{kg}{m^3}}$$

Ü 64. Die Einheit $\frac{\text{kJ}}{\text{kg} \cdot \text{K}}$ für die spezifische Wärme macht die Aussage:

a) aufzuwendende Wärmeenergie in kJ zur Erwärmung von 1 kg des Stoffes um die Temperaturdifferenz 1 K oder

b) von 1 kg des Stoffes abgegebene Wärmeenergie in kJ bei einer Abkühlung um 1 K.

Ü 65. Abgesehen davon, daß Wasser keine lineare Wärmedehnung hat (größte Dichte bei 4 °C = Anomalie des Wassers), besitzt Wasser die größte spezifische Wärmekapazität aller fester und flüssiger Stoffe und hat demzufolge, verglichen mit der gleichen Menge eines anderen Stoffes, bei gleicher Temperatur stets die größere Wärmeenergie gespeichert.

Ü 66. **Stahl:** $Q = m \cdot c \cdot \Delta\vartheta = 1{,}5\,\text{kg} \cdot 0{,}46 \frac{\text{kJ}}{\text{kg} \cdot \text{K}} \cdot 100\,\text{K} = \mathbf{69\,kJ}$

Silber: $Q = m \cdot c \cdot \Delta\vartheta = 1{,}5\,\text{kg} \cdot 0{,}26 \frac{\text{kJ}}{\text{kg} \cdot \text{K}} \cdot 100\,\text{K} = \mathbf{39\,kJ}$

Vergleicht man die Ergebnisse, so stellt man fest, daß infolge der kleineren spezifischen Wärmekapazität von Silber nur gut die Hälfte der Wärmeenergie benötigt wird, welche man für die gleiche Erwärmung einer gleichen Stahlmenge braucht. Dies entspricht dem Verhältnis der spezifischen Wärmekapazitäten.

Ü 67. **Blei:** $Q = m \cdot c \cdot \Delta\vartheta = 0{,}24\,\text{kg} \cdot 0{,}127 \frac{\text{kJ}}{\text{kg} \cdot \text{K}} \cdot 80\,\text{K} = \mathbf{2{,}44\,kJ}$

Messing: $Q = m \cdot c \cdot \Delta\vartheta = 0{,}08\,\text{kg} \cdot 0{,}379 \frac{\text{kJ}}{\text{kg} \cdot \text{K}} \cdot 80\,\text{K} = \mathbf{2{,}43\,kJ}$

Zur Erwärmung von 240 g Blei benötigt man die gleiche Wärmemenge wie für die gleiche Erwärmung von 80 g Messing.

Ü 68. $Q = m_1 \cdot c_1 \cdot \Delta\vartheta + m_2 \cdot c_2 \cdot \Delta\vartheta = \Delta h \cdot (m_1 \cdot c_1 + m_2 \cdot c_2)$

$$\Delta\vartheta = \frac{Q}{m_1 \cdot c_1 + m_2 \cdot c_2} = \frac{208\,\text{kJ}}{0{,}18\,\text{kg} \cdot 0{,}39 \frac{\text{kJ}}{\text{kg} \cdot \text{K}} + 1\,\text{kg} \cdot 4{,}19 \frac{\text{kJ}}{\text{kg} \cdot \text{K}}} = \frac{208\,\text{kJ}}{0{,}0702 \frac{\text{kJ}}{\text{K}} + 4{,}19 \frac{\text{kJ}}{\text{K}}}$$

$$= \frac{208\,\text{kJ}}{4{,}2602 \frac{\text{kJ}}{\text{K}}}$$

$\mathbf{\Delta\vartheta = 48{,}824\,K}$

Ü 69. $Q = m \cdot c \cdot \Delta\vartheta = 1\,\text{kg} \cdot 0{,}46 \frac{\text{kJ}}{\text{kg} \cdot \text{K}} \cdot 650\,\text{K}$

$\mathbf{Q = 299\,kJ}$

Ü 70. $Q = m \cdot c \cdot \Delta\vartheta \longrightarrow c = \frac{Q}{m \cdot \Delta\vartheta} = \frac{2{,}31\,\text{kJ}}{0{,}2\,\text{kg} \cdot 30\,\text{K}}$

$\mathbf{c = 0{,}385 \frac{kJ}{kg \cdot K}}$

Ü 71. **Kalorimetrie:** Teilgebiet der Wärmelehre, welches sich mit der Messung von Wärmemengen befaßt.

Kalorimeter: Gerät zur Messung von Wärmemengen.

Ü 72. $Q = m \cdot c \cdot \Delta\vartheta = 4{,}5\,\text{kg} \cdot 0{,}46 \frac{\text{kJ}}{\text{kg} \cdot \text{K}} \cdot 900\,\text{K}$

$\mathbf{Q = 1863\,kJ}$

Ü 73. $$\vartheta_m = \frac{m_1 \cdot c_1 \cdot \vartheta_1 + m_2 \cdot c_2 \cdot \vartheta_2}{m_1 \cdot c_1 + m_2 \cdot c_2} = \frac{4{,}5\,\text{kg} \cdot 0{,}46 \frac{\text{kJ}}{\text{kg} \cdot \text{K}} \cdot 925\,°\text{C} + 50\,\text{kg} \cdot 1{,}9 \frac{\text{kJ}}{\text{kg} \cdot \text{K}} \cdot 15\,°\text{C}}{4{,}5\,\text{kg} \cdot 0{,}46 \frac{\text{kJ}}{\text{kg} \cdot \text{K}} + 50\,\text{kg} \cdot 1{,}9 \frac{\text{kJ}}{\text{kg} \cdot \text{K}}}$$

$\mathbf{\vartheta_m = 34{,}4\,°C}$

Ü 74. Da es sich um zwei Unbekannte, nämlich um m_1 und m_2 handelt, müssen zur Lösung der Aufgabe zwei voneinander unabhängige Gleichungen vorhanden sein.

I. $m_1 + m_2 = 500\,\text{kg}$ (Annahme: 1 l Wasser ≙ 1 kg Wasser) ⟶ $m_1 = 500\,\text{kg} - m_2$

II. $\vartheta_m = \dfrac{m_1 \cdot c_1 \cdot \vartheta_1 + m_2 \cdot c_2 \cdot \vartheta_2}{m_1 \cdot c_1 + m_2 \cdot c_2}$ (Annahme: $c_1 \approx c_2$). Somit:

$$\vartheta_m = \frac{m_1 \cdot \vartheta_1 + m_2 \cdot \vartheta_2}{m_1 + m_2} = \frac{(500\,\text{kg} - m_2) \cdot \vartheta_1 + m_2 \cdot \vartheta_2}{500\,\text{kg}}$$

$$\vartheta_m = \frac{500\,\text{kg} \cdot \vartheta_1 - m_2 \cdot \vartheta_1 + m_2 \cdot \vartheta_2}{500\,\text{kg}} = \frac{500\,\text{kg} \cdot \vartheta_1 + m_2 \cdot (\vartheta_2 - \vartheta_1)}{500\,\text{kg}}$$

$$\vartheta_m \cdot 500\,\text{kg} = \vartheta_1 \cdot 500\,\text{kg} + m_2 \cdot (\vartheta_2 - \vartheta_1)$$

$$m_2 = \frac{\vartheta_m \cdot 500\,\text{kg} - \vartheta_1 \cdot 500\,\text{kg}}{\vartheta_2 - \vartheta_1} = \frac{500\,\text{kg} \cdot (\vartheta_m - \vartheta_1)}{\vartheta_2 - \vartheta_1} = 500\,\text{kg} \cdot \frac{30\,°\text{C}}{80\,°\text{C}}$$

$\boldsymbol{m_2}$ = **187,5 kg** heißes Wasser

$m_1 = 500\,\text{kg} - m_2 = 500\,\text{kg} - 187{,}5\,\text{kg}$

$\boldsymbol{m_1}$ = **312,5 kg** kaltes Wasser

Ü 75. $Q_{ab} = Q_{auf}$

$$m_1 \cdot c_1 \cdot (\vartheta_1 - \vartheta_m) = (m_2 \cdot c_2 + C) \cdot (\vartheta_m - \vartheta_2)$$

$c_1 = 0{,}942\,\dfrac{\text{kJ}}{\text{kg} \cdot \text{K}}$ (Tabelle Seite 63)

$$\vartheta_1 = \frac{(m_2 \cdot c_2 + C) \cdot (\vartheta_m - \vartheta_2)}{m_1 \cdot c_1} + \vartheta_m$$

$$\vartheta_1 = \frac{\left(1{,}5\,\text{kg} \cdot 4{,}19\,\frac{\text{kJ}}{\text{kg} \cdot \text{K}} + 0{,}07\,\frac{\text{kJ}}{\text{K}}\right) \cdot \left(32\,°\text{C} - 25\,°\text{C}\right)}{0{,}08\,\text{kg} \cdot 0{,}942\,\frac{\text{kJ}}{\text{kg} \cdot \text{K}}} + 32\,°\text{C} = 590{,}3\,°\text{C} + 32\,°\text{C}$$

$\boldsymbol{\vartheta_1}$ = **622,3 °C**

Ü 76. $m_1 \cdot c_1 \cdot (\vartheta_1 - \vartheta_m) = (m_2 \cdot c_2 + C) \cdot (\vartheta_m - \vartheta_2)$

$$m_2 \cdot c_2 + C = \frac{m_1 \cdot c_1 \cdot (\vartheta_1 - \vartheta_m)}{\vartheta_m - \vartheta_2}$$

$$C = \frac{m_1 \cdot c_1 \cdot (\vartheta_1 - \vartheta_m)}{\vartheta_m - \vartheta_2} - m_2 \cdot c_2$$

$$C = \frac{0{,}2\,\text{kg} \cdot 0{,}92\,\frac{\text{kJ}}{\text{kg} \cdot \text{K}} \cdot \left(90\,°\text{C} - 22{,}7\,°\text{C}\right)}{22{,}7\,°\text{C} - 20\,°\text{C}} - 1{,}0\,\text{kg} \cdot 4{,}19\,\frac{\text{kJ}}{\text{kg} \cdot \text{K}}$$

$$\boldsymbol{C} = 4{,}5864\,\frac{\text{kJ}}{\text{K}} - 4{,}19\,\frac{\text{kJ}}{\text{K}} = \mathbf{0{,}3964\,\frac{kJ}{K}}$$

Ü 77. $Q = m_{Al} \cdot c_{Al} \cdot \Delta\vartheta = m_{Hz} \cdot H_u$

$$m_{Al} = m_{Hz} \cdot \frac{H_u}{c_{Al} \cdot \Delta\vartheta} = 5\,\text{kg} \cdot \frac{40\,200\,\frac{\text{kJ}}{\text{kg}}}{0{,}942\,\frac{\text{kJ}}{\text{kg} \cdot \text{K}} \cdot 580\,\text{K}}$$

$\boldsymbol{m_{Al}}$ = **367,89 kg**

Ü 78. Unter Reaktionswärme versteht man eine Wärmeenergie, die für den Ablauf einer chemischen Reaktion benötigt bzw. beim Ablauf einer chemischen Reaktion frei wird.

Anmerkung: Im ersten Fall spricht man von einer **endothermen Wärmemenge.** Im zweiten Fall spricht man von einer **exothermen Wärmemenge.**

Ü 79. a) $W = \Delta m \cdot c^2 = 0{,}005\,\text{kg} \cdot \left(3 \cdot 10^8 \frac{\text{m}}{\text{s}}\right)^2 = 0{,}005 \cdot 9 \cdot 10^{16}\,\text{Nm} = 45 \cdot 10^{13}\,\text{J}$

$\boldsymbol{W = 45 \cdot 10^{10}\,\text{kJ}}$

Anmerkung: Bei diesem Vorgang im Kernreaktor entstehen ca. 5,5 kg Spaltprodukte, die entsorgt werden müssen.

b) $W = Q = m_{\text{Kohle}} \cdot H_u = 45 \cdot 10^{10}\,\text{kJ}$

$$m_{\text{Kohle}} = \frac{W}{H_u} = \frac{45 \cdot 10^{10}\,\text{kJ}}{30\,000\,\text{kJ/kg}} = 15\,000\,000\,\text{kg} = \mathbf{15\,000\,t}$$

Ü 80. $Q = m \cdot c \cdot \Delta\vartheta + 0{,}32 \cdot m \cdot c \cdot \Delta\vartheta = 1{,}32 \cdot m \cdot c \cdot \Delta\vartheta = V_n \cdot H_{u,n}$

$$V_n = \frac{1{,}32 \cdot m \cdot c \cdot \Delta\vartheta}{H_{u,n}} = \frac{1{,}32 \cdot 150\,\text{kg} \cdot 4{,}19\frac{\text{kJ}}{\text{kg}\cdot\text{K}} \cdot 72\,\text{K}}{38\,000\frac{\text{kJ}}{\text{m}_n^3}} = \mathbf{1{,}572\,m_n^3}$$

Aus dem vereinigten Gasgesetz ergibt sich:

$$\frac{p_n \cdot V_n}{T_n} = \frac{p \cdot V}{T} \longrightarrow V = V_n \cdot \frac{T}{T_n} \cdot \frac{p_n}{p} = 1{,}572\,\text{m}^3 \cdot \frac{293{,}15\,\text{K}}{273{,}15\,\text{K}} \cdot \frac{101\,325\,\text{Pa}}{50\,000\,\text{Pa}}$$

$\boldsymbol{V = 3{,}419\,\text{m}^3}$

Ü 81. a) $\boldsymbol{Q} = m \cdot q = 20\,\text{kg} \cdot 335\frac{\text{kJ}}{\text{kg}} = \mathbf{6700\,kJ}$

b) $Q = m \cdot c \cdot \Delta\vartheta \longrightarrow m = \dfrac{Q}{c \cdot \Delta\vartheta} = \dfrac{6700\,\text{kJ}}{0{,}39\frac{\text{kJ}}{\text{kg}\cdot\text{K}} \cdot 980\,\text{K}}$ $\qquad c_{\text{Cu}}$ aus Tabelle Seite 63

$\boldsymbol{m = 17{,}53\,\text{kg}}$

Ü 82. Schmelzpunkt = Erstarrungspunkt

Ü 83. Setzt man voraus, daß die Flüssigkeit eine höhere Temperatur hat als das Eis, dann schmilzt das Eis in der Flüssigkeit. Dabei nimmt es die erforderliche Schmelzwärme aus der Flüssigkeit auf. Dies hat zur Folge, daß die Flüssigkeit abkühlt.

Ü 84. $Q = Q_1 + Q_2 + Q_3$

$Q = m_{\text{Sch}} \cdot c_{\text{Sch}} \cdot \Delta\vartheta_{\text{Sch}} + m_{\text{Sch}} \cdot q_{\text{Sch}} + m_{\text{W}} \cdot c_{\text{W}} \cdot \Delta\vartheta_{\text{W}}$

$Q = 10\,\text{kg} \cdot 2{,}0\frac{\text{kJ}}{\text{kg}\cdot\text{K}} \cdot 25\,\text{K} + 10\,\text{kg} \cdot 320\frac{\text{kJ}}{\text{kg}} + 10\,\text{kg} \cdot 4{,}19\frac{\text{kJ}}{\text{kg}\cdot\text{K}} \cdot 50\,\text{K}$

$Q = 500\,\text{kJ} + 3200\,\text{kJ} + 2095\,\text{kJ}$

$\boldsymbol{Q = 5795\,\text{kJ}}$

Ü 85. Unter Regelation versteht man das Wiedergefrieren des Wassers zu Eis bei Druckentlastung. Das Eis war dabei vorher durch erhöhten Druck zum Schmelzen gebracht worden.

Ü 86. Die meisten Stoffe ziehen sich beim Erstarren zusammen. Wasser dagegen dehnt sich beim Erstarren um etwa $\frac{1}{10}$ seines ursprünglichen Volumens aus.

Ü 87. $Q = m \cdot q = 10\,\text{kg} \cdot 235\,\frac{\text{kJ}}{\text{kg}} = 2\,350\,\text{kJ}$. Aus der Dynamik ist bekannt:

$$\text{Leistung} = \frac{\text{Energie}}{\text{Zeit}} \longrightarrow P = \frac{Q}{t} \longrightarrow t = \frac{Q}{P} = \frac{2\,350\,\text{kJ}}{100\,\text{W}} = \frac{2\,350\,000\,\text{J}}{100\,\text{W}} = \frac{2\,350\,000\,\text{Ws}}{100\,\text{W}}$$

$$\boldsymbol{t = 23\,500\,\text{s} = 6{,}53\,\text{h}}$$

Ü 88. Erstarrungsbeginn (Liquiduspunkt): ca. −7,5 °C
Erstarrungsende (Soliduspunkt): −21,2 °C

Ü 89. Bei unterkühltem Regen handelt es sich um eine unterkühlte Flüssigkeit, die durch die Erschütterung des Aufpralls sofort erstarrt.

Ü 90. Verdampfungstemperatur = Kondensationstemperatur

Ü 91. Der Siedepunkt ist durch Siededruck und zugehörige Siedetemperatur gekennzeichnet. Beim „normalen Siedepunkt" entspricht der Siededruck dem Normalluftdruck; die zugehörige Siedetemperatur ist eine stofftypische Temperatur, bei Wasser z. B. 100 °C und bei Kältemittel R11 z. B. 23,7 °C.

Ü 92. Die niedrigere Siedetemperatur auf hohen Bergen entspricht dem dort niedrigeren Luftdruck.

Ü 93. $\boldsymbol{\vartheta_{\text{s Ether}} \approx 35\,°\text{C}}$

Ü 94. Schmelzen, Verdampfen und Sublimieren erfolgen bei einer stofftypischen und konstanten Temperatur.
Die Umkehrvorgänge, d. h. Erstarren, Kondensieren und Verfestigen erfolgen bei der gleichen stofftypischen und konstanten Temperatur.
Zur Umwandlung in den folgenden Aggregatzustand sind stofftypische Wärmemengen erforderlich, die spezifischen Werte sind q, r, σ.

Ü 95. Lösungen haben stets einen höheren Siedepunkt als das Lösemittel.

Ü 96. Verdampfungswärme und Kondensationswärme stehen im Verhältnis 1 : 1.

Ü 97. Ein Trocknungsvorgang kann durch eine hohe Trockentemperatur (in der Nähe des Siedepunktes), durch Ausbreitung des Trockengutes (Vergrößerung der Oberfläche) und durch Druckerniedrigung beschleunigt werden.

Ü 98. $\boldsymbol{Q} = m \cdot r = 3\,\text{kg} \cdot 301\,\frac{\text{kJ}}{\text{kg}} = \mathbf{903\,kJ}$

Ü 99. Aus einem festen Körper kann Heißdampf erzeugt werden, indem er verflüssigt, weiter erhitzt, verdampft und nochmals überhitzt wird.
Eine weitere Möglichkeit ist eine Zustandsänderung fest–gasförmig durch Sublimation. Dies ist jedoch nur in einem bestimmten Druck- und Temperaturbereich möglich.

Ü 100. Wird das Ventil von Flüssiggasflaschen geöffnet, dann enspannt sich deren Inhalt auf Atmosphärendruck. Da dieser kleiner ist als der Sättigungsdruck des Flüssiggases, verdampft dieses beim Austritt und entzieht dabei der Umgebung Verdampfungswärme. Die Umgebungsluft kühlt dabei so stark ab, daß der in ihr enthaltene Wasserdampf gefriert (siehe hierzu Lektion 13).

Ü 101. $Q = Q_1 + Q_2 + Q_3 + Q_4$

$Q = m_{Eis} \cdot c_{Eis} \cdot \Delta\vartheta_1 + m_{Eis} \cdot q_{Eis} + m_{Wasser} \cdot c_{Wasser} \cdot \Delta\vartheta_2 + m_{Wasser} \cdot r$

$Q = 6\,kg \cdot 2{,}5\,\frac{kJ}{kg \cdot K} \cdot 25\,K + 6\,kg \cdot 335\frac{kJ}{kg} + 6\,kg \cdot 4{,}19\frac{kJ}{kg \cdot K} \cdot 100\,K + 6\,kg \cdot 2\,258\,\frac{kJ}{kg}$

$Q = 375\,kJ + 2\,010\,kJ + 2\,514\,kJ + 13\,548\,kJ$

$\mathbf{Q = 18\,447\,kJ}$

Ü 102. $Q = m \cdot r = 3{,}2\,kg \cdot 2\,258\,\frac{kJ}{kg} = \mathbf{7\,225{,}6\,kJ}$

Anmerkung: Dieser Wärmeenergiebetrag ist ebenso groß wie derjenige, der bei der Verbrennung von ca. 0,5 kg Holz frei wird!

Ü 103. $Q = m \cdot r + m \cdot c_{Wasser} \cdot \Delta\vartheta = 0{,}05\,kg \cdot 2\,258\,\frac{kJ}{kg} + 0{,}05\,kg \cdot 4{,}19\frac{kJ}{kg \cdot K} \cdot 50\,K$

$Q = 112{,}9\,kJ + 10{,}475\,kJ = \mathbf{123{,}375\,kJ}$

Ü 104. Da die Gasgesetze für Dämpfe nur in sehr engen Zustandsgrenzen und auch dann nur mit Ungenauigkeiten behaftet, anwendbar sind, wurden Zustandsdiagramme entwickelt, die die gesamten Zustandsbereiche abdecken. Diese Zustandsdiagramme werden nach ihrem Ersteller als Mollier-Diagramme bezeichnet. Die entsprechenden Zahlenwerte sind auch in Dampftafeln zusammengefaßt.

Ü 105. **Naßdampf** enthält Flüssigkeit und trocken gesättigten Dampf bei Sättigungstemperatur und Sättigungsdruck.

Trocken gesättigter Dampf (Sattdampf) enthält keine Flüssigkeit mehr und existiert ebenfalls bei Sättigungstemperatur und Sättigungsdruck.

Heißdampf (überhitzter Dampf) ist Dampf mit Sättigungsdruck, aber einer höheren Temperatur als die Sättigungstemperatur.

Ü 106. $r = h'' - h' = 1918{,}6\,\frac{kJ}{kg} - 512{,}2\,\frac{kJ}{kg} = \mathbf{1406{,}4\,\frac{kJ}{kg}}$

Ü 107. Wasser nimmt Wärmeenergie auf, Dampf gibt die gleiche Wärmeenergie ab. Nach der Mischungsregel ergibt sich

$$Q_{ab} = Q_{auf}$$

$$m_D \cdot r + m_D \cdot c_W \cdot (\vartheta_2 - \vartheta_m) = m_W \cdot c_W \cdot (\vartheta_m - \vartheta_1) \qquad m_D = 16{,}7\,g$$

$$r = \frac{m_W \cdot c_W \cdot (\vartheta_m - \vartheta_1) - m_D \cdot c_W \cdot (\vartheta_2 - \vartheta_m)}{m_D} = \frac{0{,}5\,kg \cdot 4{,}19\frac{kJ}{kg \cdot K} \cdot 20\,K - 0{,}0167\,kg \cdot 4{,}19\frac{kJ}{kg \cdot K} \cdot 60\,K}{0{,}0167\,kg}$$

$$\mathbf{r} = \frac{41{,}9\,kJ - 4{,}198\,kJ}{0{,}0167\,kg} = \frac{37{,}702\,kJ}{0{,}0167\,kg} = \mathbf{2257{,}6\,\frac{kJ}{kg}} \qquad \text{(entsprechend Tabellenwert!)}$$

Ü 108.

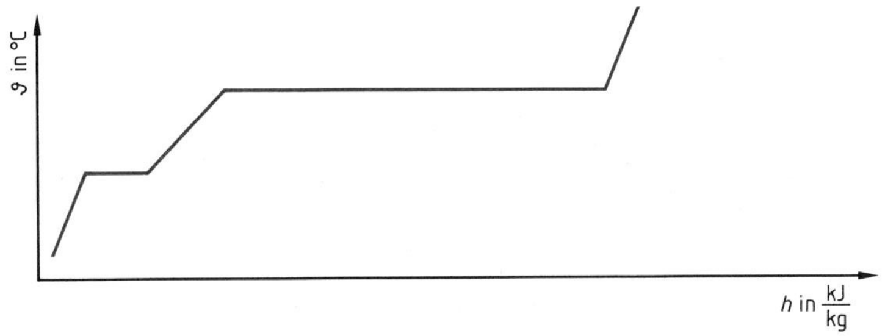

1

Ü 109. a) $\boldsymbol{Q} = m \cdot \sigma = 0{,}005\,\text{kg} \cdot 565\,\frac{\text{kJ}}{\text{kg}} = \mathbf{2{,}825\,kJ}$

b) $Q = m \cdot c \cdot \Delta\vartheta = 2{,}825\,\text{kJ} \longrightarrow \Delta\vartheta = \frac{Q}{m \cdot c} = \frac{2{,}825\,\text{kJ}}{2\,\text{kg} \cdot 4{,}19\,\frac{\text{kJ}}{\text{kg} \cdot \text{K}}} = 0{,}337\,°\text{C}$

$\vartheta_2 = \vartheta_1 - \Delta\vartheta = 20\,°\text{C} - 0{,}337\,°\text{C}$

$\boldsymbol{\vartheta_2} = \mathbf{19{,}663\,°C}$

Ü 110. $p_{\text{amb}} = p_{\text{L}} + p_{\text{D}} \longrightarrow p_{\text{L}} = p_{\text{amb}} - p_{\text{D}} = 1\,020\,\text{mbar} - 30\,\text{mbar}$

$\boldsymbol{p_{\text{L}}} = \mathbf{990\,mbar}$

Ü 111. Da Wärmeenergie der Geschwindigkeitsenergie der Stoffteilchen entspricht und da außerdem die Enthalpie von Wasser um den Betrag der Schmelzwärme größer ist als die Enthalpie von Eis, kann gefolgert werden, daß die kinetische Energie der Wassermoleküle größer ist als die der Eismoleküle bei gleicher Temperatur.
Da der Dampfdruck wiederum der Geschwindigkeit der Wassermoleküle proportional ist, muß er über flüssigem Wasser größer sein als über Eis mit der gleichen Temperatur.

Ü 112. Absolute Luftfeuchtigkeit ≙ Wasserdampfdichte ρ_{D}, d. h. die auf die Volumeneinheit 1 m³ bezogene Wassermenge in g bzw. kg.

Ü 113. In diesem Fall handelt es sich um gesättigte feuchte Luft, d. h. $p_{\text{D}} = p_{\text{s}}$.

Ü 114. $\rho_{\text{D}} = \frac{p_{\text{D}}}{R_{\text{iD}} \cdot T} = \frac{2500\,\frac{\text{N}}{\text{m}^2}}{461{,}5\,\frac{\text{Nm}}{\text{kg} \cdot \text{K}} \cdot 303{,}15\,\text{K}}$ $\qquad T = 303{,}15\,\text{K}$

$\boldsymbol{\rho_{\text{D}}} = \mathbf{0{,}0179\,\frac{kg}{m^3}}$

Ü 115. $\varphi = \frac{p_{\text{D}}}{p_{\text{s}}} \cdot 100\,\% = \frac{10\,\text{mbar}}{23{,}27\,\text{mbar}} \cdot 100\,\%$

$\boldsymbol{\varphi} = \mathbf{42{,}974\,\%}$

Ü 116. $x = \frac{m_{\text{D}}}{m_{\text{L}}}$ bzw. $x = \frac{\rho_{\text{D}}}{\rho_{\text{L}}}$

Ü 117. $\varphi = 45\,\% \longrightarrow \frac{p_{\text{D}}}{p_{\text{s}}} = 0{,}45 \longrightarrow p_{\text{D}} = 0{,}45 \cdot p_{\text{s}} = 0{,}45 \cdot 23{,}27\,\text{mbar} = 10{,}47\,\text{mbar}$

$\boldsymbol{p_{\text{D}}} = \mathbf{1047\,\frac{N}{m^2}}$

Gleichung 104–2: $p_{\text{D}} = p \cdot \frac{x}{0{,}622 + x} \longrightarrow \frac{x}{0{,}622 + x} = \frac{p_{\text{D}}}{p} = \frac{1047\,\frac{\text{N}}{\text{m}^2}}{102\,000\,\frac{\text{N}}{\text{m}^2}} = 0{,}0103$

$\boldsymbol{x} = \mathbf{0{,}0065\,\frac{kg}{kg} = 6{,}5\,\frac{g}{kg}}$

Ü118. Das Meßprinzip eines Hygrometers beruht auf der Messung der Zustandsgrößen Länge oder Volumen oder elektrischer Widerstand in Abhängigkeit von der Luftfeuchte. Es handelt sich somit um eine indirekte Messung der Luftfeuchte.

Ü 119. **Taupunktmethode**: p_{D} – Ermittlung mit Hilfe der Spiegeltemperatur; p_{s} – Ermittlung mit Hilfe der Dampftafel $\Big\}\ \varphi = \frac{p_{\text{D}}}{p_{\text{s}}} \cdot 100\,\%$

Absorptionsmethode: Die Menge Wasser, die in einer bestimmten Zeit von einem bestimmten hygroskopischen Stoff aufgenommen wird, ist der vorhandenen Luftfeuchtigkeit proportional.

Ü 120. $\vartheta_f \approx$ **23 °C**

Ü 121. Im *h, x*-Diagramm wird die spezifische Enthalpie *h* in Abhängigkeit vom Wassergehalt *x* feuchter Luft dargestellt. Das von Mollier entwickelte Diagramm enthält alle Zustandsgrößen, die für klimatechnische Rechnungen von Wichtigkeit sind und gestattet so, die Zustandsänderungen feuchter Luft in optimaler Übersichtlichkeit darzustellen. Es macht psychrometrische Rechnungen weitestgehend überflüssig.

Ü 122. $h = 30\,\frac{kJ}{kg}$ $\varphi = 30\%$ $\rho \approx 1{,}19\,\frac{kg}{m^3}$ $\vartheta \approx 19{,}3\,°C$ $x \approx 4{,}3\,\frac{g}{kg}$ $p_D \approx$ **6mbar** (= 6 hPa)

Ü 123. Unter Zuhilfenahme des *h, x*-Diagrammes auf Seite 109 ergibt sich eine Zustandsänderung, wie sie in Bild 1 (unmaßstäblich) dargestellt ist.
Es ist zu erkennen, daß sich alle Zustandsgrößen der Luft dabei verändern.

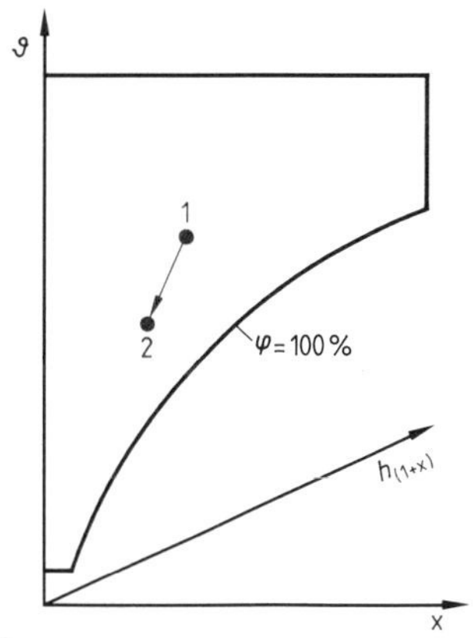

1

Ü 124. $\Delta h_l \approx 5\,\frac{kJ}{kg}$ $\Delta h_s \approx 8\,\frac{kJ}{kg}$

Ü 125. Die **physikalische Voraussetzung** muß immer uneingeschränkt gegeben sein, d. h., daß die Energieumwandlung keinem Naturgesetz widersprechen darf. So hat es sich z. B. als nicht machbar erwiesen, ein **Perpetuum mobile**, d. h. eine Maschine, die ständig ohne Energiezufuhr Energie liefert, zu bauen.

Die **technische Voraussetzung** ist z. B. dann nur noch eingeschränkt gegeben, wenn Windkraftwerke oder Wasserkraftwerke bestimmte Größenordnungen überschreiten. Als Beispiel sei hier der Windkraftwerk-Großversuch **Growian** genannt. Dieser mußte wegen nicht ausreichender Dauerfestigkeit von Bauteilen abgebrochen werden.

Die **wirtschaftliche Vorausetzung** fehlt, wenn die Kostenseite der Energieumwandlung – dazu gehören auch die Energietransportkosten zum Verbraucher – die Einnahmenseite beim Energieverkauf in der Größenordnung erreicht oder überschreitet. So sind z. B. die Energieverluste beim Transport von elektrischer Energie durch tiefgekühlte elektrische Leiter (in der Nähe des absoluten Nullpunktes) infolge der **Supraleitfähigkeit** klein. Dies würde die Wirtschaftlichkeit erheblich verbessern, wenn nicht die Kosten für die Tiefkühlung der elektrischen Leitungen viel größer sein würden, als die durch die Supraleitfähigkeit erzielten Einsparungen.

Die **ökologische Voraussetzung** ist auch bereits dann sehr eingeschränkt, wenn sich bei einem Energieumwandlungsverfahren Risiken für die Umwelt ergeben. Dies ist bei allen Atomkraftwerken der Fall, was am Beispiel „Tschernobyl" überdeutlich demonstriert wurde. Anzumerken ist noch, daß alle Energieumwandlungsverfahren die Umwelt mehr oder weniger belasten. Somit ist immer Kompromißbereitschaft erforderlich und sei es nur beim Wärmeentzug aus der Umwelt (**Wärmepumpe**) oder bei der Luftverwirbelung bei Windkraftwerken.

Ü 126.

Wärmekraftmaschinen

- **Kolbenmaschinen**
  - Hubkolbenmotoren, Kreiskolbenmotoren
    - Zweitakter, Viertakter
      - Dieselverfahren, Ottoverfahren
- **Strömungsmaschinen**
  - Dampfturbinen, Gasturbinen
    - Axialturbine, Radialturbine
      - Strahltriebwerk, Raketentrieb

Ü 127. Die Kolben sind sternförmig um die Kurbelwelle angeordnet, und zwar bis zu 12 Kolben. Bild 1 zeigt ein Schema mit 8 Kolben bzw. mit 8 Zylindern. Für Flugzeuge wurden auch **Doppelsternmotoren** gebaut. Dabei ordnete man zwei Sternmotoren hintereinanderliegend an, so daß maximal 24 Kolben auf eine Kurbelwelle arbeiteten. Man erhielt so auf kleinstem Raum maximale Leistungen. Diese Motorbauform wurde von den Strahltriebwerken völlig verdrängt.

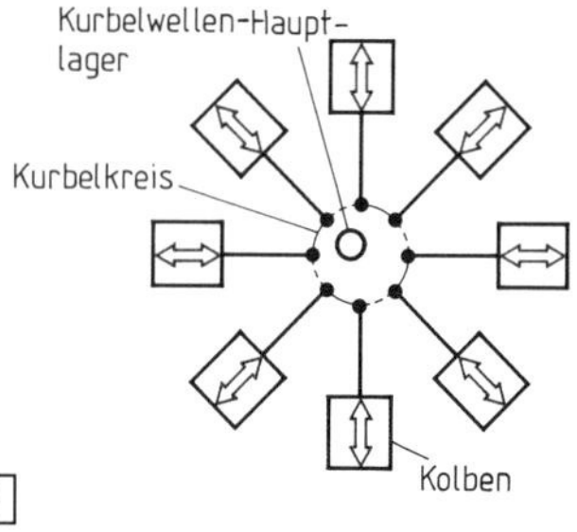

1

Ü 128. Die **Fremdzündung** wird beim Otto-Motor benötigt. Sie stellt eine **Zündanlage** dar, die mit dem Motor gekoppelt ist und dafür sorgt, daß in einer ganz bestimmten Kolbenstellung in das sich im Zylinderraum befindliche Kraftstoff-Luft-Gemisch ein Zündfunke schlägt.

Ü 129. Der wesentliche mechanische Unterschied besteht darin, daß Strömungsmaschinen im Gegensatz zu den Kolbenmaschinen – der Kreiselkolbenmotor ist hiervon ausgenommen – keine hin- und hergehenden (oszillierenden) Teile haben.

Ü 130. Auch hier entfallen die sich translatorisch bewegenden Teile. Somit entfällt der – bei Hubkolbenmotoren erforderliche – aufwendige Massenausgleich.

Ü 131. Für die Erzeugung einer mechanischen Arbeit ist eine äquivalente (gleichwertige) Wärmemenge erforderlich.

Ü 132. Mechanische Arbeit kann sowohl im F, s-Diagramm als auch im p, V-Diagramm dargestellt werden.

Ü 133. $\Sigma\Delta V$ = gesamtes Hubvolumen $V = V_2 - V_1$ (siehe Bild 1, Seite 121)

Ü 134. ΔU = Wärmemenge zur Erwärmung bis 0 °C + Schmelzwärme + Wärmemenge zur Erwärmung bis zum Siedepunkt + Verdampfungswärme + Überhitzungswärme

Ü 135. $\Delta U = m \cdot c_v \cdot \Delta\vartheta$

Ü 136. $c_v = \dfrac{R_i}{\varkappa - 1} = \dfrac{287{,}1 \dfrac{\text{Nm}}{\text{kg}\cdot\text{K}}}{1{,}4-1} = \dfrac{287{,}1 \dfrac{\text{Nm}}{\text{kg}\cdot\text{K}}}{0{,}4}$

$\boldsymbol{c_v = 717{,}75 \dfrac{\textbf{J}}{\textbf{kg}\cdot\textbf{K}}}$

Anmerkung: In der technischen Praxis wird in der Regel mit dem gerundeten Wert $c_v = 720 \dfrac{\text{J}}{\text{kg}\cdot\text{K}}$ gerechnet.

Mit $\boldsymbol{R_i} = \boldsymbol{c_p} - \boldsymbol{c_v}$ und mit $\boldsymbol{c_p} = \mathbf{1000 \frac{J}{kg \cdot K}}$ (Musteraufgabe M 64) kann die Probe gemacht werden:

$$R_i = 1000 \frac{J}{kg \cdot K} - 720 \frac{J}{kg \cdot K} = 280 \frac{J}{kg \cdot K} \approx 287{,}1 \frac{J}{kg \cdot K}$$

Ü 137. $\Delta U = m \cdot c_v \cdot \Delta\vartheta = 20\,kg \cdot 720 \frac{J}{kg \cdot K} \cdot 220\,K$

$\boldsymbol{\Delta U} = \mathbf{3\,168\,000\,J = 3168\,kJ}$

Ü 138. $R_i = c_p - c_v \longrightarrow c_v = c_p - R_i = 2000 \frac{J}{kg \cdot K} - 488{,}2 \frac{J}{kg \cdot K}$

$\boldsymbol{c_v} = \mathbf{1511{,}8 \frac{J}{kg \cdot K}}$

Probe: $\varkappa = \frac{c_p}{c_v} = \frac{2000 \frac{J}{kg \cdot K}}{1511{,}8 \frac{J}{kg \cdot K}}$

$\boldsymbol{\varkappa} = \mathbf{1{,}323} \longrightarrow$ Dieser Wert stimmt mit Literaturangaben überein; siehe aber Vertiefungsaufgabe V 134!

Ü 139. $\boldsymbol{c_{pm}} \approx \mathbf{1000 \frac{J}{kg \cdot K}}$

Ü 140. $Q_1 = m \cdot c_p \cdot (T_2 - T_1) \longrightarrow T_2 = \frac{Q_1}{m \cdot c_p} + T_1 = \frac{350\,kJ}{5\,kg \cdot 1{,}0 \frac{kJ}{kg \cdot K}} + 283{,}15\,K = 70\,K + 283{,}15\,K$

$\boldsymbol{T_2} = \mathbf{353{,}15\,K}$

$\frac{V_1}{V_2} = \frac{T_1}{T_2} \longrightarrow V_2 = V_1 \cdot \frac{T_2}{T_1}$. Mit $p_1 \cdot V_1 = m \cdot R_i \cdot T_1$ wird $V_1 = \frac{m \cdot R_i \cdot T_1}{p_1}$. Somit:

$$V_2 = \frac{m \cdot R_i \cdot T_1}{p_1} \cdot \frac{T_2}{T_1} = \frac{m \cdot R_i \cdot T_2}{p_1} = \frac{5\,kg \cdot 287{,}1 \frac{Nm}{kg \cdot K} \cdot 353{,}15\,K}{500\,000 \frac{N}{m^2}}$$

$\boldsymbol{V_2} = \mathbf{1{,}014\,m^3}$

Ü 141. $Q_2 = m \cdot c_v \cdot (T_2 - T_1)$ **Achtung**: $T_2 = 283{,}15\,K$; $T_1 = 353{,}15\,K$

$Q_2 = 5\,kg \cdot 720 \frac{J}{kg \cdot K} \cdot (283{,}15\,K - 353{,}15\,K) = 5\,kg \cdot 720 \frac{J}{kg \cdot K} \cdot (-70\,K)$

$\boldsymbol{Q_2} = \mathbf{-252\,000\,J = -252\,kJ}$ Das Minuszeichen besagt, daß die Wärmemenge Q_2 der Luft entnommen wird.

Ü 142. a)

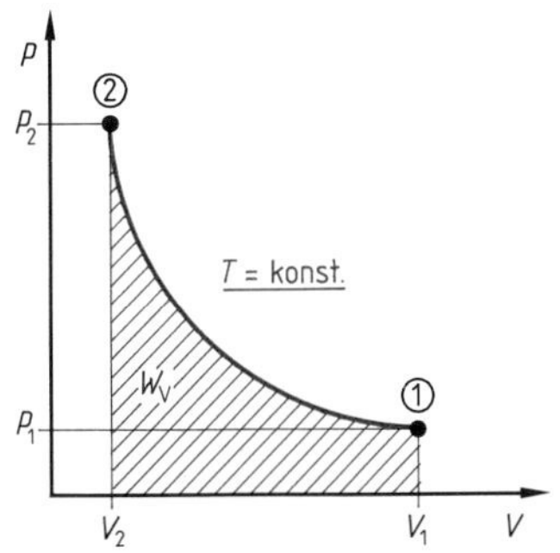

1

b) $W_v = p_1 \cdot V_1 \cdot \ln \frac{p_1}{p_2}$

$W_v = 98\,000 \frac{N}{m^2} \cdot 1\,m^3 \cdot \ln \frac{98\,000\,Pa}{700\,000\,Pa}$

$W_v = 98\,000 \frac{N}{m^2} \cdot 1\,m^3 \cdot (-1{,}966)$

$\boldsymbol{W_v} = \mathbf{-192\,668\,Nm}$ (zugeführt)

c) Bei $\Delta T = 0$ ist $\Delta U = 0$. Somit:

$Q = -W_v = -(-192\,668\,J)$

$\boldsymbol{Q} = \mathbf{192\,668\,J}$ (abgeführt)

Ü 143. a) Zustandsänderungen, die dem Gesetz $p \cdot V^n$ folgen

b) Zustandsänderungen, die dem Gesetz $p \cdot V^n$ folgen, jedoch mit den Einschränkungen

$n \neq 0$ ($n = 0$: Isobare)
$n \neq 1$ ($n = 1$: Isotherme)
$n \neq \varkappa$ ($n = \varkappa$: Isentrope)
$n \neq \infty$ ($n = \infty$: Isochore)

Ü 144. $W_v = m \cdot \frac{R_i}{n-1} \cdot (T_1 - T_2)$

$T_1 = (273{,}15 + 25)\,\text{K} = 298{,}15\,\text{K}$

$T_2 = (273{,}15 - 35)\,\text{K} = 238{,}15\,\text{K}$

$R_i = 296{,}8 \frac{\text{J}}{\text{kg} \cdot \text{K}}$ (Tabelle Seite 42)

$$W_v = 4\,\text{kg} \cdot \frac{296{,}8 \frac{\text{Nm}}{\text{kg} \cdot \text{K}}}{1{,}2 - 1} \cdot (298{,}15\,\text{K} - 238{,}15\,\text{K}) = 4 \cdot \frac{296{,}8}{0{,}2} \cdot 60\,\text{Nm}$$

$$\boldsymbol{W_v = 356\,160\,\text{Nm}}$$

Ü 145. Das p, V-Diagramm heißt Arbeitsdiagramm, weil die darin abgebildeten Flächen den verrichteten Volumenänderungsarbeiten entsprechen.

Ü 146. Es muß ein geschlossener Prozeß, d. h. ein Kreisprozeß gegeben sein.

Ü 147. **1. Hauptsatz der Thermodynamik**: Wärmeenergie kann nur dann in mechanische Arbeit umgewandelt werden, wenn zwischen den Zustandsänderungen des Vorlaufs und den Zustandsänderungen des Rücklaufs in jeder Kolbenstellung ein Temperaturgefälle vorhanden ist.

Ü 148. Der thermische Wirkungsgrad berechnet sich aus den Quotienten der Nutzwärme, die der Nutzarbeit entspricht, und der Wärmeenergie, die dem Prozeß zugeführt wurde.

Ü 149. Zugeführte Wärmeenergie $Q_a = 44\,000\,000\,\text{J}$; Nutzarbeit $W_n = 10\,000\,000\,\text{J}$.

Somit $\eta_{th} = \frac{W_n}{Q_a} = \frac{10\,000\,000\,\text{J}}{44\,000\,000\,\text{J}} = 0{,}2273$

$$\boldsymbol{\eta_{th} = 22{,}73\,\%}$$

Ü 150. a) **geschlossener Prozeß**: die Wärmetransporte zwischen dem Arbeitsmedium und der Umgebung finden durch geschlossene Wandungen statt.

offener Prozeß: das Arbeitsmedium steht beim Ladungswechsel in direkter Verbindung mit der Umgebung.

b) **reversibler Prozeß**: Beim Ablauf wird die Umgebung nicht geändert. Es handelt sich um einen idealen Vergleichsprozeß.

irreversibler Prozeß: Beim Ablauf wird die Umgebung geändert. Es handelt sich um den wirklichen Kreisprozeß mit Verlusten.

Ü 151. a) $W_n = \frac{m \cdot R_i}{\varkappa - 1} \cdot (T_3 - T_4) - \frac{m \cdot R_i}{\varkappa - 1} \cdot (T_2 - T_1)$

$$\boldsymbol{W_n = \frac{m \cdot R_i}{\varkappa - 1} \cdot (T_1 - T_2 + T_3 - T_4)}$$

b) $\eta_{th} = \frac{Q_n}{Q_a} = \frac{Q_{23} - Q_{41}}{Q_{23}} = 1 - \frac{Q_{41}}{Q_{23}}$

$Q_{41} = m \cdot c_{vm} \cdot (T_4 - T_1)$

$Q_{23} = m \cdot c_{vm} \cdot (T_3 - T_2)$

Somit $\eta_{th} = 1 - \frac{m \cdot c_{vm} \cdot (T_4 - T_1)}{m \cdot c_{vm} \cdot (T_3 - T_2)}$

$$\boldsymbol{\eta_{th} = 1 - \frac{T_4 - T_1}{T_3 - T_2}} \quad \boxed{a}$$

Die „Eckpunkte" des Prozesses liegen auf Isentropen. Somit gilt:

$$p_1 \cdot V_1^{\varkappa} = p_2 \cdot V_2^{\varkappa} \qquad p_1 = \frac{m \cdot R_i \cdot T_1}{V_1} \; ; \; p_2 = \frac{m \cdot R_i \cdot T_2}{V_2}$$

$$\frac{p_1}{p_2} = \frac{V_2^{\varkappa}}{V_1^{\varkappa}} = \frac{\frac{m \cdot R_i \cdot T_1}{V_1}}{\frac{m \cdot R_i \cdot T_2}{V_2}} \longrightarrow \frac{V_2^{\varkappa}}{V_1^{\varkappa}} = \frac{m \cdot R_i \cdot T_1}{V_1} \cdot \frac{V_2}{m \cdot R_i \cdot T_2} = \frac{T_1}{V_1} \cdot \frac{V_2}{T_2} \quad \Big| : V_2 \cdot V_1 \text{ ergibt:}$$

Weitere Isentropenfunktion

$$\frac{T_1}{T_2} = \left(\frac{V_2}{V_1}\right)^{\varkappa - 1}$$

Somit auch

$$\frac{T_4}{T_3} = \left(\frac{V_3}{V_4}\right)^{\varkappa - 1}$$

Mit $V_1 = V_4$ und $V_2 = V_3$ ergibt sich $\frac{T_1}{T_2} = \frac{T_4}{T_3} \longrightarrow T_4 = T_3 \cdot \frac{T_1}{T_2}$

In Gleichung $\boxed{a}$ eingesetzt:

$$\eta_{th} = 1 - \frac{T_3 \cdot \frac{T_1}{T_2} - T_1}{T_3 - T_2} = 1 - \frac{T_1 \cdot \left(\frac{T_3}{T_2} - 1\right)}{T_2 \cdot \left(\frac{T_3}{T_2} - 1\right)}$$

$$\boldsymbol{\eta_{th} = 1 - \frac{T_1}{T_2}} \quad \boxed{b} \quad \triangleq \boxed{152-3}$$

Ü 152. a)

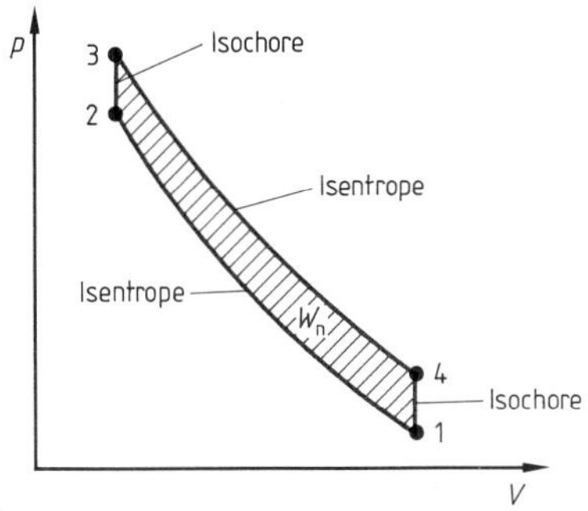

b) $p_1 \cdot V_1 = m \cdot R_i \cdot T_1$; $\boldsymbol{T_1 = 293{,}15\,K}$

$\boldsymbol{p_1 = 100\,000\,Pa}$

$$V_1 = \frac{m \cdot R_i \cdot T_1}{p_1}$$

$$V_1 = \frac{2\,\text{kg} \cdot 287{,}1\,\frac{\text{Nm}}{\text{kg} \cdot \text{K}} \cdot 293{,}15\,\text{K}}{100\,000\,\frac{\text{N}}{\text{m}^2}}$$

$\boldsymbol{V_1 = 1{,}683\,m^3}$

$\boldsymbol{V_2 = 0{,}25\,m^3}$ (gegeben)

$\boxed{1}$

$$p_2 \cdot V_2^{\varkappa} = p_1 \cdot V_1^{\varkappa} \longrightarrow p_2 = p_1 \cdot \left(\frac{V_1}{V_2}\right)^{\varkappa} = 100\,000\,\text{Pa} \cdot \left(\frac{1{,}683\,\text{m}^3}{0{,}25\,\text{m}^3}\right)^{1{,}4} = 100\,000\,\text{Pa} \cdot 6{,}732^{1{,}4}$$

$$\boldsymbol{p_2 = 1\,443\,450\,Pa}$$

$$p_2 \cdot V_2 = m \cdot R_i \cdot T_2 \longrightarrow T_2 = \frac{p_2 \cdot V_2}{m \cdot R_i} = \frac{1\,443\,450\,\frac{\text{N}}{\text{m}^2} \cdot 0{,}25\,\text{m}^3}{2\,\text{kg} \cdot 287{,}1\,\frac{\text{Nm}}{\text{kg} \cdot \text{K}}}$$

$$\boldsymbol{T_2 = 628{,}46\,K}$$

Es ist $V_3 = V_2$ (siehe Diagramm). Somit:

$\boldsymbol{V_3 = 0{,}25\,m^3}$ $\qquad$ $\boldsymbol{p_3 = 4\,MPa}$ (gegeben)

$$p_3 \cdot V_3 = m \cdot R_i \cdot T_3 \longrightarrow T_3 = \frac{p_3 \cdot V_3}{m \cdot R_i} = \frac{4\,000\,000 \frac{N}{m^2} \cdot 0{,}25\,m^3}{2\,kg \cdot 287{,}1 \frac{Nm}{kg \cdot K}}$$

$$\mathbf{T_3 = 1\,741{,}55\,K}$$

$V_4 = V_1$. Somit $\mathbf{V_4 = 1{,}683\,m^3}$

$$p_4 \cdot V_4^{\varkappa} = p_3 \cdot V_3^{\varkappa} \longrightarrow p_4 = p_3 \cdot \left(\frac{V_3}{V_4}\right)^{\varkappa} = 4\,000\,000 \frac{N}{m^2} \cdot \left(\frac{0{,}25\,m^3}{1{,}683\,m^3}\right)^{1{,}4}$$

$$\mathbf{p_4 = 277\,113{,}9\,Pa}$$

$$p_4 \cdot V_4 = m \cdot R_i \cdot T_4 \longrightarrow T_4 = \frac{p_4 \cdot V_4}{m \cdot R_i} = \frac{277\,113{,}9 \frac{N}{m^2} \cdot 1{,}683\,m^3}{2\,kg \cdot 287{,}1 \frac{Nm}{kg \cdot K}}$$

$$\mathbf{T_4 = 812{,}23\,K}$$

Probe: $\frac{p_1 \cdot V_1}{T_1} = \frac{p_4 \cdot V_4}{T_4}$

$$\frac{100\,000 \frac{N}{m^2} \cdot 1{,}683\,m^3}{293{,}15\,K} = \frac{277\,113{,}9 \frac{N}{m^2} \cdot 1{,}683\,m^3}{812{,}23\,K}$$

$$\mathbf{574{,}109 \frac{Nm}{K} \approx 574{,}2 \frac{Nm}{K}}$$

In der folgenden Tabelle sind die Zustandgrößen der Zustandspunkte 1, 2, 3 und 4 nochmals zusammengefaßt:

Zustandpunkt	Druck p in Pa	Volumen V in m^3	Temperatur T in K
1	100000	1,683	293,15
2	1443450	0,25	628,48
3	4000000	0,25	1741,55
4	277113,9	1,683	812,23

Mit den Ergebnissen der Übungsaufgabe Ü 151. ergibt sich:

c) $$W_n = \frac{m \cdot R_i}{\varkappa - 1} \cdot (T_1 - T_2 + T_3 - T_4)$$

$$W_n = \frac{2\,kg \cdot 287{,}1 \frac{Nm}{kg \cdot K}}{1{,}4 - 1} \cdot (293{,}15 - 628{,}48 + 1741{,}55 - 812{,}23)\,K$$

$$\mathbf{W_n = 852\,672{,}65\,Nm}$$

d) $$\eta_{th} = 1 - \frac{T_1}{T_2} = 1 - \frac{293{,}15\,K}{628{,}48\,K} = 1 - 0{,}466 = 0{,}534$$

$$\boldsymbol{\eta_{th} = 53{,}4\,\%}$$

e) $$\eta_{th} = \frac{W_n}{Q_a} \longrightarrow Q_a = \frac{W_n}{\eta_{th}} = \frac{852\,672{,}65\,J}{0{,}534} = 1\,596\,765{,}3\,J = m_{Benzin} \cdot H_u$$

$$m_{Benzin} = \frac{Q_a}{H_u} = \frac{1\,596\,765{,}3\,J}{44\,000\,000 \frac{J}{kg}}$$

$$\mathbf{m_{Benzin} = 0{,}0363\,kg}$$

f) $W_{ntats} = W_n \cdot 0{,}8 = 852\,672{,}65\ \text{Nm} \cdot 0{,}8$
$\mathbf{W_{ntats} = 682\,138{,}12\ Nm}$

Ü 153. Das p,V-Diagramm des Clausius-Rankine-Prozesses ist grundsätzlich mit dem p,V-Diagramm für Wasserdampf im Zusammenhang zu sehen.

Ü 154. ORC $\triangleq$ Organischer-Rankine-Cyklus: Dampfkraft-Kreisprozeß, mit welchem Wärmequellen mit niedriger Temperatur, analog dem Clausius-Rankine-Prozeß, genutzt werden können. Als Arbeitsmittel werden i. d. R. organische Kältemittel verwendet.

Ü 155. Der Carnot-Prozeß hat den höchstmöglichen (theoretischen) thermischen Wirkungsgrad η_{th}. Er dient deshalb als Vergleichsprozeß zur Beurteilung der Güte aller anderen Vergleichsprozesse. Er ist sozusagen der Vergleichsprozeß aller anderen Vergleichsprozesse, die ihrerseits ja die Vergleichprozesse der wirklichen Kreisprozesse sind.

Ü 156. Dissipation von Energie bedeutet, daß bei einem physikalischen Vorgang ein gewisses Maß an Energie – z. B. durch Wärmeableitung – aus dem gewollten Prozeß herausfließt oder in eine nicht beabsichtigte Energieform überführt wird. Dadurch wird der physikalische Vorgang irreversibel, d. h. nicht wieder umkehrbar.

Ü 157. Bei irreversiblen Vorgängen wird die Entropie stets größer.

Ü 158. $\Delta S = \dfrac{\Delta Q}{T} = \dfrac{p \cdot \Delta V + \Delta U}{T}$

Ü 159. Isentrope: Zustandsänderung mit $\Delta S = 0$
Isenthalpe: Zustandsänderung mit $\Delta H = 0$

Ü 160. Der zweite Hauptsatz besagt, daß die Entropie eines isolierten physikalischen Systems ständig größer wird.

Ü 161. $\Delta S = S_2 - S_1$. Gemäß Gleichung 159–3 ergibt sich

$$\Delta S = m_2 \cdot c_2 \cdot \ln \frac{T_m}{T_2} - m_1 \cdot c_1 \cdot \ln \frac{T_1}{T_m} \qquad T_1 = 873{,}15\ \text{K},\ T_2 = 288{,}15\ \text{K}$$

$$T_m = 315{,}1574\ \text{K}$$

$$\Delta S = 25\ \text{kg} \cdot 4{,}19 \frac{\text{kJ}}{\text{kg} \cdot \text{K}} \cdot \ln \frac{315{,}1574\ \text{K}}{288{,}15\ \text{K}} - 13\ \text{kg} \cdot 0{,}39 \frac{\text{kJ}}{\text{kg} \cdot \text{K}} \cdot \ln \frac{873{,}15\ \text{K}}{315{,}1574\ \text{K}}$$

$$\Delta S = 9{,}385 \frac{\text{kJ}}{\text{K}} - 5{,}167 \frac{\text{kJ}}{\text{K}}$$

$$\mathbf{\Delta S = 4{,}218 \frac{kJ}{K}}$$

Ü 162. Ein nutzbares Temperaturgefälle ist bei den rechtslaufenden Kreisprozessen gegeben.

Ü 163. $\varepsilon_K = \dfrac{Q_n}{W_a} \longrightarrow Q_n = \varepsilon_K \cdot W_a = 2{,}4 \cdot 200\ \text{Nm}$

$\mathbf{Q_n = 480\ Nm}$

Ü 164. Bei den Kreisprozessen der Brennkraftmaschinen befindet sich das Arbeitsmittel in einem näherungsweisen idealen Gaszustand und die Energieumwandlung kann so in einem geschlossen Zylinderraum realisiert werden. Bei den rechts- und linkslaufenden Clausius-Rankine-Prozessen, d. h. beim Dampfkraftprozeß und dem Kältemaschinen- bzw. Wärmepumpenprozeß, ändert das Arbeitsmittel ständig seinen Aggregatzustand zwischen Flüssigkeit–Naßdampf–Sattdampf–Heißdampf. Zur Realisierung dieser Prozesse sind deshalb die verschiedenen Anlagenaggregate – z.B. Verdampfer und Kondensator – erforderlich.

Ü 165. **Dampfkraftprozeß**: Der Dampf strömt abgearbeitet und mit niedriger Temperatur in den Kondensator.

Kältemaschinenprozeß: Der Dampf strömt in verdichtetem Zustand und mit hoher Temperatur in den Kondensator.

Ü 166. a) der Druck fällt,

b) die Enthalpie bleibt konstant,

c) die Entropie steigt.

Ü 167. Nach Gleichung 159–7: $\Delta S = m \cdot R_i \cdot \ln \frac{p_1}{p_2} = 10\,\text{kg} \cdot 287{,}1 \frac{\text{J}}{\text{kg} \cdot \text{K}} \cdot \ln \frac{12\,\text{bar}}{2\,\text{bar}}$

$$\boldsymbol{\Delta S = 5\,144{,}14\,\frac{J}{K}}$$

Ü 168. **Exergie**: nutzbare, d. h. umwandelbare Energie

Anergie: nicht – ohne weitere Energiezufuhr – nutzbare Energie

Ü 169. a) $Q_n = m_1 \cdot c_1 \cdot \Delta\vartheta + m_2 \cdot c_2 \cdot \Delta\vartheta = \Delta\vartheta \cdot (m_1 \cdot c_1 + m_2 \cdot c_2)$

$$Q_n = 16\,\text{K} \cdot \left(150\,\text{kg} \cdot 1{,}8 \frac{\text{kJ}}{\text{kg} \cdot \text{K}} + 76\,\text{kg} \cdot 0{,}39 \frac{\text{kJ}}{\text{kg} \cdot \text{K}}\right) = 16\,\text{K} \cdot \left(270\,\frac{\text{kJ}}{\text{K}} + 29{,}64 \frac{\text{kJ}}{\text{K}}\right)$$

$$\boldsymbol{Q_n = 4\,794{,}24\,kJ}$$

b) $\eta = \frac{Q_n}{W_a} = \frac{Q_n}{P \cdot t} \longrightarrow P = \frac{Q_n}{\eta \cdot t} = \frac{4\,794\,240\,\text{J}}{0{,}82 \cdot 12 \cdot 60\,\text{s}} = 8\,120{,}3\,\frac{\text{Ws}}{\text{s}} = 8\,120{,}3\,\text{W}$

$$\boldsymbol{P = 8{,}1203\,kW}$$

Ü 170. **1 J = 1 Nm = 1 Ws**

Ü 171. $\eta = \frac{Q_n}{W_a} = \frac{m \cdot c \cdot \Delta\vartheta}{P \cdot t} \longrightarrow m = \frac{\eta \cdot P \cdot t}{c \cdot \Delta\vartheta} = \frac{0{,}6 \cdot 5\,000\,\text{W} \cdot 30 \cdot 60\,\text{s}}{4\,190 \frac{\text{Ws}}{\text{kg} \cdot \text{K}} \cdot 75\,\text{K}}$

$$\boldsymbol{m = 17{,}184\,kg \mathrel{\widehat{=}} 17{,}184\,l}$$

Ü 172. $Q_n = W_a$

$m \cdot q = P \cdot t = 1\,\text{kWh} \longrightarrow m = \frac{1\,\text{kWh}}{q} = \frac{1\,\text{kWh}}{335\,\frac{\text{kJ}}{\text{kg}}} = \frac{3\,600\,000\,\text{Ws}}{335\,000 \frac{\text{Ws}}{\text{kg}}}$

$$\boldsymbol{m = 10{,}75\,kg}$$

Ü 173. $Q_n = W_a$

$m \cdot r = P \cdot T = 1\,\text{kWh} \longrightarrow m = \frac{1\,\text{kWh}}{r} = \frac{1\,\text{kWh}}{2258\,\frac{\text{kJ}}{\text{kg}}} = \frac{3\,600\,000\,\text{Ws}}{2\,258\,000 \frac{\text{Ws}}{\text{kg}}}$

$m = 1{,}594\,\text{kg} = V \cdot \rho \longrightarrow V = \frac{m}{\rho} = \frac{1{,}594\,\text{kg}}{0{,}9571\,\frac{\text{kg}}{\text{dm}^3}}$

$$\boldsymbol{V = 1{,}665\,dm^3 \mathrel{\widehat{=}} 1{,}665\,l}$$

Ü 174. $\frac{\text{kJ}}{\text{h}} : \frac{\text{Energie}}{\text{Zeit}} = \text{Leistung}$

Ü 175. $\eta = \frac{Q_n}{W_a} = \frac{m \cdot r}{P \cdot t} \longrightarrow m = \frac{\eta \cdot P \cdot t}{r} = \frac{0{,}85 \cdot 1\,200\,\text{W} \cdot 5 \cdot 60\,\text{s}}{2\,258\,\frac{\text{kJ}}{\text{kg}}} = \frac{306\,000\,\text{Ws}}{2\,258\,000\,\frac{\text{Ws}}{\text{kg}}}$

$$\boldsymbol{m = 0{,}1355\,\text{kg}}$$

Ü 176. Die Wärmeleitfähigkeit wird im allgemeinen sehr stark von der Temperatur beeinflußt. Es ist deshalb äußerst wichtig, den der Betriebstemperatur entsprechenden λ-Wert in die Berechnungen einzusetzen.

Ü 177. Wärmeenergie kann durch Kontakt (Leitung), Konvektion und durch Strahlung übertragen werden.

Ü 178. a) $\dot{Q} = \frac{Q}{t} = \frac{73\,000\,\text{kJ}}{25\,\text{s}} = \frac{73\,000\,000\,\text{J}}{25\,\text{s}} = \frac{73\,000\,000\,\text{Ws}}{25\,\text{s}} = 2\,920\,000\,\text{W}$

$$\boldsymbol{\dot{Q} = 2\,920\,\text{kW}}$$

b) $\dot{Q} = \frac{\lambda}{\delta} \cdot A \cdot \Delta\vartheta \longrightarrow \delta = \frac{\lambda \cdot A \cdot \Delta\vartheta}{\dot{Q}} = \frac{350\,\frac{\text{W}}{\text{m} \cdot \text{K}} \cdot 0{,}6\,\text{m}^2 \cdot 300\,\text{K}}{2\,920\,000\,\text{W}} = 0{,}0216\,\text{m}$

$$\boldsymbol{\delta = 21{,}6\,\text{mm}}$$

Ü 179. $\boldsymbol{R_\lambda = \frac{\delta}{\lambda \cdot A}}$

Ü 180. $\dot{Q} = \frac{\Delta\vartheta}{R_{\lambda\text{ges}}}$ $\qquad R_{\lambda\text{ges}} = R_{\lambda 1} + R_{\lambda 2} = \frac{\delta_1}{\lambda_1 \cdot A} + \frac{\delta_2}{\lambda_2 \cdot A}$

$$R_{\lambda\text{ges}} = \frac{0{,}02\,\text{m}}{46{,}7\,\frac{\text{W}}{\text{m} \cdot \text{K}} \cdot 2{,}5\,\text{m}^2} + \frac{0{,}02\,\text{m}}{0{,}08\,\frac{\text{W}}{\text{m} \cdot \text{K}} \cdot 2{,}5\,\text{m}^2}$$

$$\boldsymbol{R_{\lambda\text{ges}}} = 0{,}00017\,\frac{\text{K}}{\text{W}} + 0{,}1\,\frac{\text{K}}{\text{W}} = \boldsymbol{0{,}10017\,\frac{\text{K}}{\text{W}}}$$

$$\dot{Q} = \frac{(200-20)\,\text{K}}{0{,}10017\,\frac{\text{K}}{\text{W}}} = \frac{180\,\text{K}}{0{,}10017\,\frac{\text{K}}{\text{W}}} = 1\,796{,}95\,\text{W}$$

$$\boldsymbol{\dot{Q} = 1{,}797\,\text{kW}}$$

Ü 181. $Nu = \frac{\alpha \cdot h}{\lambda_F} = 1{,}8 \cdot \frac{Pr^{0{,}5}}{2{,}3 + Pr^{0{,}5}} \cdot Gr^{0{,}25}$

$$\alpha = \frac{\lambda_F}{h} \cdot 1{,}8 \cdot \frac{Pr^{0{,}5}}{2{,}3 + Pr^{0{,}5}} \cdot Gr^{0{,}25}$$

$$\alpha = \frac{24\,\frac{\text{W}}{\text{m} \cdot \text{K}}}{3\,\text{m}} \cdot 1{,}8 \cdot \frac{290^{0{,}5}}{2{,}3 + 290^{0{,}5}} \cdot 2\,810\,000^{0{,}25}$$

$$\alpha = 8\,\frac{\text{W}}{\text{m}^2 \cdot \text{K}} \cdot 1{,}8 \cdot \frac{17{,}0294}{19{,}3294} \cdot 40{,}9427$$

$$\boldsymbol{\alpha = 519{,}42\,\frac{\text{W}}{\text{m}^2 \cdot \text{K}}}$$

Ü 182. Dies hat zwei Gründe: Durch die Rauhigkeit vergrößert sich die Oberfläche, und außerdem entstehen durch die größeren Reibungskräfte zwischen Wand und Fluid Wirbel, d. h. Turbulenzen.

Ü 183. Der k-Wert berücksichtigt alle Wärmeübergänge und alle Wärmleitungen, d. h. er beinhaltet alle α-, λ- und δ-Werte.

Ü 184. a) $\dot{Q} = \dfrac{Q}{t}$

$$Q = \dot{Q} \cdot t = k \cdot A \cdot \Delta\vartheta \cdot t$$

$$k = \frac{1}{\dfrac{1}{\alpha_a} + \dfrac{\delta_1}{\lambda_1} + \dfrac{\delta_2}{\lambda_2} + \dfrac{1}{\alpha_i}} = \frac{1}{\dfrac{1}{41{,}7} + \dfrac{0{,}5}{1{,}4} + \dfrac{0{,}01}{0{,}14} + \dfrac{1}{2{,}8}} \;\frac{\mathrm{W}}{\mathrm{m}^2 \cdot \mathrm{K}}$$

$$k = \frac{1}{0{,}02398 + 0{,}35714 + 0{,}07143 + 0{,}35714} \;\frac{\mathrm{W}}{\mathrm{m}^2 \cdot \mathrm{K}} = \frac{1}{0{,}80969} \;\frac{\mathrm{W}}{\mathrm{m}^2 \cdot \mathrm{K}}$$

$$\boldsymbol{k = 1{,}235 \;\frac{\mathrm{W}}{\mathrm{m}^2 \cdot \mathrm{K}}}$$

$$Q = 1{,}235 \frac{\mathrm{W}}{\mathrm{m}^2 \cdot \mathrm{K}} \cdot 5\,\mathrm{m}^2 \cdot 80\,\mathrm{K} \cdot 6\,\mathrm{h} = 2\,964{,}0\,\mathrm{Wh} = 2\,964{,}0 \cdot 3600\,\mathrm{Ws}$$

$$Q = 10\,670\,400{,}0\,\mathrm{Ws} = 10\,670\,400{,}0\,\mathrm{J}$$

$$\boldsymbol{Q = 10\,670{,}4\,\mathrm{kJ}}$$

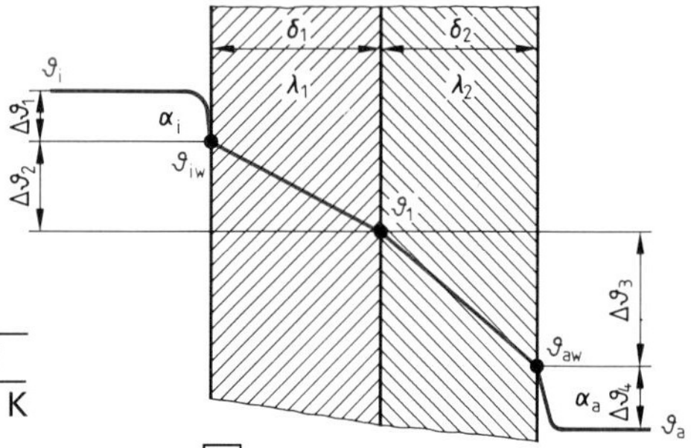

1

b) Aus Bild 1 geht hervor:

$$\vartheta_1 = \vartheta_i - \Delta\vartheta_1 - \Delta\vartheta_2$$

$$\Delta\vartheta_1 = k \cdot \Delta\vartheta \cdot \frac{1}{\alpha_i}$$

$$\Delta\vartheta_1 = 1{,}23512 \frac{\mathrm{W}}{\mathrm{m}^2 \cdot \mathrm{K}} \cdot 80\,\mathrm{K} \cdot \frac{1}{2{,}8 \dfrac{\mathrm{W}}{\mathrm{m}^2 \cdot \mathrm{K}}}$$

$$\boldsymbol{\Delta\vartheta_1 = 35{,}2891\,^\circ\mathrm{C}}$$

$$\Delta\vartheta_2 = k \cdot \Delta\vartheta \cdot \frac{\delta_1}{\lambda_1} = 1{,}23512 \frac{\mathrm{W}}{\mathrm{m}^2 \cdot \mathrm{K}} \cdot 80\,\mathrm{K} \cdot \frac{0{,}5\,\mathrm{m}}{1{,}4 \dfrac{\mathrm{W}}{\mathrm{m} \cdot \mathrm{K}}}$$

$$\boldsymbol{\Delta\vartheta_2 = 35{,}2891\,^\circ\mathrm{C}}$$

$$\vartheta_1 = 100\,^\circ\mathrm{C} - 35{,}2891\,^\circ\mathrm{C} - 35{,}2891\,^\circ\mathrm{C}$$

$$\boldsymbol{\vartheta_1 = 29{,}4218\,^\circ\mathrm{C}}$$

Probe: Aus Bild 1 ergibt sich weiter

$$\vartheta_1 = \vartheta_a + \Delta\vartheta_4 + \Delta\vartheta_3$$

$$\Delta\vartheta_4 = k \cdot \Delta\vartheta \cdot \frac{1}{\alpha_a} = 1{,}23504 \frac{\mathrm{W}}{\mathrm{m}^2 \cdot \mathrm{K}} \cdot 80\,\mathrm{K} \cdot \frac{1}{41{,}7 \dfrac{\mathrm{W}}{\mathrm{m}^2 \cdot \mathrm{K}}}$$

$$\boldsymbol{\Delta\vartheta_4 = 2{,}369\,^\circ\mathrm{C}}$$

$$\Delta\vartheta_3 = k \cdot \Delta\vartheta \cdot \frac{\delta_2}{\lambda_2} = 1{,}23504 \frac{\mathrm{W}}{\mathrm{m}^2 \cdot \mathrm{K}} \cdot 80\,\mathrm{K} \cdot \frac{0{,}01\,\mathrm{m}}{0{,}14 \dfrac{\mathrm{W}}{\mathrm{m} \cdot \mathrm{K}}}$$

$$\boldsymbol{\Delta\vartheta_3 = 7{,}057\,^\circ\mathrm{C}}$$

$$\vartheta_1 = 20\,^\circ\mathrm{C} + 2{,}369\,^\circ\mathrm{C} + 7{,}057\,^\circ\mathrm{C}$$

$$\boldsymbol{\vartheta_1 = 29{,}426\,^\circ\mathrm{C}}$$

Ü 185. Der Gesamtwärmestrom setzt sich aus der Summe aller Einzelwärmeströme zusammen, d. h.: Es wird der Wärmestrom für jede einzelne Teilfläche berechnet, und deren Summe ergibt den Gesamtwärmestrom.

Ü 186. $$k = \frac{1}{\frac{1}{\alpha_a} + \frac{\delta_1}{\lambda_1} + \frac{\delta_2}{\lambda_2} + \frac{\delta_3}{\lambda_3} + \frac{\delta_4}{\lambda_4} + \frac{\delta_5}{\lambda_5} + \frac{1}{\alpha_i}}$$

$$k = \frac{1}{\frac{1}{23} + \frac{0{,}02}{0{,}9} + \frac{0{,}2}{0{,}03} + \frac{0{,}005}{0{,}2} + \frac{0{,}24}{0{,}5} + \frac{0{,}03}{0{,}7} + \frac{1}{8}} \; \frac{\mathrm{W}}{\mathrm{m^2 \cdot K}}$$

$$k = \frac{1}{0{,}04348 + 0{,}02222 + 6{,}66666 + 0{,}025 + 0{,}48 + 0{,}04286 + 0{,}125} \; \frac{\mathrm{W}}{\mathrm{m^2 \cdot K}} = \frac{1}{7{,}40522} \; \frac{\mathrm{W}}{\mathrm{m^2 \cdot K}}$$

$$\boldsymbol{k = 0{,}13504 \, \frac{\mathrm{W}}{\mathrm{m^2 \cdot K}}}$$

Es ist $\Delta\vartheta_i = k \cdot \Delta\vartheta \cdot \frac{1}{\alpha}$ bzw. $k \cdot \Delta\vartheta \cdot \frac{\delta}{\lambda}$

Mit $k = 0{,}13504 \, \frac{\mathrm{W}}{\mathrm{m^2 \cdot K}}$ und $\Delta\vartheta = 42\,\mathrm{K}$ wird $k \cdot \Delta\vartheta = 0{,}13504 \, \frac{\mathrm{W}}{\mathrm{m^2 \cdot K}} \cdot 42\,\mathrm{K}$

$$\boldsymbol{k \cdot \Delta\vartheta = 5{,}67168 \, \frac{\mathrm{W}}{\mathrm{m^2}}}$$

$$\boldsymbol{\Delta\vartheta_1} = k \cdot \Delta\vartheta \cdot \frac{1}{\alpha_i} = 5{,}67168 \, \frac{\mathrm{W}}{\mathrm{m^2}} \cdot \frac{1}{8\,\mathrm{W/m^2 \cdot K}} = \boldsymbol{0{,}70896\,^\circ\mathrm{C}}$$

$$\boldsymbol{\Delta\vartheta_2} = k \cdot \Delta\vartheta \cdot \frac{\delta_1}{\lambda_1} = 5{,}67168 \, \frac{\mathrm{W}}{\mathrm{m^2}} \cdot \frac{0{,}02\,\mathrm{m}}{0{,}9\,\mathrm{W/m \cdot K}} = \boldsymbol{0{,}12604\,^\circ\mathrm{C}}$$

$$\boldsymbol{\Delta\vartheta_3} = k \cdot \Delta\vartheta \cdot \frac{\delta_2}{\lambda_2} = 5{,}67168 \, \frac{\mathrm{W}}{\mathrm{m^2}} \cdot \frac{0{,}2\,\mathrm{m}}{0{,}03\,\mathrm{W/m \cdot K}} = \boldsymbol{37{,}81120\,^\circ\mathrm{C}}$$

$$\boldsymbol{\Delta\vartheta_4} = k \cdot \Delta\vartheta \cdot \frac{\delta_3}{\lambda_3} = 5{,}67168 \, \frac{\mathrm{W}}{\mathrm{m^2}} \cdot \frac{0{,}005\,\mathrm{m}}{0{,}2\,\mathrm{W/m \cdot K}} = \boldsymbol{0{,}14179\,^\circ\mathrm{C}}$$

$$\boldsymbol{\Delta\vartheta_5} = k \cdot \Delta\vartheta \cdot \frac{\delta_4}{\lambda_4} = 5{,}67168 \, \frac{\mathrm{W}}{\mathrm{m^2}} \cdot \frac{0{,}24\,\mathrm{m}}{0{,}5\,\mathrm{W/m \cdot K}} = \boldsymbol{2{,}72241\,^\circ\mathrm{C}}$$

$$\boldsymbol{\Delta\vartheta_6} = k \cdot \Delta\vartheta \cdot \frac{\delta_5}{\lambda_5} = 5{,}67168 \, \frac{\mathrm{W}}{\mathrm{m^2}} \cdot \frac{0{,}03\,\mathrm{m}}{0{,}7\,\mathrm{W/m \cdot K}} = \boldsymbol{0{,}24307\,^\circ\mathrm{C}}$$

$$\boldsymbol{\Delta\vartheta_7} = k \cdot \Delta\vartheta \cdot \frac{1}{\alpha_a} = 5{,}67168 \, \frac{\mathrm{W}}{\mathrm{m^2}} \cdot \frac{1}{23\,\mathrm{W/m^2 \cdot K}} = \boldsymbol{0{,}24659\,^\circ\mathrm{C}}$$

Probe: $\Delta\vartheta = \Delta\vartheta_1 + \Delta\vartheta_2 + \Delta\vartheta_3 + \Delta\vartheta_4 + \Delta\vartheta_5 + \Delta\vartheta_6 + \Delta\vartheta_7$

$\Delta\vartheta = 0{,}70896\,^\circ\mathrm{C} + 0{,}12604\,^\circ\mathrm{C} + 37{,}81120\,^\circ\mathrm{C} + 0{,}14179\,^\circ\mathrm{C} + 2{,}72241\,^\circ\mathrm{C} + 0{,}24307\,^\circ\mathrm{C} + 0{,}24659\,^\circ\mathrm{C}$

$$\boldsymbol{\Delta\vartheta = 42{,}00006\,^\circ\mathrm{C} \approx 42\,^\circ\mathrm{C}}$$

Anmerkung: Das größte Temperaturgefälle liegt in der Dämmschicht!

Ü 187. Bei der Wärmestrahlung wird die Energie in nicht mehr teilbaren Energiequanten durch die Vorgänge der Emission und Absorption mit Hilfe der elektromagnetischen Wellen eines eingegrenzten Wellenlängenbereiches (ultrarot bis ultraviolett) vom Ort der höheren Temperatur zum Ort mit niedrigerer Temperatur übertragen.

Ü 188. $\frac{\varepsilon}{a} = 1{,}0 = \varepsilon_s$

Ü 189. $C = C_s \cdot \varepsilon$ $\quad C_s$ = Strahlungskonstante des absolut schwarzen Körpers.

Ü 190. a) $\dot{E} = \varepsilon \cdot C_s \cdot A \cdot \left(\frac{T}{100}\right)^4$ $\quad T = (273{,}15 + 500)\,\mathrm{K} = 773{,}15\,\mathrm{K}$

$$\dot{E} = 0{,}8 \cdot 5{,}67 \, \frac{\mathrm{W}}{\mathrm{m^2 \cdot K^4}} \cdot 0{,}95\,\mathrm{m^2} \cdot \left(\frac{773{,}15\,\mathrm{K}}{100}\right)^4$$

$$\boldsymbol{\dot{E} = 15397{,}55\,\mathrm{W}}$$

b) $\dot{E} = \frac{E}{t} \longrightarrow E = \dot{E} \cdot t = 15397{,}55\,\text{W} \cdot 2\,\text{h} = 30795{,}1\,\text{Wh}$

$\boldsymbol{E = 30{,}8\,\text{kWh}}$

$1\,\text{kWh} = 3600000\,\text{Ws} = 3600000\,\text{J} = 3600\,\text{kJ}$, d. h.

$E = 30{,}8 \cdot 3600\,\text{kJ}$

$\boldsymbol{E = 110880\,\text{kJ}}$

Ü 191. Entweder man addiert die beiden Wärmeströme $\dot{Q}_{\text{konv.}}$ und $\dot{Q}_{\text{Str.}}$ oder man ermittelt $\alpha_{\text{ges}} = \alpha_{\text{konv.}} + \alpha_{\text{Str.}}$ und rechnet $\dot{Q}$ mit Hilfe des Newtonschen Gesetzes des Wärmeüberganges aus.

Ü 192. **Rekuperator**: Wärmeres und kälteres Fluid strömen in zwei durch eine wärmedurchlässige Wand voneinander getrennten Räumen, und zwar im Gleich- oder Gegenstrom.

Anmerkung: Es werden auch Wärmeaustauscher gebaut, deren Fluidströme sich unter einem bestimmten Winkel kreuzen. Sie liegen in ihrer Wirkungsintensität zwischen dem Gleichstrom und dem Gegenstrom und sie heißen **Kreuzstrom-Wärmeaustauscher**.

Regenerator: Im Umschaltbetrieb wird ein Wärmespeicher aufgeheizt und durch ein eingeleitetes kaltes Fluid wird diese Wärmeenergie auf das Fluid übertragen.

Ü 193. Beim Gleichstromprinzip ist die Endtemperatur des wärmeabgebenden Fluids immer größer als die Endtemperatur des wärmeaufnehmenden Fluids.

Ü 194. a)

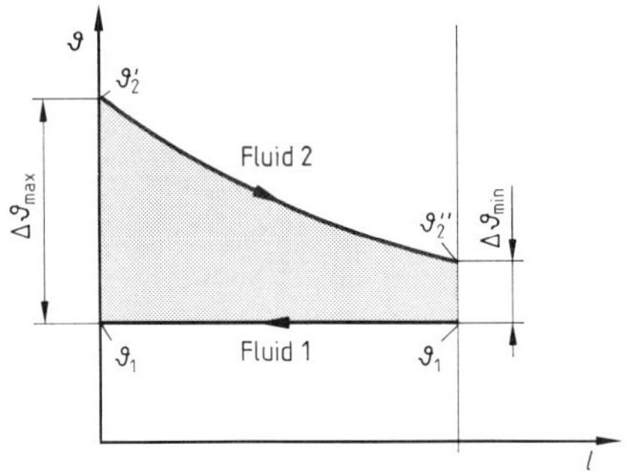

1

b) $\Delta\vartheta_m = \dfrac{\Delta\vartheta_{\max} - \Delta\vartheta_{\min}}{\ln \dfrac{\Delta\vartheta_{\max}}{\Delta\vartheta_{\min}}}$

$\Delta\vartheta_{\max} = \vartheta_2' - \vartheta_1 = 340\,°\text{C}$

$\Delta\vartheta_{\min} = \vartheta_2'' - \vartheta_1 = 55\,°\text{C}$

$\Delta\vartheta_m = \dfrac{340\,°\text{C} - 55\,°\text{C}}{\ln \dfrac{340\,°\text{C}}{55\,°\text{C}}} = \dfrac{285\,°\text{C}}{1{,}822}$

$\boldsymbol{\Delta\vartheta_m = 156{,}42\,°\text{C}}$

Ergebnisse der Vertiefungsaufgaben

V 1. Eine Zustandsgröße ist meßbar.

V 2. $$\text{Druck} = \frac{\text{Kraft}}{\text{Fläche, auf welche die Kraft wirkt}} \text{ in } \frac{\text{N}}{\text{m}^2} = \text{Pa}$$

V 3. Entsprechend der Definitionsgleichung werden die Einheiten der in der Definitionsgleichung vorkommenden Größen miteinander mathematisch verknüpft.

V 4. $\vartheta = -459{,}67\,°\text{F}$ (absoluter Nullpunkt)

V 5. a) $\vartheta = 499{,}85\,°\text{C}$
b) $\vartheta = -255{,}35\,°\text{C}$
c) $\vartheta = 0\,°\text{C}$

V 6. Fundamentalpunkt = Festpunkt = Fixpunkt

V 7. Für die sieben Basiseinheiten gibt es jeweils eine Definition, mit Hilfe derer die entsprechende Einheit jederzeit und überall reproduzierbar ist. Eine solche Definition heißt Einheitennormal.

V 8. Flüssigkeitsthermometer, Bimetallthermometer, Elektrische Widerstandsthermometer, Thermoelement, Pyrometer, Segerkegel, Thermochromfarben, Thermographie u. a.

V 9.

$\Delta\vartheta$ in °C $\triangleq$ ΔT in K:	28	6	22	989	56	0,45	254,65	3,5	809,2	199

V 10. Durch die Kompression der Luft infolge Ausdehnung des Quecksilbers würden sich Meßfehler einstellen. Beim Gasdruckthermometer ist deshalb die Skala entsprechend geeicht.

V 11. Je enger die Röhre, desto größer ist der Skalenabstand für eine bestimmte Temperaturdifferenz. Anwendung: Beckmann-Thermometer.

V 12.

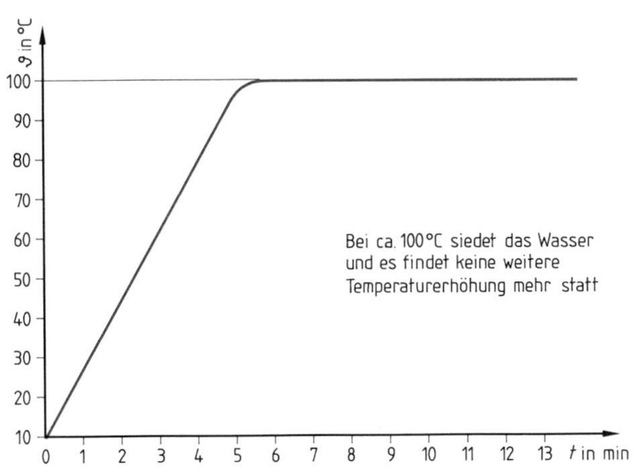

1

V 13. Durch das Kräftegleichgewicht von F_{An} und F_{Ab} – dies sind Gravitationskräfte bzw. Deformationskräfte – stellt sich bei kristallinen Stoffen zwischen den Elementarteilchen ein stofftypischer Abstand, die Gitterkonstante a_o, ein.

V 14. kubische Gitter: raum- und flächenzentriert (krz- und kfz-Gitter), hexagonale Gitter, tetragonale Gitter.

V 15. Unter Energie versteht man gespeicherte Arbeitsfähigkeit.

V 16. Benzin verbrennt ⟶ chemische Energie
Druck wird erzeugt ⟶ Druckenergie
Kolben wird bewegt ⟶ mechanische Energie

V 17. J, Nm, kcal ⟶ 1 J = 1 Nm ; 1000 J = 1 kJ ; 1 kcal = 4,19 kJ

V 18. a) Bewegungsenergie der Elementarteilchen wird größer
b) Temperatur bleibt konstant

V 19. Sonnenstrahlung; feste, flüssige und gasförmige Brennstoffe ; Erdwärme.

V 20. fest: Eis
flüssig: Wasser in flüssiger Form
gasförmig: Wasserdampf

V 21. Der Lederlappen vermindert den Übergang der Handwärme in das Meßgerät. Andernfalls würden durch die Wärmedehnung des Meßgerätes zu große Meßfehler entstehen.

V 22. Die durch die Reibung zwischen Schnur und Glas entstehende Wärmeenergie fließt in den Flaschenhals und erwärmt diesen. Dadurch dehnt er sich gegenüber dem Stopfen aus und der Stopfen kann gelöst werden. Es ist jedoch darauf zu achten, daß die Wärmeenergie nicht bis zum Stopfen fließt. Deshalb muß das Reiben rechtzeitig unterbrochen werden.

V 23. Thermischer Ausdenungskoeffizient = Wärmedehnzahl = Wärmeausdehnungszahl = linearer Ausdehnungskoeffizient = Längenausdehnungszahl.

V 24. Es muß dafür gesorgt werden, daß sich die Rohrleitungen frei dehnen können. Andernfalls treten durch unkontrollierbare Kraftwirkungen Schäden an der Rohrleitung und an der Wandeinbindung auf.

V 25. $\frac{\alpha}{\gamma} = \frac{1}{3}$

V 26. Die Einheit $\frac{1}{K}$ hat keinerlei physikalische Aussagekraft.

V 27. $\Delta l = 1{,}1505\,\text{m}$

V 28. $V_2 = 100{,}408\,\text{l}$

V 29. Den gleichen Effekt hätte man auch durch das Erwärmen des Kolbens erzielen können. In der Praxis wird auch oft so verfahren, daß das Innenteil unterkühlt **und** das Außenteil erwärmt wird.
Bei der Erwärmung – im gegebenen Fall – ist darauf zu achten, daß am Kolben keine Gefügeschäden entstehen können.

V 30. $\vartheta_2 = 38{,}33\,°\text{C}$

V 31. $\Delta\vartheta = 166{,}67\,°\text{C}$

V 32. $\rho_2 = 13{,}405\,\frac{\text{kg}}{\text{dm}^3}$

V 33. In der Praxis stehen genormte Längenkompensatoren zur Verfügung, z. B. in Form eines **Lyrabogens** (Bild 1). Oftmals genügt es auch, mit der Leitung zu „springen". Dies zeigt Bild 2. Dadurch ist die Möglichkeit einer elastischen Verformung gegeben.

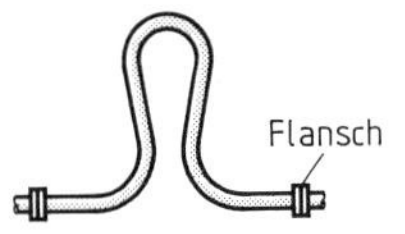

1

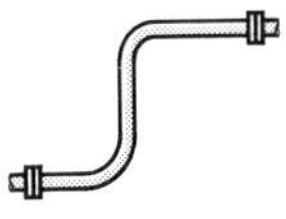

2

V 34. a) Δl = 0,404 mm
b) σ_d = 146,28 N/mm²
c) F = 413 596,46 N

V 35. σ = 113,4 N/mm²

V 36. Absolute Zustandsgrößen der Physik (z. B. absoluter Druck, absolute Temperatur) beziehen sich auf ihren Wert Null. In den Gasgesetzen darf nur mit diesen absoluten Zustandsgrößen gerechnet werden.

V 37. Der Luftdruck schwankt stets zwischen einer Untergrenze und einer Obergrenze. Diesen Bereich nennt man die Schwankungsbreite des Luftdruckes.

V 38. $V_2 = 760\,m^3$

V 39. Durch Volumenverkleinerung, z. B. mit einem Kolben

V 40. a) p nimmt ab, ρ = konstant
b) V nimmt zu, ρ wird kleiner
c) p nimmt ab, ρ wird kleiner
d) V nimmt zu, ρ wird kleiner

V 41. p_{e2} = 30,525 bar

V 42. p_2 = 25 bar

V 43. ϑ_2 = 576,3 °C

V 44. ϑ_2 = −141,964 °C

V 45. p_2 = 3,215 bar

V 46. Unter einem Normkubikmeter (m_n^3) versteht man einen Kubikmeter Gas im Normzustand, d. h. ϑ_n = 0 °C und p_n = 1,01325 bar

V 47. $R_i = 316{,}8\,\frac{Nm}{kg \cdot K} \approx 319{,}5\,\frac{Nm}{kg \cdot K}$

V 48. m = 7,165 kg

V 49. a) $\dot{m} = 908{,}5\,\frac{kg}{h}$
b) $v_1 = 0{,}991\,\frac{m^3}{kg}$
c) $\rho_1 = 1{,}01\,\frac{kg}{m^3}$
d) $\rho_2 = 1{,}146\,\frac{kg}{m^3}$

V 50. a) $\rho_2 = 0{,}304\,\frac{kg}{m^3}$
b) $v_2 = 3{,}289\,\frac{m^3}{kg}$
c) $R_i = 286{,}98\,\frac{Nm}{kg \cdot K} \approx 287{,}1\,\frac{Nm}{kg \cdot K}$
d) m = 202,76 kg
m = 202,86 kg ≈ 202,76 kg
$\dot{m}$ = 12165,6 kg/h

V 51. Bei idealen Gasen gelten die Gasgesetze uneingeschränkt. Dies ist bei den realen Gasen, deren Zustand sehr nahe am Verflüssigungspunkt liegt, nicht der Fall.

V 52. Man spricht von gleichen Stoffmengen, wenn bei abgegrenzten Materiemengen die gleichen Teilchenzahlen vorliegen.

V 53. Die Basiseinheit der Stoffmenge n ist das Mol, das Einheitenzeichen mol (zu vergleichen Meter und m).
1 kmol = 1 000 mol

V 54. a) $N = 0{,}1882 \cdot 10^{26}$
b) $N = 0{,}215 \cdot 10^{26}$

V 55. Gleiche Volumina verschiedener Gase besitzen bei gleichen Drücken und gleichen Temperaturen die gleiche Anzahl Teilchen, z. B. Moleküle. Die Menge 1 kmol beinhaltet $6{,}022 \cdot 10^{26}$ Teilchen, und die Angaben beziehen sich immer auf ideale Gase.

V 56. $R_i = \frac{R}{M}$

V 57. $V_n = 0{,}56\,m_n^3$; $V_1 = 0{,}1695\,m^3$

V58. $R_i = 188{,}522 \frac{\text{Nm}}{\text{kg} \cdot \text{K}}$ $\left(\text{Tabellenwert: } R_i = 188{,}7 \frac{\text{Nm}}{\text{kg} \cdot \text{K}}\right)$

V59. Der Partialdruck ist der von jedem einzelnen Gas einer Mischung mehrerer Gase ausgeübte Teildruck. Er ist gleich dem Druck, den das einzelne Gas ausüben würde, wenn es alleine anwesend wäre und den gleichen Raum zur Verfügung hätte wie alle Einzelgase zusammen.

V60. Aus der Gleichung $p_z = p \cdot \frac{m_z}{m} \cdot \frac{R_{iz}}{R_i}$ ist ersichtlich: die Partialdrücke verhalten sich proportional zum Gesamtdruck.

V61. a) $R_i = 254{,}93 \frac{\text{Nm}}{\text{kg} \cdot \text{K}}$

b) $\rho_n = 1{,}455 \frac{\text{kg}}{\text{m}^3}$

c) $\rho = 2{,}007 \frac{\text{kg}}{\text{m}^3}$

d) Argon: $p_1 = 0{,}40835$ bar
Sauerstoff: $p_2 = 0{,}50955$ bar
Stickstoff: $p_3 = 0{,}58212$ bar
$p = p_1 + p_2 + p_3 = 1{,}5$ bar

V62. a) $R_i = 283{,}05 \frac{\text{Nm}}{\text{kg} \cdot \text{K}}$

b) CO_2 : $p_1 = 0{,}06762$ bar
O_2 : $p_2 = 0{,}0744$ bar
N_2 : $p_3 = 0{,}87123$ bar
$p_n = \Sigma p = 1{,}01325$ bar

c) $M_r = 29{,}932$; $M = 29{,}932 \frac{\text{kg}}{\text{kmol}}$

$R_i = 277{,}8 \frac{\text{Nm}}{\text{kg} \cdot \text{K}} \approx 283{,}05 \frac{\text{Nm}}{\text{kg} \cdot \text{K}}$

Die Differenz zum Ergebnis a) läßt sich mit Rundungen, aber auch darauf zurückführen, daß die Gase nicht als hundertprozentig ideal zu bezeichnen sind.

V63. Die zur Erwärmung erforderliche bzw. die bei der Abkühlung abgegebene Wärmemenge errechnet sich aus dem Produkt von Masse des Körpers, der spezifischen Wärmekapazität und der sich bei der Erwärmung bzw. Abkühlung einstellenden Temperaturdifferenz.

V64. Unter der mittleren spezifischen Wärmekapazität versteht man einen Mittelwert der Wärmekapazität für einen Temperaturbereich. Im Gegensatz hierzu gilt die wahre spezifische Wärmekapazität für eine bestimmte Temperatur.

V65. $Q = 723{,}84$ kJ

V66. $Q = 13{,}979$ kJ

V67. $Q = 5866$ kJ

V68. Wasser dient infolge seiner großen spezifischen Wärmekapazität als Wärmespeicher und zum Transport von Wärmeenergien in Rohrleitungen z. B. in Kühlsystemen oder in Heizungsanlagen.

V69. Am Anfang eines Kalorimeterversuches muß zwischen dem Kalorimetergefäß und der Kalorimeterfüllung ein Temperaturausgleich stattgefunden haben.

V70. $C = \Sigma (m \cdot c)$

V71. $Q_{ab} = Q_{auf}$

V72. $\vartheta_m = 11{,}1\ °C$

V73. $\vartheta_1 = 924{,}57\ °C$

V74. $$\vartheta_m = \frac{m_1 \cdot c_1 \cdot \vartheta_1 + m_2 \cdot c_2 \cdot \vartheta_2 + m_3 \cdot c_3 \cdot \vartheta_3 + m_4 \cdot c_4 \cdot \vartheta_4}{m_1 \cdot c_1 + m_2 \cdot c_2 + m_3 \cdot c_3 + m_4 \cdot c_4}$$

V75. $c_1 = 0{,}734 \frac{\text{kJ}}{\text{kg} \cdot \text{K}}$

V76. Es handelt sich bei c_1 um die mittlere spezifische Wärmekapazität im Temperaturbereich von 23 °C bis 280 °C.

V77. H_o ist um den Betrag der Wärmemenge, die für das Verdampfen der im Brennstoff befindlichen Wassermenge erforderlich ist, größer als H_u.

V78. $x = 0{,}028\,\%$

V79. $m \approx 10\,000\,000\,000$ t

V80. $m_{HZ} = 0{,}0689$ kg

V81. $q = 209 \frac{kJ}{kg}$ Es könnte sich um Kupfer handeln.

V82.

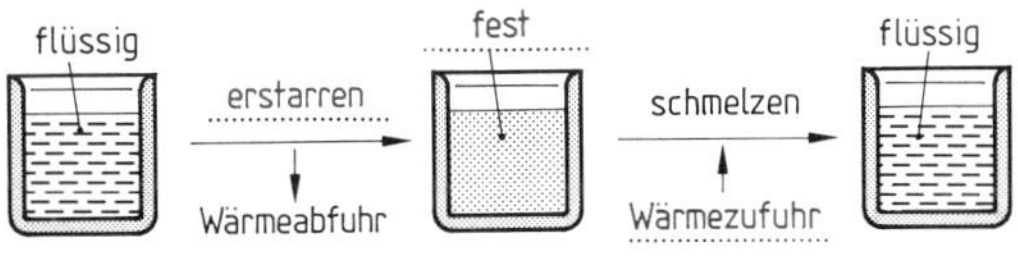

1

V83. a) $\vartheta_{Sch} = 327\,°C$

b) $q = 24{,}7 \frac{kJ}{kg}$

c) $c = 0{,}13 \frac{kJ}{kg \cdot K}$

d) $Q = 4355$ kJ

V84. Bei vielen Stoffen ist der Schmelzpunkt in weiten Druckbereichen konstant. Liegt aber eine Druckabhängigkeit vor, dann ist diese i. d. R. gering und wirkt sich dahingehend aus, daß bei Drucksteigerungen auch der Schmelzpunkt steigt. Bei Wasser hingegen ist diese Abhängigkeit umgekehrt, d. h., daß bei Erhöhung des Druckes die Schmelztemperatur kleiner wird, d. h. sinkt.

V85. Schmelz- und Erstarrungsbereich treten bei Legierungen und Lösungen, dort jedoch nicht bei der eutektischen Zusammensetzung, auf.

V86. Eine negative Lösungswärme ist eine Lösungswärme, die beim Lösen der Substanz verbraucht, d. h. der Umgebung entzogen wird.

V87. Eine Kältemischung ist eine Mischung aus Salz, Wasser und Eis. Beim Herstellen einer solchen wird die Lösungswärme des Salzes (wenn diese negativ ist) und die Schmelzwärme des Eises der Umgebung, d.h. dem Wasser, entzogen. Dies führt zur Abkühlung der Mischung.

V88. $\Delta\vartheta = 7{,}413\,°C$ Die Salzlösung kühlt also auf $-7{,}413\,°C$ ab.

V89. Verdampfungsdruck = Kondensationsdruck

V90. Dampfdruckdiagramm (Dampfdruckkurve)

V91. Es wird Wärmeenergie an die Umgebung abgegeben.

V92. a) Der feste Körper wird auf Schmelztemperatur erwärmt
b) Der Körper nimmt Schmelzwärme auf
c) Der flüssige Körper wird auf Siedetemperatur erwärmt
d) Der Körper nimmt Verdampfungswärme auf
e) Dem Sattdampf wird Überhitzungswärme zugeführt

V93. $p_s \approx 0{,}2$ bar

V94. Sieden bei Siedetemperatur
Verdunstung unterhalb der Siedetemperatur
Sieden in der Flüssigkeit und an deren Oberfläche
Verdunstung nur von der Oberfläche ausgehend

V 95. Dies ist Dampf mit einer kleineren Temperatur als die Sättigungstemperatur. Er heißt auch übersättigter Dampf, und er kondensiert sofort, wenn Kondensationskerne eingebracht werden.

V 96. Bei Erhöhung des Siededruckes wird die Verdampfungswärme kleiner.

V 97. $\frac{q}{r}$ ist immer kleiner als 1 (meist wesentlich)

V 98. Enthalpie ≙ Wärmeinhalt

V 99. $\Delta h = \Delta u + \Delta w = r$

V 100. $Q = 4935{,}2$ MJ

V 101. $m_D = 134$ g

V 102. a) $Q = 12\,924\,100$ kJ
b) $Q = 11\,290\,000$ kJ (Kondensationswärme)
c) Die Wärmemenge a) ist um den Betrag größer, der erforderlich war, um das Wasser von $\vartheta_1 = 22$ °C auf $\vartheta_s = 100$ °C zu erwärmen. Ansonsten ergibt sich das Ergebnis aus Kondensationswärme = Verdampfungswärme.

V 103. a) $m_E = 3{,}183$ kg $= m_W$
b) $m_x = 2{,}283$ kg

V 104. Kritische Daten = kritische Temperatur **und** kritischer Druck. Oberhalb dieser ist eine Verflüssigung des Stoffes nicht mehr möglich, d. h. er liegt grundsätzlich im Heißdampfzustand vor.

V 105. Die obere Grenzkurve trennt das Naßdampfgebiet vom Heißdampfgebiet. Auf der Grenzkurve liegt Dampf im Sättigungszustand (Sattdampf) vor.

V 106. Verfestigung ist der Umkehrvorgang der Sublimation, d. h. der Körper geht vom gasförmigen in den festen Zustand über. Dabei wird Wärmeenergie an die Umgebung abgegeben.

V 107. Gefriertrocknung beruht auf Sublimation und wird deshalb auch Sublimationstrocknung genannt.

V 108. Ebenso wie sich beim Verdunsten der Aggregatzustand unterhalb der Siedetemperatur ändert, verändert sich der Aggregatzustand beim Sublimieren unterhalb der Verflüssigungstemperatur. Sowohl das Verdunsten als auch das Sublimieren gehen von der Oberfläche des Stoffes aus.

V 109. $\vartheta_2 = 99{,}865$ °C

V 110. Psychrometrie

V 111. ungesättigte feuchte Luft ⟶ $p_D < p_s$
gesättigte feuchte Luft ⟶ $p_D = p_s$

V 112. $R_{iD} = 461{,}5 \frac{\text{Nm}}{\text{kg} \cdot \text{K}}$

V 113. $m_D = 8{,}95$ kg

V 114. Bei feuchten Gasen und Gasgemischen – außer bei Luft – spricht man von Gasfeuchte.

V 115. $\rho_D = 0{,}0091 \frac{\text{kg}}{\text{m}^3}$

V 116. a) $p_D = 11{,}13$ hPa
b) $p_L = 988{,}87$ hPa

V 117. Dem Meßprinzip eines Verdunstungspsychrometers liegt die „Psychrometrische Differenz", d. h. die Differenz von Trockenkugeltemperatur und Feuchtkugeltemperatur zugrunde. Je größer die psychrometrische Differenz, desto trockener ist die Luft.

V 118. $p_D = 19{,}8$ mbar = 19,8 hPa

V 119. Die Feuchtkugeltemperatur ist immer kleiner als die Trockenkugeltemperatur, es sei denn, daß $\varphi = 100\%$. Dann ist $\vartheta_f = \vartheta_{tr}$.

V 120. Es ist keine Luftbewegung erforderlich.

V 121. Die Begründung liefert die Sprungsche Formel (Gleichung 106–3) bzw. auch die Gleichungen 58–1 und 58–2. Der Gesamtdruck tritt bei der Berechnung des Partialdruckes immer als Faktor auf.

V 122. $\varphi_1 \approx 46\%$; $\varphi_2 \approx 62\%$

V 123. Unter der Nebellinie versteht man die Sättigungslinie im h, x-Diagramm ($\varphi = 1$).

V 124. **Arbeitsmaschinen**: Maschinen, die von Menschen- oder Tierkraft, meist jedoch von Kraftmaschinen angetrieben werden und Arbeit verrichten. Beispiele: Pumpen, Verdichter (Kompressoren), Landmaschinen (z. B. Mähdrescher), Werkzeugmaschinen, Hebezeuge u. a.

V 125. Eine Selbstzündung wird beim Dieselmotor benötigt. Die vorher angesaugte Luft wird im Zylinderraum so hoch verdichtet, daß der eingespritzte Kraftstoff in der durch die Verdichtung sehr heiß gewordenen Luft „von selbst" zündet.

V 126. **Strömungsmaschinen** werden ebenfalls in Kraft- und Arbeitsmaschinen unterteilt. Demzufolge handelt es sich um Maschinen, in denen Energie umgewandelt wird oder auch Energie übertragen wird. Dies geschieht mittels eines Fluids (Gas, Dampf oder Flüssigkeit) auf ein oder mehrere mit Schaufeln besetzte Laufräder und weiter auf eine Welle (**Turbine, Windrad, Wasserrad**) oder umgekehrt (**Kreiselpumpe, Turbogebläse, Turboverdichter, Propeller**) oder aber kombiniert von einem Pumpenrad auf eine Flüssigkeit und von dieser auf ein Turbinenrad mit anderem Drehmoment und anderer Drehzahl (**Strömungsgetriebe**) oder gleicher Drehzahl (**Strömungskupplung**).

V 127. a) **Kolbendampfmaschine**: Wärmeenergieerzeugung außerhalb des Zylinderraumes in einer Feuerung mit angeschlossenem Dampfkessel. Umwandlung der Wärmeenergie in mechanische Energie im Zylinderraum.
b) **Kolbenbrennkraftmaschine**: Wärmeenergieerzeugung **und** Umwandlung der Wärmeenergie in mechanische Energie im Zylinderraum.

V 128. **Motor**: Maschine, die eine Energieart (z. B. Wärmeenergie oder elektrische Energie) in mechanische Energie umwandelt. Beispiele: Dampfmaschine, Elektromotor, Heißgasmotor, Heißluftmotor, Verbrennungsmotor.

V 129. Volumenänderungsarbeit und innere Energie. Es ist $\Delta H = \Delta U + W_v$

V 130. $p \cdot \Delta V$ stellt einen kleinen Flächenstreifen unter der p, V-Linie dar. Die Summe all dieser Flächenstreifen stellt die Gesamtfläche unter der p, V-Linie dar und diese wiederum ist ein Maß für die Volumenänderungsarbeit W_v.
Also: $W_v = \Sigma(p \cdot \Delta V)$.

V 131. 1 kcal ≈ 427 kpm (altes mechanisches Wärmeäquivalent).

V 132. Aus $Q = \Delta H = W_V + \Delta U$ folgt : $Q = \Sigma\,(p \cdot \Delta V) + m \cdot c_v \cdot \Delta\vartheta \longrightarrow$ 1. Hauptsatz

V 133. Beim Vergleich von Musteraufgabe M 64., Seite 127, und Übungsaufgabe Ü 137. ergibt sich bei der Zugrundelegung des 1. Hauptsatzes:

$\Delta H = W_v + \Delta U$

$W_v = \Delta H - \Delta U = 4421{,}34\,kJ - 3168\,kJ$

$W_v = 1253{,}34\,kJ$

V 134. a)

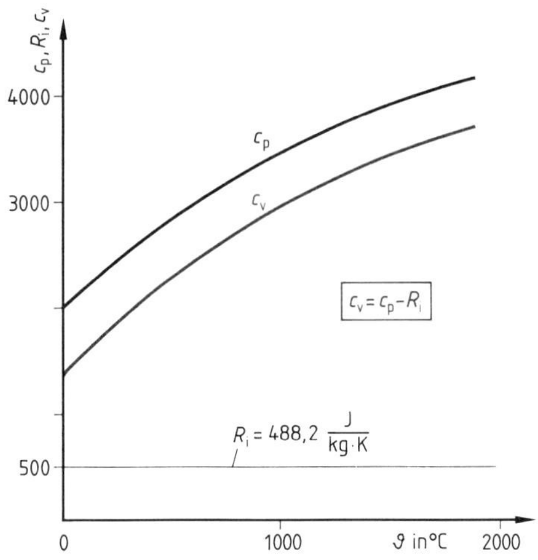

1

b) $\varkappa = \frac{c_p}{c_v}$ zeigt, daß der Adiabatenexponent (Isentropenexponent) von der Temperatur abhängt.
Er beträgt z. B.
bei 0 °C: $\varkappa = 1{,}33$
bei 2000 °C: $\varkappa = 1{,}14$

V 135. Bei zwei Atomen im Gasmolekül verläuft c_p annähernd konstant, d. h. aber auch, daß c_v annähernd konstant verläuft (z. B. O_2 im Bild 1, Seite 128). Dies heißt:

c_p und c_v für Luft sind über den gesamten Temperaturbereich annähernd konstant.

V. 136. a) $c_{pm} \approx 950 \frac{J}{kg \cdot K}$
b) $Q = 5\,429\,250\,J$
c) $W_v = 1\,484\,757\,Nm$
d) $\Delta U = 3\,944\,493\,J$

V 137. $Q = 3\,944\,493\,J$

V 138. a) $V_2 = 6{,}25\,m^3$
b) $W_v = -10\,397\,207{,}71\,Nm$
c) $m = 177{,}25\,kg$

V 139. a) $V_2 = 11{,}32\,m^3$
b) $\vartheta_2 = 257{,}8\,°C$
c) $W_v = -10\,140\,000\,Nm$
d) $\Delta U = 10\,140\,kJ$

V 140. a) $V_2 = 9{,}47\,m^3$
b) $\vartheta_2 = 171{,}03\,°C$
c) $W_v = -10\,304\,000\,Nm$
d) $\Delta U = 6\,460\,338{,}456\,J$
e) $m = 65{,}52\,kg$

V 141. $Q : W_v : \Delta U = c_p : R_i : c_v = 1000 : 287{,}1 : 720 = 1{,}4 : 0{,}4 : 1$

$Q : W_v : \Delta U = 450\,450\,J : 128\,700\,J : 321\,750\,J$

V 142. 1. aus der Differenz von zu- und abgeführter Wärmeenergie,
2. aus der Differenz von zu- und abgeführter mechanischer Arbeit.

V 143. Unter einem Kreisprozeß versteht man einen thermodynamischen Vorgang, bei dem durch das Ablaufen verschiedener Zustandsänderungen über Zwischenzustände der Ausgangszustand wieder erreicht wird.

V 144. Die Nutzarbeit W_n ergibt sich aus der Summe der einzelnen Volumenänderungsarbeiten W_v, d. h. grafisch gesehen: durch die Summation von Flächen im p, V-Diagramm.

V 145. Ein Vergleichsprozeß ist ein Idealprozeß, d. h. ein reversibler Kreisprozeß und dies heißt: ein Prozeß ohne Verluste. Durch Vergleich mit dem wirklichen Prozeß kann eine Aussage über die Güte des wirklichen Kreisprozesses gemacht werden.

V 146. a) $W_n = m \cdot R_i \cdot \left[\left(T_4 - T_3 \right) + \frac{1}{\varkappa - 1} \cdot \left(T_1 - T_2 + T_4 - T_5 \right) \right]$

b) $\eta_{th} = 1 - \frac{T_5 - T_1}{T_3 - T_2 + \varkappa \cdot (T_4 - T_3)}$

V 147. Im Rahmen der Energieverknappung wird es immer mehr erforderlich, auch Wärmequellen mit niedriger Temperatur, z. B. Abwärme, zu nutzen. Dies scheint mit den ORC-Prozessen sehr erfolgreich, jedoch nur unter der Voraussetzung, daß statt der bisher verwendeten organischen Kältemittel (halogenierte Kohlenwasserstoffe) noch zu entwickelnde umweltfreundliche Prozeßmedien eingesetzt werden.

V 148. ① → ② : aus Heißdampf wird Naßdampf
② → ③ : aus Naßdampf wird Flüssigkeit
③ → ④ : Flüssigkeit
④ → ⑤ : Flüssigkeit
⑤ → ⑥ : aus Flüssigkeit wird trocken gesättigter Dampf
⑥ → ① : aus trocken gesättigtem Dampf wird Heißdampf

V 149. **Idealvorgang**: $\Delta W = \Delta W_{kin}$ (reversibel)

Realvorgang: $\Delta W = \Delta W_{kin} + \Delta U$ (irreversibel)

V 150. Entropie S bezieht sich auf die Gesamtmasse, und spezifische Entropie s bezieht sich auf 1 kg des Arbeitsmittels.

V 151.

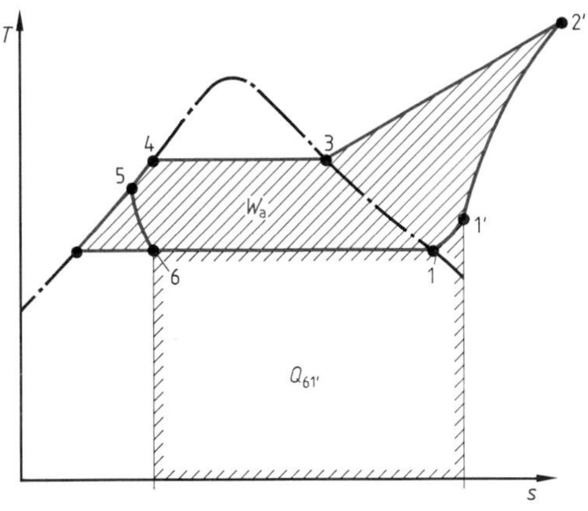

[1]

V 152. Er dient lediglich als Vergleichsprozeß.

V 153. $\Delta S = 54{,}58 \frac{kJ}{K}$

V 154. Der linkslaufende Kreisprozeß läuft entgegen dem natürlichen Temperaturgefälle ab. Dies ist nur durch einen zusätzlichen Energieaufwand möglich.

V 155. $T_{max} = 337{,}53\ K \triangleq 64{,}38\ °C$

V 156. **Heißdampfmaschine**: Zur Erfüllung seiner Aufgabe strömt Dampf mit hohem Druck und hoher Temperatur in die Arbeitsmaschine.

Kaltdampfmaschine: Zur Erfüllung seiner Aufgabe ist Dampf mit niedriger Temperatur im Verdampfer erforderlich.

V 157.

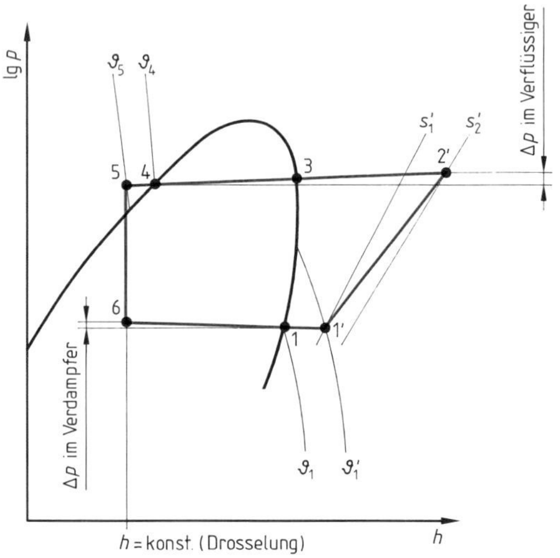

1

$S_2' - S_1'$ = Entropiezunahme bei der polytropen Verdichtung
$\vartheta_1' - \vartheta_1$ = Überhitzung im Verdampfer
$\vartheta_4 - \vartheta_5$ = Unterkühlung im Kondensator

V 158. Die Drosselung erfolgt mit speziellen Drosselorganen. Diese können Drosselventile oder auch dünne Röhrchen, sog. Kapillaren, sein.

V 159. a) $Q = 4{,}88 \cdot 10^{16}\ kJ$

b) Da die Wassertemperatur unterhalb der Umgebungstemperatur liegt, ist Q ausschließlich als Anergie, d. h. nicht ohne Hilfsmittel (Wärmepumpe) ausnutzbare Energie, zu bezeichnen.

V 160. $t = 5{,}67\ min$

V 161. $1\ kcal = 4{,}19\ kJ = \frac{1}{860}\ kWh$

V 162. a) $Q = 0{,}27925\ kWh$

b) $P = 10{,}311\ kW$

V 163. $1\ kW = 3600\ \frac{kJ}{h}$

V 164. $\eta = 0{,}684$

V 165. Da die Wärmeleitfähigkeit λ im allgemeinen stark von der Temperatur abhängt, ist es erforderlich – falls Temperaturschwankungen auftreten oder in der Wand große Temperaturdifferenzen gegeben sind – mit einer Wärmeleitzahl λ zu rechnen, die der mittleren Temperatur – der Mitteltemperatur – entspricht.

V 166. Es muß ein Temperaturgefälle in Richtung des Wärmestromes vorhanden sein.

V 167. $\Delta\vartheta = R_\lambda \cdot \dot{Q}$ Vergleicht man mit dem Ohmschen Gesetz der Elektrotechnik: $\boldsymbol{U} = \boldsymbol{R} \cdot \boldsymbol{I}$, dann stellt man fest:

Temperaturdifferenz $\Delta\vartheta \triangleq$ elektr. Spannung U
Wärmeleitwiderstand $R_\lambda \triangleq$ elektr. Widerstand R
Wärmestrom $\dot{Q} \triangleq$ elektr. Stromstärke I

V 168. Am Verdampfer kühlt die Luft ab und erfährt somit eine Dichtevergrößerung und damit einen Abtrieb. Dadurch wird eine freie, d. h. natürliche Konvektion bewerkstelligt.

V 169. $\alpha_i = 1020{,}75 \dfrac{\text{W}}{\text{m}^2 \cdot \text{K}}$

V 170. a) $\dot{Q} = 24{,}762\,\text{kW}$
b) $Q = 222\,858{,}18\,\text{kJ}$

V 171.
$\dot{Q} = 77{,}1363\,\text{W}$
$\vartheta_{aW} = 19{,}85057\,°\text{C}$
$\vartheta_1 = 17{,}81128\,°\text{C}$
$\vartheta_2 = -9{,}2731\,°\text{C}$
$\vartheta_{iW} = -9{,}51385\,°\text{C}$
$\vartheta_i = -10\,°\text{C}$

V 172. **Emissionsvermögen**: Fähigkeit, aus Wärmeenergie Strahlungsenergie zu erzeugen.
Absorptionsvermögen: Fähigkeit, aus Strahlungsenergie Wärmeenergie zu erzeugen. Es ist $\varepsilon = a$

V 173. Infolge $\dot{Q} \sim T^4$ vervielfacht sich der Wärmestrom auf das 16fache.

V 174. $P_{el} = 1{,}69\,\text{kW}$

V 175. Nach dem Gesetz von Prevost ist die Emission bzw. die Absorption eines Körpers von der Umgebungstemperatur des Körpers unabhängig.

V 176. $C_{max} = C_s \approx 5{,}67 \dfrac{\text{W}}{\text{m}^2 \cdot \text{K}^4}$

V 177. Nach dem zweiten Hauptsatz der Thermodynamik ist infolge $\Delta T = 0$ der Energieaustausch durch Strahlung null.

V 178. $\dot{Q} = 215{,}305$ Watt

V 179. a) **Gasstrahlung**: Eigenschaft eines Gases oder Dampfes, Energie zu emittieren und zu absorbieren.
b) **diathermes Verhalten**: Wärmedurchlässigkeit der Gase, d. h., daß diese Gase weder Energie emittieren noch absorbieren.
c) **selektive Emission**: Gase und Dämpfe mit nicht diathermem Verhalten zeigen Emissions- und Absorptionsvermögen in kleinen Bereichen des Gesamtspektrums der Wärmestrahlung. Man bezeichnet dies als selektive Emission bzw. auch als selektive Absorption.

V 180. Die wärmeaustauschenden Fluide befinden sich beim Mischwärmetauscher im selben Raum.

V 181. $A = 10{,}34\,\text{m}^2$

Schlußfolgerung:

Beim Gleichstromwärmetauscher ist bei gleicher Leistung eine größere Wärmetauscherfläche als beim Gegenstromwärmetauscher erforderlich.

Anmerkungen zu V 181.

a) Die vorherige Schlußfolgerung ist von grundsätzlicher Gültigkeit.
b) Bei gleicher Fläche ist also die Leistung eines **Gegenstromwärmetauschers** größer als die Leistung eines **Gleichstromwärmetauschers**. Die Leistung des **Kreuzstromwärmetauschers** (siehe Fachliteratur) liegt dazwischen.
c) Wenn man sich dennoch manchmal für das Gleichstromprinzip entscheidet, dann liegt der Grund in der höheren thermischen Belastung des Tauscherwerkstoffes beim Gegenstrom – prinzip.

Sachwortverzeichnis

F

G

H

I, J

K

O

P

Q

R

S

Z

Griechisches Alphabet

A	α	alpha	N	ν	ny
B	β	beta	Ξ	ξ	xi
Γ	γ	gamma	O	o	omikron
Δ	δ	delta	Π	π	pi
E	ε	epsilon	P	ρ	rho
Z	ζ	zeta	Σ	σ	sigma
H	η	eta	T	τ	tau
Θ	ϑ	theta	Y	υ	ypsilon
I	ι	iota	Φ	φ	phi
K	$\varkappa$	kappa	X	χ	chi
Λ	λ	lambda	Ψ	ψ	psi
M	μ	my	Ω	ω	omega

DIN-Normen, Auswahl zu den Sachgebieten dieses Buches

DIN	1301	Einheiten
DIN	1304	Allgemeine Formelzeichen
DIN	1306	Dichte
DIN	1310	Zusammensetzung von Mischphasen
DIN	1314	Druck
DIN	1319	Grundbegriffe der Meßtechnik
DIN	1341	Wärmeübertragung
DIN	1342	Viskosität Newtonscher Flüssigkeiten
DIN	1343	Normzustand, Normvolumen
DIN	1345	Thermodynamik
DIN	4108	Wärmeschutz im Hochbau
DIN	4701	Regeln für die Berechnung des Wärmebedarfs von Gebäuden
DIN	4897	Elektrische Energieversorgung
DIN	5499	Brennwert und Heizwert
DIN	8962	Kältemittel
DIN	32625	Stoffmenge und davon abgeleitete Größen

VDI-Richtlinie 2055 Wärme- und Kälteschutz für betriebs- und haustechnische Anlagen